Strategische Auslegung industrieller Werkzeugbaubetriebe

Strategic Business Design of Industrial Tool Shops

Von der Fakultät für Maschinenwesen
der Rheinisch-Westfälischen Technischen Hochschule Aachen
zur Erlangung des akademischen Grades eines
Doktors der Ingenieurwissenschaften
genehmigte Dissertation

vorgelegt von

Tobias Hensen

Berichter:

Univ.-Prof. Dr.-Ing. Dipl.-Wirt. Ing. Günther Schuh
Univ.-Prof. Dr.-Ing. Dr.-Ing. E. h. Dr. h. c. Dr. h. c. Fritz Klocke

Tag der mündlichen Prüfung: 04. Juli 2017

ERGEBNISSE AUS DER PRODUKTIONSTECHNIK

Tobias Hensen

Strategische Auslegung industrieller Werkzeugbaubetriebe

Herausgeber:
Prof. Dr.-Ing. Dr.-Ing. E. h. Dr. h. c. Dr. h. c. F. Klocke
Prof. Dr.-Ing. Dipl.-Wirt. Ing. G. Schuh
Prof. Dr.-Ing. C. Brecher
Prof. Dr.-Ing. R. H. Schmitt

Band 21/2017

Fraunhofer
IPT

Bibliografische Information der Deutschen Nationalbibliothek
Die Deutsche Nationalbibliothek verzeichnet diese Publikation in der Deutschen Nationalbibliografie; detaillierte bibliografische Daten sind im Internet über http://dnb.ddb.de abrufbar.

Tobias Hensen:

Strategische Auslegung industrieller Werkzeugbaubetriebe

1. Auflage, 2017

Gedruckt auf holz- und säurefreiem Papier, 100% chlorfrei gebleicht.

Apprimus Verlag, Aachen, 2017
Wissenschaftsverlag des Instituts für Industriekommunikation und Fachmedien an der RWTH Aachen
Steinbachstr. 25, 52074 Aachen
Internet: www.apprimus-verlag.de, E-Mail: info@apprimus-verlag.de

Druck: KN Digital Printforce GmbH, Stuttgart

ISBN 978-3-86359-531-9

D 82 (Diss. RWTH Aachen University, 2017)

Vorwort

Die vorliegende Dissertation entstand während meiner Tätigkeit als wissenschaftlicher Mitarbeiter am Lehrstuhl für Produktionssystematik des Werkzeugmaschinenlabors WZL der RWTH Aachen.

Mein besonderer Dank gilt dem Inhaber des Lehrstuhls für Produktionssystematik, Herrn Professor Günther Schuh, für das in mich und meine Arbeit gesetzte Vertrauen und dafür, dass er mir die Promotion ermöglicht hat. Das von ihm geschaffene forschungs- und praxisnahe Umfeld war die wesentliche Grundlage für den erfolgreichen Abschluss meiner Dissertation. Mein weiterer Dank gilt Herrn Professor Fritz Klocke für die Übernahme des Korreferats.

Eine wesentliche Voraussetzung für das erfolgreiche Verfassen dieser Arbeit war die enge Zusammenarbeit mit der WBA Aachener Werkzeugbau Akademie GmbH, welche unter anderem die Plattform für die praxisorientierte Anwendung der entwickelten Methodik in unterschiedlichen Unternehmen der Branche Werkzeugbau bot. Insbesondere möchte ich mich hierfür bei dem Geschäftsführer Herrn Dr. Wolfgang Boos bedanken, der mit seinen Mitarbeitern eine optimale Umgebung geschaffen hat, um im Hochschulumfeld praxisorientiert forschen und reale Probleme der produzierenden Industrie wissenschaftlich lösen zu können.

Die vorliegende wissenschaftliche Arbeit konnte nur gelingen, da ich meine Überlegungen anwendungsorientiert bei Werkzeugbaubetrieben diskutieren und validieren konnte. In diesem Zusammenhang möchte ich mich stellvertretend ganz besonders bei dem Verantwortlichen des Werkzeug- und des Vorrichtungsbaus der Otto Fuchs KG, Herrn Jörg Ihne, sowie dem Verantwortlichen der Geschäftsführung der Böllhoff Produktion GmbH, Herrn Andreas Bertram, für die intensive und gute Zusammenarbeit bedanken.

Ein besonderer Dank gilt meinen beiden Mitstreitern, ehemaligen Kollegen und Freunden Dr. Michael Salmen und Dr. Thomas Kuhlmann, die mir stets mit Rat zur Seite standen und die immer ein offenes Ohr sowie Zeit für intensive Diskussionen hatten. Ebenso möchte ich meinen lieb gewonnenen Kollegen und Freunden der Abteilung Unternehmensentwicklung danken, insbesondere Dr. Martin Pitsch, Dr. Thomas Kühn, Dr. Nikolas Komorek, Maximilian Stark und Christoph Kelzenberg. Die intensive Zusammenarbeit und die anregenden Diskussionen haben bei der Entstehung der Arbeit maßgeblich geholfen und waren elementar für die Zielerreichung. Auch meinen studentischen Mitarbeiterinnen und Mitarbeitern Christoph Ebbecke, Lukas Nelke, Daniel Lamers, Julian Schweins und Theresa Pielsticker möchte ich herzlich für die Unterstützung danken. Lars Johannsen vom Fraunhofer IPT danke ich für den zielorientierten Austausch auf zahlreichen gemeinsamen Dienstreisen sowie das konstruktive Miteinander.

Meiner Mutter Hildegard, meinem Vater Erich und meinem Bruder Oliver möchte ich an dieser Stelle für ihren bedingungslosen Rückhalt und die Unterstützung während meines Studiums und meiner Promotion danken. Mein letzter und wichtigster Dank gilt meiner Frau Ivy, die stets Verständnis für entgangene gemeinsame Stunden hatte, mir in schwereren Momenten immer wieder Mut gemacht hat und mir zu jeder Zeit liebevoll zur Seite stand. Meiner Familie und ihr widme ich diese Arbeit.

Geilenkirchen, im September 2017 Tobias Hensen

Kurzzusammenfassung

Der industrielle Werkzeugbau am Standort Deutschland genießt weltweit einen hervorragenden Ruf und ist der zentrale Befähiger einer leistungsstarken produzierenden Industrie. Sein umfangreiches Leistungsangebot sowie sein einzigartiges Prozessverständnis spiegeln sich in einem besonders hohen Kundennutzen wider. Durch sein oftmals organisches Wachstum und den Wandel vom handwerklich geprägten hin zum industriellen Werkzeugbau wurden die befähigenden Faktoren zur Erbringung der Leistung, d.h. die Prozesse, die Organisation und die Ressourcen jedoch häufig nur losgelöst voneinander ausgelegt und optimiert. Eine mangelnde strategische Betrachtung bei der Auslegung der befähigenden Faktoren im Sinne eines strategischen Fits hat dabei dazu geführt, dass die vorhandenen Wirkzusammenhänge zwischen den Dimensionen nicht ausreichend berücksichtigt wurden. Diese Herangehensweise führt jedoch zu Bereichsoptima und steht einer Steigerung der Gesamtleistungsfähigkeit des Werkzeugbaubetriebs entgegen.

Zur systematischen Durchführung einer Auslegung der drei befähigenden Faktoren Prozesse, Organisation und Ressourcen auf Basis der angebotenen Leistung und unter Berücksichtigung eines strategischen Fits wurde im Rahmen dieser Arbeit eine Methodik zur strategischen Auslegung industrieller Werkzeugbaubetriebe entwickelt. Die Methodik besteht aus einer Analysephase und einer Auslegungsphase. In der Analysephase, bestehend aus zwei Methodikschritten, wird die Grundlage zur Auslegung durch eine systematische Bewertung des Status quo des anwendenden Werkzeugbaubetriebs gelegt, indem dieser klassifiziert und anschließend der Integrationsgrad zwischen den Dimensionen ermittelt wird. In der Auslegungsphase werden die drei befähigenden Faktoren in drei Methodikschritten iterativ in einer strukturellen Auslegung grob, in einer wertschöpfungsbefähigenden Auslegung detailliert und in einer effizienzsteigernden Auslegung optimiert ausgelegt.

Die entwickelte Methodik zur strategischen Auslegung industrieller Werkzeugbaubetriebe wurde anhand von zwei Fallbeispielen im Werkzeugbau der Böllhoff Produktion GmbH sowie im Vorrichtungsbau und im Werkzeugbau der Otto Fuchs KG validiert. Der wissenschaftliche Beitrag besteht in der Entwicklung eines ganzheitlichen Lösungsansatzes unter Berücksichtigung der spezifischen Rahmenbedingungen der Branche Werkzeugbau. Werkzeugbaubetriebe sind nun gefordert, ihre Kundenorientierung durch eine strategische Auslegung der befähigenden Faktoren systematisch zu erhöhen und damit ihre Leistungs- und Wettbewerbsfähigkeit langfristig zu steigern.

Abstract

The German tooling industry enjoys an excellent reputation worldwide and is the essential enabler for the high performance of the manufacturing sector. Its extensive range of services as well as its unique process understanding leads to a high customer benefit. Due to its organic growth and the transformation from handcrafted to industrial toolmaking, the business design of a mutual coordination of processes, organization and resources as enabling factors has not been executed. A lack of strategic consideration while designing the enabling factors has led to the fact that the existing interdependencies between the three factors have not been considered adequately. The approach leads to an optimum of single fields and counteract to the increase of the overall performance of the tool shop.

For the systematic coordination of processes, organization and resources a methodology for the holistic and strategic coordination of industrialized tool shops has been developed. The methodology bases on the products and services offered as well as the strategic fit between the enabling factors. The methodology consists of an analysis phase and a design phase. In the analysis phase, which consists of two steps, the basis for the business design is developed through a systematic evaluation of the tool shop's status quo. Within the analysis phase the tool shop is classified and the degree of integration between the different factors is determined. During the design phase, the three enabling factors are iteratively optimized within three steps. The steps cover rough structural coordination, detailed coordination based on value creation and specific coordination with a focus on enhancing efficiency.

The developed methodology for strategic business design of industrial tool shops has been validated in both of the tool shops of Böllhoff Produktion GmbH as well as the tool shop and the jig manufacturing shop of Otto Fuchs KG. The scientific contribution of this dissertation is the development of a holistic approach considering the special conditions of the tooling industry. Now tool shops have to increase their customer orientation due to a systematic strategic business design of the three enabling factors. The result of this business design is a long-term increase of competitiveness and performance.

I Inhaltsübersicht

II Inhaltsverzeichnis

III Abbildungsverzeichnis

IV Abkürzungsverzeichnis

acatech	Deutsche Akademie der Technikwissenschaften
ARIS	Architektur integrierter Informationssysteme
ARM	Akteure- und Ressourcenmodell
Aufl.	Auflage
AWFM	Aachener Werkzeug- und Formenbau Management
BDE	Betriebsdatenerfassung
BI	Business Intelligence
BIP	Bruttoinlandsprodukt
BPMN	Business Process Model and Notation
BPR	Business Process Reengineering
bspw.	beispielsweise
bzgl.	bezüglich
bzw.	beziehungsweise
ca.	circa
CAD	Computer-Aided Design
CAM	Computer-Aided Manufacturing
CAx	Computer-Aided x
CBV	Capability-based View
CEO	Chief Executive Officer
CNC	Computerized Numerical Control
CPS	Cyber-physisches System
CRM	Customer Relationship Management
DIN	Deutsches Institut für Normung
EFQM	European Foundation for Quality Management
EM	Enterprise Modelling
ERP	Enterprise Resource Planning
et al.	et alii (lateinisch: und weitere)
etc.	et cetera (lateinisch: und die übrigen Dinge)
EU	Europäische Union
f.	folgende Seite
ff.	fortfolgende Seiten
ggf.	gegebenenfalls
GmbH	Gesellschaft mit beschränkter Haftung
GMN	General Management Navigator
GPM	Geschäftsprozessmodell
GRM	Geschäftsregelmodell
HMI	Human-Machine-Interface
Hrsg.	Herausgeber
HR	Human Resources
i.A.a.	in Anlehnung an

i.d.R.	in der Regel
IKT	Informations- und Kommunikationstechnologie
IPT	Fraunhofer-Institut für Produktionstechnologie
IT	Informationstechnik
Jg.	Jahrgang
KBV	Knowledge-based View
KG	Kommanditgesellschaft
KM	Konzeptmodell
KMU	Kleine und mittelständische Unternehmen
MBV	Market-based View
MDE	Maschinendatenerfassung
MES	Manufacturing Execution System
MOTION	Model for Transforming, Identifying and Optimizing Core Processes
Mrd.	Milliarden
NC	Numerical Control
Nr.	Nummer
o.Ä.	oder Ähnliches
o.V.	ohne Verfasser
PLM	Product Lifecycle Management
PPM	Product Data Management
PPS	Produktionsplanung und -steuerung
QR	Quick Response
RBV	Resource-based View
RFID	Radio-frequency identification
RWTH	Rheinisch-Westfälische Technische Hochschule
S.	Seite
SCM	Supply Chain Management
SEP	Strategische Erfolgspositionen
SOM	Semantisches Objektmodell
SRM	Supplier Relationship Management
TKAM	Technisches Komponenten- und Anforderungsmodell
u.a.	unter anderem
usw.	und so weiter
VDI	Verein Deutscher Ingenieure
VDMA	Verband Deutscher Maschinen- und Anlagenbau
vgl.	vergleiche
vs.	versus
WBA	WBA Aachener Werkzeugbau Akademie GmbH
WZL	Werkzeugmaschinenlabor WZL der RWTH Aachen
ZPM	Ziel- und Problemmodell

1 Einleitung

Die produzierende Industrie steht wie kaum eine andere Industrie im Fokus der deutschen Wirtschaft. Als Teil des industriellen Sektors ist die produzierende Industrie mit einem Anteil von 22,3% am Bruttoinlandsprodukt (BIP)[1] für einen Großteil der Wertschöpfung des Industriestandortes Deutschland verantwortlich. Die deutsche produzierende Industrie ist jedoch nicht nur für die Wirtschaftsleistung Deutschlands von großer Bedeutung, auch eine internationale Betrachtung zeigt die Relevanz dieser für die Weltwirtschaft. Mit gerade einmal einem Anteil von 1,1% an der gesamten Weltbevölkerung[2] trägt Deutschland 6,3% zur weltweiten Wertschöpfung bei[3]. Davon geht ein Großteil auf industriell produzierte Güter zurück. Die Herkunftsbezeichnung „Made in Germany“, welche Ende des 19. Jahrhunderts ursprünglich entwickelt wurde, um die großbritannische Bevölkerung vor billigen Importwaren aus Deutschland zu warnen[4], steht insbesondere bei industriell hergestellten Produkten aus Deutschland als Gütesiegel für Güter mit besonders hoher Qualität und Zuverlässigkeit. So konnte die deutsche produzierende Industrie ihren weltweit hervorragenden Ruf in den Jahren nach der Finanzkrise mit ihrem Höhepunkt im Jahr 2009 nutzen, um gestärkt aus dieser hervorzugehen und sich eine Spitzenposition unter den weltweit am meisten exportierenden Ländern zu sichern.[5]

In den vergangenen Jahrzehnten und insbesondere den letzten Jahren hat sich der Wettbewerb in der produzierenden Industrie, bedingt durch die Globalisierung der Weltwirtschaft, jedoch signifikant verändert.[6] Nicht nur neue Absatzmärkte in Schwellenländern aus Osteuropa, Asien, Afrika und Südamerika mit einer hohen Einwohnerzahl sind für deutsche Unternehmen erschließbar geworden, auch neue Wettbewerber aus diesen Ländern sind in den direkten Wettbewerb zu deutschen Produktionsunternehmen getreten und verschärfen die Situation in der Wettbewerbsarena.[7] Heute müssen sich deutsche Unternehmen vermehrt mit ausländischen Unternehmen messen, die standortbedingte Wettbewerbsvorteile wie niedrigere Faktorkosten, Kundennähe oder bessere Lieferantenzugänglichkeit besitzen. So exportierten deutsche Produktionsunternehmen 2010 bereits 10,7%[8] ihrer produzierten Güter in den asiatischen und 11,5%[9] der Güter in den osteuropäischen Raum. Aufgrund der steigenden Leistungsfähigkeit ausländischer Produktionsunternehmen und des damit einhergehenden steigenden Wettbewerbsdrucks reicht eine reine Differenzierung über die qualitative Höherwertigkeit des Produkts nicht mehr aus. Vielmehr müssen deutsche Unternehmen ihren Kunden ein optimiertes Preis-Leistungs-Verhältnis anbieten, um die aktuelle Spitzenposition langfristig aufrecht erhalten zu können.[10] Dazu bedarf es jedoch einer effizienten Leistungserstellung, gepaart mit einer hohen Effektivität.

---

1 Vgl. o.V. (Anteil der Industrie am BIP), 2015
2 Vgl. o.V. (Bevölkerung in Deutschland), 2016; o.V. (Weltbevölkerung), 2016
3 Vgl. o.V. (Werkstatt der Welt), 2015
4 Vgl. o.V. (Made in Germany), 2013
5 Vgl. o.V. (Exportüberschuss), 2016
6 Vgl. o.V. (The EU in the World), 2012
7 Vgl. Mirow (Globalisierung der Wertschöpfung), 2002, S. 110
8 Vgl. o.V. (Foreign Trade), 2011; o.V. (Geographical Regions), 2013
9 Vgl. o.V. (Foreign Trade), 2011; o.V. (Geographical Regions), 2013
10 Vgl. Schuh et al. (Operative Exzellenz), 2010, S. 17

Zentraler Bestandteil des Leistungserstellungsprozesses industriell hergestellter Güter ist der Werkzeugbau, welcher Werkzeuge und Betriebsmittel für die industrielle Serienproduktion zur Verfügung stellt. Als wesentlicher Befähiger des Leistungserstellungsprozesses in Bezug auf die Produkt- und Prozessqualität, Time-to-market, Innovation und Produktivität hat der Werkzeugbau einen signifikanten Einfluss auf die Effizienz des gesamten Leistungserstellungsprozesses.[11] Die Leistungsfähigkeit der produzierenden Industrie Deutschlands wird somit maßgeblich durch die Leistungsfähigkeit des deutschen Werkzeugbaus bestimmt.

1.1 Problemstellung

Der Werkzeugbau am Hochlohnstandort Deutschland hat in den letzten Jahren einen Paradigmenwechsel vom handwerklich geprägten zum industriellen Werkzeugbau vollzogen.[12] In diesem Zuge haben sich Werkzeugbaubetriebe von Handwerksbetrieben zu „Werkzeug-Fabriken“[13] weiterentwickelt. Dieser Paradigmenwechsel konnte durch die Adressierung der Handlungsfelder Produkt- und Prozessstandardisierung, Fließfertigung, Taktung, Fokussierung und Kooperation erreicht werden.[14] Die erfolgreiche Umsetzung dieser Handlungsfelder erfordert jedoch die Etablierung industrieller Strukturen über das gesamte Unternehmen hinweg. So sind bei der Industrialisierung der Wertschöpfung sowohl die innerbetrieblichen Prozesse als auch die Schnittstellenprozesse, die Aufbauorganisation sowie der Ressourceneinsatz entsprechend in die Veränderungsprozesse mit einzubeziehen. Viele Werkzeugbaubetriebe haben die einzelnen Handlungsfelder zwar erfolgreich adressiert, die ganzheitliche Anpassung der Prozesse, der Organisation und der Ressourcen im Sinne eines strategischen Fits zwischen diesen wurde dabei jedoch häufig vernachlässigt oder es wurde ein Schwerpunkt auf einen bestimmten Aspekt gelegt.

Neben der Optimierung der Wertschöpfung durch die Industrialisierung haben Werkzeugbaubetriebe auch ihr Leistungsangebot angepasst, indem sie Kunden vermehrt Leistungsbündel (Werkzeug zzgl. ergänzender Dienstleistung) anbieten, um den Kundennutzen zu erhöhen.[15] So haben sich im Werkzeugbau Geschäftsmodelle herausgebildet, die Kunden produktseitig entweder einen erhöhten Nutzen über einen hohen Innovationsgrad oder einen geringen Einstandspreis sowie einen erhöhten Nutzen anhand der Zusammenarbeit über eine kurze Time-to-market oder die Übernahme von Wertschöpfungsumfängen der Kunden bieten.[16] Dabei haben es Werkzeugbaubetriebe mit der Anpassung des Leistungsangebots häufig verpasst, die aufgrund des Auftragsfertiger-Charakters des Werkzeugbaus angestrebte Kundenorientierung im gesamten Unternehmen zu verankern, da die Bedeutung einer ganzheitlichen Betrachtung der angebotenen Leistung und der befähigenden Faktoren Prozesse, Organisation und Ressourcen im Sinne eines strategischen Fits zwischen diesen Gestaltungsfeldern bei den meisten Werkzeugbaubetrieben nicht erkannt wurde (vgl. Abbildung 1).

---

[11] Vgl. Boos et al. (Wertschöpfung im Betriebsmittelbau), 2013, S. 123; Schuh et al. (Globaler industrieller Werkzeugbau), 2014, S. 224

[12] Vgl. Schuh et al. (Operative Exzellenz), 2010, S. 7; Klotzbach (Industrieller Werkzeugbau), 2006, S. 78; Komorek (Kollaborative Wertschöpfung), 2014, S. 2

[13] Vgl. Schuh et al. (Fast Forward Tooling), 2015, S. 26

[14] Vgl. Klotzbach (Industrieller Werkzeugbau), 2006, S. 181

[15] Vgl. Kühn (Leistungssysteme für den Werkzeugbau), 2016, S. 3

[16] Vgl. Frick (Geschäftsmodelle im Werkzeugbau), 2006, S. 190

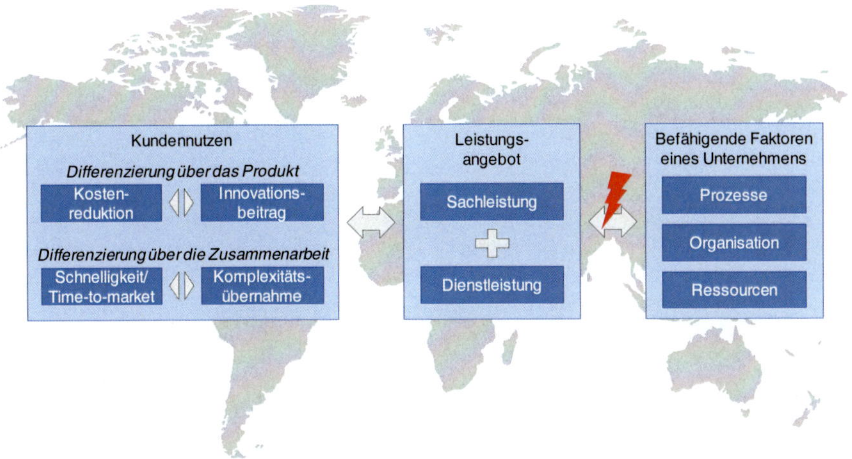

Abbildung 1: Fehlender strategischer Fit zwischen angebotener Leistung und den befähigenden Faktoren eines Unternehmens im Werkzeugbau

Die befähigenden Faktoren Prozesse, Organisation und Ressourcen, durch die ein Unternehmen repräsentiert werden kann[17], stellen einen entscheidenden Stellhebel für die Steigerung der Effektivität und der Effizienz in der Wertschöpfung dar. Jedoch bedarf es einer strategisch langfristigen und integrierten Auslegung der Gestaltungsfelder, damit durch einen effizienten und effektiven Werkzeugbau der gesamte Leistungserstellungsprozess der produzierenden Industrie verbessert werden kann.

Zukünftig gilt es, die den Kunden angebotene Leistung in den befähigenden Faktoren des Werkzeugbaubetriebs zu verankern, um die Kundenorientierung durch eine prozessorientierte Organisation[18] und einen anforderungsgerechten Ressourceneinsatz gewährleisten zu können. Dadurch können Werkzeugbaubetriebe mithilfe einer effizienten Wertschöpfung ein wettbewerbsüberlegendes Preis-Leistungs-Verhältnis anbieten.

Mit dieser Arbeit soll ein Lösungsansatz erarbeitet werden, der den gesamten Leistungserstellungsprozess der produzierenden Industrie durch einen strategisch ausgelegten, effizient und effektiv wertschöpfenden Werkzeugbau verbessert, um dem Kunden ein anforderungsgerechteres Preis-Leistungs-Verhältnis anbieten und die Wettbewerbsfähigkeit deutscher Produktionsunternehmen langfristig manifestieren zu können.

1.2 Zielsetzung der Arbeit

Die **übergeordnete Zielsetzung** dieser Dissertation ist die Entwicklung eines Lösungsansatzes für die Branche Werkzeugbau, mithilfe dessen Werkzeugbaubetriebe am Hochlohnstandort Deutschland ihre befähigenden Faktoren unter Beachtung des strategischen Fits auf Basis der angebotenen Leistung auslegen und durch eine anforderungsgerechtere Wertschöpfung ihre Wettbewerbsfähigkeit langfristig steigern können.

---

17 Vgl. Frick (Geschäftsmodelle im Werkzeugbau), 2006, S. 51

18 Vgl. Bruhn (Kundenorientierung), 1999, S. 4

Die Industrialisierung im Werkzeugbau hat dazu geführt, dass Produkte und Prozesse standardisiert, Ressourcen automatisiert sowie organisatorische und technologische Potenziale wie die einer effizienten Auftragsplanung sowie einer anforderungsgerechten NC-Programmierung und NC-Steuerung gehoben werden konnten. Allerdings wurden in der wissenschaftlichen Auseinandersetzung mit der Industrialisierung im Werkzeugbau lediglich Teilaspekte wie die Prozessgestaltung[19], die Taktung[20], die Vernetzung[21], das Leistungsangebot[22] und die Ressourcenauswahl[23] detailliert betrachtet und wissenschaftlich aufgearbeitet. Ein Ansatz, der die Bildung eines strategischen Fits bei der Auslegung dieser Teilaspekte in den Vordergrund stellt, liegt bisher nicht vor. Auch bisherige übergeordnete Ansätze zur strategischen Auslegung von Unternehmen adressieren die ganzheitliche Auslegung aller befähigenden Faktoren im Sinne eines strategischen Fits nur unzureichend. Zudem werden die spezifischen Randbedingungen der Einzel- und Kleinserienfertigung, wie sie im Werkzeugbau vorzufinden sind, nicht hinreichend berücksichtigt.

Daraus resultierend ist die **konkrete Zielsetzung** dieser Dissertation die Entwicklung einer Methodik zur strategischen Auslegung[24] industrieller Werkzeugbaubetriebe. Dabei werden, aufbauend auf einer Integrationsanalyse, die drei befähigenden Faktoren Prozesse, Organisation und Ressourcen strategisch unter Berücksichtigung des Fits zwischen diesen und der angebotenen Leistung ausgelegt.

Um der Forderung nach einer Eingrenzung der vorliegenden Arbeit und der Richtungsgebung des Forschungsprozesses von KUBICEK gerecht zu werden[25], wird folgend die **handlungsleitende Forschungsfrage** dieser Dissertation formuliert:

„Wie muss eine Methodik zur strategischen Auslegung der Prozesse, der Organisation und der Ressourcen unter Berücksichtigung des definierten Leistungsangebots im industriellen Werkzeugbau gestaltet sein?“

Eine Konkretisierung der handlungsleitenden Forschungsfrage durch weitere grundlegende Forschungsfragen erfolgt in Kapitel 3.6.

1.3 Forschungsansatz

Der Forschungsansatz der vorliegenden Arbeit entspricht dem allgemeinen Forschungsverständnis des Lehrstuhls für Produktionssystematik am Werkzeugmaschinenlabor WZL der RWTH Aachen und folgt dem wissenstheoretischen Ansatz nach ULRICH (vgl. Kapitel 1.3.1) sowie dem forschungsmethodischen Vorgehen nach KUBICEK (vgl. Kapitel 1.3.2), so wie es bereits in vergangenen Arbeiten des Lehrstuhls für Produktionssystematik am Werkzeugmaschinenlabor WZL der RWTH Aachen angewendet und beschrieben wurde.

---

19 Vgl. Kuhlmann (Geschäftsprozesse im industriellen Werkzeugbau), 2011
20 Vgl. Zwanzig (Taktung der Unikatfertigung), 2010; Ziskoven (Fertigung im Werkzeugbau), 2013
21 Vgl. Pitsch (Kompetenzfeldbasierte Vernetzung), 2014
22 Vgl. Kühn (Leistungssysteme für den Werkzeugbau), 2016
23 Vgl. Heeschen (Auswahl der Fertigungstechnologien), 2015
24 Strategisch bedeutet in diesem Zusammenhang integriert bzw. unter Berücksichtigung des Fits
25 Vgl. Kubicek (Heuristische Bezugsrahmen), 1977, S. 25

Die wissenschaftliche Forschung gleicht einem Prozess, in dessen Ablauf neue Erkenntnisse gewonnen und Lösungen entwickelt werden, welche letztlich in die „scientific community" einfließen.[26] Im Rahmen der vorliegenden Arbeit wird eine grundlegende Erkenntnisperspektive eingenommen, welche, ergänzt um die methodologische Vorgehensweise, den Anfang des Forschungsprozesses darstellt und die systematische Aufbereitung des Erkenntnisprozesses ermöglicht.

Bei der grundlegenden Erkenntnisperspektive handelt es sich um ein sogenanntes „belief system". Dieses System ist ein nicht weiter begründbares Vorverständnis für die Arbeit, welches nicht detaillierter nachgewiesen werden muss, sondern als grundlegende Überzeugung zu akzeptieren ist.[27] Die grundlegende Erkenntnisperspektive sowie das methodische Vorgehen der Forschung müssen jedoch offengelegt werden, um eine intersubjektive Begreifbarkeit der Erkenntnisse des Forschungsprozesses zu gewährleisten.[28]

Mit dem Forschungsansatz dieser Arbeit soll festgelegt werden, für welche Wissenschaften die Ergebnisse dieser Arbeit einen Lösungsansatz darstellen. Zudem soll gezeigt werden, auf welche Art und Weise der Forschungsprozess zur Gewinnung dieser Ergebnisse gestaltet wird. Aufbauend auf der erforderlichen wissenstheoretischen Einordnung werden folgend die Erkenntnisperspektive sowie die methodologische Vorgehensweise als Forschungsmethodologie beschrieben.

1.3.1 Wissenstheoretische Einordnung

Zur Erläuterung der grundlegenden Erkenntnisperspektive wird die vorliegende Arbeit im Folgenden zunächst in das Spektrum der Wissenschaft eingeordnet. Hierzu unterteilen Ulrich & Hill die Wissenschaft in Formal- und Realwissenschaften (vgl. Abbildung 2).[29]

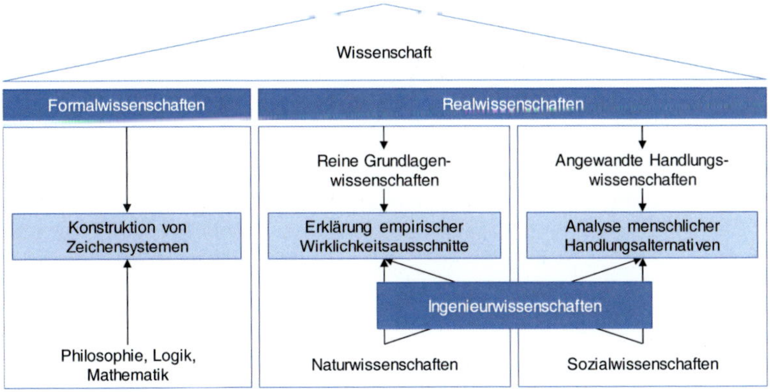

Abbildung 2: Wissenschaftssystematik[30]

[26] Vgl. Binder; Kantowsky (Technologiepotentiale), 1996, S. 3f.
[27] Vgl. Guba; Lincoln (Competing Paradigms), 1994, S. 107
[28] Vgl. Binder; Kantowsky (Technologiepotentiale), 1996, S. 3
[29] Vgl. Ulrich; Hill (Betriebswirtschaftslehre), 1976, S. 305
[30] Vgl. Ulrich; Hill (Betriebswirtschaftslehre), 1976, S. 305; Zohm (Management von Diskontinuitäten), 2003, S. 6

Die **Formalwissenschaften** verfolgen das Ziel, Zeichensysteme sowie entsprechende Regeln zu ihrer korrekten Verwendung zu entwickeln. Den Formalwissenschaften sind unter anderem die Fachrichtungen Logik, Mathematik und Philosophie zugeordnet.[31] Aussagen in den Formalwissenschaften haben keinen Bezug zu real existierenden Objekten und sind rein analytischer Natur, weshalb sich ihre Überprüfung auf Richtigkeit allein auf die Suche nach logischen und theoretischen Widersprüchen beschränkt.[32]

Die **Realwissenschaften** nach ULRICH & HILL hingegen zielen darauf ab, real existierende und sinnlich wahrnehmbare Wirklichkeitsausschnitte empirisch zu beschreiben, zu erklären und zu gestalten.[33] Die Aussagen der Realwissenschaften sind im Gegensatz zu denen der Formalwissenschaften nicht analytischer, sondern rein synthetischer Natur und erfordern daher zu ihrer Überprüfung auf Richtigkeit eine zusätzliche Faktenanalyse.[34] Innerhalb der Realwissenschaften kann zwischen reinen Grundlagenwissenschaften und angewandten Handlungswissenschaften unterschieden werden. Die Grundlagenwissenschaften umfassen die Fachgebiete der Naturwissenschaften wie Chemie, Biologie oder Physik und tragen dazu bei, Diskrepanzen zwischen den beobachteten Ereignissen und der zugrunde liegenden Theorie zu erklären. Den Handlungswissenschaften werden hingegen die Sozialwissenschaften zugeordnet. Sie umfassen unter anderem die Soziologie und Ökonomie, wobei auch das Themenfeld der Betriebswirtschaftslehre mit eingeschlossen ist.[35] Die Sozialwissenschaften selbst umfassen die Erkenntnisse über das Verhalten von einzelnen menschlichen Individuen (Psychologie), von Menschen in Interaktion (Sozialpsychologie) oder von ganzen Gesellschaften (Soziologie).[36] Die Ingenieurwissenschaften können eindeutig den Realwissenschaften zugeordnet werden. Innerhalb dieser ist eine eindeutige Zuordnung zu den Grundlagenwissenschaften oder zu den Handlungswissenschaften jedoch nicht ohne Weiteres möglich.[37] Aufgrund ihres hohen Bezugs auf die unternehmerische Praxis und der methodischen Unterstützung des menschlichen Handelns kann die vorliegende Arbeit jedoch den Handlungswissenschaften zugeordnet werden.

Nachdem die vorliegende Arbeit den angewandten Handlungswissenschaften zugeordnet werden konnte, bedarf es im Rahmen des weiteren Vorgehens der Offenlegung der Überzeugungen des Forschers, um die grundlegende Erkenntnisperspektive vollständig darzulegen. Diese Überzeugung beinhaltet wertgebundene und wissenschaftliche Annahmen, welche sich nicht weiter beweisen lassen und sich einer empirischen Untersuchung entziehen. Durch die Offenlegung dieser subjektiven Prämissen soll das sogenannte Subjektivitätskriterium wissenschaftlicher Arbeiten überwunden werden.[38] Innerhalb der Wissenschaftstheorie wird dieses

[31] Vgl. Ulrich; Hill (Betriebswirtschaftslehre), 1976, S. 305
[32] Vgl. Schanz (Führungsforschung), 1987, S. 2039
[33] Vgl. Ulrich; Hill (Betriebswirtschaftslehre), 1976, S. 305
[34] Vgl. Schanz (Führungsforschung), 1987, S. 2039
[35] Vgl. Ulrich; Hill (Betriebswirtschaftslehre), 1976, S. 305
[36] Vgl. Schanz (Führungsforschung), 1987, S. 2040
[37] Vgl. Ulrich (Systemorientierte Betriebswirtschaftslehre), 1971, S. 47
[38] Vgl. Ulrich; Hill (Betriebswirtschaftslehre), 1976, S. 306

grundlegende Verständnis im Sinne einer Leitidee Paradigma[39], Erkenntnis-[40] oder Forschungsprogramm[41] genannt. In der Betriebswirtschaftslehre erfolgt die Darstellung solch leitender Gedanken durch den faktortheoretischen Ansatz von Gutenberg, den systemtheoretischen Ansatz nach Ulrich und den entscheidungstheoretischen Ansatz von Heine.[42] Der systemtheoretische Ansatz nach Ulrich ist praxisnah, integrativ und offen, worin eine große Nähe zu den Ingenieurwissenschaften begründet liegt und ihn für die vorliegende Arbeit besonders qualifiziert.[43] Dieses interdisziplinäre Vorgehen dient daher als Substrat für den weiteren Verlauf dieser Arbeit und repräsentiert die grundlegende Weitsicht des Autors.

1.3.2 Forschungsmethodologie

Nachdem im vorangegangenen Abschnitt die grundlegende Erkenntnisperspektive erläutert wurde, wird nachfolgend die **Forschungsmethodologie** vorgestellt, welche den Teil des Forschungsprozesses beschreibt, der sich mit der Gewinnung von Erkenntnissen auseinandersetzt. Dieser Prozess beginnt nach Popper mit Problemen und nicht mit der Wahrnehmung, der Beobachtung oder dem Sammeln von Daten oder Tatsachen.[44] In der Auswahl dieser Probleme zeigt sich der elementare Unterschied zwischen den reinen Grundlagenwissenschaften und den angewandten Handlungswissenschaften. Die Erstgenannten erläutern die Dissonanzen zwischen der Theorie und den gemachten Beobachtungen.[45] Im primären Fokus der Forschung steht das Streben nach Erkenntnissen.[46] Die Handlungswissenschaften verfolgen hingegen pragmatische Ziele, die sich auf ungelöste Probleme des praktischen menschlichen Handelns beziehen, für die noch kein ausreichendes Wissen in Bezug auf eine Lösung besteht.[47] Gemäß Ulrich entstehen die Probleme der Grundlagenwissenschaften in Relation zur Theorie, während sich jene der Handlungswissenschaften im Kontext der unternehmerischen Praxis ergeben.[48]

In Bezug auf das pragmatische Wissenschaftsziel zielt wissenschaftlicher Fortschritt in den angewandten Handlungswissenschaften nach Schanz weniger auf den Zuwachs an Erkenntnissicherung ab, als vielmehr auf ein besseres Verständnis der Realität, welches eine bessere Beherrschung der selbigen ermöglicht.[49] Zur Realisierung dieser Fortschrittspotenziale ist nach Kubicek die Prüfstrategie, welche der empirischen Forschung zugrunde liegt, ausgehend von ihrer grundsätzlichen formalverfahrenstechnischen Orientierung nur in geringem Maße förderlich und stellt in Bezug auf ihre Anwendung in der Forschungspraxis sogar ein Hindernis dar.[50] Aus dieser Problematik heraus hat sich innerhalb der Handlungswissenschaften die explorative Forschung entwickelt, welche eine eigene Forschungsmethodologie darstellt und

[39] Vgl. Kuhn (Struktur wissenschaftlicher Revolutionen), 2001, S. 25
[40] Vgl. Albert (Marktsoziologie und Entscheidungslogik), 1998, S. 8ff.
[41] Vgl. Lakatos (Wissenschaftliche Forschungsprogramme), 1974, S. 89ff.
[42] Vgl. Ulrich; Hill (Betriebswirtschaftslehre), 1976, S. 307f.
[43] Vgl. Ulrich; Hill (Betriebswirtschaftslehre), 1976, S. 308f.
[44] Vgl. Popper (Logik der Sozialwissenschaften), 1975, S. 104
[45] Vgl. Ulrich (Management), 1984, S. 172
[46] Vgl. Schanz (Führungsforschung), 1987, S. 2041
[47] Vgl. Ulrich (Management), 1984, S. 172
[48] Vgl. Ulrich (Management), 1984, S. 173
[49] Vgl. Schanz (Führungsforschung), 1987, S. 2041
[50] Vgl. Kubicek (Heuristische Bezugsrahmen), 1977, S. 7

welche die Empirie nicht allein auf die Überprüfung von theoriegeleiteten Hypothesen beschränkt, sondern zudem auch die Entwicklung theoretischer Aussagen basierend auf systematischem Erfahrungswissen erlaubt.[51]

Die vorliegende Arbeit orientiert sich, gemäß ihrer Zuordnung zu den angewandten Handlungswissenschaften im Rahmen der Wissenschaftssystematik und der Wahl des systemtheoretischen Ansatzes nach ULRICH, an dem forschungsmethodischen Ansatz der explorativen Forschung. Es wird zudem der Forschungszyklus nach TOMCZAK zugrunde gelegt (vgl. Abbildung 3).[52]

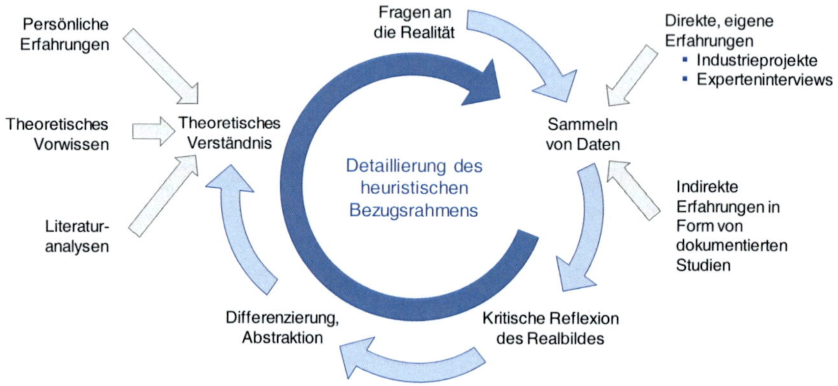

Abbildung 3: Forschungsmethodisches Vorgehen[53]

Wissenschaftliche Aussagen werden beim explorativen Forschungsvorgehen nach KUBICEK in einem iterativen Lernprozess entwickelt, der von theoretischen Absichten geführt wird. Diese Absichten fußen selbst auf einem systematischen Erfahrungswissen und werden in kreative wissenschaftliche Aussagen umgesetzt.[54] Demnach ist das Ziel der Zugewinn an Erfahrungswissen und dessen kreative Umwandlung in theoretische Axiome. Folglich ist hierbei die Zielsetzung zum einen Fragen an die Realität zu stellen und zum anderen durch die theoretische Verarbeitung der gewonnenen Erkenntnisse neue Fragen stellen zu können, um schließlich wieder zu neuen Erkenntnissen über die Realität vorzustoßen.[55]

1.3.2.1 Heuristischer Bezugsrahmen

Der heuristische Bezugsrahmen bildet innerhalb der explorativen Forschung den Mittelpunkt des Forschungsprozesses. Dieser zeigt das Vorverständnis des Autors, lenkt den Forschungsprozess und gibt eine Richtung für die Lösung praxisrelevanter Probleme vor.[56] Die Basis für die Entwicklung eines heuristischen Bezugsrahmens bildet nach TOMCZAK „ein theoretisches Problem bzw. ein generelles Phänomen, das nicht genügend verstanden bzw. unzureichend

[51] Vgl. Kubicek (Heuristische Bezugsrahmen), 1977, S. 13
[52] Vgl. Tomczak (Forschungsmethoden), 1992, S. 83
[53] Vgl. Kubicek (Heuristische Bezugsrahmen), 1977, S. 14; Tomczak (Forschungsmethoden), 1992, S. 84
[54] Vgl. Kubicek (Heuristische Bezugsrahmen), 1977, S. 13
[55] Vgl. Kubicek (Heuristische Bezugsrahmen), 1977, S. 14
[56] Vgl. Tomczak (Forschungsmethoden), 1992, S. 84

beherrscht wird.“[57] Da die Problemstellung der vorliegenden Arbeit bereits beschrieben wurde (vgl. Kapitel 1.1), kann der heuristische Bezugsrahmen entwickelt werden.

Das Kernelement des heuristischen Bezugsrahmens bilden interne und externe Betriebe der Branche Werkzeugbau. Zur nachhaltigen Wahrung der Wettbewerbsfähigkeit am Hochlohnstandort Deutschland müssen Werkzeugbaubetriebe eine Strategie entwickeln, welche eine Differenzierung gegenüber Wettbewerbern aus dem In- und insbesondere dem Ausland ermöglicht. Dies kann, neben einer zukunftsfähigen strategischen Positionierung, durch eine effiziente, am Kundennutzen orientierte Gestaltung der Wertschöpfung gelingen (vgl. Kapitel 2.3.5). Die Gestaltung der Wertschöpfung wird maßgeblich von der Auslegung der zur Erbringung der Leistung notwendigen befähigenden Faktoren Prozesse, Organisation und Ressourcen bestimmt (vgl. Kapitel 2.2.2 und 2.3.5.2). Eine effiziente Gestaltung der Wertschöpfung fordert daher eine Auslegung der befähigenden Faktoren unter Berücksichtigung des strategischen Fits, um den Kundennutzen unter einem optimalen Kosten-Nutzen-Verhältnis zu maximieren (vgl. Kapitel 2.1.2). Die Forderung nach einer kundenorientierten Auslegung der befähigenden Faktoren führt zu einer strategischen, ganzheitlichen Auslegung industrieller Werkzeugbaubetriebe. Der heuristische Bezugsrahmen ist in Abbildung 4 dargestellt.

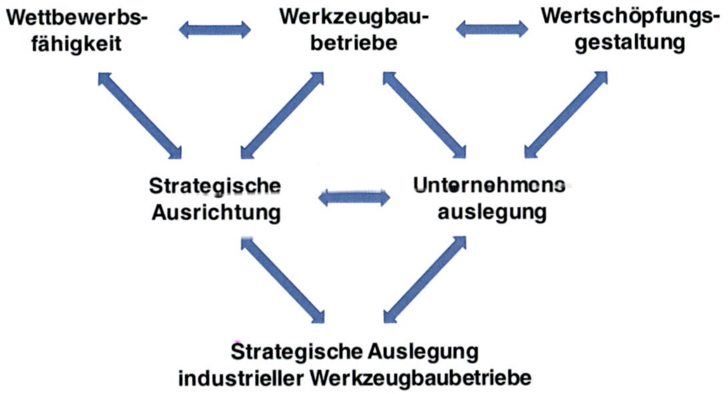

Abbildung 4: Heuristischer Bezugsrahmen

1.3.2.2 Erfahrungswissen

Die Grundlage für die vorliegende Arbeit stellt das praktische Erfahrungswissen des Autors dar. Dieses Erfahrungswissen konnte während der Tätigkeit als wissenschaftlicher Mitarbeiter am Lehrstuhl für Produktionssystematik in der Abteilung Unternehmensentwicklung am Werkzeugmaschinenlabor WZL der RWTH Aachen erworben werden. Sowohl die strategische Auslegung von Unternehmen als Themenschwerpunkt als auch der Werkzeugbau als Betrachtungsgegenstand dieser Arbeit wurden im Rahmen von Forschungs- und Industrieprojekten sowie Lehr- und Weiterbildungsveranstaltungen adressiert und vertieft. Zudem konnte durch das intensive Studium der forschungsrelevanten Theorie das Verständnis zur strategischen Auslegung von Unternehmen und zum Werkzeugbau ergänzt und reflektiert werden.

[57] Vgl. Tomczak (Forschungsmethoden), 1992, S. 84

Durch die Leitung einer Vielzahl nationaler und internationaler Industrieprojekte in internen und externen Werkzeugbaubetrieben mit den Themen Benchmarking, Werkzeugversorgung, Neuauslegung und strategische Ausrichtung konnte ein tief gehendes Verständnis für die Strukturen des Werkzeugbaus aufgebaut werden. Insbesondere in Industrieprojekten zu den Themen strategische Ausrichtung und Neuauslegung von Werkzeugbaubetrieben konnte ein umfassendes, praxisrelevantes Wissen in Bezug auf die Bewertung des Status quo von Werkzeugbaubetrieben sowie die strategische Auslegung dieser aufgebaut werden.

Die Detaillierung der Themenstellung sowie die Beantwortung spezifischer Fragestellungen zur strategischen Auslegung von Werkzeugbaubetrieben konnten in zahlreichen Kolloquiumsvorträgen, Seminaren und Arbeitskreisen mit Fachleuten aus dem Werkzeugbau erfolgen. Hierbei wurden die Forschungsergebnisse durch den Austausch mit Experten aus Theorie und Praxis verbessert, um mit den Erkenntnissen den Handlungsbedarf aus Theorie und Praxis ableiten und beantworten zu können. Der Aufbau eines Netzwerks von Experten im Werkzeugbau ermöglichte die erfolgreiche Validierung der in der vorliegenden Arbeit beschriebenen Methodik zur strategischen Auslegung industrieller Werkzeugbaubetriebe.

1.4 Aufbau der Arbeit

Der Aufbau der Arbeit orientiert sich am Forschungsprozess für angewandte Forschung nach ULRICH, da die vorliegende Arbeit der explorativen Forschung zuzuordnen ist.[58] In diesem Prozess wird der Praxisbezug in den Vordergrund gestellt, auf dessen Basis analytisch induktiv entsprechende Regeln und Modelle abgeleitet werden. Diese müssen wiederum in der Praxis validiert werden. In Abbildung 5 ist der Zusammenhang zwischen den angewandten Wissenschaft im Theorie- und Praxisbezug nach ULRICH und dem Aufbau der Arbeit dargestellt.

[58] Vgl. Ulrich; Hill (Betriebswirtschaftslehre), 1976, S. 305ff.

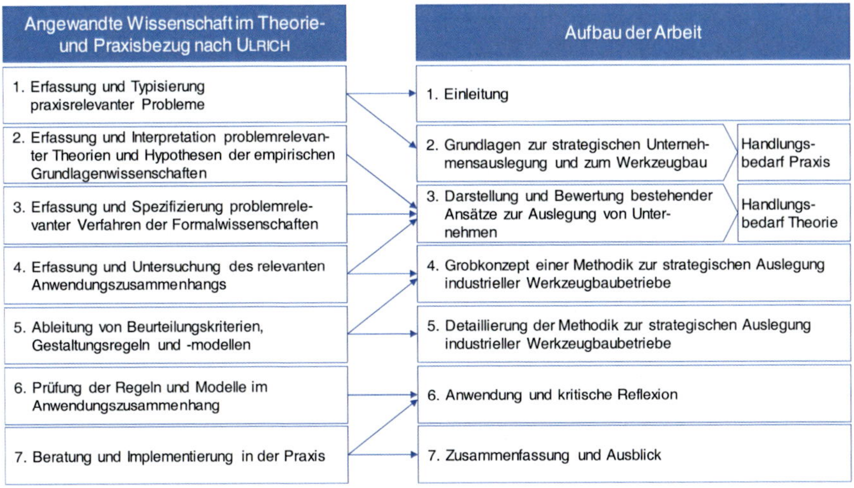

Abbildung 5: Aufbau der Arbeit[59]

Die vorliegende Forschungsarbeit gliedert sich in sieben Hauptkapitel. Im **ersten Kapitel** wurde die aktuelle Problemstellung als Ausgangssituation der Arbeit beschrieben. Aufbauend auf dieser Beschreibung wurde anschließend die Zielsetzung der Dissertation inklusive der handlungsleitenden Forschungsfrage definiert. Zum Abschluss des Kapitels erfolgte die wissenschaftliche Einordnung sowie in dem vorliegenden Abschnitt die Beschreibung des Aufbaus der Arbeit.

Das **zweite Kapitel** dient der Einführung in die Grundlagen der vorliegenden Thematik. Dazu wird zunächst ein umfassendes Begriffsverständnis für die strategische Unternehmensauslegung hergestellt. Insbesondere werden die Gestaltungsfelder der Unternehmensauslegung vorgestellt und beschrieben. Neben dieser Vorstellung erfolgt eine Definition der Begriffe Strategie und Unternehmensauslegung. Anschließend wird der Werkzeugbau als Betrachtungsgegenstand dieser Arbeit beschrieben. Dazu werden die Branchenstruktur, das Leistungsspektrum, seine besondere Position in der industriellen Wertschöpfungskette sowie die Herausforderungen des Werkzeugbaus vorgestellt. Abschließend erfolgt die Ableitung des Handlungsbedarfs aus der Praxis.

Im **dritten Kapitel** werden bestehende wissenschaftliche Ansätze zur strategischen Unternehmensauslegung betrachtet und bewertet. Für die Bewertung werden zuvor Anforderungen an eine Methodik zur strategischen Auslegung industrieller Werkzeugbaubetriebe definiert. Auf Basis der Bewertung erfolgt die Ableitung des Handlungsbedarfs aus der Theorie, woraufhin die Forschungsfrage der Arbeit konkretisiert wird.

Ausgehend von den Handlungsbedarfen aus der Theorie und der Praxis wird im **vierten Kapitel** die Methodik zur strategischen Auslegung industrieller Werkzeugbaubetriebe konzeptioniert. Hierzu werden zunächst, als Grundlage für die Entwicklung der Methodik, die Systemtechnik sowie die Modellierung vorgestellt, um einen geeigneten Ordnungsrahmen für das

59 Vgl. Ulrich (Management), 1984, S. 193

Grobkonzept der Methodik zu entwerfen. Zudem werden ein Zielbild sowie das Grobkonzept der Methodik vorgestellt. Zuletzt erfolgt der Abgleich des Grobkonzepts der Methodik mit den in Kapitel 3 definierten Anforderungen.

Im **fünften Kapitel** werden die in Kapitel 4 definierten Methodikbausteine konkretisiert. Hierzu werden die Methodikbausteine einer der beiden definierten Phasen der Methodik zugeordnet und ausgestaltet. In der Analysephase werden die Leistung aufgenommen und der Integrationsgrad der drei befähigenden Faktoren mit dieser Leistung ermittelt, woraufhin in der Auslegungsphase die strategische Auslegung der befähigenden Faktoren Prozesse, Organisation und Ressourcen vorgenommen wird.

Das **sechste Kapitel** beinhaltet die Validierung der Methodik. Hierzu wird die Methodik anhand von zwei Fallbeispielen im Anwendungskontext angewendet. Dazu werden die vorliegenden Unternehmenssituationen vorgestellt und die Anwendung der Methodik erläutert. Das Kapitel schließt mit einer kritischen Reflexion ab. In dieser Reflexion wird geprüft, inwieweit die Ergebnisse bei der Anwendung der Methodik in der Praxis den gestellten Anforderungen entsprechen.

Im **siebten Kapitel** erfolgen eine Zusammenfassung der Erkenntnisse der vorliegenden Arbeit sowie ein Ausblick in Bezug auf den weiteren Forschungsbedarf im Anwendungskontext.

2 Grundlagen des Gestaltungs- und Betrachtungsbereichs

Im zweiten Kapitel werden die Grundlagen des Gestaltungs- und Betrachtungsbereichs erläutert, um ein grundlegendes Verständnis für die Ausgangslage dieser Arbeit zu erhalten. Gemäß dem forschungsmethodischen Vorgehen nach ULRICH werden damit Probleme aus der Praxis und problemrelevante Theorien aus der Wissenschaft erfasst (vgl. Kapitel 1.3). Dazu wird zunächst in die strategische Unternehmensauslegung als Gestaltungsbereich eingeführt. Anschließend erfolgt eine detaillierte Vorstellung der Branche Werkzeugbau, welche den Betrachtungsbereich dieser Arbeit bildet. Zum Abschluss dieses Kapitels wird der Handlungsbedarf aus der Praxis abgeleitet.

2.1 Strategie

Im Folgenden werden der Begriff Strategie definiert und abgegrenzt sowie relevante inhaltliche Aspekte dieses im Kontext der strategischen Unternehmensauslegung beschrieben. Dazu wird zunächst die historische Entwicklung des Begriffs dargestellt und die Entwicklung eines Unternehmens mithilfe des strategischen Managements thematisiert. Abschließend wird das Konzept des strategischen Fits, welches in dieser Arbeit eine besondere Bedeutung einnimmt, vorgestellt.

2.1.1 Begriffsdefinition und -abgrenzung

Der Begriff „Strategie“ ist in der Wissenschaft und Praxis nicht eindeutig definiert. Vielmehr ist er durch universelle Beschreibungen charakterisiert, welche unterschiedliche Abgrenzungen voneinander vornehmen.[60] Zum Verständnis dieser Arbeit werden der Begriff aus der Sicht unterschiedlicher wissenschaftlicher Disziplinen betrachtet und abschließend eine Definition für die Arbeit hergeleitet.

2.1.1.1 Begriffsentwicklung

Etymologisch stammt der Begriff „Strategie“ von dem altgriechischen Wort „strategos“ ab und bedeutete „Heerführer“. Es beschrieb die Kunst in der Führung eines Heers während des Krieges.[61] Dabei beinhaltete die Strategie den Plan des Feldherrn, der es ihm vorausschauend ermöglichte, in allen ihm denkbaren Lagen situativ die richtigen Entscheidungen zu treffen.[62] Die Überführung des erst noch ausschließlich im militärischen Bereich genutzten Begriffs in die Wirtschaftswissenschaften und später in die Betriebswirtschaftslehre fand erst in den 1940er Jahren statt.[63]

Einzug in die Wirtschaftswissenschaften hielt der Begriff durch die Begründer der Spieltheorie NEUMANN & MORGENSTERN. Sie definieren den Begriff „Strategie“ als die vollständige Planung einer bestimmten Abfolge von Handlungen, die angeben, welche Wahl ein Spieler in allen nur

[60] Vgl. Mintzberg et al. (The Strategy Process), 2003, S. 2
[61] Vgl. Hungenberg (Strategisches Management im Unternehmen), 2004, S. 5
[62] Vgl. Clausewitz (Vom Kriege), 1952; Schroeter (Operatives Controlling), 2002, S. 41
[63] Vgl. Hungenberg (Strategisches Management im Unternehmen), 2004, S. 5; Will (Strategische Unternehmensentwicklung in KMU), 2012, S. 4

möglichen Situationen des Spiels zu treffen hat. Dabei wird die Wahl durch die wirklichen Informationen in Kombination mit den vorliegenden Spielregeln beeinflusst. Das Ziel ist die gedankliche Vorwegnahme aller Eventualitäten zum Gewinn des Spiels.[64]

Seit den 1960er Jahren prägten insbesondere CHANDLER, ANSOFF und ADREWS das heutige Begriffsverständnis im Kontext der Betriebswirtschaft. CHANDLER definiert Strategie als „determination of the basic long-term goals and objects of an enterprise, and the adaption of courses of action and the allocation of resources necessary for carrying out these goals".[65] So beinhaltet die Strategie sowohl die langfristigen Ziele eines Unternehmens als auch den Weg zum Erreichen dieser.

ANDREWS baut auf diesem von CHANDLER geschaffenen Strategieverständnis auf. Er bezeichnet eine Strategie als „pattern of objectives, purposes, or goals and major policies and plans for achieving these goals, stated in such a way as to define what business the company is in or is to be in and the kind of company it is or is to be".[66] Dabei versteht er Strategie als Prozess, welcher in die beiden Phasen Formulierung und Implementierung unterteilt werden kann. Zudem differenziert er zwischen externen Umwelt- und internen Fähigkeitsaspekten.[67] In diesem prozessualen Zusammenhang hat Strategie einen eher mittel- bis langfristigen anstatt einen kurzfristigen Charakter.[68]

Der Beschreibung von ANSOFF folgend betreffen strategische Entscheidungen interne und externe Probleme eines Unternehmens bei der Herstellung und dem Angebot eines Produktmixes für den Markt.[69] Hierbei bezeichnet der Begriff „strategisch" die Berücksichtigung der Beziehungen zwischen dem Unternehmen und seiner Umwelt. „The firm's objectives and goals"[70] stehen dabei im Vordergrund solcher Entscheidungen.

In der Tatsache begründet, dass der Begriff „Strategie", trotz der vorgestellten Definitionen, in Theorie und Praxis weiterhin mannigfaltig verwendet wird, nimmt MINTZBERG die Definition von Strategie in multipler Form vor, indem er fünf unterschiedliche Interpretationsmöglichkeiten vorgibt.[71] Diese „5 Ps of Strategy" werden im Folgenden vorgestellt:[72]

- **Strategy as Plan**: Strategie wird als Maßnahmenplan für die Zukunft im klassischen Begriffsverständnis aufgefasst. Sie beschreibt ex ante einen konkreten Zielzustand sowie ein bewusstes und zielgerichtetes Vorgehen
- **Strategy as Pattern**: Strategie wird ex post als Muster aus Initiativen, Entscheidungen und Handlungen aufgefasst, welche über einen bestimmten Weg zu einem definierten Standpunkt geführt haben

[64] Vgl. Neumann; Morgenstern (Spieltheorie), 1961, S. 61
[65] Vgl. Chandler (Strategy and Structure), 1962, S. 13
[66] Vgl. Andrews (The Concept of Corporate Strategy), 1971, S. 28
[67] Vgl. Andrews (The Concept of Corporate Strategy), 1971, S. 37
[68] Vgl. Sadler (Strategic Management), 2003, S. 24
[69] Vgl. Ansoff (Corporate Strategy), 1965, S. 18
[70] Vgl. Ansoff (Corporate Strategy), 1965, S. 18
[71] Vgl. Reisinger et al. (Strategisches Management in Theorie und Praxis), 2013, S. 20
[72] Vgl. Mintzberg et al. (The Strategy Process), 2003, S. 3

- **Strategy as Position**: Strategie wird durch die Position des Unternehmens am Markt und im Wettbewerb charakterisiert. Ziel ist das frühzeitige Erkennen von attraktiven Positionen und deren strategische Erschließung
- **Strategy as Perspective**: Strategie wird als handlungsleitende Maxime des Unternehmens verstanden, welche den handelnden Personen Aufschluss über die grundlegende Art und Weise des unternehmerischen Agierens gibt
- **Strategy as Ploy**: Strategie wird in Anlehnung an die militärische Begriffsherkunft als List aufgefasst. Dabei wird sie als überraschendes Manöver gegenüber den Wettbewerbern verstanden

In dem Strategieverständnis nach MINTZBERG wird deutlich, dass Strategien nicht immer geplant und vom Top-Management top-down vorgegeben werden müssen, sondern auch emergent bottom-up entstehen können. So lassen sich sieben Merkmale in Bezug auf den Begriff Strategie zusammenfassen:[73]

- Strategie betrifft sowohl die Organisation als auch ihre Umgebung
- Strategie hat ein komplexes Wesen
- Strategie beeinflusst das allgemeine Wohlergehen der Organisation
- Strategie betrifft sowohl Fragen des Inhalts als auch Fragen des Prozesses
- Strategien werden nicht vollkommen bewusst festgelegt
- Strategien existieren auf verschiedenen Ebenen
- Strategie beinhaltet verschiedene Denkprozesse

Die grundlegende Offenheit des Begriffes nach MINTZBERG führt zu einer umfassenden Berücksichtigung unterschiedlicher Begriffsverwendungen, jedoch auch zu einer geringen Aussagefähigkeit darüber, welche Phänomene dem Gestaltungsbereich zugeordnet sind und welche ausgeschlossen werden.[74]

Für die vorliegende Arbeit erscheint es sinnvoll, eine Strategie als Verhaltensmuster zu verstehen, welches innere sowie äußere Einflüsse des Unternehmens berücksichtigt und eine nachhaltige Nutzenstiftung in Bezug auf die Wettbewerbsfähigkeit am Markt durch entsprechende Handlungen sicherstellt. Dies entspricht in etwa der Definition des Begriffs nach HOFER, welcher Strategie „as the match an organization makes between its internal resources and skills and the opportunities and risks created by its external environment“[75] definiert. Somit beschreibt die Strategie die Verknüpfung des operativen Handelns mit den gesetzten Zielen zur Verbesserung der Wettbewerbsposition mit einem langfristigen Charakter.

2.1.1.2 Strategisches Management

Ähnlich wie der Begriff „Strategie“ wird auch der Begriff „Strategisches Management“ von einer Vielzahl von Wissenschaftlern beschrieben und unterschiedlich aufgefasst. So sind sowohl

[73] Vgl. Mintzberg et al. (Strategy Safari), 1999, S. 30
[74] Vgl. Welge; Al-Laham (Grundlagen – Prozess – Implementierung), 2008, S. 22
[75] Vgl. Hofer; Schendel (Strategy Formulation), 1978, S. 12

das inhaltliche Verständnis als auch das methodische Vorgehen zum Teil erheblich unterschiedlich.[76] ULRICH & KRIEG[77] verorten das Strategische Management in ihrem St. Galler Management-Modell zwischen dem normativen und dem operativen Management. Im Gegensatz zum normativen Management, welches sich mit den generellen Zielen der Unternehmung, und dem operativen Management, welches sich mit dem operativen Vollzug beschäftigt, behandelt das Strategische Management „den Aufbau, die Pflege und die Ausbeutung von Erfolgspotenzialen [...] für die Ressourcen eingesetzt werden“[78].[79] MÜLLER-STEWENS & LECHNER beschreiben das Wesen des Strategischen Managements allgemein als das Bestreben, die Entwicklung des Unternehmens zu gestalten.[80] Dabei ist die Entwicklung des Unternehmens als geplante Evolution charakterisiert. Das bedeutet, dass Strategisches Management iterativ abläuft und die konzeptionelle Gesamtsicht durch die Berücksichtigung von exogenen Vorgängen und bereits gemachten Erfahrungen angepasst werden muss.[81] Auch WELGE & AL-LAHAM definieren Strategisches Management als Prozess, in dessen Mittelpunkt die Formulierung und Umsetzung von Strategien in Unternehmen steht.[82] Die beiden beispielhaft genannten Definitionen zeigen, dass Strategisches Management aus verschiedenen Perspektiven betrachtet werden kann und aus unterschiedlichen theoretischen Ausgangspositionen resultiert, es aber ein gemeinsames Grundverständnis gibt, welches allen Ansätzen gemein ist.[83] Abbildung 6 zeigt das Grundverständnis des Strategischen Managements, welches sich anhand von fünf Merkmalen charakterisieren lässt:[84]

- Als strategisch gelten solche Entscheidungen des Managements, die die **grundsätzliche Richtung der Unternehmensentwicklung** bestimmen oder maßgeblich beeinflussen
- Ziel strategischer Entscheidungen ist es, den **langfristigen Erfolg** eines Unternehmens zu sichern
- Strategische Entscheidungen versuchen den zukünftigen Erfolg zu sichern, indem sie die **externe und interne Ausrichtung** des Unternehmens bestimmen
- Strategische Entscheidungen schaffen durch die grundsätzliche Ausrichtung des Unternehmens **Erfolgspotenziale**, von denen der zukünftige Erfolg des Unternehmens abhängig ist
- Strategische Entscheidungen müssen aus einer **übergreifenden Perspektive** heraus getroffen werden, da die Ausrichtung eines Unternehmens nur dann grundlegend beeinflusst werden kann, wenn über Organisationseinheiten hinweg gedacht wird

„Strategisches Management befasst sich demnach mit Entscheidungen über die beiden zentralen Bestimmungsfaktoren des Erfolgs von Unternehmen: Seine Positionierung am Markt und

76 Vgl. Hungenberg (Strategisches Management im Unternehmen), 2004, S. 3f.
77 Vgl. Ulrich; Krieg (St. Galler Management-Modell), 1974
78 Vgl. Bleicher (Integriertes Management), 2011, S. 89
79 Vgl. Bleicher (Integriertes Management), 2011, S. 86f.
80 Vgl. Müller-Stewens; Lechner (Strategisches Management), 2005, S. 20
81 Vgl. Kirsch (Die geplante Evolution), 1997, S. 68
82 Vgl. Welge; Al-Laham (Grundlagen – Prozess – Implementierung), 2008, S. 23
83 Vgl. Hungenberg (Strategisches Management im Unternehmen), 2004, S. 3f.
84 Vgl. Hungenberg (Strategisches Management im Unternehmen), 2004, S. 4ff.

die Ausgestaltung seiner Ressourcenbasis."[85] Gemäß COLE ist die Positionierung dabei innerhalb der strategischen Planung, die Ressourcenbasis innerhalb der operativen Planung verortet, wobei enge Wechselwirkungen zwischen den beiden Ebenen bestehen.[86]

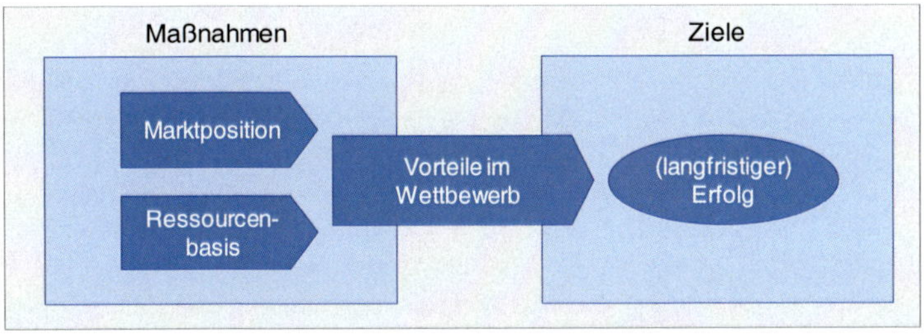

Abbildung 6: Grundverständnis des Strategischen Managements nach HUNGENBERG[87]

Strategisches Management wird in der vorliegenden Arbeit als Prozess verstanden, in welchem die grundsätzliche Unternehmensentwicklung festgelegt wird, um langfristigen Erfolg zu gewährleisten. Dabei werden Erfolgspotenziale auf Basis der externen und internen Unternehmensausrichtung bestimmt, indem eine übergreifende Perspektive eingenommen wird.

Die Perspektiven auf das Unternehmen, die dabei eingenommen werden können, lassen sich in zwei grundlegende Ansätze unterscheiden – den marktorientierten Ansatz (Market-based View) und den ressourcenorientierten Ansatz (Resource-based View). Im Folgenden werden die beiden Ansätze beschrieben.

Der **marktorientierte Ansatz (MBV)** basiert auf dem zentralen Denkmodell des Structure-Conduct-Performance-Paradigmas. Dieses aus der Industrieökonomie stammende Paradigma beschreibt einen Zusammenhang zwischen den Markt- und Wettbewerbsbedingungen (structure), dem Wettbewerberverhalten (Conduct) und den Wettbewerbsergebnissen (performance).[88] Das Denkmodell führt zu der Annahme, dass der Unternehmenserfolg in erster Linie auf der Auswahl einer geeigneten Branche und einer entsprechenden Positionierung des Unternehmens in einem attraktiven Segment basiert.[89]

Der **ressourcenorientierte Ansatz (RBV)** basiert auf der Theorie von PENROSE[90] und stellt das Gegenüber des marktorientierten Ansatzes dar. Hierbei liegt der Fokus nicht auf der Stellung des Unternehmens am Produktmarkt, sondern auf der Qualität der Ressourcen.[91] Dabei wird der Begriff „Ressourcen" weit gefasst und umfasst beispielsweise Markennamen, Kapital, Handelsverträge, Maschinenausstattung, Prozesse, Technologiekompetenzen, Informationen und Wissen sowie qualifizierte Mitarbeiter.[92] So ist der Erfolg des Unternehmens durch die

---

[85] Vgl. Hungenberg (Strategisches Management im Unternehmen), 2004, S. 7

[86] Vgl. Cole (Strategic Management), 1994, S. 9

[87] Vgl. Hungenberg (Strategisches Management im Unternehmen), 2004, S. 6

[88] Vgl. Hungenberg (Strategisches Management im Unternehmen), 2004, S. 494f.

[89] Vgl. Bain (Industrial Organization), 1968, S. 462; Zur Analyse der Marktattraktivität siehe: Porter (Competitive Advantages), 1985

[90] Vgl. Penrose (The Theory of the Growth), 1959

[91] Vgl. Knyphausen-Aufseß (Theorie der strategischen Unternehmensführung), 1996, S. 82

[92] Vgl. Wernerfelt (A Resource-based View), 1984, S. 172; Makhija (Resource-based and Market-based View), 2003, S. 439

Einzigartigkeit der Ressourcen des Unternehmens und die Effizienzunterschiede der Ressourcen gegenüber den Wettbewerbern (Ressourcenheterogenität) gekennzeichnet.[93]

Bei dem ressourcenorientierten Ansatz lassen sich drei unterschiedliche Vertiefungen des Ansatzes unterscheiden:

Der **fähigkeitsorientierte Ansatz (Capability-based View – CBV)** legt den Fokus nicht auf ein weites Feld von Ressourcen, sondern auf die Fähigkeiten eines Unternehmens. Diese Fähigkeiten ermöglichen dem Unternehmen, durch die Nutzung verschiedener Ressourcen, einen Wert zu generieren.[94] Dabei werden Fähigkeiten als komplexe Interaktions-, Koordinations- und Problemlösungsmuster verstanden.[95] Die von HOMP vorgenommene Unterteilung der Fähigkeiten in individuelle und kollektive Fähigkeiten[96] resümiert KAMPKER in der Aussage: „Durch die Kombination von individuellen Fähigkeiten werden mit der Zeit Fähigkeiten von größeren Einheiten und schließlich [...] Fähigkeiten des Unternehmens gebildet."[97]

Der **wissensorientierte Ansatz (Knowledge-based View – KBV)** stellt die Ressource Wissen in den Mittelpunkt der Betrachtung. Wissen wird zwar auch im RBV-Ansatz aufgegriffen, im KBV-Ansatz kommt dem Wissen jedoch eine besondere Rolle zu, da es das entscheidende Differenzierungsmerkmal von Unternehmen ist.[98] Somit wird ein Unternehmen als spezifische Kombination von implizitem und explizitem Wissen und nicht länger als ein Bündel von verschiedenen Ressourcen aufgefasst.[99]

Der **Kernkompetenzenansatz (Competence-based View)** wurde in den 1990er Jahren in der bekannten Schrift „The Core Competence of the Corporation" von PRAHALAD & HAMEL veröffentlicht. In diesem Ansatz werden Kernkompetenzen in den Mittelpunkt der Betrachtung gestellt. Kernkompetenzen werden dabei wie folgt definiert: „Core competencies are the collective learning in the organization, especially how to coordinate diverse production skills and integrate multiple streams of technologies."[100] Sie ermöglichen einen langfristigen Nutzen und können, anders als materielle Güter, nicht im Gebrauch abgenutzt, sondern angereichert werden.[101] Nur wenn die drei Kriterien Übertragbarkeit auf andere Märkte, direkter Kundennutzen und Nicht-Imitierbarkeit für die vorliegenden Kompetenzen erfüllt sind, handelt es sich um Kernkompetenzen.[102]

Die beiden Sichtweisen, marktorientiert und ressourcenorientiert, stellen auf der einen Seite zwei gegenüberliegende Perspektiven (outside-in und inside-out) dar, auf der anderen Seite

---

93 Vgl. Müller-Stewens; Lechner (Strategisches Management), 2005, S. 357

94 Vgl. Müller-Stewens; Lechner (Strategisches Management), 2005, S. 358f.

95 Vgl. Hungenberg (Strategisches Management im Unternehmen), 2004, S. 64

96 Vgl. Homp (Aufbau von Kernkompetenzen), 2000, S. 10f.

97 Vgl. Kampker (Kompetenzbasierte Geschäftsausweitung), 2004, S. 75

98 Vgl. Müller-Stewens; Lechner (Strategisches Management), 2005, S. 362

99 Vgl. Hungenberg (Strategisches Management im Unternehmen), 2004, S. 64; Müller-Stewens; Lechner (Strategisches Management), 2005, S. 362

100 Vgl. Prahalad; Hamel (Core Competence), 1990, S. 82

101 Vgl. Prahalad; Hamel (Core Competence), 1990, S. 81

102 Vgl. Prahalad; Hamel (Kernkompetenzen sichern das Überleben), 1991, S. 71

schließen sie sich jedoch nicht gegenseitig aus und werden im Kontext des „integrierten Managements“[103] miteinander verbunden.[104]

In der Kombination der Ansätze begründet GÄLWEILER den Begriff „Erfolgspotenzial“. Erfolgspotenziale stellen „das gesamte Gefüge aller jeweils produkt- und marktspezifischen erfolgsrelevanten Voraussetzungen dar, die spätestens dann bestehen müssen, wenn es um die Erfolgsrealisierung geht“[105].

2.1.2 Strategischer Fit

Im Zusammenhang mit der Strategiedefinition (vgl. Kapitel 2.1.1.1) und des Strategischen Managements (vgl. Kapitel 2.1.1.2) ist das Konzept des „strategischen Fits“ entstanden. Es basiert auf der Tatsache, dass die verschiedenen Elemente der Umwelt und des Unternehmens zueinander passen müssen, wobei die kausalen Zusammenhänge oft unklar sind.[106] Der strategische Fit kann als einer der wichtigsten Ansätze bei der Gestaltung strategischer Initiativen angesehen werden.[107] Er ist von zentraler Bedeutung für den Erfolg und die nachhaltigen Wettbewerbsvorteile eines Unternehmens.[108]

Aufgrund zahlreicher Unterschiede in den Beschreibungen des Begriffs „Fit“ verschiedener Wissenschaftler und die Nutzung von Phrasen wie *matched with, consistent with, congurence* und *coalignment* hat VENKATRAMAN einen Ordnungsrahmen geschaffen, welcher sechs Varianten des Fits im Strategiekontext beinhaltet (vgl. Abbildung 7).[109]

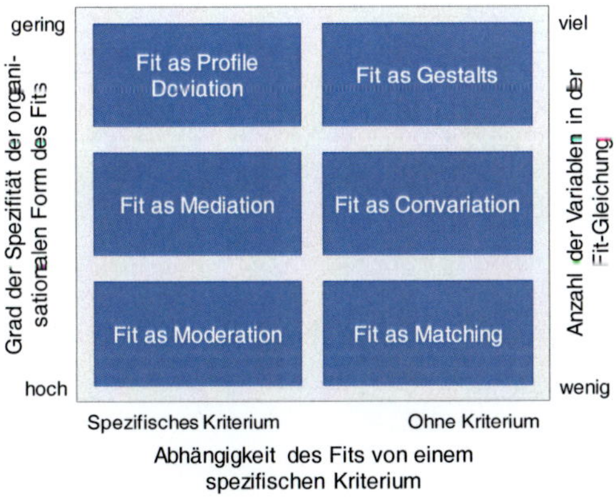

Abbildung 7: Ordnungsrahmen zur Abbildung der sechs Varianten des Fits im Strategiekontext nach VENKATRAMAN[110]

---

[103] Siehe hierzu: Bleicher (Integriertes Management), 2011
[104] Vgl. Kampker (Kompetenzbasierte Geschäftsausweitung), 2004, S. 5
[105] Vgl. Gälweiler; Schwaninger (Strategische Unternehmensführung), 1987, S. 26
[106] Vgl. Knyphausen-Aufseß (Theorie der strategischen Unternehmensführung), 1996, S. 209
[107] Vgl. Fricker (Strategische Stringenz), 2005, S. 19
[108] Vgl. Mintzberg et al. (The Strategy Process), 2003, S. 21
[109] Vgl. Venkatraman (The Concept of Fit in Strategy), 1989, S. 423
[110] Vgl. Venkatraman (The Concept of Fit in Strategy), 1989, S. 425

Die sechs aufgezeigten Varianten ergeben sich jeweils aus der Einschätzung der Abhängigkeit des Fits von einem spezifischen Kriterium, der Variablenanzahl in der Gleichung sowie der Spezifität der Fit-Varianten.[111] Im Folgenden werden die sechs Varianten des Fit-Ansatzes, welcher eine mathematische Form der Beschreibung darstellt, vorgestellt:[112]

- **Fit as Moderation:** Der Einfluss einer (unabhängigen) Variablen (z. B. Strategie) auf eine andere (abhängige) Variable (z. B. Performance) ist abhängig von den Werten der dritten (Moderator-)Variablen (z. B. Umwelt). Entscheidende Determinante der abhängigen Variablen ist die Beziehung zwischen der unabhängigen und der Moderator-Variablen
- **Fit as Mediation:** Die Beziehung zwischen einer abhängigen Variablen (z. B. Performance) und einer unabhängigen Variablen (z. B. Strategie) ist nur eine indirekte, da eine oder mehrere intervenierende Variablen (z. B. Umwelt) zwischengeschaltet werden, zu denen ein Fit bestehen muss
- **Fit as Matching:** Zwei Variablen (z. B. Strategie und Struktur) werden als mehr oder weniger zusammenpassend angesehen, ohne dass dabei explizit auf eine Kriterien-Variable (z. B. Performance) Bezug genommen wird
- **Fit as Gestalts:** Die Ausprägungen einer Vielzahl von Variablen werden als zueinander passend angenommen, wenn damit eine genauere Spezifikation der Zusammenhänge nicht mehr verbunden sein muss, wie anderenfalls das Auftreten von Inkonsistenzen nicht sicher vermieden werden kann
- **Fit as Profile Deviation:** Der Fit resultiert aus dem Grad der Übereinstimmung eines tatsächlichen Profils mit einem vorgegebenen Soll-Profil
- **Fit as Convariation:** Der Fit wird durch das Vorliegen des „Coalignments" mehrerer Variablen beschrieben, welches in einem Zusammenhang mit einer Kriterien-Variablen steht

Neben dieser Form der Gliederung unterschiedlicher strategischer Fits nehmen MILES & SNOW eine Unterscheidung in Bezug auf die Qualität des Fits vor. Dabei liegt der Fokus auf dem Zusammenspiel der Komponenten Strategie, Organisation und Prozess:[113]

- **Misfit:** Keine Abstimmung der internen und externen Komponenten führt zu einem Misserfolg des Unternehmens
- **Minimal Fit:** Geringe Abstimmung zwischen der Strategie und der Organisation oder dem Unternehmen und dem Markt führt zu einem mäßigen Erfolg
- **Tight Fit:** Enge Abstimmung der Strategie mit der Organisation, den Prozessen und den Ressourcen zur genauen Adressierung des Kundennutzens führt zu einem großen Erfolg

[111] Vgl. Gaus (Logik eines Geschäftsmodells), 2010, S. 63

[112] Vgl. Venkatraman (The Concept of Fit in Strategy), 1989, S. 424ff.; Siehe hierzu auch: Knyphausen-Aufseß (Theorie der strategischen Unternehmensführung), 1996, S. 209f.

[113] Vgl. Miles; Snow (How Companies Succeed or Fail), 1994, S. 18

- **Early, tight Fit:** Das Strategie-Organisations-Prozess-Paket wird von einem Unternehmen frühzeitig („First-Mover-Bonus“) beherrscht und führt zu einem hohen Kundennutzen und einem nachhaltigen Unternehmenserfolg

Abbildung 8 zeigt zusammenfassend die Auswirkungen der vier unterschiedlichen Fits auf den Unternehmenserfolg.

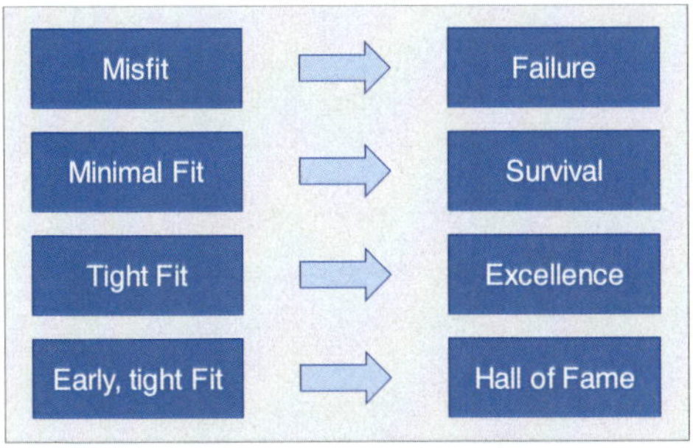

Abbildung 8: Die Auswirkungen des Fits nach MILES & SNOW[114]

Eine weitere Unterscheidung verschiedener Fits nimmt MINTZBERG vor. Er stellt eine Rangfolge der Qualität des Fits aufgrund unterschiedlicher Ausprägungen in den Mittelpunkt seiner Betrachtung. Alle drei Stufen haben dabei gemeinsam, dass die Relevanz der Gesamtheit höher zu bewerten ist als die der einzelnen Komponenten:[115]

- **Simple Consistency:** Es besteht eine Konsistenz zwischen der übergeordneten Strategie und den Aktivitäten des Unternehmens, weil sich die Komponenten nicht gegenseitig abschwächen
- **Activities are Reinforcing:** Die einzelnen Komponenten des Systems verstärken sich aufgrund ihrer starken Konsistenz gegenseitig
- **Optimization of Effort:** Die starke Konsistenz zwischen den Komponenten führt zu einer Verhinderung von Redundanzen und Verschwendungen

Anders als die bisher vorgestellten Ansätze, welche primär die Beziehungen eines Unternehmens mit seiner Umwelt beschreiben[116], geht der Ansatz von BEA & HAAS auch auf den notwendigen Fit der innerbetrieblichen Komponenten, welchen allen eine gleichberechtigte und eigenständige strategische Funktion zukommt, ein.[117] Nach BEA & HAAS werden dabei drei Ebenen unterschieden:[118]

- **Intra-Subsystem-Fit:** Koordination innerhalb eines Subsystems
- **Intra-System-Fit:** Abstimmung zwischen den einzelnen Subsystemen

[114] Vgl. Miles; Snow (How Companies Succeed or Fail), 1994, S. 19
[115] Vgl. Mintzberg et al. (The Strategy Process), 2003, S. 21
[116] Siehe hierzu auch: Ansoff (Corporate Strategy), 1965, S. 18
[117] Vgl. Bea; Haas (Strategisches Management), 2005, S. 18
[118] Vgl. Bea; Haas (Strategisches Management), 2005, S. 19

- **System-Umwelt-Fit:** Abstimmung zwischen dem System „Unternehmung“ und der Umwelt

In Abbildung 9 sind die einzelnen Subsysteme, welche bei der Fit-Betrachtung einbezogen werden, dargestellt.

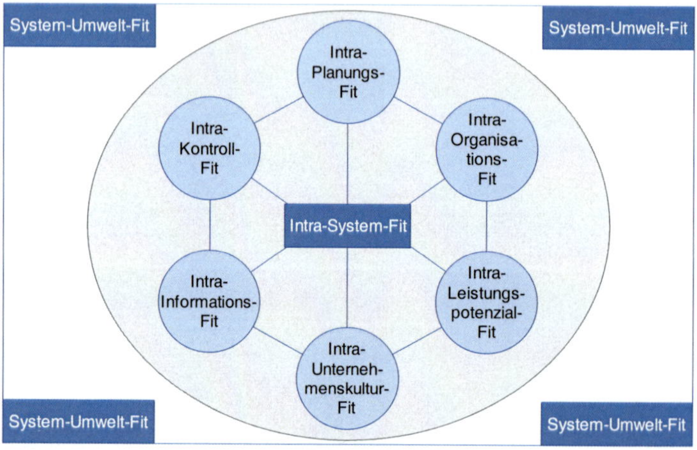

Abbildung 9: Der Fit-Ansatz des strategischen Managements nach BEA & HAAS[119]

In dem Ansatz von BEA & HAAS stehen die Anforderungen des System-Umwelt-Fits an die Beziehungen zur Umwelt im Mittelpunkt der Betrachtung. Die beiden Fits Intra-System-Fit und Intra-Subsystem-Fit, welche die Anforderungen an die innerbetriebliche Struktur beinhalten, werden jedoch ebenso in die Betrachtung eingeschlossen, da sie für die zielorientierte Gestaltung des Unternehmens von zentraler Bedeutung sind.[120]

Allen vorgestellten Ansätzen des strategischen Fits ist gemein, dass sie die Beziehungen eines Unternehmens mit seiner Umwelt beschreiben. Lediglich der Ansatz von BEA & HAAS bezieht auch die relevanten internen Subsysteme in die Betrachtung mit ein. Im Kontext der strategischen Unternehmensauslegung in dieser Arbeit wird der Beschreibung gefolgt, dass ein strategischer Fit sowohl den Fit zwischen dem Unternehmen und der Umwelt als auch den Fit unter den Subsystemen selbst abbilden muss. Dieser muss in Anlehnung an VENKATRAMAN der Variante des **Fit as Profile Deviation** entsprechen und in Anlehnung an MILES & SNOW die Qualität eines **Tight Fits** aufweisen. Welche Subsysteme bzw. Faktoren eines Unternehmens dabei für die strategische Auslegung von Bedeutung sind, wird im folgenden Kapitel 2.2 definiert.

2.2 Unternehmensauslegung

Neben dem Begriff „Strategie“ nimmt der Begriff „Unternehmensauslegung“ in der vorliegenden Arbeit eine besondere Bedeutung ein. Deshalb wird der Begriff im Folgenden definiert und

[119] Vgl. Bea; Haas (Strategisches Management), 2005, S. 19
[120] Vgl. Bea; Haas (Strategisches Management), 2005, S. 29

von anderen Begriffen, welche eine ähnliche Bedeutung einnehmen, abgegrenzt. Im Anschluss erfolgt die Herleitung der für die Unternehmensauslegung relevanten befähigenden Faktoren als Subsysteme eines Unternehmens.

2.2.1 Begriffsdefinition und -abgrenzung

Der Begriff „Unternehmensauslegung" wird in der Literatur nicht einheitlich und oftmals synonym für die Begriffe „Unternehmensgestaltung", „Unternehmensmodellierung" oder „Unternehmensplanung" verwendet. Im Kontext dieser Arbeit bezeichnet der Begriff Auslegung, dass etwas „auf eine bestimmte Leistung o.Ä. hin angelegt, eingerichtet oder konstruiert"[121] wird. Somit beschreibt die Unternehmensauslegung die Ausrichtung des gesamten Unternehmens auf eine zu erbringende Leistung. Um ein umfassendes Verständnis für die Unternehmensauslegung zu erhalten, werden folgend die relevanten Aspekte für diese Arbeit erläutert und der Begriff Unternehmensauslegung von ähnlichen Begriffen abgegrenzt.

2.2.1.1 Unternehmensgestaltung

Allgemein beschreibt die Unternehmensgestaltung alle aktiven Maßnahmen, welche mit der beabsichtigten Entwicklung des Unternehmens in Verbindung gebracht werden. MÜLLER-STEWENS bezeichnet diese Maßnahmen als „Management".[122] Die Gestaltung bildet die Schnittstelle zwischen der strategischen Ausrichtung und der operativen Umsetzung, wodurch strategische Initiativen direkt und zusammenhängend in der Organisation eines Unternehmens verankert werden können.[123] So stellt MÜLLER-STEWENS fest, dass das Scheitern einer Strategie weniger auf falsche Inhalte zurückzuführen ist, sondern darauf, dass die Frage der Anschlussfähigkeit nicht systematisch gestellt und beantwortet wird.[124]

Die Gestaltung bildet gemäß ULRICH neben der Lenkung und der Entwicklung eine der drei Funktionen des Managements, welche insbesondere im operativen Management für den Vollzug der strategiegeleiteten Projekte verantwortlich ist.[125] BLEICHER bezeichnet die Gestaltung als „konzeptionell-dimensionsgebundenes Handeln im begründenden Normativen und richtungsweisenden Strategischen."[126] Die Lenkung ist für die Konkretisierung der Gestaltungskonzepte durch den objektbezogenen Vollzug des Handelns verantwortlich, wohingegen die Entwicklung die Dynamisierung von Gestaltung und Lenkung im Zeitbezug darstellt.[127] Somit baut die Unternehmensgestaltung unmittelbar auf die strategische Ausrichtung auf und führt zur Operationalisierung dieser.

REICHWALD & MÖSLEIN unterscheiden drei Ebenen von Gestaltungskonzepten, welche jedoch lediglich einen Bezug zur Organisationsform eines Unternehmens in unterschiedlichen Ausprägungen haben (vgl. Abbildung 10). Dabei werden in der Makroebene ganze Wertschöpfungsketten, in der Mesoebene die gesamte Unternehmensstruktur und in der Mikroebene die Arbeitsorganisation betrachtet und ausgestaltet.[128]

[121] Vgl. o.V. (Begriffsverständnis Auslegung), 2016
[122] Vgl. Müller-Stewens; Lechner (Strategisches Management), 2005, S. 21
[123] Vgl. Müller-Stewens; Lechner (Unternehmerische Einheiten), 1999, S. 1
[124] Vgl. Müller-Stewens; Lechner (Unternehmerische Einheiten), 1999, S. 2
[125] Vgl. Ulrich (Management), 1984, S. 11; Ulrich (Management), 1984, S. 11
[126] Vgl. Bleicher (Integriertes Management), 2011, S. 416
[127] Vgl. Bleicher (Integriertes Management), 2011, S. 415
[128] Vgl. Reichwald; Möslein (Strukturen und Gestaltung), 1997, S. 8f.

Ebene	Betrachtungsobjekt	Gestaltungskonzepte
Makroebene	Wertschöpfungskette	z. B.: Outsourcing, Kooperation
Mesoebene	Unternehmensstruktur	z. B.: Divisionen, Zentralbereiche
Mikroebene	Arbeitsorganisation	z. B.: Aufgabenintegration, Gruppenkonzepte

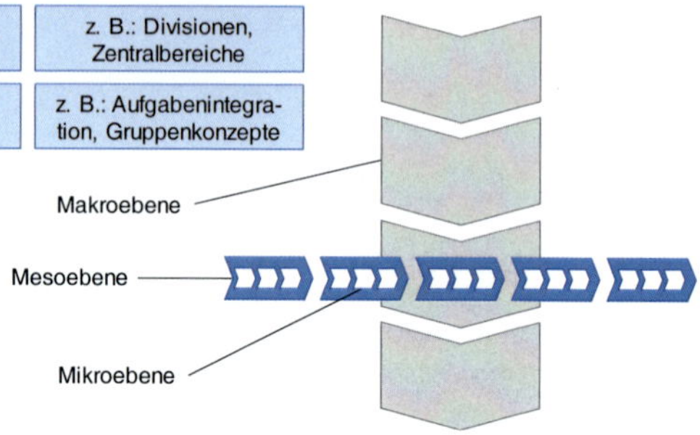

Abbildung 10: Ebenen organisatorischer Gestaltung nach REICHWALD & MÖSLEIN[129]

Auch HUNGENBERG bezieht die Gestaltung von Unternehmen in erster Linie auf die Ausrichtung der Strukturen und der Systeme auf die gewählte Strategie. Als Strukturen werden dabei grundlegende Regeln der Zusammenarbeit in einer Organisation und als Systeme die Instrumente, z. B. Managementsysteme, zur Führung von Unternehmen bezeichnet.[130] Dieses Begriffsverständnis basiert auf der These „structure follows strategy" von CHANDLER aus den 1960er Jahren. Diese besagt, dass eine Änderung der Strategie auch mit einer Anpassung der Organisationsstrukturen einhergeht.[131]

Abschließend bleibt festzuhalten, dass die Gestaltung von Unternehmen die Operationalisierung der strategischen Ausrichtung beschreibt. Allerdings bezieht sich die Operationalisierung in Wissenschaft und Praxis in der Regel auf der Verankerung der Strategie in der Organisation. Eine Ausrichtung anhand der angebotenen Leistung und somit anhand des Kundennutzens erfolgt jedoch nicht. Die darüber hinausgehende Berücksichtigung von Prozessen und Ressourcen findet dabei nur unsystematisch oder gar nicht statt. Die Unternehmensauslegung ist, abgrenzend zur Unternehmensgestaltung, auch durch die systematische Berücksichtigung anderer Bereiche als der Organisation gekennzeichnet und legt diese auf Basis der angebotenen Leistung aus (vgl. Kapitel 2.2.2).

2.2.1.2 Unternehmensmodellierung

Im Kontext der Unternehmensmodellierung stellt ein Modell ein „Objekt bzw. Gebilde dar, das die inneren Beziehungen und Funktionen von etwas abbildet bzw. schematisch veranschaulicht und vereinfacht bzw. idealisiert"[132]. So beschreibt ein Unternehmensmodell die Darstellung bestimmter Sichtweisen auf ein Unternehmen, um die für die Unternehmertätigkeit als

[129] Vgl. Reichwald; Möslein (Strukturen und Gestaltung), 1997, S. 9

[130] Vgl. Hungenberg (Strategisches Management im Unternehmen), 2004, S. 296f.

[131] Vgl. Chandler (Strategy and Structure), 1962, S. 14; Siehe hierzu auch: Hungenberg (Strategisches Management im Unternehmen), 2004, S. 297

[132] Vgl. o.V. (Begriffsverständnis Modell), 2016

relevant angesehenen Bestandteile zu bestimmen.[133] Hauptziel ist die Abbildung der Realität im betrachteten Unternehmen.[134] FOX & GRUNINGER spezifizieren die Sichtweisen, wonach ein Unternehmensmodell eine rechnergestützte Darstellung von Strukturen, Prozessen, Aktivitäten, Informationen, Ressourcen, Mitarbeitern und Zielen eines Unternehmens ist.[135]

Bei der Unternehmensmodellierung stehen die vier grundlegenden Fragen *was?*, *wie?*, *wann?* und *wer?* im Vordergrund, da die Gestalt und der Inhalt eines Modells vom jeweiligen Verwendungszweck abhängen. Ein Modell kann u.a. dazu dienen, ein besseres Verständnis für die gesamte Unternehmenstätigkeit zu erhalten, oder aber für die Überwachung eines einzelnen Teils des Unternehmens.[136] So können in der Prozessperspektive die innerbetrieblichen Abläufe, in der Organisationsperspektive die bestehende Struktur und in der Ressourcenperspektive die zur Leistungserstellung eingesetzten Mittel betrachtet und analysiert werden.[137] Abbildung 11 zeigt die einzelnen, aus den verschiedenen Perspektiven resultierenden Modelle, welche in aggregierter Form das Unternehmensmodell charakterisieren sowie den Zusammenhang zwischen Realität und Virtualität darstellen.

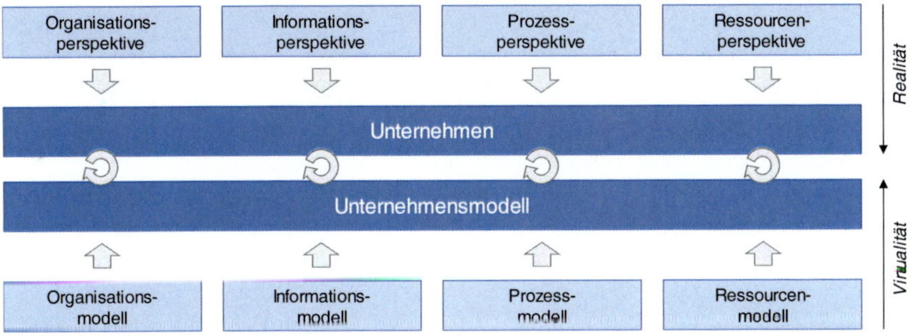

Abbildung 11: Zusammenhang zwischen realen Unternehmensperspektiven und einem virtuellen Unternehmensmodell

Zur Überführung des Unternehmens in ein generisches Modell gibt es verschiedene Modellierungssprachen[138], welche jeweils unterschiedliche Perspektiven und Abstraktionsebenen eines Unternehmens in den Fokus rücken.[139]

Die Modellierung nimmt, im Gegensatz zur Auslegung, lediglich eine passive Rolle bei der Entwicklung von Unternehmen ein. Sie beschreibt einen Ist-Zustand und kann einen Zielzustand vorgeben. Konkrete Maßnahmen zur Erreichung des Zielzustands werden dabei nicht beschrieben. Somit geht die Unternehmensauslegung über das Verständnis der Unternehmensmodellierung hinaus, da neben der Abbildung des Status quo und der Definition eines

[133] Vgl. Vernadat (Enterprise Modeling and Integration), 1996, S. 72; Sandkuhl et al. (Unternehmensmodellierung), 2013, S. 20

[134] Vgl. Sandkuhl et al. (Unternehmensmodellierung), 2013, S. 41

[135] Vgl. Fox; Gruninger (Enterprise Modeling), 1998, S. 109

[136] Vgl. Vernadat (Enterprise Modeling and Integration), 1996, S. 72

[137] Vgl. Sandkuhl et al. (Unternehmensmodellierung), 2013, S. 20f.

[138] Siehe hierzu u.a.: Scheer (ARIS), 1999; Frank (Multiperspektivische Unternehmensmodellierung), 1994; Ferstl; Sinz (SOM), 1993

[139] Vgl. Österle; Blessing (Ansätze des Business Engineering), 2005, S. 9

Zielzustands auch die aktive Auslegung befähigender Faktoren eines Unternehmens vorgenommen wird.

2.2.1.3 Unternehmensplanung

Die Unternehmensplanung beschreibt die gedankliche Vorwegnahme eines angestrebten Ergebnisses eines Unternehmens, einschließlich der zur Erreichung als erforderlich erachteten Handlungsabfolgen.[140] Allgemein bezeichnet ein Plan die „Vorstellung von der Art und Weise, in der ein bestimmtes Ziel verfolgt bzw. ein bestimmtes Vorhaben verwirklicht werden soll“[141]. Im Kontext der Unternehmensplanung bedeutet dies nach EHRMANN konkret die Festlegung von angestrebten Zielen und Zuständen für einen überschaubaren Zeitraum sowie die für die damit verbundenen Maßnahmen benötigten Mittel und Ressourcen.[142] KOCH unterteilt den Planungsbegriff in drei Varianten, wobei sich alle Varianten auf Entscheidungen über den Unternehmensablauf beziehen:[143]

- **Planungsbegriff der Behörden:** Die Planung bezeichnet die Herausarbeitung von realisierbaren Handlungsalternativen („Plänen“) für zukünftige Unternehmensabläufe
- **Planungsbegriff der Stäbe:** Die Planung bezeichnet die Gesamtheit aller Vorüberlegungen, durch welche Entscheidungen zielgerichteter getroffen werden können
- **Planungsbegriff der Entscheidungsträger:** Die Planung bezeichnet eine bestimmte Entscheidungsmethode, wobei der Denkprozess der Vorüberlegung nicht notwendig ist

In allen Fällen ist die Planung als Prozess zu interpretieren, welcher strukturiert abläuft und dessen Gegensatz die Improvisation darstellt.[144] EHRMANN unterteilt diesen Prozess in fünf Phasen (vgl. Abbildung 12). Die Planung umfasst alle notwendigen Schritte von der Zielbildung bis zur Entscheidung. Eine Umsetzung der Entscheidungen als eine Gestaltung der Unternehmensabläufe ist nicht Bestandteil der Planung.[145]

---

[140] Vgl. VDI (VDI-Richtlinie 5200), 2011, S. 4
[141] Vgl. o.V. (Begriffsverständnis Plan), 2016
[142] Vgl. Ehrmann (Unternehmensplanung), 2007, S. 21
[143] Vgl. Koch (Integrierte Unternehmensplanung), 1982, S. 3f.
[144] Vgl. Koch (Integrierte Unternehmensplanung), 1982, S. 5
[145] Vgl. Ehrmann (Unternehmensplanung), 2007, S. 33

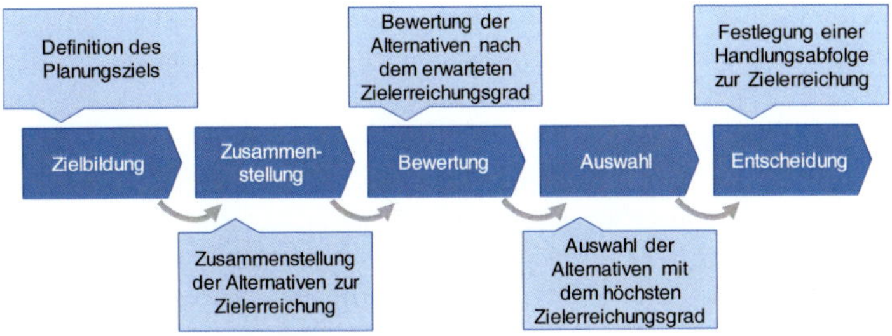

Abbildung 12: Phasen des Planungsprozesses nach EHRMANN[146]

Neben der inhaltlichen Unterteilung einzelner Phasen des Planungsprozesses nimmt EHRMANN auch eine Unterteilung der Planungsaktivitäten in Bezug auf die unterschiedlichen hierarchischen Stufen eines Unternehmens vor. Dabei werden die Ebenen Grundsatzplanung, strategische Planung, operative Planung und taktische Planung unterschieden. Je nach Ebene stehen andere Schwerpunkte im Vordergrund. Geht es bei der Grundsatzplanung und strategischen Planung um übergeordnete Grundsatzziele wie bspw. die Unternehmenskultur, die Definition strategischer Ziele oder das Ableiten von Strategien, so geht es in den operativen und taktischen Planungsebenen um die Definition von operativen und taktischen Zielen sowie die Ableitung von konkreten Maßnahmen.[147]

Die Planung stellt, im Gegensatz zur Auslegung, die vorausdenkende Form der Gestaltung eines Unternehmens dar, welche zwar Handlungsabfolgen zur Zielerreichung beinhaltet, die Umsetzung bzw. Operationalisierung der getroffenen Entscheidungen jedoch nicht berücksichtigt. Die Unternehmensauslegung geht über das Verständnis der Unternehmensplanung hinaus und umfasst, neben der Planung, auch die konkrete Umsetzung der Entscheidungen.

2.2.2 Befähigende Faktoren eines Unternehmens

Das Ziel der strategischen Unternehmensauslegung ist die Ermöglichung einer effizienten und effektiven Wertschöpfung[148] zur Produktion von den Kundenanforderungen entsprechenden Gütern. Dazu müssen produzierende Unternehmen ihre Wertschöpfung auf einen größtmöglichen Kundennutzen auslegen. Dies ist durch die Neuauslegung der unterschiedlichen befähigenden Faktoren[149] des Unternehmens möglich.[150] Nachfolgend werden die für die Unternehmensauslegung relevanten befähigenden Faktoren eines Unternehmens vorgestellt.

GUTENBERG stellt in seiner Betrachtung der befähigenden Faktoren fest, dass „der produktive Effekt betrieblicher Betätigung einmal von der Beschaffenheit der [...] Faktoren ab[hängt], die für die Zwecke betrieblicher Leistungserstellung verwendet werden, also von ihrem ‚qualitativen Niveau' und zum anderen von der Art und Weise, wie diese Faktoren kombiniert [werden], also von den Faktorproportionen"[151]. In diesem Zusammenhang stellen auch GATTERMEYER &

[146] Vgl. Ehrmann (Unternehmensplanung), 2007, S. 33
[147] Vgl. Ehrmann (Unternehmensplanung), 2007, S. 34
[148] Siehe hierzu: Hofer; Schendel (Strategy Formulation), 1978, S. 2
[149] Häufig auch als Komponenten, Produktionsfaktoren, produktive Faktoren, Befähiger oder Enabler bezeichnet
[150] Vgl. Komorek (Kollaborative Wertschöpfung), 2014, S. 105ff.
[151] Vgl. Gutenberg (Grundlagen der Betriebswirtschaftslehre), 1970, S. 10

NEUBAUER fest, dass die definierte Strategie zwar „nicht dazu dient, Mitarbeiter, Technologie und Geschäftsprozesse aufeinander abzustimmen und in einen leistungssteigernden Einklang zu bringen, so muss sie dennoch abgestimmt werden, um effektiv zu wirken“[152]. Demnach ist die Abstimmung der befähigenden Faktoren im Sinne eines Fits (vgl. Kapitel 2.1.2) von besonderer Bedeutung.

In der Literatur werden je nach Kontext oder Fokus unterschiedliche Faktoren, welche für die Unternehmensauslegung von Bedeutung sind, genannt. Nach SCHULTE wird die betriebliche Leistung einer Produktion durch die Kombination der Faktoren Betriebsmittel, menschliche Arbeitsleistung sowie Anweisungen und Regeln zu einem Produktionsprozess ermöglicht (vgl. Abbildung 13).[153] Die betriebliche Leistung entsteht demnach durch die Kombination von Betriebsmitteln und menschlicher Arbeitsleistung zu einem Produktionsprozess.

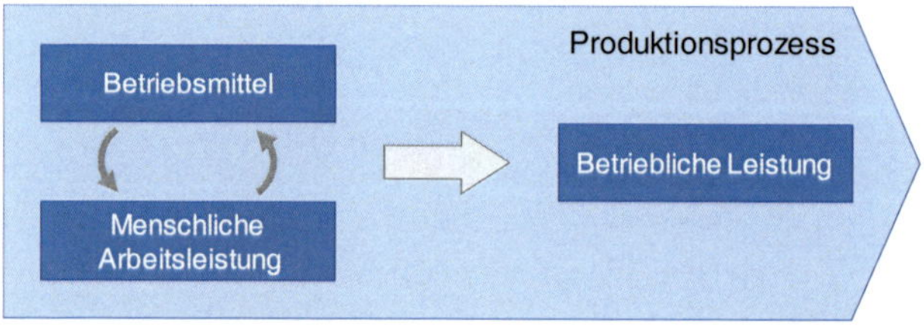

Abbildung 13: Produktionsfaktoren nach SCHULTE[154]

Bei SCHULTE liegt der Fokus der Betrachtung auf den Ressourcen eines Unternehmens, welche in Kombination den Produktionsprozess definieren. In welcher Beziehung diese Ressourcen zueinander stehen bzw. wie die Organisation des Unternehmens aufgebaut sein muss, wird jedoch nicht berücksichtigt.

In Anlehnung an GUTENBERG und zur Berücksichtigung der Organisation definiert WÖHE als Produktionsfaktoren die menschliche Arbeit, Betriebsmittel, Werkstoffe und die Betriebsführung. Unter der Betriebsführung fasst WÖHE dabei die Leitung, Planung, Organisation und Kontrolle zusammen.[155] Diese dient dem Ziel, die Kombination der menschlichen Arbeitskraft mit den Betriebsmitteln und den Werkstoffen zu planen, zu organisieren und zu kontrollieren, damit das oberste Ziel des Unternehmens als marktwirtschaftliches Wirtschaftssystem, die Erzielung eines größtmöglichen Gewinns, erreicht werden kann.[156]

Andere Wissenschaftler sehen die Organisation des Unternehmens nicht als gleichberechtigten Faktor, sondern als zentralen Faktor eines Unternehmens an. Insbesondere bei der Verankerung der Strategie ist sie von zentraler Bedeutung.[157] Allerdings kann diese nicht losgelöst von anderen Faktoren betrachtet werden. So stellt PETERS fest, dass es „eine gute Struktur,

[152] Vgl. Gattermeyer; Neubauer (Umsetzung von Strategien), 2000, S. 242
[153] Vgl. Schulte (Strukturplanung von Fabriken), 1984, S. 1202
[154] Vgl. Schulte (Strukturplanung von Fabriken), 1984, S. 1202
[155] Vgl. Wöhe (Allgemeine Betriebswirtschaftslehre), 1973, S. 57
[156] Vgl. Wöhe (Allgemeine Betriebswirtschaftslehre), 1973, S. 93
[157] Vgl. Müller-Stewens; Lechner (Unternehmerische Einheiten), 1999, S. 1

die den ‚menschlichen Faktor‘ unberücksichtigt lässt, [...] einfach nicht [gibt]“.[158] Auf Basis dieser Überlegung sowie der Berücksichtigung weiterer Faktoren wurde das McKinsey-7S-Modell entwickelt, welches neben der Struktur die Faktoren Systeme, Stil, Stammpersonal, Spezialkenntnisse, Strategie und Selbstverständnis berücksichtigt (vgl. Abbildung 14).[159]

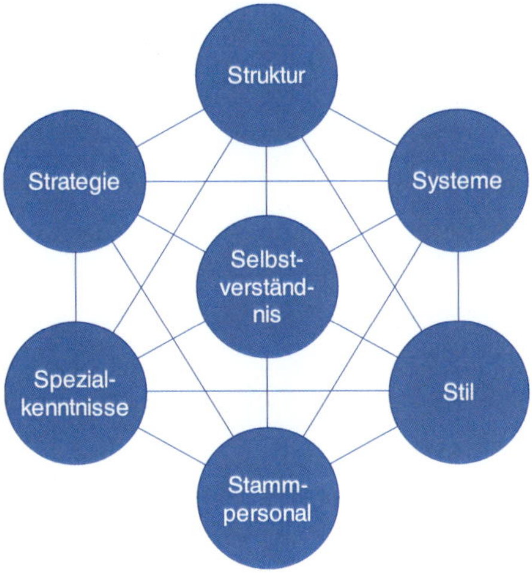

Abbildung 14: Das McKinsey-7S-Modell[160]

In dem Modell werden organisatorische Hardware (Struktur und Strategie) von organisatorischer Software (Stil, Systeme, Stammpersonal, Spezialwissen und Selbstverständnis) unterschieden. Auch wenn dieser Ordnungsrahmen zwar die Strategie und einige Ressourcen berücksichtigt, so liegt sein Fokus doch auf der Lösung von „Organisationsproblemen“[161] und stellt den Menschen als wesentliche Ressource in den Vordergrund. Eine ähnliche Berücksichtigung von Faktoren nimmt auch MORTON vor, welcher in seinem „Model of Strategic Change and Fit“ die Faktoren Strategy, Structure, Technology, Management Processes sowie Individual Skills and Roles sowohl untereinander als auch mit der externen Umwelt in Einklang bringt.[162]

Zur Bewertung des Erfolgs eines Unternehmens wurde im Jahr 1988 das EFQM-Excellence-Modell der European Foundation for Quality Management[163] entwickelt. Dieses Modell nimmt eine Zweiteilung von neun Kriterien in Bezug auf die in der Vergangenheit erzielten Ergebnisse und die potenzialträchtigen Befähiger vor (vgl. Abbildung 15).[164] Die Befähiger werden dabei in die Faktoren Führung, Mitarbeiter, Strategie, Partnerschaften und Ressourcen sowie Prozesse, Produkte und Services untergliedert.

[158] Vgl. Peters; Waterman (Spitzenleistungen), 1984, S. 31
[159] Vgl. Peters; Waterman (Spitzenleistungen), 1984, S. 31f.
[160] Vgl. Peters; Waterman (Spitzenleistungen), 1984, S. 32; o.V. (The 7-S Framework), 2016
[161] Vgl. Peters; Waterman (Spitzenleistungen), 1984, S. 33
[162] Vgl. Scott Morton (The Corporation of the 1990s), 1991, S. 20
[163] Siehe www.efqm.org
[164] Vgl. Frick (Geschäftsmodelle im Werkzeugbau), 2006, S. 48

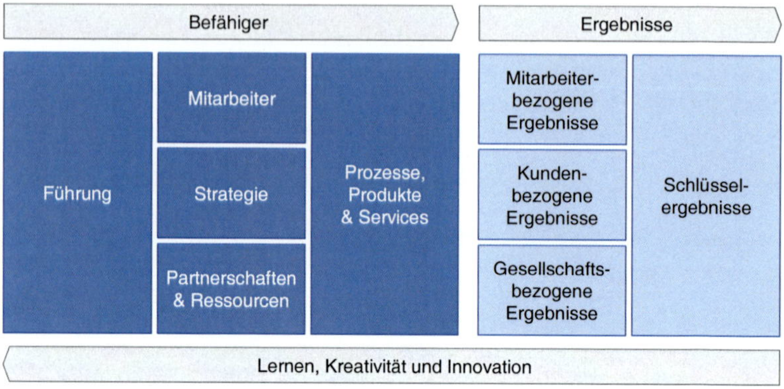

Abbildung 15: Das EFQM-Excellence-Modell[165]

Das EFQM-Excellence-Modell stellt ein geeignetes Instrument zur strategischen Evaluierung und kontinuierlichen Verbesserung eines Unternehmens in einer dynamischen und komplexen Umwelt dar.[166] Gemäß dem Modell hat die Auslegung der Führung, der Strategie, der Ressourcen (inkl. Mitarbeiter) und der Prozesse, in Kombination mit der erbrachten Leistung[167], Einfluss auf die Ergebnisse eines Unternehmens. Wechselwirkungen zwischen den einzelnen Befähigern werden jedoch nicht berücksichtigt.

Eine weitere Einteilung von Gestaltungsfeldern eines Unternehmens nimmt WIENDAHL vor. Diese Gestaltungsfelder stellen die Befähiger zur Durchführung der Teilprozesse der Auftragserfüllung dar.[168] Er nennt die Technik, die Organisation und die Mitarbeiter als zentrale Faktoren zur Leistungserbringung, welche auf der Säule Standort und Gebäude aufbauen und von den Aspekten Kultur und Nachhaltigkeit beeinflusst werden (vgl. Abbildung 16). WIENDAHLs Fokus liegt dabei auf der Strukturierung und Dimensionierung einer Fabrik unter dem besonderen Aspekt der Wandlungsfähigkeit. Von zentraler Bedeutung sind dafür die Hauptprozesse, welche maßgeblichen Einfluss auf die Fabrikauslegung und die Ressourcenbeanspruchung haben.[169] Damit bringt WIENDAHL eine Hierarchie in die Faktoren: Die Prozesse richten sich unmittelbar an der Leistung aus, welche vom Kunden gefordert wird. Diese bilden wiederum die Grundlage für die Auslegung der organisationalen Strukturen und der Ressourcen.

[165] Vgl. o.V. (EFQM Excellence Model), 2012

[166] Vgl. Reisinger et al. (Strategisches Management in Theorie und Praxis), 2013, S. 223

[167] Hier im Sinne von Produkt und Service

[168] Vgl. Wiendahl et al. (Handbuch Fabrikplanung), 2009, S. 31f.

[169] Vgl. Wiendahl et al. (Handbuch Fabrikplanung), 2009, S. 32

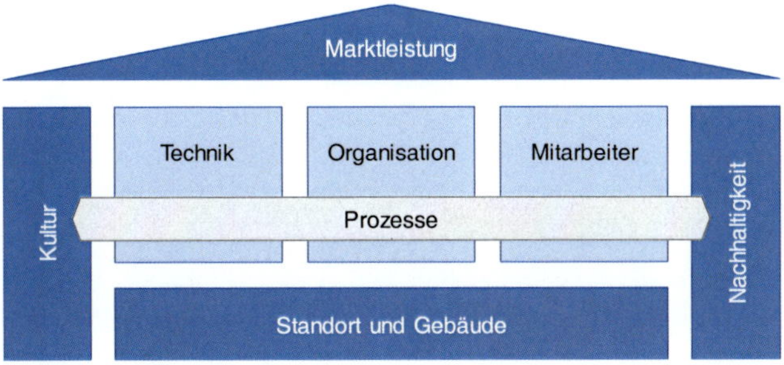

Abbildung 16: Gestaltungsfelder der Fabrik nach WIENDAHL[170]

Diese Hierarchie, welche sich strikt an der zu erbringenden Leistung orientiert, basiert auf dem Prinzip der Kundenorientierung. Kundenorientierung kann als zentraler Erfolgsgarant für das Bestehen eines Unternehmens am Markt bezeichnet werden.[171] Die Kundenorientierung ist eng verknüpft mit der Prozessorientierung. Sie fordert von einem Unternehmen, dass „möglichst wenig Aufwand für die interne Steuerung und möglichst viel produktive, kundenorientierte Leistungserstellungsarbeit betrieben"[172] wird. Daher müssen in einem kundenorientierten und prozessorientierten Unternehmen die fünf folgenden fundamentalen Bereiche und Themen hervorgehoben werden:[173]

- Prozessziele
- Prozessorganisation
- Prozesscontrolling
- Prozessprinzipien
- Prozesskultur

So bleibt für das weitere Verständnis dieser Arbeit festzuhalten, dass ein Unternehmen durch seine befähigenden Faktoren charakterisiert werden kann, welche eine effiziente sowie effektive Wertschöpfung und somit den Unternehmenserfolg gewährleisten. Diese sind bei kundenorientierten Unternehmen[174] hierarchisch aufgebaut, da die Erbringung der vom Kunden geforderten Leistung im Vordergrund steht. Die Kundenorientierung führt intern implizit zu einer Prozessorientierung des Unternehmens. Zur Auftragsabwicklung sind dazu eine prozessorientierte Organisation sowie eine Vielzahl unterschiedlicher Ressourcen (inkl. Fähigkeiten bzw. Kompetenzen) notwendig. Demnach stehen bei der **strategischen Unternehmensauslegung** die befähigenden Faktoren Prozesse, Organisation und Ressourcen, welche an der Leistung[175] ausgerichtet sind, im Fokus.

[170] Vgl. Wiendahl et al. (Handbuch Fabrikplanung), 2009, S. 32
[171] Vgl. Bruhn (Kundenorientierung), 1999, S. 1
[172] Vgl. Ahlrichs; Knuppertz (Prozessorientierte Unternehmenssteuerung), 2006, S. 3f.
[173] Vgl. Ahlrichs; Knuppertz (Prozessorientierte Unternehmenssteuerung), 2006, S. 6
[174] Dabei muss die Kundenorientierung in der Unternehmenskultur verankert sein
[175] Diese ist wiederum von der kundenorientierten Strategie des Unternehmens abhängig

2.3 Werkzeugbau

Die in diesem Kapitel erfolgende Beschreibung der Branche Werkzeugbau folgt dem Verständnis der Branche der Abteilung Unternehmensentwicklung des Lehrstuhls für Produktionssystematik am Werkzeugmaschinenlabor WZL der RWTH Aachen. Die Struktur und inhaltliche Ausrichtung des Kapitels orientiert sich daher teilweise an bereits verfassten Arbeiten aus der Abteilung aus den vergangenen Jahren.[176]

Der Werkzeugbau nimmt eine Schlüsselposition in der industriellen Wertschöpfungskette ein.[177] Durch seine Position zwischen der Produktentwicklung und der Serienfertigung ist er der zentrale Befähiger einer leistungsfähigen Produktion am Hochlohnstandort Deutschland.[178] Da der Werkzeugbau ein Zulieferer von Serienproduzenten, also ausschließlich im Business-to-Business (B2B) Bereich tätig ist, ist seine Wahrnehmung in der Öffentlichkeit sehr gering. Auch in der Forschungslandschaft wird auf dem Gebiet des Werkzeugbaus nur in wenigen Forschungseinrichtungen geforscht.[179]

Der Werkzeugbau bildet den Betrachtungsgegenstand der strategischen Unternehmensauslegung dieser Arbeit. Aus diesem Grund werden in diesem Kapitel die theoretischen Grundlagen des Werkzeugbaus vorgestellt. Dabei wird zunächst eine Begriffsdefinition und -abgrenzung vorgenommen, um ein einheitliches Verständnis zu schaffen. Aufbauend darauf wird folgend der Werkzeugbau in Deutschland und dessen Leistungsspektrum vorgestellt. Anschließend erfolgt die Beschreibung des Industrialisierungsprozesses sowie der Wertschöpfung des Werkzeugbaus. Zuletzt werden in diesem Kapitel die aktuellen Herausforderungen des Werkzeugbaus aufgezeigt.

2.3.1 Begriffsdefinition und -abgrenzung

Die Definition und Abgrenzung der Begriffe „Werkzeug“ und „Werkzeugbau“ sind notwendig, da insbesondere der Begriff Werkzeug im deutschen Sprachgebrauch für vielfältige Gegenstände und Objekte steht. Auch ist das Begriffsverständnis des Werkzeugbaus nicht eindeutig. Folgend werden deshalb beide Begriffe im Kontext dieser Arbeit definiert und voneinander abgegrenzt.

2.3.1.1 Werkzeug

Für die Herstellung von Serienprodukten aus Metall oder Kunststoff sind Betriebsmittel wie Fertigungsmittel, Prüfmittel, Handhabungsmittel, Transportmittel und Lagermittel notwendig.[180]

---

[176] Siehe hierzu u.a. Klotzbach (Industrieller Werkzeugbau), 2006; Frick (Geschäftsmodelle im Werkzeugbau), 2006; Boos (Modulare Werkzeuge), 2008; Kuhlmann (Geschäftsprozesse im industriellen Werkzeugbau), 2011; Pitsch (Kompetenzfeldbasierte Vernetzung), 2014; Komorek (Kollaborative Wertschöpfung), 2014

[177] Vgl. Eversheim; Klocke (Werkzeugbau mit Zukunft), 1998, S. 1

[178] Vgl. Holmes et al. (Die and Mould Industry), 2004, S. 120

[179] Vgl. Klotzbach (Industrieller Werkzeugbau), 2006, S. 55

[180] Vgl. VDI (VDI-Richtlinie 2815), 1978

Diese können in mittelbar und unmittelbar an der Produktion beteiligte Betriebsmittel untergliedert werden.[181] Maßgeblich für die Produktqualität sind dabei in erster Linie die Fertigungsmittel, zu welchen **Werkzeuge**, Maschinen, Vorrichtungen und andere Hilfsmittel gezählt werden (vgl. Abbildung 17).

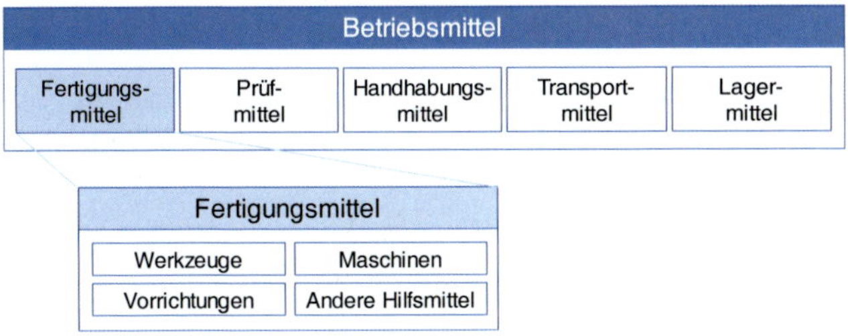

Abbildung 17: Klassifizierung von Betriebsmitteln[182]

Im Rahmen dieser Arbeit ist insbesondere ein detailliertes Verständnis von Werkzeugen notwendig. Gemäß VDI-Richtlinie 2815 sind Werkzeuge Fertigungsmittel, die unmittelbar auf Material durch Form- bzw. Substanzveränderung mechanischer bzw. physikalisch-chemischer Art einwirken.[183] Diese Definition umfasst jedoch ein weites Spektrum wie Drehmeißel, Schneidplatten, Fräsköpfe, Bohrer oder Schleifscheiben, aber auch Hohlformwerkzeuge zur Herstellung von Metall- oder Kunststoffteilen. Gegenstand dieser Arbeit sind zuletzt genannte Hohlformwerkzeuge. Unter Werkzeugen werden folgend ausschließlich Hohlformwerkzeuge zur Herstellung von Blech-, Kunststoff- oder Aluminiumteilen verstanden, welche nach EVERSHEIM & KLOCKE im Werkzeugbau hergestellt werden.[184] Diese Werkzeuge können u.a. in Spritzgieß-, Druckgieß, Press-, Stanz- und Formwerkzeuge untergliedert werden.[185]

2.3.1.2 Werkzeugbau

Werkzeugbau bezeichnet den Industriezweig, welcher Hohlformwerkzeuge für die Serienproduktion herstellt. Neben Werkzeugen werden häufig auch Betriebsmittel wie Vorrichtungen, Prüfmittel oder Anlagen durch den Werkzeugbau gefertigt, sodass der Werkzeugbau in Theorie und Praxis oftmals auch **Betriebsmittelbau** genannt wird.[186] Zentrales Produkt des Werkzeugbaus sind jedoch Hohlformwerkzeuge, worauf auch der Fokus dieser Arbeit gerichtet ist. Dem Verständnis von FRICK folgend wird der Begriff „Werkzeugbau“ als Oberbegriff und synonym für die Begriffe Formenbau, Werkzeug- und Formenbau, Werkzeug- und Anlagenbau sowie analoge Bezeichnungen benutzt.[187]

Der Industriezweig Werkzeugbau kann in zwei Gruppen mit unterschiedlichem **Marktzugang** aufgeteilt werden. So können interne Werkzeugbaubetriebe, welche eine Abteilung innerhalb

---

[181] Vgl. Corsten (Produktionswirtschaft), 2000, S. 336
[182] Vgl. VDI (VDI-Richtlinie 2815), 1978
[183] Vgl. VDI (VDI-Richtlinie 2815), 1978
[184] Vgl. Eversheim; Klocke (Werkzeugbau mit Zukunft), 1998, S. 72
[185] Vgl. Schleyer (Kooperationsmanagement im Werkzeugbau), 2006, S. 20
[186] Vgl. Brankamp (Wettbewerbsfaktor Werkzeug- und Betriebsmittelbau), 1991, S. 5; Kozielski (Kennzahlensystem für den Werkzeugbau), 2010, S. 14
[187] Vgl. Frick (Geschäftsmodelle im Werkzeugbau), 2006, S. 20f.

eines produzierenden Unternehmens darstellen, von externen Werkzeugbaubetrieben, welche unabhängig am Markt agieren, unterschieden werden. Diese unterscheiden sich neben ihrem Marktzugang auch in ihrer abweichenden Zielsetzung.[188] Die Häufigkeit des Vorkommens von internen und externen Werkzeugbaubetrieben ist nahezu ausgeglichen. So sind ca. 47% der Werkzeugbaubetriebe in Deutschland interne und 53% externe Werkzeugbaubetriebe.[189]

Ein **interner Werkzeugbaubetrieb** ist Teil eines Mutterunternehmens und in dessen Aufbauorganisation integriert.[190] Dort ist er entweder als Abteilung, als Cost-Center oder als Profit-Center organisiert (vgl. Abbildung 18). Der strategische Nutzen eines internen Werkzeugbaubetriebs für ein Mutterunternehmen liegt in der inhaltlichen und örtlichen Nähe des Werkzeugbaubetriebs zur Produktion. Durch diese Nähe kann der interne Werkzeugbaubetrieb Werkzeuge entlang ihres gesamten Lebenszyklus begleiten. Zudem wird er als Prozess-Enabler mit geringen Reaktionszeiten und einer hohen Verfügbarkeit angesehen.[191] Durch das vorhandene Know-how des internen Werkzeugbaus nimmt die Verantwortung des Werkzeugbaubetriebs zu. So übernehmen viele interne Werkzeugbaubetriebe die Verantwortung über Make-or-buy-Entscheidungen in Bezug auf gesamte Werkzeuge für die Produktion sowie in Bezug auf Termin, Qualität und Kosten.[192] Im Gegenzug werden die notwendigen Sach- und Finanzmittel durch das Mutterunternehmen bereitgestellt.

	Abteilung	Cost-Center	Profit-Center
Ausrichtung	Aufgabenorientierung	Kostenorientierung	Leistungsorientierung
Arbeitsweise	Umlage der Kosten auf andere Abteilungen	Eigenverantwortung bezüglich der Kosten	Eigenverantwortung bezüglich des Betriebsergebnisses
Vorteile	Mittel zur Werkzeugherstellung weitestgehend unbeschränkt	Kostensenkung durch Kostenverantwortung	Möglichkeit des unternehmensexternen Vergleichs
Nachteile	Hohe Kosten durch fehlende Kostenverantwortung	Bedingte Rentabilitätsvergleichbarkeit mit externen Betrieben	Hoher administrativer Aufwand

Abbildung 18: Integrationsmöglichkeiten eines internen Werkzeugbaus[193]

Interne Werkzeugbaubetriebe, welche als **Abteilung** in das Mutterunternehmen integriert sind, werden als Gemeinkostenstelle im Unternehmen geführt, da alle Leistungen des Werkzeugbaus ausschließlich für das Mutterunternehmen erbracht werden. Eine Erfolgsrechnung wird nicht durchgeführt, da keine Gewinne erzielt werden. Dadurch kann die Kostenrechnung bei dieser Organisationsform aufgrund der fehlenden Kostenverantwortung nur eingeschränkt durchgeführt werden. So fehlt es an einer durchgängigen Kostentransparenz. Als Abteilung organisierte Werkzeugbaubetriebe werden ohne Angebotsstellung vom Mutterunternehmen in Abhängigkeit von der technischen Durchführbarkeit und der Kapazitätsauslastung beauftragt.

[188] Vgl. Eversheim; Klocke (Werkzeugbau mit Zukunft), 1998, S. 3
[189] Vgl. Pitsch (Kompetenzfeldbasierte Vernetzung), 2014, S. 34
[190] Vgl. Eversheim; Klocke (Werkzeugbau mit Zukunft), 1998, S. 129
[191] Vgl. Zwicker (Kostenfaktor oder Erfolgsgeheimnis), 2009, S. 12
[192] Vgl. Zwicker (Der interne Werkzeugbau als Erfolgsfaktor), 2014, S. 101
[193] Vgl. Kuhlmann (Geschäftsprozesse im industriellen Werkzeugbau), 2011, S. 27

Um dem fehlenden Wettbewerbsdruck bei internen Werkzeugbaubetrieben entgegenzuwirken, werden Werkzeugbaubetriebe auch als **Cost-Center** in das Mutterunternehmen eingegliedert. In diesem Fall übernimmt der Werkzeugbaubetrieb die Verantwortung für die eigenen Kosten und kann vom Mutterunternehmen bedingt mit externen Werkzeugbaubetrieben verglichen werden. Eine Beauftragung erfolgt nur, wenn die Kosten niedriger sind als von Wettbewerbern oder das Know-how im Unternehmen verbleiben soll. Die dritte Möglichkeit, einen internen Werkzeugbaubetrieb in das Mutterunternehmen zu integrieren, ist in Form eines **Profit-Centers**. Als Profit-Center trägt der Werkzeugbaubetrieb neben der Kostenverantwortung auch die gesamte Ergebnisverantwortung. So wird er nach Vorgaben des Mutterunternehmens als eigener Geschäftsbereich betrachtet. Durch diese Form ist der interne Werkzeugbaubetrieb realitätsnah mit externen Werkzeugbaubetrieben zu vergleichen, wodurch ein erhöhter Kostendruck entsteht. Der administrative Aufwand für den internen Werkzeugbau steigt von der Abteilung über das Cost-Center bis hin zum Profit-Center.[194]

Die beiden zuletzt genannten Formen haben sich in der betrieblichen Praxis in den letzten Jahren zu den dominierenden Organisationsformen entwickelt. Dies ist dadurch begründet, dass der Kostendruck auf das Mutterunternehmen steigt und der interne Werkzeugbau sich deshalb dem Wettbewerb stellen muss. Aufgrund der strategischen Bedeutung des internen Werkzeugbaus hat dieser in vielen Unternehmen jedoch einen sogenannten „Last Call“, welcher es ihm ermöglicht, das eigene Angebot zu korrigieren und den Auftrag zu akquirieren.[195]

Werkzeugbaubetriebe, welche in kein anderes Unternehmen eingegliedert sind, werden als **externe Werkzeugbaubetriebe** bezeichnet. In diesem Fall handelt es sich um ein rechtlich selbstständiges und unabhängiges Unternehmen, welches Aufträge von unterschiedlichen Unternehmen akquiriert. Primäres Geschäftsziel eines externen Werkzeugbaubetriebs ist die Gewinnmaximierung, welche den nachhaltigen Fortbestand des Unternehmens sichert.[196] Anders als interne Werkzeugbaubetriebe stellen externe Werkzeugbaubetriebe Werkzeuge für eine Vielzahl an Kunden her, um mit den Auslastungsschwankungen einzelner Kunden besser umgehen zu können.[197] Externe Werkzeugbaubetriebe verfügen, aufgrund der Zusammenarbeit mit einer Vielzahl unterschiedlicher Kunden, über umfangreiches Wissen sowie eine hohe Expertise im Vertrieb. Beide Eigenschaften bilden ein Differenzierungskriterium gegenüber Wettbewerbern.[198]

2.3.2 Leistungsspektrum

Das Leistungsspektrum des Werkzeugbaus ist sehr vielfältig. Die Kernleistung von Werkzeugbaubetrieben ist die Herstellung von Hohlformwerkzeugen als industrielle Sachleistung. Neben diesen Sachleistungen werden in den letzten Jahren vermehrt auch industrielle Dienstleistungen angeboten. Im Folgenden werden die industriellen Sach- und Dienstleistungen sowie die daraus resultierenden unterschiedlichen Auftragsarten vorgestellt.

194 Vgl. Eversheim; Klocke (Werkzeugbau mit Zukunft), 1998, S. 75ff.

195 Vgl. Kuhlmann (Geschäftsprozesse im industriellen Werkzeugbau), 2011, S. 28

196 Vgl. Gutenberg (Grundlagen der Betriebswirtschaftslehre), 1970, S. 3

197 Vgl. Spennemann (Organisationsstrukturen), 2001, S. 12

198 Vgl. Westekemper (Angebotspreisbildung), 2002, S. 7; Schleyer (Kooperationsmanagement im Werkzeugbau), 2006, S. 22

2.3.2.1 Industrielle Sachleistungen

Der Werkzeugbau stellt in erster Linie produkt- und kundenspezifische Unikate her, weshalb er den Unternehmen der Einzel- und Kleinserienfertigung zugeordnet wird.[199] Charakteristisch für die Einzel- und Kleinserienfertigung ist die Erstellung von Produkten auf Basis einer konkreten Kundenanfrage. Damit steht sie im Gegensatz zur Serienfertigung, welche kundenanonym oder im Zuge von Kundenrahmenverträgen gleiche oder ähnliche Teile produziert.[200] Das Spektrum des Werkzeugbaus reicht von kleinen Werkzeugen mit einem Gewicht von unter 100 Kilogramm bis hin zu Werkzeugen von 40 Tonnen Gesamtgewicht. Diese Werkzeuge können dabei aus mehreren 100 bis 1.000 Bauteilen bestehen.[201] Neben dem Gewicht bestehen zudem erhebliche Unterschiede in Bezug auf die Werkzeugabmessungen, geforderte Toleranzen und Oberflächengüten sowie dem Material des mit dem Werkzeug zu fertigenden Produkts. Die Montage und Zusammenführung der Bauteile erfordert höchste Präzision und ein umfangreiches Know-how, da Faktoren wie Schwindungen und Rückfederungen, trotz der rasanten Entwicklung im Bereich der Rechnerleistungen, schwer zu simulieren sind.[202]

In Abbildung 19 ist das vom Werkzeugbau angebotene Leistungsspektrum nach EVERSHEIM & KLOCKE dargestellt. Eine übergeordnete Einteilung erfolgt in Werkzeuge, Vorrichtungen und Prüfmittel, Modelle und Prototypen sowie systemische Anwendungen. Im Folgenden werden die für den Werkzeugbau wichtigen Werkzeuge vorgestellt.

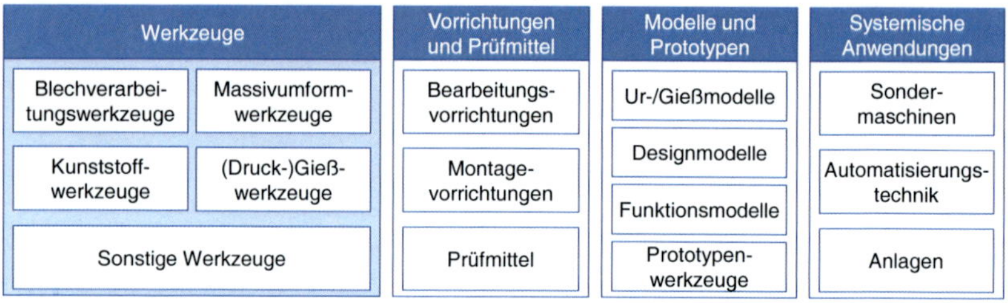

Abbildung 19: Sachleistungsspektrum des Werkzeugbaus[203]

Blechverarbeitungswerkzeuge können in Stanz-Biegewerkzeuge und Tiefziehwerkzeuge unterteilt werden. Stanz-Biegewerkzeuge werden durch die Vereinigung von verschiedenen Verfahren wie Blechfügen, -umformen und -zerteilen charakterisiert. Dabei erfolgt die Bearbeitung von Blechen in mehreren Arbeitsschritten, wodurch Stanz-Biegewerkzeuge häufig als Folgeverbund- oder Transferwerkzeuge ausgelegt werden. Tiefziehwerkzeuge dienen der

[199] Vgl. Frick (Geschäftsmodelle im Werkzeugbau), 2006, S. 22
[200] Vgl. Eversheim (Organisation in der Produktionstechnik), 1996, S. 221
[201] Vgl. Frick (Geschäftsmodelle im Werkzeugbau), 2006, S. 22
[202] Vgl. Haasler (Hochtechnologie und Handarbeit), 2004, S. 220ff.
[203] I.A.a. Eversheim; Klocke (Werkzeugbau mit Zukunft), 1998, S. 25; Kozielski (Kennzahlensystem für den Werkzeugbau), 2010, S. 14

Zugdruckumformung von Blechteilen zu einem Hohlkörper.[204] Mehrdimensionale Spannungszustände im Material sowie auftretende Rückfederungen charakterisieren den Umformprozess, sodass spezifisches Know-how und Erfahrungswissen benötigt werden.[205]

Massivumformwerkzeuge, auch Schmiedegesenke genannt, dienen der Umformung von massiven, metallischen Werkstoffen. Die Verfahren zur Umformung lassen sich insbesondere in Bezug auf die Temperaturskala der Rohlinge in Warm-, Halbwarm- und Kaltumformung unterscheiden.[206]

Kunststoffwerkzeuge werden zur industriellen Herstellung von Kunststoffteilen eingesetzt. Sie werden allgemein als Spritzgießwerkzeuge bezeichnet und können in Werkzeuge zur Verarbeitung von Thermoplasten, Duroplasten und Elastomeren unterteilt werden.[207] Anders als bei Blechverarbeitungs- und Massivumformwerkzeugen findet keine Umformung, sondern eine Urformung des Materials statt, wodurch das Einsatzspektrum von Kunststoffwerkzeugen sehr breit ist.[208]

(Druck-)Gießwerkzeuge bzw. **-formen** dienen der Herstellung von Teilen aus schmelzflüssigem Metall, welche in einer Urformung gefertigt werden.[209] Die Vielfalt der herzustellenden Teile ist ebenso hoch wie bei Kunststoffwerkzeugen, wobei sich die Lebensdauer aufgrund der höheren thermischen Belastungen als deutlich geringer erweist.[210]

Alle Werkzeuge, welche sich nicht in die genannten Kategorien einordnen lassen, werden als **sonstige Werkzeuge** bezeichnet. Hierzu zählen unter anderem Sinter-Pressformen und Glasformen zur Herstellung von Teilen aus metallisch-pulverförmigen Material sowie technischen Silikatgläsern.[211]

Die Umsatzverteilung der Werkzeugarten zeigt, dass mit Kunststoff- und Blechverarbeitungswerkzeugen mit einem Anteil von 59% über die Hälfte des Umsatzes des Werkzeugbaus erzielt wird. Insgesamt beläuft sich der Umsatzanteil von Hohlformwerkzeugen, als Kernprodukt des Werkzeugbaus, auf 82% (vgl. Abbildung 20).[212]

---

[204] Vgl. Schuler GmbH (Handbuch der Umformtechnik), 1996, S. 11

[205] Vgl. Hoffmann et al. (Handbuch Umformen), 2012, S. 444; Schuler GmbH (Handbuch der Umformtechnik), 1996, S. 11f.; Greiss (Anforderungsprofil an Werkzeugbaubetriebe), 26.10.2004, S. 51

[206] Vgl. Schuler GmbH (Handbuch der Umformtechnik), 1996, S. 436f.

[207] Vgl. Bogensperger (Werkzeuge für die Kunststoffverarbeitung), 1995, S. 8

[208] Vgl. Menges et al. (Spritzgießwerkzeuge), 2007, S. 560ff.

[209] Vgl. Brunhuber (Druckgußfertigung), 1991, S. 187f.

[210] Vgl. Bilsing (Leistungsfähigkeit), 2007, S. 5

[211] Vgl. Bilsing (Leistungsfähigkeit), 2007, S. 5; Shelby (Glass Science and Technology), 2005, S. 250

[212] Vgl. Pitsch (Kompetenzfeldbasierte Vernetzung), 2014, S. 39

Abbildung 20: Erzeugnisspektrum des Werkzeugbaus nach Umsatz[213]

Neben dem Werkzeug selbst lassen sich die unterschiedlichen Werkzeugarten auch in Bezug auf die Verteilung der zur Herstellung eingesetzten Fertigungstechnologien unterscheiden. Ist bei Blechverarbeitungswerkzeugen neben dem Fräsen die Drahterosion die wichtigste Fertigungstechnologie, so ist dies bei Kunststoffwerkzeugen die Senkerosion. Bei Massivumformwerkzeugen stellen hingegen das Drehen (Warmmassivumformung) und das Schleifen (Kaltmassivumformung), welche bei den übrigen Werkzeugarten lediglich von untergeordneter Bedeutung sind, die Haupttechnologien dar.[214]

2.3.2.2 Industrielle Dienstleistungen

Neben industriellen Sachleistungen bieten Werkzeugbaubetriebe zunehmend industrielle Dienstleistungen an. Insbesondere die Kombination von Werkzeugen und Dienstleistungen wird von Kunden verstärkt nachgefragt.[215] So entwickelt sich der Werkzeugbau in Deutschland vom klassischen Hersteller von Werkzeugen zum Full-Service-Anbieter.[216] Ebenso wie das Erzeugnisspektrum ist auch das Dienstleistungsspektrum des Werkzeugbaus vielfältig und kann in der Werkzeugerstellung vorgelagerte und der Werkzeugerstellung nachgelagerte Dienstleistungen unterschieden werden. Abbildung 21 zeigt, dass sich das Dienstleistungsangebot entlang des gesamten Werkzeuglebenszyklus erstreckt.

---

[213] Vgl. Pitsch (Kompetenzfeldbasierte Vernetzung), 2014, S. 39
[214] Vgl. Heeschen (Auswahl der Fertigungstechnologien), 2015, S. 19
[215] Vgl. Kühn (Leistungssysteme für den Werkzeugbau), 2016, S. 40
[216] Vgl. Schuh (Werkzeugbau als Smart Service), 05.11.2014

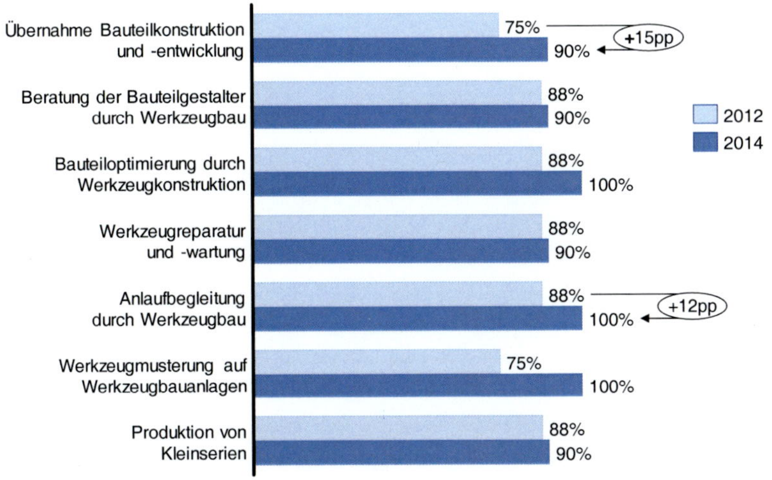

Abbildung 21: Entwicklung des Dienstleistungsangebots deutscher Top-Werkzeugbaubetriebe[217]

Es wird deutlich, dass die Top-Werkzeugbaubetriebe aus dem deutschsprachigen Raum vermehrt auf Dienstleistungen setzen und diese den Kunden anbieten.[218] So werden insbesondere die Bauteiloptimierung durch die Werkzeugkonstruktion, die Anlaufbegleitung und die Werkzeugmusterung auf Werkzeugbau-eigenen Anlagen von allen Top-Werkzeugbaubetrieben angeboten. Besonders stark ist das Angebot einer Übernahme der Bauteilkonstruktion und -entwicklung (15pp) gestiegen, wodurch sich der Werkzeugbau vermehrt in die Produktentstehung integrieren kann. Dieses aktiv betriebene Frontloading sichert die anforderungsgerechte Auslegung der Produkte zur Herstellung mittels Werkzeugen und ermöglicht dem Werkzeugbau den Aufbau von Know-how.[219] Aber auch die Integration des Werkzeugbaus in die der Werkzeugerstellung nachgelagerten Kundenprozesse hat zugenommen. So hat die Anzahl der Unternehmen, welche eine Anlaufbegleitung der Werkzeuge auf der Serienanlage anbieten, um 12 Prozentpunkte zugenommen. Trotz des vermehrten Angebots an Dienstleistungen lassen sich jedoch nur ca. 15% des Umsatzes auf Dienstleistungen zurückführen.[220]

---

[217] Vgl. Kühn (Leistungssysteme für den Werkzeugbau), 2016, S. 41

[218] Basierend auf einer Analyse der Teilnehmer des Wettbewerbs „Excellence in Production“ (EiP) zum Werkzeugbau des Jahres, welcher jährlich vom Werkzeugmaschinenlabor WZL der RWTH Aachen und dem Fraunhofer-Institut für Produktionstechnologie IPT ausgerichtet wird

[219] Vgl. Schuh et al. (Der Werkzeugbau im Wandel), 2012, S. 73

[220] Vgl. Schuh (Toolmaking for the Future), 2009, S. 30

2.3.2.3 Auftragsarten

Eng verbunden mit den angebotenen Leistungen sind die daraus resultierenden Auftragsarten im Werkzeugbau. Diese können in Anlehnung an EVERSHEIM & KLOCKE sowie FRICK in folgende sechs Auftragsarten unterschieden werden:[221]

- **Neuauftrag:** Ein Neuauftrag zeichnet sich durch die erstmalige Herstellung eines spezifischen Werkzeugs aus. Dabei wird die gesamte Prozesskette des Werkzeugbaus beansprucht. Charakteristisch für einen Neuauftrag ist die mangelnde Möglichkeit auf Referenzaufträge zurückzugreifen, weshalb die Werkzeugherstellung vor allem auf Erfahrungswerten basiert.[222]
- **Wiederholauftrag:** In einem Wiederholauftrag wird vom Kunden ein Werkzeug angefragt, welches bereits durch den Werkzeugbau hergestellt worden ist (Schwester-Werkzeug). Besondere Charakteristika sind der Rückgriff auf vorhandene Konstruktionsdaten und Erfahrungen in der Montage.[223]
- **Änderungsauftrag:** Ein Änderungsauftrag wird ausgelöst, wenn der Kunde während oder nach der Herstellung des Werkzeugs eine Designänderung am Produkt vornimmt, welche eine Änderung der Werkzeugkonstruktion mit sich bringt.[224] Aufgrund der fehlenden Planbarkeit von Änderungsaufträgen steigern diese die Komplexität in der Auftragsabwicklung.
- **Reparaturauftrag:** Ebenso wie Änderungsaufträge sind auch Reparaturaufträge mehr oder weniger spontan. Bei einem Defekt eines Werkzeugs wird ein solcher Auftrag eingesteuert. Ziel ist die schnelle Reparatur des Werkzeugs, da die Unterbrechung der Serienproduktion mit hohen Kosten verbunden ist. Beansprucht werden in der Regel nur die Fertigung und die Montage.[225]
- **Instandhaltungsauftrag:** Ein Instandhaltungsauftrag (auch Wartungsauftrag) folgt aus einer vorbeugenden Maßnahme zur Sicherstellung der Produktion. Die vorbeugende und somit planbare Instandhaltung des Werkzeugs wird insbesondere von internen Werkzeugbaubetrieben angeboten, welche der Serienproduktion angegliedert sind.[226]
- **Dienstleistungsauftrag:** Dienstleistungsaufträge beanspruchen in der Regel nur einen Prozessschritt, können jedoch entlang der gesamten Prozesskette angeboten werden. Sie sind in der Regel sachleistungsbezogene Aufträge und laufen parallel zu Neuaufträgen ab, können jedoch in Form von Beratungsaufträgen auch losgelöst von diesen angeboten werden.[227]

---

221 Vgl. Eversheim; Klocke (Werkzeugbau mit Zukunft), 1998, S. 24; Frick (Geschäftsmodelle im Werkzeugbau), 2006, S. 28f.

222 Vgl. Eversheim; Klocke (Werkzeugbau mit Zukunft), 1998, S. 24

223 Vgl. Schleyer (Kooperationsmanagement im Werkzeugbau), 2006, S. 28; Eversheim; Klocke (Werkzeugbau mit Zukunft), 1998, S. 20

224 Vgl. Eversheim; Klocke (Werkzeugbau mit Zukunft), 1998, S. 24

225 Vgl. Frick (Geschäftsmodelle im Werkzeugbau), 2006, S. 29

226 Vgl. Frick (Geschäftsmodelle im Werkzeugbau), 2006, S. 29

227 Vgl. Frick (Geschäftsmodelle im Werkzeugbau), 2006, S. 29; Schuh et al. (Dienstleistungsqualität im Werkzeugbau), 2009, S. 539

Abbildung 22 zeigt den Anteil der Auftragsarten in internen und externen Werkzeugbaubetrieben gemessen an der prozentualen Umsatzverteilung.

	Externe Werkzeugbaubetriebe	Interne Werkzeugbaubetriebe
Neu-aufträge	40,2%	23,6%
Änderungs-aufträge	26,0%	20,8%
Reparatur-aufträge	8,0%	25,8%
Instandhaltungs-aufträge	10,2%	19,4%
Dienstleistungs- und Wiederholaufträge	15,6%	10,4%

Abbildung 22: Anteil der Auftragsarten in externen und internen Werkzeugbaubetrieben[228]

Auffällig ist, dass interne Werkzeugbaubetriebe einen deutlich höheren Anteil an Reparatur- und Instandhaltungsaufträgen haben als externe Werkzeugbaubetriebe. Dies ist dadurch zu begründen, dass interne Werkzeugbaubetriebe die Verantwortung für die Sicherstellung der Verfügbarkeit der Werkzeuge für die Serienproduktion tragen, wohingegen externe Werkzeugbaubetriebe sich stärker auf Neuaufträge konzentrieren können.

2.3.3 Position des Werkzeugbaus in der Wertschöpfungskette

Der Werkzeugbau nimmt eine herausragende Position innerhalb der Wertschöpfungskette der industriellen Produktion ein (vgl. Abbildung 23). In dieser Position zwischen Produktentwicklung und Serienproduktion ist er der zentrale Befähiger einer leistungsstarken Produktion am Hochlohnstandort Deutschland.[229] So nimmt der Werkzeugbau in der frühen Phase durch Innovationen Einfluss auf die Produktentwicklung und am Ende der Wertschöpfungskette auf die Produktivität der Serienproduktion. Dadurch ist er der zentrale Stellhebel in Bezug auf Geschwindigkeit, Flexibilität und Qualität des Produktentstehungsprozesses.[230]

Abbildung 23: Position des Werkzeugbaus in der industriellen Wertschöpfungskette

[228] Vgl. Pitsch (Kompetenzfeldbasierte Vernetzung), 2014, S. 42
[229] Vgl. Holmes et al. (Die and Mould Industry), 2004, S. 120
[230] Vgl. Klocke; Schuh (Zukunftsstudie Werkzeugbau), 2005, S. 51; Boos et al. (Wertschöpfung im Betriebsmittelbau), 2013, S. 123f.

Der Werkzeugbau steht während des Produktentwicklungsprozesses in Interaktion mit seinen Kunden und seinen Wertschöpfungspartnern, an die er Wertschöpfungsumfänge auslagert. Insbesondere der Austausch mit dem Kunden ist zu Beginn der Produktentstehung und zum Abschluss der Werkzeugherstellung von zentraler Bedeutung. Folgend werden die beiden Schnittstellen zum Kunden vorgestellt.

Die **Produktentwicklung** beschreibt den Prozess der Entwicklung des Bauteils, welches mittels eines Werkzeugs in der Serienproduktion hergestellt werden soll.[231] Sie bildet die Schnittstelle zum Werkzeugbau. Für alle entwickelten Produkte sind spezifische Werkzeuge notwendig, welche vom Werkzeugbau hergestellt werden müssen. Hierzu ist eine frühzeitige Integration des Werkzeugbaus in die Produktentwicklung entscheidend, da nur durch das Know-how des Werkzeugbaus ein werkzeug- und produktionsgerechtes Produktdesign gewährleistet werden kann.[232] Durch dieses Frontloading[233] kann der Werkzeugbau bereits in der Entwicklung Einfluss auf die Produktivität und den Innovationsgrad des Werkzeugs nehmen.

Mit dem Beginn der **Serienproduktion** ist der Anlaufprozess („Ramp up")[234] des Produktionsprozesses abgeschlossen. In der Serienproduktion werden die Bauteile mit dem Ziel einer konstanten Bauteilqualität und einer hohen Prozessproduktivität hergestellt. Der Werkzeugbau begleitet den Kunden bei der Inbetriebnahme des Werkzeugs auf den Produktionsanlagen und kann während der Serienproduktion bei der Instandhaltung und Reparatur von Werkzeugen unterstützen.[235]

2.3.4 Werkzeugbau in Deutschland

Der VDMA (Verband Deutscher Maschinen- und Anlagenbau) zählt den Werkzeugbau zum übergeordneten Bereich der Präzisionswerkzeuge. Dazu zählen neben dem Werkzeugbau zudem Spannzeuge und Zerspanwerkzeuge. Der Werkzeugbau nimmt unter den Präzisionswerkzeugen eine herausragende Stellung ein. Abbildung 24 zeigt, dass der Werkzeugbau innerhalb der Branche mit einer Produktion von mehr als der Hälfte (53%) den umsatzstärksten Teilbereich darstellt.[236]

---

[231] Vgl. Komorek (Kollaborative Wertschöpfung), 2014, S. 38

[232] Vgl. Pitsch (Kompetenzfeldbasierte Vernetzung), 2014, S. 42

[233] Frontloading bezeichnet den Prozess der frühzeitigen Einbindung des Werkzeugbaus in die Produktentwicklung des Kunden

[234] Ramp-up bezeichnet den Anlauf des Produktionsprozesses, in welchem das Werkzeug optimal auf die Serienanlage eingestellt wird

[235] Vgl. Kühn (Leistungssysteme für den Werkzeugbau), 2016, S. 46

[236] Vgl. VDMA (Präzisionswerkzeugbranche in Zahl und Bild), 2016, S. 3

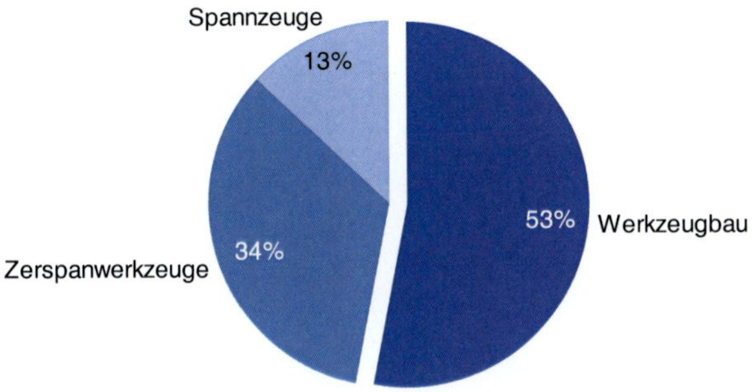

Abbildung 24: Produktionsverteilung der Präzisionswerkzeugbranche[237]

Im Jahr 2015 waren zwischen 54.000[238] und 57.000[239] Mitarbeiter in der Branche der Präzisionswerkzeuge beschäftigt. Nach einer Auswertung der gemeinsamen Datenbank des Werkzeugmaschinenlabors WZL der RWTH Aachen und des Fraunhofer-Instituts für Produktionstechnologie IPT beschäftigen Werkzeugbaubetriebe im Durchschnitt 59 Mitarbeiter, wobei 80% der Betriebe weniger als 20 Mitarbeiter haben.[240] Damit zählen viele Werkzeugbaubetriebe nach Definition der Europäischen Kommission zu den kleinen und mittelständischen Unternehmen (KMU).[241] Diese Unternehmensgröße ist für Unternehmen der produzierenden Industrie eher unüblich und hat maßgeblichen Einfluss auf die Unternehmensstruktur und die Finanzkraft dieser Unternehmen.

Die Branche der Präzisionswerkzeuge ist, anders als viele andere Branchen des produzierenden Gewerbes, gestärkt aus der Wirtschafts- und Finanzkrise, mit ihrem Höhepunkt im Jahr 2009, hervorgegangen (vgl. Abbildung 25). In den Jahren vor der Krise (2006 bis 2008) stieg der Umsatz signifikant von 7,2 Mrd. Euro auf 8,5 Mrd. Euro an, nachdem die Umsatzzahlen in den Jahren 2002 bis 2005 eher stagnierten. Im Jahr 2009 brach der Umsatz konjunkturbedingt stark ein, sodass ca. 26% weniger Umsatz generiert werden konnte. Doch in den folgenden Jahren haben sich die Zahlen wieder deutlich verbessert. Von 2009 bis 2011 stieg der Umsatz deutlich an, sodass ein Umsatzplus von 33% erwirtschaftet werden konnte. Dieser positive Trend konnte sich bis in das Jahr 2014 fortsetzen. Nach Prognosen für die Jahre 2015 und 2016 wird der Umsatz gegenüber dem Jahr 2013 noch einmal um 3% (2015) bzw. 7% (2016) steigen. Damit wird die Branche der Präzisionswerkzeuge mit 10 Mrd. Euro Umsatz die 10 Mrd. Euro-Marke erreichen. Bezogen auf den Werkzeugbau lag der Umsatz 2014 bei 4,9 Mrd. Euro.

---

237 Vgl. VDMA (Präzisionswerkzeugbranche in Zahl und Bild), 2016, S. 3

238 Vgl. Boos et al. (Tooling in Germany), 2016, S. 17

239 Vgl. VDMA (Präzisionswerkzeuge: Wachstum insgesamt), 2016, S. 3

240 Vgl. Salmen (Digital vernetzter Shopfloor), 2016, S. 52; Gemeinsame Datenbank des Werkzeugmaschinenlabors WZL der RWTH Aachen und des Fraunhofer-Instituts für Produktionstechnologie IPT, Stand August 2016

241 KMU (Definition KMU gemäß der Empfehlung der Europäischen Kommission vom 06. Mai 2003: Mittleres Unternehmen: <250 Mitarbeiter; Kleinunternehmen: <50 Mitarbeiter; Kleinstunternehmen: <10 Mitarbeiter)

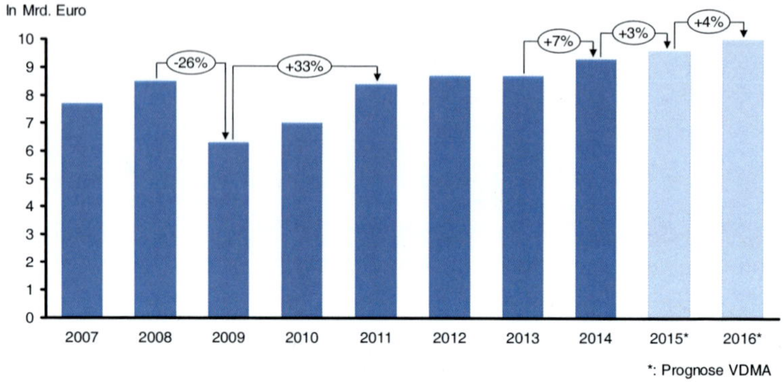

Abbildung 25: Umsatzentwicklung und Prognose der Präzisionswerkzeugbranche[242]

Nicht nur die Umsatzentwicklung hat sich seit dem Jahr 2009 positiv verändert, auch die Auftragsreichweite konnte in den letzten Jahren kontinuierlich verbessert werden. Lag die Auftragsreichweite im Jahr 2009 noch bei 1,5 Monaten, so haben die Unternehmen ihre Auftragsreichweite im Jahr 2012 bereits auf durchschnittlich 2,6 Monate steigern können.[243]

Die gute Auftragslage des Werkzeugbaus und die damit verbundenen hohen Umsätze fußen dabei auf einem hohen Anteil exportierter Werkzeuge. Die wichtigsten Abnehmerländer für Präzisionswerkzeuge sind neben China und den USA auch Spanien (Blechwerkzeuge) und Tschechien (Spritzgießwerkzeuge).[244] Im Vergleich zu anderen Nationen ist Deutschland mit einem Anteil von 15,5% der größte Exporteur von Präzisionswerkzeugen. Nur China (15,2%) und Japan (11,9%) befinden sich auf einem ähnlich hohen Niveau (vgl. Abbildung 26).[245]

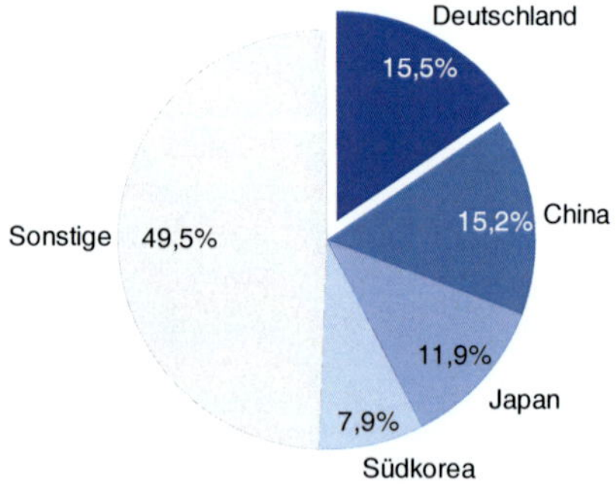

Abbildung 26: Die wichtigsten Exportnationen von Präzisionswerkzeugen[246]

[242] Vgl. VDMA (Präzisionswerkzeugbranche in Zahl und Bild), 2016

[243] Vgl. VDMA (Präzisionswerkzeuge: Jahreswechsel auf Rekordniveau), 2012, S. 3

[244] Vgl. Boos et al. (World of Tooling), 2015, S. 180f.

[245] Vgl. VDMA (Präzisionswerkzeugbranche in Zahl und Bild), 2016

[246] Vgl. VDMA (Präzisionswerkzeugbranche in Zahl und Bild), 2015, S. 4

Abbildung 26 zeigt das Ansehen deutscher Werkzeugbaubetriebe in Bezug auf die Herstellung qualitativ hochwertiger Werkzeuge und unterstreicht die Führungsposition des deutschen Werkzeugbaus in der Welt.

2.3.5 Wertschöpfung im industriellen Werkzeugbau

Zur Darstellung der Wertschöpfung im industriellen Werkzeugbau werden nachfolgend die Industrialisierung des Werkzeugbaus sowie die Wertschöpfung im Werkzeugbau beschrieben. Die Beschreibung der Wertschöpfung erfolgt dabei sowohl anhand der Auftragsentwicklung entlang der Prozesskette des Werkzeugbaus als auch anhand der zur Wertschöpfung notwendigen befähigenden Faktoren.

2.3.5.1 Industrialisierung des Werkzeugbaus

Das handlungsleitende Paradigma der letzten Jahre im Werkzeugbau ist die Industrialisierung. Sie ist gekennzeichnet durch eine industrielle Auftragsabwicklung, welche auf dem Paradigmenwechsel vom handwerklich geprägten hin zum industriellen Werkzeugbau basiert und einen fundamentalen Wandel der Branche beschreibt.[247] Grund für den Wechsel sind für Auftragsfertiger typische Probleme, welche sich insbesondere in einer häufig hohen Durchlaufzeit, einer schlechten Termintreue und langen Liegezeiten widerspiegeln.[248] Ursache für die oftmals schlechte Performance war und ist teilweise noch heute die klassischerweise verrichtungsorientierte Werkstattfertigung mit einem breiten Ressourcenspektrum und einer hohen internen Wertschöpfungstiefe.[249] Zur Adressierung der Probleme entwickelte KLOTZBACH ein Gestaltungsmodell, welches einen Rahmen für den Paradigmenwechsel bildet (vgl. Abbildung 27). KLOTZBACHS Gestaltungsmodell für den industriellen Werkzeugbau zielt auf die Verbesserung der zentralen Zielgrößen des Werkzeugbaus Qualität, Time-to-market, Produktivität, Innovation und Flexibilität ab.[250] Das Modell berücksichtigt insgesamt acht Elemente, wobei die Basis der Industrialisierung die Kooperation und die Fokussierung darstellen. Kernelemente des Modells sind die Produktstandardisierung, die Prozessstandardisierung, die Fließfertigung und die Taktung. Den Rahmen bilden die Elemente Administration zur Gestaltung der Unterstützungsprozesse, die Umsetzung der Veränderung sowie die Mitarbeiter als wichtigste Ressource eines Werkzeugbaubetriebs.[251]

[247] Vgl. Cleveland (Facing Fundamental Restructuring), 2003, S. 3
[248] Vgl. Klotzbach (Industrieller Werkzeugbau), 2006, S. 80
[249] Vgl. Pitsch (Kompetenzfeldbasierte Vernetzung), 2014, S. 43
[250] Vgl. Klotzbach (Industrieller Werkzeugbau), 2006, S. 180ff.
[251] Vgl. Klotzbach (Industrieller Werkzeugbau), 2006, S. 181; Pitsch (Kompetenzfeldbasierte Vernetzung), 2014, S. 41

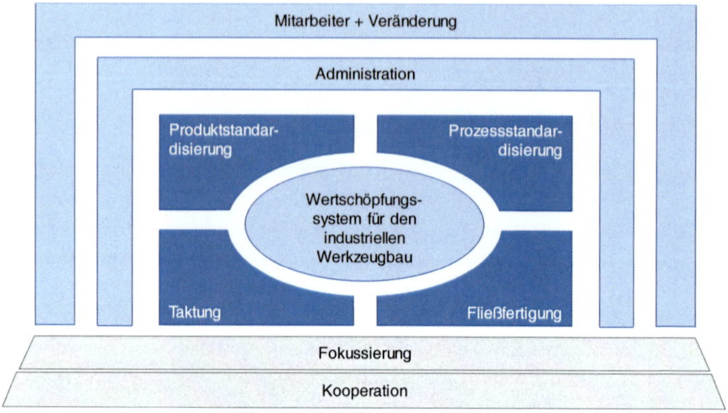

Abbildung 27: Gestaltungsmodell für den industriellen Werkzeugbau nach KLOTZBACH[252]

Aufgrund des Unikatcharakters des Werkzeugbaus können Lern- und Skaleneffekte nur schwer erschlossen werden, da die Varianz und die Komplexität maximal sind. Um diese Komplexität beherrschen zu können, bedarf es einer **Fokussierung** auf einen bestimmten Teil der Wertschöpfung, um sich optimal für diesen auslegen zu können. Damit das Leistungsspektrum jedoch weiterhin die vom Kunden geforderte Breite aufweist, müssen Werkzeugbaubetriebe mit Partnern zusammenarbeiten. Die **Kooperation** mit unterschiedlichen Wertschöpfungspartnern ermöglicht ein breites Leistungsangebot bei gleichzeitiger Fokussierung auf die eigenen Stärken.[253]

Die Fokussierung und Kooperation ermöglichen eine Produkt- und Prozessstandardisierung. Ziel hierbei ist die Reduzierung der Varianz innerhalb des Produktspektrums und der Fertigungsprozesse. Ziel der **Produktstandardisierung** ist die Strukturierung und Standardisierung der Werkzeuge.[254] Hierzu müssen Ähnlichkeiten auf Ebene der Werkzeugkomponenten identifiziert, entwickelt und in Standards überführt werden. Diese Standards ermöglichen Wiederholeffekte in der Konstruktion und bilden die Grundlage der **Prozessstandardisierung**. Auf Basis der standardisierten Werkzeugkomponenten können auch die Prozessfolgen zur Auftragsabwicklung in der mechanischen Fertigung und der Montage standardisiert werden.[255]

Produkt- und Prozessstandardisierung bilden die Voraussetzung zur Einführung einer **Fließfertigung**. Hierbei werden Arbeitsplätze und Maschinen, insbesondere in der mechanischen Fertigung, im Fluss angeordnet, um eine effiziente und transparente Auftragsabwicklung zu ermöglichen. Die **Taktung** schließlich gibt ein sich wiederholendes Zeitintervall vor, in dem bestimmte Bearbeitungsumfänge durchgeführt werden müssen.[256] Dieses Prinzip aus der Serienproduktion gelingt in der Unikatfertigung durch die Zusammenstellung unterschiedlicher

---

[252] Vgl. Klotzbach (Industrieller Werkzeugbau), 2006, S. 181
[253] Vgl. Klotzbach (Industrieller Werkzeugbau), 2006, S. 165ff.
[254] Vgl. Eversheim; Klocke (Werkzeugbau mit Zukunft), 1998, S. 111
[255] Vgl. Klotzbach (Industrieller Werkzeugbau), 2006, S. 168; Boos (Modulare Werkzeuge), 2008, S. 16
[256] Vgl. Klotzbach (Industrieller Werkzeugbau), 2006, S. 173f.

Werkzeugkomponenten auf Taktpaletten, um die Bearbeitungsumfänge dem Takt anzupassen.[257] Sie bildet die Königsdisziplin der Fertigungssteuerung.[258]

Der Wandel vom handwerklichen zum industriellen Werkzeugbau geht mit zahlreichen Veränderungen im gesamten Unternehmen einher. Um diesen Wandel bewältigen zu können, müssen die Veränderungen von den **Mitarbeitern** vorangetrieben und umgesetzt werden.[259] Nur die Identifizierung der Mitarbeiter mit den angestrebten Neuerungen ermöglicht eine erfolgreiche Veränderung. Neben der frühzeitigen Einbindung der Mitarbeiter ist zudem eine Einbindung der **Administration** zur Gestaltung der Unterstützungsprozesse sowie dem Fortschrittscontrolling der Umsetzung notwendig.[260]

2.3.5.2 Befähigende Faktoren im industriellen Werkzeugbau

In Kapitel 2.2.2 wurden die befähigenden Faktoren eines Unternehmens Prozesse, Organisation und Ressourcen hergeleitet. Auch im Werkzeugbau stellen diese drei Faktoren die Befähiger einer effizienten und effektiven Wertschöpfung dar.[261] Im Folgenden erfolgt eine Konkretisierung der befähigenden Faktoren für den industriellen Werkzeugbau, um die Basis für eine spätere Auslegung dieser Faktoren zu legen.

Prozesse

Die Position des Werkzeugbaus zwischen der Produktentwicklung und der Serienproduktion des Kunden wurde bereits in Kapitel 2.3.3 beschrieben. Aufgabe des Werkzeugbaus ist es, zwischen diesen beiden Prozessen des Produktentstehungsprozesses industrieller Güter, Werkzeuge herzustellen.[262] Die Herstellung ist sehr komplex und erfolgt auf Basis unterschiedlicher Prozesse, welche in einer Prozesskette abgebildet werden können. Auch wenn sich die Prozesse in ihrem Grundsatz in verschiedenen Werkzeugbaubetrieben nicht unterscheiden, so hat sich die Prozesskette in manchen Werkzeugbaubetrieben dennoch gewandelt, da der Werkzeugbau immer mehr als Systemanbieter fungiert und dem Kunden umfangreichere Leistungspakete anbietet. Insbesondere ist dies durch eine Verschiebung der Kapazitäten entlang der Prozesskette zu erkennen.[263] Aus diesem Grund wurde im Rahmen dieser Arbeit werkzeugbauspezifische Literatur in Bezug auf die Abbildung der Prozesskette des Werkzeugbaus analysiert (vgl. Abbildung 28), um die für diese Arbeit geeignete Prozesskette ableiten zu können.

[257] Vgl. Schuh et al. (Getaktete Fertigung), 2015, S. 15ff.
[258] Vgl. Pitsch (Kompetenzfeldbasierte Vernetzung), 2014, S. 42
[259] Vgl. Klotzbach (Industrieller Werkzeugbau), 2006, S. 179f.
[260] Vgl. Klotzbach (Industrieller Werkzeugbau), 2006, S. 178
[261] Vgl. Komorek (Kollaborative Wertschöpfung), 2014, S. 105ff.
[262] Vgl. Boos et al. (Wertschöpfung im Betriebsmittelbau), 2013, S. 123
[263] Vgl. Salmen (Digital vernetzter Shopfloor), 2016, S. 54

	SPENNEMANN	FRICKER	FRICK	KLOTZBACH	BOOS	ZWANZIG	PITSCH
Vertrieb			✓	✓	✓	✓	✓
Projektmanagement			✓	✓	✓	✓	✓
Angebotsbearbeitung		✓					
Kalkulation					✓		
Methodenplanung	✓	✓	✓	✓	✓	✓	✓
Konstruktion		✓	✓	✓	✓	✓	✓
Arbeitsvorbereitung	✓	✓	✓	✓	✓	✓	✓
Eingangslogistik				✓			
NC-Programmierung	✓	✓	✓	✓	✓	✓	✓
Modellbau	✓						
Mechanische Fertigung	✓	✓	✓	✓	✓	✓	✓
Montage	✓	✓	✓	✓	✓	✓	✓
Try-out	✓	✓	✓	✓	✓	✓	✓
Ausgangslogistik				✓		✓	
Kundendienst				✓			

Abbildung 28: Die Prozesskette des Werkzeugbaus in der Literatur[264]

In den folgenden Beschreibungen wird den Ausführungen nach BOOS gefolgt, welcher die Prozesskette in die fünf Hauptprozesse Auftragsakquise, Werkzeugentwicklung, Arbeitsplanung, Werkzeugproduktion und Projektmanagement untergliedert.[265] Zusätzlich wird den Hauptprozessen der Prozess Serienbetreuung zugefügt, da dieser in den letzten Jahren an Bedeutung gewonnen hat (vgl. Abbildung 29).

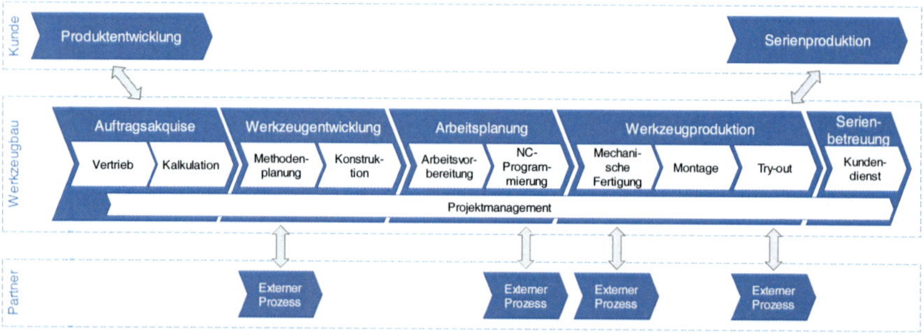

Abbildung 29: Prozesskette des Werkzeugbaus und Position in der Wertschöpfungskette

Die **Auftragsakquise** lässt sich in die beiden Prozesse Vertrieb und Kalkulation unterteilen. Der Vertrieb stellt die Schnittstelle zum Kunden dar und ist für die Akquise dieser und die Kommunikation mit diesen verantwortlich. Konkrete Aufgaben des Vertriebs sind unter anderem die Bearbeitung von Kundenanfragen, die Machbarkeitsüberprüfung der Anfrage sowie

264 Vgl. Spennemann (Organisationsstrukturen), 2001, S. 14; Fricker (Strategische Stringenz), 2005, S. 46ff.; Frick (Geschäftsmodelle im Werkzeugbau), 2006, S. 26ff.; Klotzbach (Industrieller Werkzeugbau), 2006, S. 49ff.; Boos (Modulare Werkzeuge), 2008, S. 41ff.; Zwanzig (Taktung der Unikatfertigung), 2010, S. 28ff.; Pitsch (Kompetenzfeldbasierte Vernetzung), 2014, S. 42ff.

265 Vgl. Klotzbach (Industrieller Werkzeugbau), 2006, S. 49; Boos (Mulare Werkzeuge), 2008, S. 42

die Verhandlungen mit dem Kunden.[266] Der Vertrieb ist in externen Werkzeugbaubetrieben in der Regel ausgeprägter als bei internen Werkzeugbaubetrieben und kann entsprechend auch weitere Funktionen beinhalten. Die Machbarkeitsprüfung basiert auf einer kostenseitigen Kalkulation des angefragten Werkzeugs. Die Kalkulation basiert, aufgrund des Unikatcharakters von Werkzeugen, auf Erfahrungswerten oder Referenzprojekten, sodass die Genauigkeit und Qualität der Kalkulationen variieren können.[267]

Nachdem der Auftrag durch den Kunden erteilt wurde, beginnt die **Werkzeugentwicklung**. Die Werkzeugentwicklung kann in die beiden Prozessschritte Methodenplanung[268] und Konstruktion unterteilt werden.[269] In der Methodenplanung wird auf Basis der erhaltenen Produktinformationen das Werkzeugkonzept definiert. Dabei werden unter anderem die Anzahl der Umformstufen[270], die zur Herstellung des Blechbauteils notwendig sind, oder aber die Anzahl der Kavitäten in einem Spritzgießwerkzeug festgelegt, das Material ausgewählt und die Position konstruktiver Elemente wie Stempel, Schneidmatrizen, Schieber oder Heißkanäle festgelegt.[271] Die Herstellbarkeit des Bauteils durch das Werkzeugkonzept wird oftmals durch Software-Simulationen unterstützt.[272] In der Konstruktion werden anschließend CAD-Modelle, 2D-Zeichnungen und Stücklisten ausgearbeitet. An dieser Stelle werden neben der Konstruktion auch die Bereiche Einkauf, Arbeitsvorbereitung und das Projektmanagement eingebunden.[273]

Die **Arbeitsplanung** kann in die beiden Prozessschritte Arbeitsvorbereitung und NC-Programmierung unterteilt werden. Die Arbeitsvorbereitung ist für die Kapazitäts- und Terminplanung der durchzuführenden Arbeitsschritte zuständig. Dazu gehören die Erstellung von Arbeitsplänen, der Einkauf von Standardkomponenten[274] sowie die Einlastung der Aufträge in die Werkzeugproduktion.[275] Meist handelt es sich um eine Grobplanung der Abläufe, um ausreichend Kapazitäten für unterschiedliche Auftragsarten zu schaffen. Die anschließende Feinplanung findet auf Bauteilebene statt. Der zeitliche Horizont beträgt bei erfolgreichen Werkzeugbaubetrieben sieben Tage und hat einen zeitlichen Detaillierungsgrad von einer Stunde.[276] In der NC-Programmierung werden auf Basis der Konstruktionsdaten (CAD-Modelle) Programme für die einzelnen Werkzeugmaschinen geschrieben. Die NC-Programmierung ist in einigen Werkzeugbaubetrieben auch als eigenständige Abteilung aufgestellt und organisatorisch von der Arbeitsvorbereitung getrennt.[277]

---

[266] Vgl. Klocke; Schuh (Zukunftsstudie Werkzeugbau), 2005, S. 53

[267] Vgl. Boos (Modulare Werkzeuge), 2008, S. 42; Schlüter (Vorkalkulationsmethoden), 23.04.2006, S. 1

[268] Häufig auch als Engineering bezeichnet

[269] Vgl. Klotzbach (Industrieller Werkzeugbau), 2006, S. 50

[270] Im Bereich der Blechumformung sind häufig mehrere Werkzeuge notwendig, um das Bauteil herstellen zu können. Diese werden als Umformstufen oder Umformoperationen bezeichnet. Die zusammenhängenden Werkzeuge werden Werkzeugsatz genannt.

[271] Vgl. Boos (Modulare Werkzeuge), 2008, S. 42f.

[272] Vgl. Klotzbach (Industrieller Werkzeugbau), 2006, S. 50

[273] Vgl. Döring (Konfliktmanagement), 2010, S. 39

[274] Häufig auch als Normalien bezeichnet

[275] Vgl. Boos (Modulare Werkzeuge), 2008, S. 43

[276] Vgl. Klotzbach (Industrieller Werkzeugbau), 2006, S. 50; Boos et al. (Erfolgreich Planen), 2015, S. 11ff.

[277] Vgl. Boos (Modulare Werkzeuge), 2008, S. 43

Nachdem die Arbeitsplanung abgeschlossen ist, kann mit der **Werkzeugproduktion** begonnen werden. Die Werkzeugproduktion setzt sich aus den Prozessschritten mechanische Fertigung, Montage und Try-out[278] zusammen. In der mechanischen Fertigung erfolgt die physische Herstellung der Werkzeugkomponenten anhand der zur Herstellung notwendigen Technologien. Die Haupttechnologien sind im Werkzeugbau Fräsen, Drehen, Schleifen, Senk- und Drahterodieren. Neben diesen Haupttechnologien werden bedarfsweise auch Verfahren wie Tieflochbohren, Lasergravieren und Härten eingesetzt.[279] Die Herstellung der Komponenten kann auf eigenen Maschinen oder durch externe Lieferanten erfolgen. In der Montage werden die verschiedenen Komponenten zusammengesetzt, sodass ein Werkzeug entsteht.[280] Zudem führt die Montage Nacharbeiten durch, welche nur im zusammengebauten Zustand möglich sind.[281] Im abschließenden Try-out werden die Werkzeuge getestet. Dies erfolgt im Bereich der Blechverarbeitungswerkzeuge auf sogenannten Try-out Pressen und im Bereich der Kunststoffwerkzeuge auf Spritzgießmaschinen[282]. Der Try-out dient der Funktionalitätsprüfung des Werkzeugs anhand der Produktion erster Musterteile. Notwendig werdende Änderungen am Werkzeug werden in der mechanischen Fertigung und der Montage, ggf. auch in der Konstruktion, vorgenommen. Diese Optimierungsschleifen werden solange durchgeführt, bis die gewünschte Bauteilqualität erreicht ist.[283] „Der Try-out stellt die traditionelle werkzeugbauseitige Schnittstelle zur Serienproduktion dar."[284]

Mit der Übergabe des Werkzeugs an den internen oder externen Kunden geht auch die Zuständigkeit vom Werkzeugbau an den Kunden über. Durch einen **Kundendienst** kann der Werkzeugbau seinen Kunden in der Serienproduktion jedoch unterstützen. Hierbei können Werkzeugbaubetriebe insbesondere in dem Angebot von Serviceleistungen wie Instandhaltung und Reparatur, aber auch in der Anlaufbegleitung des Werkzeugs ihre Geschäftsmodelle ergänzen.

Begleitet werden die Tätigkeiten entlang der Prozesskette in der Regel von einem **Projektmanagement**. Das Projektmanagement begleitet den gesamten Erstellungsprozess bis hin zur Auslieferung und darüber hinaus. Hauptaufgaben liegen in der Projektplanung, -steuerung und -überwachung.[285] Im Fokus des Projektmanagements stehen die Einhaltung der mit dem Kunden vereinbarten Termine sowie der Kosten. Darüber hinaus dient das Projektmanagement als Kommunikationsorgan zum Kunden und hat eine koordinierende Funktion im Unternehmen.[286] In einigen Werkzeugbaubetrieben ist das Projektmanagement zudem für die wirtschaftliche, zeitliche und technische Nachbetrachtung von Werkzeugaufträgen zuständig.[287]

---

278 Häufig auch als Werkzeugerprobung bezeichnet

279 Vgl. Ziskoven (Fertigung im Werkzeugbau), 2013, S. 47; Boos (Modulare Werkzeuge), 2008, S. 43; Heeschen (Auswahl der Fertigungstechnologien), 2015, S. 19f.

280 Vgl. Gebeshuber (Der Formen- und Werkzeugbau), 2008, S. 26

281 Vgl. Giehler (Erhöhung der Planungsproduktivität), 2010, S. 35

282 Im Spritzgießen wird der Try-out Bereich häufig auch als Technikum bezeichnet

283 Vgl. Frick (Geschäftsmodelle im Werkzeugbau), 2006, S. 28

284 Vgl. Kühn (Leistungssysteme für den Werkzeugbau), 2016, S. 46

285 Vgl. Rinza (Projektmanagement), 1998, S. 16ff.; Klotzbach (Industrieller Werkzeugbau), 2006, S. 49; Boos (Modulare Werkzeuge), 2008, S. 42

286 Vgl. Kühn (Leistungssysteme für den Werkzeugbau), 2016, S. 44

287 Vgl. Boos et al. (Erfolgreich Kalkulieren), 2015, S. 11; Leipold; Zwicker (Das 3-Phasen Modell), 2013, S. 22

Diese Nachbetrachtung ermöglicht die Identifizierung von systematischen Defiziten und damit die Realisierung von Optimierungspotenzialen in den drei Kategorien.[288]

Neben den beschriebenen Prozessen zur Auftragsabwicklung entlang der Prozesskette gibt es im industriellen Werkzeugbau auch übergeordnete Prozesse, welche die Wertschöpfung in einem Netzwerk bestehend aus Kunden, Lieferanten und eigenen Standorten ermöglichen. Dies sind die vor- und nachgelagerte Kundenvernetzung, die kompetenz- und kapazitätsbasierte Lieferantenvernetzung sowie die Standortvernetzung und werden von KOMOREK in einem Gestaltungsmodell zur kollaborativen Wertschöpfung thematisiert.[289]

Organisation

Der Begriff Organisation kann aus zwei Sichtweisen sowohl institutionell („Ein Unternehmen ist eine Organisation") als auch instrumental („Ein Unternehmen hat eine Organisation") definiert werden.[290] Im Verständnis der vorliegenden Arbeit wird die instrumentelle Sichtweise im Sinne der Organisation als Organisationsstruktur eines Unternehmens verwendet. Die Organisation kann in eine Ablauforganisation und eine Aufbauorganisation untergliedert werden, wobei die Ablauforganisation den Ablaufprozess der betrieblichen Aktivitäten und die Aufbauorganisation die dazu notwendigen Verrichtungsebenen darstellen. Die Ablauforganisation wurde bereits mit der Beschreibung der Prozesskette vorgestellt, weshalb im Folgenden die Aufbauorganisation eines Werkzeugbaubetriebs im Vordergrund steht.

Die Aufbauorganisation organisiert die zur Leistungserstellung notwendigen Aufgaben nach Verrichtung („Was ist zu tun?") und nach Objekt („Woran ist es zu tun?"). In diesem Zusammenhang definiert sie die Zuordnung von Aufgaben auf Stellen bzw. Abteilungen und regelt die Gestaltung der Beziehungen zwischen den Stellen durch Kompetenz-, Verantwortungs- und Informationsregelungen.[291] Die Aufbauorganisation geht einher mit einer aus der Organisation abgeleiteten Hierarchie, wobei sich die Hierarchie in vielen Unternehmen von einer steilen, vertikalen (monolithisch) zu einer flachen, horizontalen (polyzentrisch) Hierarchie gewandelt hat.[292] Insbesondere im Werkzeugbau, als organisch gewachsene Branche, ist das traditionelle Hierarchieverständnis jedoch vorherrschend, weshalb eine Prozessorientierung nur selten vorzufinden ist.

Die Organisationsstruktur von Werkzeugbaubetrieben ist in der Regel verrichtungsorientiert und stark hierarchisch aufgebaut. Stellen Werkzeugbaubetriebe mehrere Werkzeugtypen her, wird diese Struktur durch eine Objektorientierung bzgl. der unterschiedlichen Werkzeugtypen ergänzt. Die verrichtungsorientierte Organisationsstruktur wird darin deutlich, dass es für eine Vielzahl von Prozessen der Prozesskette in Werkzeugbaubetrieben spezifische Abteilungen gibt, die einen definierten Umfang in der Werkzeugerstellung übernehmen. So besitzen 88% der Werkzeugbaubetriebe in Deutschland eine eigene Abteilung für die Entwicklung und 92% eine eigene Abteilung für die Arbeitsvorbereitung. Nur 2% der Werkzeugbaubetriebe besitzen keine eigene Abteilung für eine mechanische Fertigung, wohingegen alle Betriebe (100%) eine

[288] Vgl. Gebeshuber (Der Formen- und Werkzeugbau), 2008, S. 27

[289] Vgl. Komorek (Kollaborative Wertschöpfung), 2014; Siehe hierzu auch: Pitsch (Kompetenzfeldbasierte Vernetzung), 2014; Schittny (Wertschöpfungstiefengestaltung im Werkzeugbau), 2015

[290] Vgl. Bea; Göbel (Theorie und Gestaltung), 2006, S. 2; Schreyögg (Grundlagen moderner Organisationsgestaltung), 1996, S. 4

[291] Vgl. Müller-Stewens; Lechner (Strategisches Management), 2005, S. 444

[292] Vgl. Bleicher (Integriertes Management), 2011, S. 393

eigene Abteilung für die Montage haben. In der mechanischen Fertigung sind darüber hinaus auch die einzelnen Technologien in eigenen Organisationseinheiten organisiert (vgl. Abbildung 30).[293]

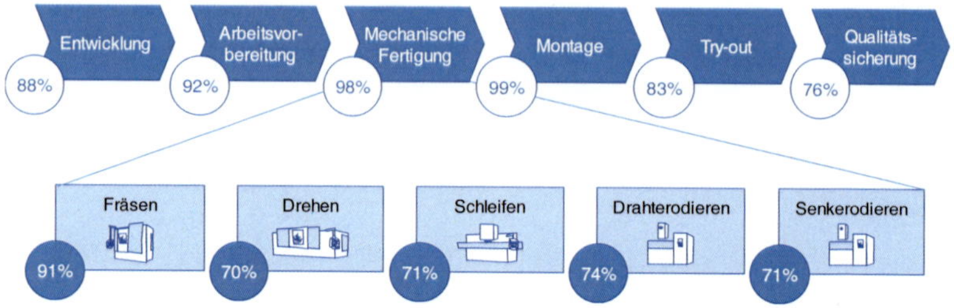

Abbildung 30: Anteil deutscher Werkzeugbaubetriebe mit einer eigenen Abteilung für den jeweiligen Prozessschritt

Nach SPENNEMANN muss die Organisationsgestaltung im Werkzeugbau zielorientiert erfolgen, damit die Organisation die Unternehmensstrategie und -leistung unterstützt. Zudem ist es erforderlich, die betriebliche Situation des Werkzeugbaubetriebs zu berücksichtigen und auf dieser Basis mögliche, alternative Organisationsstrukturen abzubilden, eine Prognose bzgl. der Eignung zu erstellen und die unterschiedlichen Strukturen zu bewerten.[294]

Ressourcen

Gemeinhin können Ressourcen als Inputfaktoren bezeichnet werden, welche in einem Unternehmen vorliegen müssen, um eine definierte Leistung erstellen zu können.[295] Ressourcen können grundsätzlich in materielle und immaterielle Ressourcen unterteilt werden. Materielle Ressourcen untergliedern sich dabei in finanzielle Ressourcen, physische Ressourcen sowie IT-basierte Ressourcen. Immaterielle Ressourcen untergliedern sich in Bestandsressourcen, Humanressourcen, strukturelle Ressourcen sowie kulturelle Ressourcen (vgl. Abbildung 31).[296]

[293] Vgl. Gemeinsame Datenbank des Werkzeugmaschinenlabors WZL der RWTH Aachen und des Fraunhofer-Instituts für Produktionstechnologie IPT, Stand August 2016

[294] Vgl. Spennemann (Organisationsstrukturen), 2001, S. 15

[295] Vgl. Kampker (Kompetenzbasierte Geschäftsausweitung), 2004, S. 71; Krüger; Homp (Kernkompetenz-Management), 1997, S. 222

[296] Vgl. Müller-Stewens; Lechner (Strategisches Management), 2005, S. 214

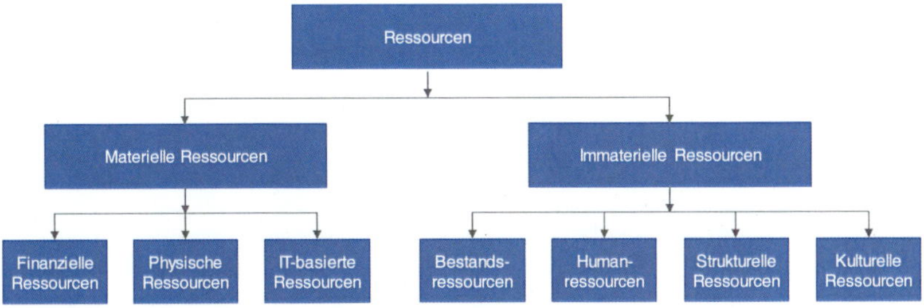

Abbildung 31: Unterteilung von Ressourcen nach MÜLLER-STEWENS ET AL.[297]

Finanzielle Ressourcen bilden die Basis einer nachhaltigen Geschäftstätigkeit sowie für Investitionen. Sie setzen sich aus Eigenkapital, Fremdkapital und Zahlungsmitteln zusammen und müssen in allen Bereichen des Wertschöpfungsnetzwerks eines Werkzeugbaubetriebs vorliegen, um Investitionen tätigen und eine langfristige Vernetzung sicherstellen zu können.[298]

Physische Ressourcen dienen der Umsetzung der Aktivitäten der Wertschöpfung. Unter physischen Ressourcen können Flächen und Gebäude, Fertigungsmaschinen und Peripherieanlagen, Roh-, Hilfs- und Betriebsstoffe, Normalien, Computer etc. zusammengefasst werden. Im Werkzeugbau ist eine enge Verknüpfung zwischen Maschinen und den IT-basierten Ressourcen notwendig.[299]

IT-basierte Ressourcen stellen in erster Linie die Softwaresysteme dar, welche durchgängig für die Wertschöpfung im Werkzeugbau verwendet werden. IT-Systeme werden teilweise entlang des gesamten Auftragsabwicklungsprozesses genutzt (ERP-Systeme), aber auch in einzelnen Bereichen bzw. Abteilungen wie der Konstruktion (CAD-Systeme), dem Projektmanagement (CRM-Systeme) sowie in der mechanischen Fertigung bzw. der Arbeitsvorbereitung (PPS-Systeme, CAM-Systeme und die Maschinensteuerung).[300]

Bestandsressourcen setzen sich aus Ressourcen wie Patenten, dem Ruf des Unternehmens, mitarbeiterunabhängigem Wissen, spezifischen Daten etc. zusammen.[301] Im Werkzeugbau ist das mitarbeiterunabhängige Wissen von zentraler Bedeutung, da durch dieses wissensbasierte Kompetenzen aufgebaut werden können. Um dieses interne Wissen zu wahren, sollte es durch entsprechende Patente geschützt werden. Der Ruf des Unternehmens ist insbesondere für die Verhandlungsmacht gegenüber Lieferanten und Kunden bedeutsam, da durch den guten Ruf eines Werkzeugbaubetriebs das Preisniveau positiv beeinflusst werden kann.[302]

Unter **Humanressourcen** werden gemeinhin Mitarbeiter und ihre Qualifikation verstanden. Entlang der gesamten Prozesskette sind Mitarbeiter mit geeigneter Qualifikation notwendig,

---

[297] I.A.a. Müller-Stewens; Lechner (Strategisches Management), 2005, S. 214

[298] Vgl. Komorek (Kollaborative Wertschöpfung), 2014, S. 154

[299] Vgl. Komorek (Kollaborative Wertschöpfung), 2014, S. 154

[300] Vgl. Komorek (Kollaborative Wertschöpfung), 2014, S. 155

[301] Vgl. Müller-Stewens; Lechner (Strategisches Management), 2005, S. 214; Komorek (Kollaborative Wertschöpfung), 2014, S. 155

[302] Vgl. Komorek (Kollaborative Wertschöpfung), 2014, S. 155

um die definierten Leistungen zu erbringen.[303] Insbesondere in der wissensintensiven Branche Werkzeugbau sind qualifizierte Mitarbeiter ein Hauptdifferenzierungsmerkmal gegenüber dem nationalen und insbesondere dem internationalen Wettbewerb. Aufgrund des demografischen Wandels in Deutschland ist es deshalb notwendig, bestehende Mitarbeiter zielgerichtet weiterzuentwickeln und neue Mitarbeiter zu gewinnen.[304]

Als **strukturelle Ressourcen** werden Ressourcen bezeichnet, welche das Führen des Unternehmens unterstützen. Hierunter fallen beispielsweise die Aufbauorganisation und die Ablauforganisation, aber auch Managementsysteme.[305] Managementsysteme besitzen insbesondere in der kollaborativen Wertschöpfung eine hohe Bedeutung, da durch diese die Komplexität in der Auftragsabwicklung in einem Netzwerk durch definierte Standards und Regelkreise beherrschbar wird.[306]

Unter **kulturellen Ressourcen** werden sogenannte „weiche Faktoren“ wie die Unternehmenskultur, die Leistungsbereitschaft und das Kooperationsverhalten zusammengefasst. Die Leistungsbereitschaft wird in erster Linie durch die Humanressourcen definiert und korrespondiert stark mit der Unternehmenskultur. Die Unternehmenskultur ist insbesondere bei der internationalen Ausrichtung eines Werkzeugbaubetriebs von Bedeutung, da das Kommunikationsverständnis und das Konfliktverhalten kulturell bedingt und somit landesspezifisch sind.[307]

Im Werkzeugbau sind laut FRICK[308] insbesondere die Mitarbeiter als Humanressourcen, die physischen Ressourcen wie Maschinen und die IT-basierten Ressourcen wie CAD- und PPS-Systeme von Bedeutung und sollen aktiv ausgelegt werden.

Die Mitarbeiteranzahl in Unternehmen variiert in deutschen Werkzeugbaubetrieben sehr stark. So gibt es in Deutschland Werkzeugbaubetriebe mit weniger als 50 Mitarbeitern und Werkzeugbaubetriebe mit einer Größe von bis zu mehreren tausend Mitarbeitern.[309] Diese Mitarbeiter haben ein Durchschnittsalter von 40,3 Jahren, wobei sie eine durchschnittliche Betriebszugehörigkeit von 16,9 Jahren aufweisen. Demgegenüber steht eine geringe Auszubildendenquote von 8,9%.[310] Das hohe Durchschnittsalter, gepaart mit einer geringen Auszubildendenquote führt zu einem kontinuierlichen Abgang von Wissen, welches für den Werkzeugbau in Deutschland jedoch von entscheidender Bedeutung ist.

Die Kerntechnologien in deutschen Werkzeugbaubetrieben sind abhängig vom herzustellenden Erzeugnisspektrum, werden aber im Wesentlichen durch die Technologien Fräsen, Drehen, Schleifen, Senk- und Drahterodieren repräsentiert. Es zeigt sich, dass bspw. der Fertigungsanteil der Technologie Fräsen bei allen Betrieben verhältnismäßig hoch ist, dieser aber dennoch stark variiert. So haben einige Werkzeugbaubetriebe einen Fertigungsanteil der Technologie Fräsen von bis zu 94%, andere Betriebe hingegen lediglich einen Anteil von ma-

[303] Vgl. Komorek (Kollaborative Wertschöpfung), 2014, S. 155
[304] Vgl. Schuh et al. (Systematische Mitarbeiterentwicklung), 2014, S. 86
[305] Vgl. Müller-Stewens; Lechner (Strategisches Management), 2005, S. 214
[306] Vgl. Komorek (Kollaborative Wertschöpfung), 2014, S. 160
[307] Vgl. Komorek (Kollaborative Wertschöpfung), 2014, S. 160f.
[308] Vgl. Frick (Geschäftsmodelle im Werkzeugbau), 2006, S. 51
[309] Vgl. Boos et al. (Tooling in Germany), 2016, S. 15
[310] Vgl. Boos et al. (Tooling in Germany), 2016, S. 31

ximal 18%. Eine ähnliche Varianz zeigt sich auch bei den anderen Kerntechnologien (vgl. Abbildung 32).[311] Dies macht deutlich, dass die Auswahl der richtigen Technologien im Werkzeugbau stark vom Erzeugnisspektrum abhängt und leistungsspezifisch erfolgen muss.

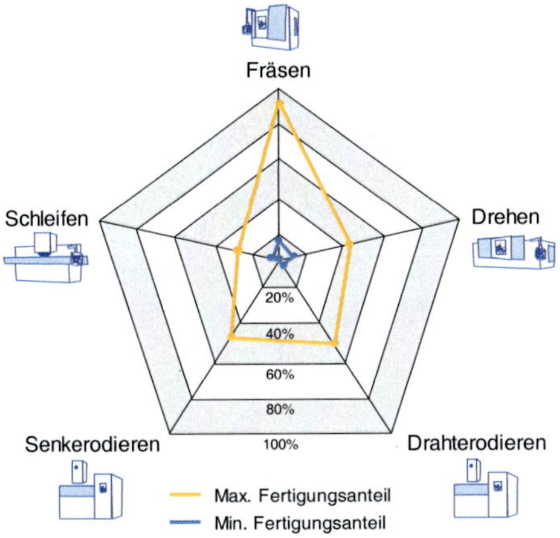

Abbildung 32: Übersicht der maximalen und minimalen Fertigungsanteile der Kerntechnologien im Werkzeugbau[312]

Die Relevanz der jeweiligen Technologie zeigt sich auch in der Anzahl der Maschinen, die in Werkzeugbaubetrieben zum Einsatz kommt. Liegt die Anzahl der Fräsmaschinen mit 7,8 Maschinen durchschnittlich deutlich höher als die der Technologien Drehen (2,7 Maschinen), Draht- (2,7 Maschinen) und Senkerodieren (2,3 Maschinen), so ist hingegen die Technologie Schleifen, trotz eines geringeren Fertigungsanteils, eine weit verbreitete Technologie mit verhältnismäßig vielen Maschinen (4,9 Maschinen).[313]

Der Einsatz von IT-basierten Ressourcen hat in den letzten Jahren sehr stark zugenommen. Wurden im Werkzeugbau bisher insbesondere Computer-Aided-Manufacturing-Systeme (CAM), Computer-Aided-Design-Systeme (CAD) sowie Excel- und Access-Lösungen zur Auftragsabwicklung eingesetzt, konnten diese Systeme in den letzten Jahren um weitere Systeme ergänzt werden. So nutzen Werkzeugbaubetriebe vermehrt Systeme zur Produktionsplanung und -steuerung (PPS), zur Betriebsdatenerfassung (BDE), zur Finanzbuchhaltung und zur Kalkulation.[314] Insbesondere vor dem Hintergrund der Potenziale moderner Informations- und Kommunikationstechnologien wird der Einsatz zukünftig stark ansteigen.

---

[311] Vgl. Gemeinsame Datenbank des Werkzeugmaschinenlabors WZL der RWTH Aachen und des Fraunhofer-Instituts für Produktionstechnologie IPT, Stand August 2016

[312] Vgl. Gemeinsame Datenbank des Werkzeugmaschinenlabors WZL der RWTH Aachen und des Fraunhofer-Instituts für Produktionstechnologie IPT, Stand August 2016

[313] Vgl. Salmen (Digital vernetzter Shopfloor), 2016, S. 53

[314] Vgl. Gemeinsame Datenbank des Werkzeugmaschinenlabors WZL der RWTH Aachen und des Fraunhofer-Instituts für Produktionstechnologie IPT, Stand August 2016; Salmen (Digital vernetzter Shopfloor), 2016, S. 53

2.3.6 Herausforderungen im industriellen Werkzeugbau

Am Standort Deutschland führen neue Rahmenbedingungen sowie sich verändernde Absatzmärkte zu Trends, die der Werkzeugbau, als Teil der produzierenden Industrie und Befähiger einer effizienten Serienproduktion, berücksichtigen muss, um seine Wettbewerbsfähigkeit langfristig zu wahren.[315] Die drei zentralen Trends der produzierenden Industrie sind die Globalisierung, der demografische Wandel sowie neue Technologieentwicklungen.[316] Diese Trends führen zu Herausforderungen im Werkzeugbau, welche Werkzeugbaubetriebe bewältigen müssen (vgl. Abbildung 33).

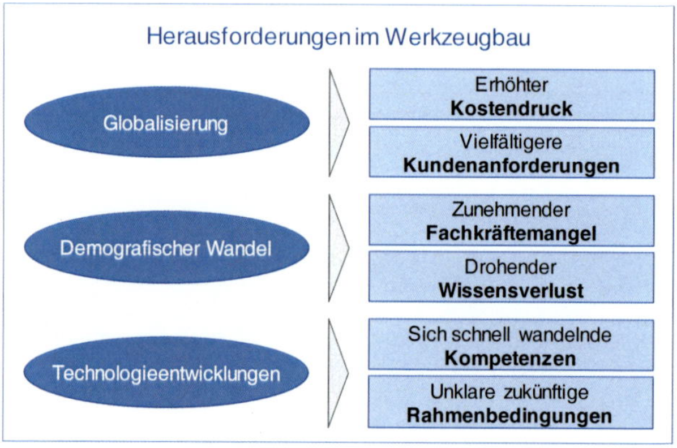

Abbildung 33: Aktuelle Herausforderungen im industriellen Werkzeugbau

Die in den letzten Dekaden beschleunigte **Globalisierung** führt zu einem Zusammenwachsen der Welt, in der Grenzen poröser und internationale Beziehungen enger werden. Mit diesem Zusammenwachsen geht eine Öffnung der Märkte einher, wodurch produzierende Unternehmen am Standort Deutschland neue Absatzmärkte mit großem Potenzial erschließen können.[317] So hat beispielsweise der chinesische Markt nicht nur als Produktionsmarkt mit signifikant günstigeren Faktorkosten, sondern auch als Absatzmarkt deutlich an Bedeutung für Deutschland gewonnen.[318] Die Marktöffnung führt dazu, dass Kunden deutscher Werkzeugbaubetriebe vermehrt Kapazitäten in den neu erschlossenen Absatzmärkten aufbauen und somit leichter Zugang zu lokalen Werkzeugbaubetrieben erhalten. Dadurch steigt die Anzahl an Wettbewerbern, denen sich deutsche Werkzeugbaubetriebe stellen müssen. Die günstigeren Faktorkosten in diesen Ländern führen zu einem **erhöhten Kostendruck**, da Werkzeuge

[315] Vgl. Schuh et al. (Der ideale Werkzeugbau), 2013, S. 14; Holmes et al. (Die and Mould Industry), 2004, S. 120

[316] Vgl. Schuh et al. (Der ideale Werkzeugbau), 2013, S. 14; Schuh et al. (Systematische Mitarbeiterentwicklung), 2014, S. 86; Boos et al. (Wertschöpfung im Betriebsmittelbau), 2013, S. 124f.; Boos et al. (Erfolgreich Kalkulieren), 2015, S. 55ff.; Salmen (Digital vernetzter Shopfloor), 2016, S. 56f.

[317] Vgl. Boos et al. (World of Tooling), 2015, S. 5; Boos et al. (Tooling in Turkey), 2016, S. 13; Schuh et al. (Der ideale Werkzeugbau), 2013, S. 14

[318] Vgl. Zwanzig (Taktung der Unikatfertigung), 2010, S. 28f.; Schuh et al. (Der ideale Werkzeugbau), 2013, S. 14; Boos et al. (Tooling in China), 2015, S. 7

aus Deutschland, aufgrund hoher Lohnkosten, im Vergleich kostenintensiver sind als in Märkten wie China, Mexiko oder der Türkei.[319] Dies erfordert eine effiziente und fokussierte Wertschöpfung am Standort Deutschland. Jedoch haben auch deutsche Werkzeugbaubetriebe die Chance, neue Kunden in den neuen Absatzmärkten zu gewinnen. Diese Kunden haben jedoch marktspezifische Anforderungen[320], wodurch der Werkzeugbau, bei der Bedienung verschiedener Märkte, **vielfältigere Kundenanforderungen** erfüllen muss. Diese vielfältigen Kundenanforderungen bedingen eine hohe Kundenfokussierung des Werkzeugbaus, um die Leistungen anforderungsgerecht anbieten zu können.

Der **demografische Wandel** verursacht am Standort Deutschland einen fundamentalen Wandel des Arbeitsmarktes, welchem die produzierende Industrie entgegenwirken muss.[321] Durch das Ausscheiden der geburtenstarken Jahrgänge aus der Erwerbstätigkeit sowie die nachlassende Geburtenrate wird ein Abfall der potenziell zur Verfügung stehenden Erwerbstätigen um mehr als 28% bis 2050 prognostiziert.[322] Dies stellt für den Standort Deutschland einen wesentlichen Wettbewerbsnachteil im Vergleich zu Ländern aus dem südamerikanischen, osteuropäischen und asiatischen Raum dar.[323] Dieser Trend ist insbesondere für den Werkzeugbau, als wissensintensive Branche, eine große Gefahr. Werkzeugbaubetriebe stehen konkret vor der Herausforderung, dem **zunehmenden Fachkräftemangel** entgegenzuwirken. Steigende Anforderungen an Mitarbeiter durch bspw. den Einsatz moderner Technologien führen zu einem veränderten Anforderungsprofil, wodurch der Bedarf an gut ausgebildeten Mitarbeitern jedoch steigt.[324] Insbesondere vor dem Hintergrund eines kontinuierlich steigenden Durchschnittsalters der Mitarbeiter des Werkzeugbaus sowie einer stetig sinkenden Auszubildendenquote (vgl. Kapitel 2.3.5.2) ist der Verlust von Fachkräften ohne einen gleichwertigen Ersatz ein signifikanter Wettbewerbsnachteil.[325] Jedoch gilt es nicht nur neue Fachkräfte zu gewinnen, sondern auch den **drohenden Wissensverlust** bei dem Ausscheiden von älteren und erfahrenen Mitarbeitern zu verhindern und das personengebundene Wissen in organisationales Wissen zu überführen, welches allen Mitarbeitern des Unternehmens zur Verfügung steht.

Nachdem mit der Erfindung der Dampfmaschine im Jahr 1769 die Industrialisierung der produzierenden Industrie begonnen hat, gab es bereits zwei weitere prägende Revolutionen.[326] Nun steht die vierte industrielle Revolution bevor. Diese ist unter dem Begriff „Industrie 4.0“ bekannt und basiert auf der digitalen Vernetzung von Objekten und Prozessen.[327] Die in diesem Zusammenhang neuen **Technologieentwicklungen** sind für Werkzeugbaubetriebe eine Chance und eine Herausforderung zugleich. So bieten sie zum einen die Möglichkeit einer effizienteren Auftragsabwicklung und zum anderen die Möglichkeit einer effektiveren und kundenspezifischeren Wertschöpfung[328]. Auch ermöglichen sie es, intelligente Werkzeuge für die

[319] Vgl. Boos et al. (World of Tooling), 2015, S. 5ff.

[320] Vgl. Boos et al. (World of Tooling), 2015, S. 5; Kühn (Leistungssysteme für den Werkzeugbau), 2016, S. 109

[321] Vgl. Dombrowski; Mielke (Lösung des Demografieproblems), 2012, S. 56

[322] Vgl. o.V. (Analyse Arbeitsmarkt), 2011, S. 2

[323] Vgl. Boos et al. (Tooling in China), 2015, S. 29

[324] Vgl. Salmen (Digital vernetzter Shopfloor), 2016, S. 57

[325] Vgl. Schuh et al. (Further Education), 2012, S. 1868; Schuh et al. (Systematische Mitarbeiterentwicklung), 2014, S. 86; Boos et al. (Tooling in Germany), 2016, S. 31

[326] Die erste industrielle Revolution begann mit der Erfindung der Dampfmaschine. Die zweite industrielle Revolution ist durch den Taylorismus und die spätere Fließbandarbeit charakterisiert. Als dritte industrielle Revolution werden gemeinhin die computerbasierte Automation und Digitalisierung beschrieben

[327] Vgl. acatech – Deutsche Akademie der Technikwissenschaften (Zukunftsprojekt Industrie 4.0), 2013, S. 5

[328] Vgl. acatech – Deutsche Akademie der Technikwissenschaften (Zukunftsprojekt Industrie 4.0), 2013, 5f.

Kunden bereitzustellen. Zur Nutzung der für diesen Einsatz notwendigen cyber-physischen Systemen (CPS) benötigen Werkzeugbaubetriebe jedoch neue Kompetenzen, welche heutzutage nur selten vorhanden sind. Die sich **schnell wandelnden Kompetenzen** führen dazu, dass der Werkzeugbau, anders als viele andere Branchen der produzierenden Industrie, die Implementierung neuer Technologien wenig fokussiert und abwartend agiert. Sichtbar wird diese fehlende Dynamik auch in einem unzureichenden Einsatz von automatisierten Fertigungszellen, welche einer digitalen Vernetzung häufig vorangehen, oder in dem geringfügigen Einsatz von generativen Fertigungsverfahren, welche aktuell nur selten in der Prozesskette von Werkzeugbaubetrieben eingebunden sind. Dies ist auch dadurch begründet, dass, neben der fehlenden technischen Kompetenz zur Implementierung und Verwaltung solcher Systeme, eine **Unklarheit über zukünftige Rahmenbedingungen** herrscht, der sich Werkzeugbaubetriebe häufig ausgesetzt sehen. So besteht bspw. Unklarheit bzgl. der Datensicherheit der Systeme, des konkreten Investitionsbedarfs oder aber auch der Akzeptanz von Mitarbeitern im Bereich der Automatisierung und der Kunden bei einem Angebot von neuen Smart Services. Beide Herausforderungen führen dazu, dass Werkzeugbaubetriebe die Potenziale der neuen Technologien nicht vollumfänglich ausschöpfen.

2.4 Handlungsbedarf aus der Praxis

Die Industrialisierung stellte in den letzten Jahren das handlungsleitende Paradigma der Branche Werkzeugbau dar. So wurden die Elemente der Industrialisierung im Werkzeugbau nach KLOTZBACH[329] Produkt- und Prozessstandardisierung, Fließfertigung, Taktung sowie Fokussierung und Kooperation sowohl in der Theorie adressiert als auch in der Praxis von Werkzeugbaubetrieben erfolgreich umgesetzt (vgl. Kapitel 2.3.5.1). Die zunehmende Globalisierung, der demografische Wandel sowie neue Technologieentwicklungen der letzten Jahre stellen den Werkzeugbau jedoch vor Herausforderungen, die durch die Industrialisierung des Werkzeugbaus alleine nicht bewältigt werden können. Die Herausforderungen eines erhöhten Kostendrucks, vielfältiger werdender Kundenanforderungen, eines zunehmenden Fachkräftemangels und eines drohenden Wissensverlusts sowie die fehlenden Kompetenzen und die unklaren Rahmenbedingungen bei dem Einsatz neuartiger Technologien zur digitalen Vernetzung (vgl. Kapitel 2.3.6) erfordern einen ganzheitlichen Ansatz und können nur durch eine strategische Betrachtungs- und Vorgehensweise gelöst werden.

Den zentralen Herausforderungen lässt sich insbesondere durch die strategische Auslegung der befähigenden Faktoren Prozesse, Organisation und Ressourcen eines Werkzeugbaubetriebs (vgl. Kapitel 2.2.2 und Kapitel 2.3.5.2) begegnen. Entscheidend hierbei ist die Erzielung eines strategischen Fits zwischen diesen Faktoren (vgl. Kapitel 2.1.2), um die Herausforderungen ganzheitlich und integriert adressieren zu können, sodass das Unternehmen als Ganzes an Leistungsfähigkeit gewinnt und dadurch die Wettbewerbsfähigkeit langfristig gesteigert werden kann. Die Fokussierung auf einen der drei Faktoren, wie sie in den letzten Jahren erfolgte[330], ist losgelöst nicht zielführend, da diese zu Bereichsoptima führt, welche nicht zwangsläufig zu einer Steigerung der Performance des gesamten Unternehmens führen. So

[329] Vgl. Klotzbach (Industrieller Werkzeugbau), 2006

[330] Siehe hierzu u.a.: Kuhlmann (Geschäftsprozesse im industriellen Werkzeugbau), 2011; Spennemann (Organisationsstrukturen), 2001; Heeschen (Auswahl der Fertigungstechnologien), 2015

stellen auch FRIEDLI & SCHUH fest, dass „gerade bei produzierenden respektive technologieintensiven Unternehmen die Gefahr [besteht], eine einseitig technologieorientierte Perspektive einzunehmen und Investitionen in Technologien als Allheilmittel anzusehen [...]“[331]. Diese fehlende strategische bzw. ganzheitlich integrierte Vorgehensweise zeigt sich unter anderem in einer Betrachtung der Renditeentwicklung deutscher Werkzeugbaubetriebe im Vergleich zum Mittelstand deutscher produzierender Unternehmen. Trotz einer Steigerung des Umsatzes in den letzten Jahren (vgl. Kapitel 2.3.4) konnte die Umsatzrendite, anders als im Mittelstand produzierender Unternehmen, nicht gesteigert werden und hat im Durchschnitt, aufgrund zu hoher Kosten, sogar abgenommen. Dies lässt darauf schließen, dass die Effizienz der Wertschöpfung des Werkzeugbaus im Vergleich zum Mittelstand produzierender Unternehmen anderer Branchen unterdurchschnittlich ist (vgl. Abbildung 34).

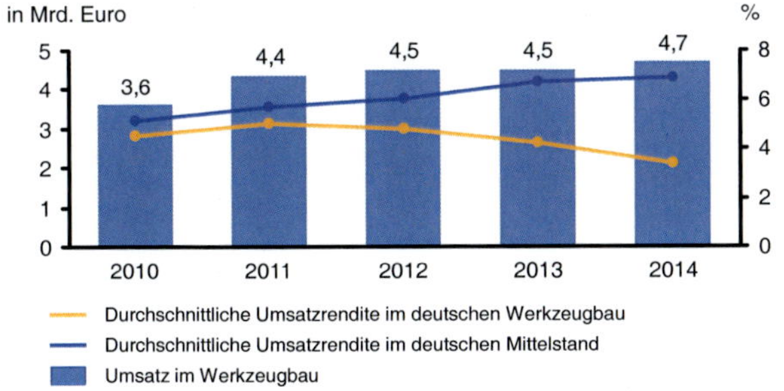

Abbildung 34: Gegenüberstellung der Entwicklung der Umsatzrenditen im Werkzeugbau und im Mittelstand produzierender Unternehmen[332]

Um die vorgestellten Herausforderungen zu bewältigen und die unzureichende Effizienz und Effektivität in der Wertschöpfung von Werkzeugbaubetrieben zu steigern, bedarf es einer strategischen Auslegung der befähigenden Faktoren. So können durch eine strikte Fokussierung auf die Kernprozesse und eine Prozessorientierung des Werkzeugbaubetriebs die Kundenorientierung erhöht und dadurch die vielfältigeren Kundenanforderungen anforderungsgerecht bedient werden. Diese Prozessorientierung spiegelt sich durch eine Segmentierung der Ressourcen und Verankerung dieser in der Organisationsstruktur wider. Durch einen bewussten und auf das Leistungsspektrum der jeweiligen Segmente ausgelegten Ressourceneinsatz, verbunden mit einer unternehmensspezifischen Automatisierung, kann dem erhöhten Kostendruck, auch mit einer Fertigung am Hochlohnstandort Deutschland, begegnet werden. Der Umgang mit der Ressource Wissen durch ein anforderungsgerechtes Wissensmanagement, welches Mitarbeiter mit unterschiedlichem Qualifikationsniveau berücksichtigt, verhilft dazu, personengebundenes Wissen in organisationales Wissen zu überführen und beugt einem Wissensverlust bei dem Ausscheiden von erfahrenen Mitarbeitern vor. Zudem gilt es die Anforderungsprofile an zukünftige Mitarbeiter vor dem Hintergrund sich ändernder Anforderungen an Mitarbeiter, insbesondere in Bezug auf den Einsatz neuer Technologien, zu hinterfragen und

[331] Vgl. Friedli; Schuh (Wettbewerbsfähigkeit der Produktion), 2012, S. 98; Siehe hierzu auch: Burges (Making the Leap to Agility), 1980, S. 29

[332] Vgl. o.V. (KfW-Mittelstandspanel), 2014, S. 4; Gemeinsame Datenbank des Werkzeugmaschinenlabors WZL der RWTH Aachen und des Fraunhofer-Instituts für Produktionstechnologie IPT, Stand März 2016; VDMA (Präzisionswerkzeugbranche in Zahl und Bild), 2016

Fachkräfte gezielter einzusetzen sowie IT-Kompetenz im Unternehmen aufzubauen, um die Potenziale der digitalen Vernetzung heben zu können. Zur vollumfänglichen Bewältigung der Herausforderungen und zur Steigerung der Leistungsfähigkeit des gesamten Unternehmens bedarf es eines geeigneten Ansatzes, der die Auslegung begrenzter Ressourcen in einer segmentierten Organisationsstruktur, welche die kundenorientierten Prozesse[333] des Unternehmens widerspiegelt, erlaubt. Daher ist eine Methodik notwendig, die eine strategische Auslegung industrieller Werkzeugbaubetriebe ermöglicht. Es besteht **Handlungsbedarf aus der Praxis**.

[333] Vgl. Höge (Organisatorische Segmentierung), 1995, S. 156

3 Darstellung und Bewertung bestehender Ansätze

Ausgehend von dem in Kapitel 2.4 aufgezeigten Handlungsbedarf aus der Praxis werden im vorliegenden Kapitel zunächst die Anforderungen an eine Methodik zur strategischen Auslegung industrieller Werkzeugbaubetriebe definiert. Diese sind durch die Anwendung einer geeigneten Methodik vollumfänglich zu erfüllen. Gemäß dem forschungsmethodischen Vorgehen werden im Anschluss die problemrelevanten Ansätze der Wissenschaft dargestellt und in Bezug auf ihre Erfüllung der Anforderungen bewertet (vgl. Kapitel 1.3). Abschließend werden der Handlungsbedarf aus der Theorie abgeleitet und die Forschungsfrage konkretisiert.

3.1 Bewertungssystem

Die Bewertung von wissenschaftlichen Ansätzen kann auf unterschiedliche Art und Weise erfolgen.[334] In der Literatur wird für die Bewertung häufig eine diskrete Skala mit fünf unterschiedlichen Ausprägungen genutzt. Durch diese diskrete Skala ist eine differenzierte, vergleichbare und robuste Bewertung von unterschiedlichen Ansätzen möglich.[335] Das auf LIKERT[336] zurückzuführende Bewertungssystem wird insbesondere für die Bewertung von wissenschaftlichen Ansätzen in der Ingenieurwissenschaft eingesetzt.[337] Es soll folgend genutzt werden, um die Eignung bestehender Ansätze in Bezug auf die vorab definierten Anforderungen einheitlich zu bewerten. Dazu werden für jede Anforderung Kriterien zur Erreichung aller fünf Ausprägungen definiert.[338] Die Visualisierung der Bewertung erfolgt mithilfe von Harvey Balls (vgl. Abbildung 35).[339]

Abbildung 35: Harvey Balls und ihre Ausprägungen zur Bewertung von bestehenden Ansätzen

In dieser Skalierung kann eine Anforderung in den Ausprägungen nicht erfüllt, sehr gering, gering, hoch und sehr hoch vorliegen. Die Ausprägungen charakterisieren den jeweiligen Erfüllungsgrad eines Ansatzes in Bezug auf die Anforderungen, um eine präzise Abgrenzung für alle Ausprägungen zu erhalten.[340]

---

334 Vgl. Kuhlmann (Geschäftsprozesse im industriellen Werkzeugbau), 2011, S. 61; Kozielski (Kennzahlensystem für den Werkzeugbau), 2010, S. 82; Komorek (Kollaborative Wertschöpfung), 2014, S. 85; Koch (Steigerung der Wandlungsfähigkeit), 2011, S. 104

335 Vgl. Dawes (Number of Scale Points), 2008, S. 2

336 Vgl. Likert (Measurement of Attitudes), 1932

337 Vgl. Edwards et al. (Organizational Surveys), 1997, S. 43; Linacre (Optimizing Rating Scale), 2002, S. 86; Johnson; Christensen (Educational Research), 2012, S. 173

338 Vgl. Komorek (Kollaborative Wertschöpfung), 2014, S. 64

339 Vgl. Kett; Schewe (Management Skills), 2010, S. 129

340 Vgl. Garland (Rating Scale), 1991, S. 66

3.2 Definition von Anforderungen an eine Methodik zur strategischen Auslegung industrieller Werkzeugbaubetriebe

Auf Basis des Handlungsbedarfs aus der Praxis (vgl. Kapitel 2.4) lassen sich spezifische Anforderungen an eine Methodik zur strategischen Auslegung industrieller Werkzeugbaubetriebe ableiten. Diese können in die drei Dimensionen allgemeine Anforderungen, auslegungsbezogene Anforderungen und branchenspezifische Anforderungen unterteilt werden.

3.2.1 Allgemeine Anforderungen

Eine Methodik zur strategischen Auslegung industrieller Werkzeugbaubetriebe muss allgemeinen Anforderungen aus wissenschaftlicher Sicht genügen. Dies sind Anforderungen an die Wirtschaftlichkeit, die Praktikabilität und eine konkrete Vorgehensweise.

Eine Methodik sollte ein hohes Nutzen-Aufwand-Verhältnis und somit eine hohe **Wirtschaftlichkeit** aufweisen. Diese Anforderung ist dadurch charakterisiert, dass der erzielte Nutzen die monetären und zeitlichen Aufwände deutlich übersteigen soll. Dabei gilt es, den Nutzen zu maximieren und den Ressourcenaufwand so weit wie möglich zu minimieren. Zudem sind genaue und spezifizierte Handlungsempfehlungen in der Methodik zur einfachen Umsetzung und Erreichung eines großen Nutzens den allgemeinen Aussagen vorzuziehen.[341] Die fünf Ausprägungen der Erfüllung der Anforderung an die Wirtschaftlichkeit werden folgend dargestellt:[342]

- **Nicht erfüllt:** Ein Ansatz hat für den Anwender keinen offensichtlichen Nutzen
- **Sehr gering:** Ein Ansatz hat einen hohen Nutzen für den Anwender, dieser wird jedoch deutlich vom notwendigen Ressourceneinsatz überstiegen
- **Gering:** Ein Ansatz hat einen hohen Nutzen für den Anwender, der erforderliche Ressourceneinsatz ist nicht bekannt
- **Hoch:** Ein Ansatz hat einen hohen Nutzen für den Anwender, der erforderliche Ressourceneinsatz ist gering
- **Sehr hoch:** Ein Ansatz hat einen sehr hohen Nutzen für den Anwender, der erforderliche Ressourceneinsatz ist sehr gering

Die **Praktikabilität** einer Methodik wird anhand ihres Anwendungsgrads und ausreichenden Bezugs zur Realität gemessen. Realisiert wird die Praktikabilität durch einfache Handhabbarkeit, klare Strukturen und die Zugänglichkeit zu relevanten Daten und Informationen. Auf diese Weise kann die Methodik einen Mehrwert für die praxisorientierte Anwendung darstellen.[343] Die fünf Ausprägungen der Erfüllung der Anforderung an die Praktikabilität werden folgend dargestellt:[344]

- **Nicht erfüllt:** Ein Ansatz ist in der Praxis nicht anwendbar

[341] Vgl. Boos (Modulare Werkzeuge), 2008, S. 55; Pitsch (Kompetenzfeldbasierte Vernetzung), 2014, S. 53f.
[342] Vgl. Kühn (Leistungssysteme für den Werkzeugbau), 2016, S. 60
[343] Vgl. Boos et al. (Wertschöpfung im Betriebsmittelbau), 2013, S. 47
[344] Vgl. Kühn (Leistungssysteme für den Werkzeugbau), 2016, S. 61

- **Sehr gering:** Ein Ansatz ist in der Praxis anwendbar, der erforderliche Daten- und Informationsbedarf ist in der Praxis jedoch nicht generierbar
- **Gering:** Ein Ansatz ist in der Praxis anwendbar, Quellen zur Deckung des erforderlichen Daten- und Informationsbedarfs sind jedoch unbekannt und werden nicht genannt
- **Hoch:** Ein Ansatz ist in der Praxis anwendbar, einfach handhabbar und durch verständliche Strukturen charakterisiert. Die Verfügbarkeit von erforderlichen Daten und Informationen ist gering, da diese sehr umfangreich und detailliert sind
- **Sehr hoch:** Ein Ansatz ist in der Praxis anwendbar, einfach handhabbar und durch verständliche Strukturen charakterisiert. Erforderliche Daten und Informationen sind leicht zugänglich

Für die einfache Anwendbarkeit einer Methodik ist eine **konkrete Vorgehensweise** von zentraler Bedeutung. Durch eine konkrete Vorgehensweise werden die einzelnen Phasen und Schritte einer Methodik festgelegt und deren Ablauf beschrieben. Auf diese Weise soll die Vorgehensweise stringent strukturiert und ein Gesamtverständnis beim Anwender erzeugt werden. Die einzelnen Schritte sind dabei genau voneinander abzugrenzen, um einen Durchlauf einzelner Schritte und einen Einstieg an verschiedenen Stellen der Methodik zu gewährleisten. Dies gelingt zudem durch die Definition von Ausgangsgrößen, welche die Eingangsgrößen des nachfolgenden Schrittes darstellen.[345] Die fünf Ausprägungen der Erfüllung der Anforderung an eine konkrete Vorgehensweise werden folgend dargestellt:[346]

- **Nicht erfüllt:** Ein Ansatz beinhaltet kein konkretes Ablaufmodell für die strategische Auslegung
- **Sehr gering:** Ein Ansatz beinhaltet Anweisungen zur strategischen Auslegung
- **Gering:** Ein Ansatz beschreibt den Inhalt und zu durchlaufende Phasen zur strategischen Auslegung sowie den Ablaufcharakter
- **Hoch:** Ein Ansatz beinhaltet klar definierte und aufeinander folgende Schritte zur strategischen Auslegung
- **Sehr hoch:** Ein Ansatz beinhaltet klar definierte und aufeinander aufbauende Schritte zur strategischen Auslegung, wobei jeder Schritt definierte Ein- und Ausgangsgrößen beinhaltet. Dadurch ist der Einstieg an verschiedenen Stellen der Methodik gewährleistet

3.2.2 Auslegungsbezogene Anforderungen

Die Anforderungen an eine Methodik zur strategischen Auslegung industrieller Werkzeugbaubetriebe, welche sich direkt auf die Unternehmensauslegung selbst beziehen, lassen sich aus dem Aachener Werkzeug- und Formenbau Management-Modell (AWFM) ableiten. Das AWFM-Modell dient der kennzahlenbasierten Bewertung von Werkzeugbaubetrieben. Hierbei wird der Betrachtungsrahmen, in Anlehnung an das EFQM-Excellence-Modell (vgl. Kapitel 2.2.2), in die beiden Bereiche Befähiger und Ergebnisse unterteilt (vgl. Abbildung 36).[347] Die

345 Vgl. Kuhlmann (Geschäftsprozesse im industriellen Werkzeugbau), 2011, S. 45

346 Vgl. Kühn (Leistungssysteme für den Werkzeugbau), 2016, S. 61

347 Vgl. Frick (Geschäftsmodelle im Werkzeugbau), 2006, S. 50

Befähiger bestehen nach FRICK aus den Gestaltungsfeldern Prozesse, Ressourcen, Organisation und Führung. Da es sich bei der Führung mehr um ein qualitatives, in der Unternehmenskultur verankertes Gestaltungsfeld handelt, ist dieses für die Auslegung von Werkzeugbaubetrieben nicht von Bedeutung, wohingegen die Leistung, im Sinne des Leistungsangebots, die Verbindung zwischen den Befähigern und den Ergebnissen darstellt. Somit hat die Leistung eine hohe Bedeutung für die Auslegung von Werkzeugbaubetrieben und stellt als zentrales Gestaltungsfeld ihren Ausgangspunkt dar.

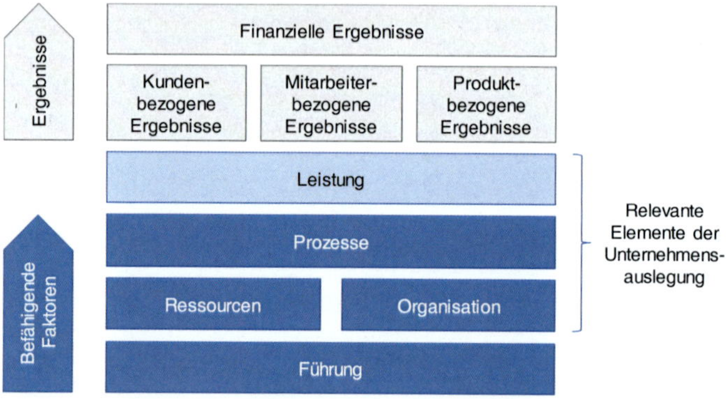

Abbildung 36: Herleitung der Gestaltungsfelder der Unternehmensauslegung auf Basis des Aachener Werkzeug- und Formenbau Management-Modells[348]

Die von einem Werkzeugbaubetrieb angebotene Leistung stellt die Schnittstelle zum Kunden dar und bietet dem Werkzeugbau eine Differenzierungsmöglichkeit gegenüber dem Wettbewerb. Leistungen können gemäß Kapitel 2.3.2 in Sach- und Dienstleistungen unterteilt werden. Diese Leistungen müssen dem Wunsch des Kunden entsprechen, um den Kundennutzen zu erhöhen. Werkzeugbaubetriebe müssen sich zukünftig strikt am Kundennutzen orientieren und auf Basis dieser Kundenorientierung auslegen (vgl. Kapitel 2.4). So bedarf es bei einer Methodik zur strategischen Auslegung von Werkzeugbaubetrieben einer **Berücksichtigung der definierten Leistungen** als Basis für die Auslegung der Befähiger Prozesse, Organisation und Ressourcen. Die fünf Ausprägungen der Erfüllung der Anforderung an die Leistungsberücksichtigung werden folgend dargestellt:

- **Nicht erfüllt:** Ein Ansatz berücksichtigt die zukünftige Leistung nicht
- **Sehr gering:** Ein Ansatz beschreibt die zukünftige Leistung rudimentär
- **Gering:** Ein Ansatz beschreibt die zukünftige Leistung im Kontext der Unternehmensauslegung
- **Hoch:** Ein Ansatz beschreibt die zukünftige Leistung im Kontext der Unternehmensauslegung und definiert diese

[348] I.A.a. Frick (Geschäftsmodelle im Werkzeugbau), 2006, S. 51

- **Sehr hoch:** Ein Ansatz beschreibt die zukünftige Leistung im Kontext der Unternehmensauslegung, definiert diese und berücksichtigt sie als Ausgangspunkt der Unternehmensauslegung

Die angestrebte Kundenorientierung erfordert eine effiziente und effektive Auftragsabwicklung, welche durch eine strikte Prozessorientierung ermöglicht wird. Die **Prozessauslegung** muss daher im Vordergrund einer Methodik zur strategischen Auslegung industrieller Werkzeugbaubetriebe stehen. Sie stellt eines der wesentlichen Gestaltungsfelder in der industriellen Wertschöpfung des Werkzeugbaus dar und bildet den Kern dieser (vgl. 2.3.5.2). Als ein Gestaltungsfeld von zentraler Bedeutung spielt die Prozessauslegung auch in der strategischen Auslegung industrieller Werkzeugbaubetriebe eine entscheidende Rolle und spannt das Grundgerüst für die Auslegung der Organisation und der Ressourcen auf. Die fünf Ausprägungen der Erfüllung der Anforderung an die Prozessauslegung werden folgend dargestellt:

- **Nicht erfüllt:** Ein Ansatz berücksichtigt die Prozesse nicht
- **Sehr gering:** Ein Ansatz beschreibt die Prozesse rudimentär
- **Gering:** Ein Ansatz beschreibt die Prozesse im Kontext der Unternehmensauslegung
- **Hoch:** Ein Ansatz beschreibt die Prozesse im Kontext der Unternehmensauslegung detailliert und legt diese qualitativ aus
- **Sehr hoch:** Ein Ansatz beschreibt die Prozesse im Kontext der Unternehmensauslegung detailliert und legt diese auf Basis der definierten Leistung aus

Die **Organisationsauslegung** ist notwendig, um komplexe Prozesse eines Werkzeugbaubetriebs beherrschbar zu machen. Erst durch die Strukturierung der Prozesse ist die definierte Leistung effizient zu erbringen. Um die Kunden- und Prozessorientierung auch in der Organisation zu verankern und nicht durch diese abzuschwächen, müssen Werkzeugbaubetriebe eine prozessorientierte Organisation aufbauen. Dabei ist insbesondere die Aufbauorganisation bei einer strategischen Auslegung industrieller Werkzeugbaubetriebe zu berücksichtigen (vgl. Kapitel 2.3.5.2). Die fünf Ausprägungen der Erfüllung der Anforderung an die Organisationsauslegung werden folgend dargestellt:

- **Nicht erfüllt:** Ein Ansatz berücksichtigt die Organisation nicht
- **Sehr gering:** Ein Ansatz beschreibt die Organisation rudimentär
- **Gering:** Ein Ansatz beschreibt die Organisation im Kontext der Unternehmensauslegung
- **Hoch:** Ein Ansatz beschreibt die Organisation im Kontext der Unternehmensauslegung und legt diese qualitativ aus
- **Sehr hoch:** Ein Ansatz beschreibt die Organisation im Kontext der Unternehmensauslegung detailliert und legt diese auf Basis der Prozesse im Unternehmen aus

Das letzte Gestaltungsfeld bei der strategischen Auslegung industrieller Werkzeugbaubetriebe, welches von einer Methodik berücksichtigt werden muss, sind die Ressourcen. Die **Ressourcenauslegung** muss alle für die Erbringung der Leistung notwendigen Ressourcen adressieren. Dies sind insbesondere physische Ressourcen, IT-basierte Ressourcen und Humanressourcen. Diese müssen bei der strategischen Auslegung sowohl qualitativ als auch quantitativ ausgelegt werden. Für die industrielle Auftragsabwicklung im Werkzeugbau ist auch die Positionierung der Ressourcen am Material- und Informationsfluss von entscheidender Bedeutung. Die fünf Ausprägungen der Erfüllung der Anforderung an die Ressourcenauslegung werden folgend dargestellt:

- **Nicht erfüllt:** Ein Ansatz berücksichtigt die Ressourcen nicht
- **Sehr gering:** Ein Ansatz beschreibt die Ressourcen nur teilweise
- **Gering:** Ein Ansatz beschreibt die Ressourcen im Kontext der Unternehmensauslegung vollumfänglich
- **Hoch:** Ein Ansatz beschreibt die Ressourcen im Kontext der Unternehmensauslegung detailliert und legt diese qualitativ aus
- **Sehr hoch:** Ein Ansatz beschreibt die Ressourcen im Kontext der Unternehmensauslegung detailliert und legt diese sowohl qualitativ als auch quantitativ auf Basis der Prozesse und der Organisation aus

Damit Werkzeugbaubetriebe nachhaltig ausgelegt werden, ist eine ganzheitliche Betrachtung des Unternehmens mit allen Gestaltungsfeldern notwendig. Dabei sind die Wechselwirkungen, welche innerhalb der Gestaltungsfelder selbst als auch zwischen den Gestaltungsfeldern vorliegen, zu berücksichtigen. Dies resultiert in der Anforderung an eine **integrierte Auslegung** industrieller Werkzeugbaubetriebe im Sinne eines strategischen Fits (vgl. Kapitel 2.1.2). Integriert bedeutet in diesem Zusammenhang, die Kundenorientierung, die Prozessorientierung und die Wechselwirkungen zwischen den Gestaltungsfeldern in der Auslegung aller Gestaltungsfelder zu adressieren und unter strategischen Gesichtspunkten auszulegen. Die fünf Ausprägungen der Erfüllung der Anforderung an die integrierte Auslegung werden folgend dargestellt:

- **Nicht erfüllt:** Ein Ansatz befasst sich mit keinem der vier Gestaltungsfelder Leistung, Prozesse, Organisation und Ressourcen
- **Sehr gering:** Ein Ansatz befasst sich mit einem der vier Gestaltungsfelder Leistung, Prozesse, Organisation und Ressourcen
- **Gering:** Ein Ansatz befasst sich mit zwei oder drei der vier Gestaltungsfelder Leistung, Prozesse, Organisation und Ressourcen
- **Hoch:** Ein Ansatz befasst sich mit allen vier Gestaltungsfeldern Leistung, Prozesse, Organisation und Ressourcen
- **Sehr hoch:** Ein Ansatz befasst sich mit allen vier Gestaltungsfeldern Leistung, Prozesse, Organisation und Ressourcen und legt diese unter Berücksichtigung der Wechselwirkungen integriert aus

3.2.3 Branchenbezogene Anforderungen

Die vorliegende Arbeit bezieht sich auf den Werkzeugbau als Betrachtungsbereich der strategischen Auslegung. Aus diesem Grund muss eine Methodik zur strategischen Auslegung industrieller Werkzeugbaubetriebe branchenbezogenen Anforderungen genügen. Dies sind Anforderungen an den Werkzeugbaubezug und die Berücksichtigung von Unternehmensrandbedingungen.

Die Anwendung der Methodik zur strategischen Auslegung industrieller Werkzeugbaubetriebe muss in allen Werkzeugbaubetrieben möglich sein. Dies fordert einen konkreten **Werkzeugbaubezug** der Methodik. Werkzeugbaubetriebe sind dadurch charakterisiert, dass Werkzeuge als Unikate das Kernprodukt sind und ein Projektcharakter bezüglich der Leistungserstellung besteht. Die Erfüllung des Werkzeugbaubezugs stellt eine allgemeingültige Verwendung der Methodik für die verschiedenen Anwendungsbereiche innerhalb des definierten Betrachtungsbereichs (vgl. Kapitel 2.3) sicher.[349] Die fünf Ausprägungen der Erfüllung der Anforderung an den Werkzeugbaubezug werden folgend dargestellt:[350]

- **Nicht erfüllt:** Ein Ansatz nimmt bei der strategischen Auslegung keinen Bezug zu einer Branche
- **Sehr gering:** Ein Ansatz nimmt bei der strategischen Auslegung Bezug auf ein konkretes Objekt
- **Gering:** Ein Ansatz nimmt bei der strategischen Auslegung Bezug auf die produzierende Industrie
- **Hoch:** Ein Ansatz nimmt bei der strategischen Auslegung Bezug auf die Einzel- und Kleinserienfertigung
- **Sehr hoch:** Ein Ansatz nimmt bei der strategischen Auslegung Bezug auf die Branche Werkzeugbau

Der Werkzeugbau ist eine heterogene Branche in Bezug auf die Unternehmensgröße, das Produktportfolio, den Marktzugang oder aber die Wertschöpfungstiefe (vgl. Kapitel 2.3). Damit eine Methodik in einem Werkzeugbaubetrieb angewendet werden kann, muss die Methodik die spezifischen **Unternehmensrandbedingungen** berücksichtigen. Auf diese Weise kann die Methodik bei internen und externen Werkzeugbaubetrieben, bei Blech verarbeitenden und Kunststoff verarbeitenden Werkzeugbaubetrieben, bei Betrieben mit weniger als 20 Mitarbeitern und bei Betrieben mit über 500 Mitarbeitern angewendet werden.[351] Die fünf Ausprägungen der Erfüllung der Anforderung an die Berücksichtigung der Unternehmensrandbedingungen werden folgend dargestellt:[352]

- **Nicht erfüllt:** Ein Ansatz berücksichtigt keine spezifischen Unternehmensrandbedingungen
- **Sehr gering:** Ein Ansatz nimmt Bezug auf Unternehmensrandbedingungen, eine Spezifikation dieser findet nicht statt
- **Gering:** Ein Ansatz berücksichtigt einzelne, spezifische Unternehmensrandbedingungen
- **Hoch:** Ein Ansatz berücksichtigt alle relevanten, spezifischen Unternehmensrandbedingungen
- **Sehr hoch:** Ein Ansatz berücksichtigt zusätzlich zu der hohen Ausprägung die Interdependenzen zwischen den einzelnen Unternehmensrandbedingungen

---

349 Vgl. Kühn (Leistungssysteme für den Werkzeugbau), 2016, S. 65
350 Vgl. Komorek (Kollaborative Wertschöpfung), 2014, S. 70
351 Vgl. Pitsch (Kompetenzfeldbasierte Vernetzung), 2014, S. 56
352 Vgl. Kühn (Leistungssysteme für den Werkzeugbau), 2016, S. 66

Abbildung 37 zeigt zusammenfassend die Anforderungen an eine Methodik zur strategischen Auslegung industrieller Werkzeugbaubetriebe.

Abbildung 37: Anforderungen an eine Methodik zur strategischen Auslegung industrieller Werkzeugbaubetriebe

Die zehn hergeleiteten Anforderungen müssen von einer geeigneten Methodik im vollen Umfang erfüllt werden. Zur Bewertung von Ansätzen zur Unternehmensauslegung wird das Bewertungssystem aus Kapitel 3.1 herangezogen.

3.3 Darstellung bestehender Ansätze zur strategischen Unternehmensauslegung

In der Theorie existiert eine Vielzahl von Ansätzen zur strategischen Auslegung von Unternehmen, welche jedoch unterschiedliche Schwerpunkte besitzen. Im Folgenden wird daher eine Auswahl repräsentativer Ansätze vorgestellt, welche für die im Rahmen dieser Arbeit zu entwickelnde Methodik von besonderer Bedeutung sind.[353] Dabei liegt der Fokus auf der Darstellung der wesentlichen Eigenschaften der Ansätze mit ihren Zielen und ihrem Vorgehen.

3.3.1 Das neue St. Galler Management-Modell nach Rüegg-Stürm

Nach Rüegg-Stürm ist ein Management-Modell ein Hilfsmittel, um das komplexe System eines Unternehmens zu beschreiben. Dabei dient es insbesondere fünf Zwecken: Unterscheidung von Wichtigem von weniger Wichtigem, Bildung eines Ordnungsrahmens und Verbindung von Wirkzusammenhängen, Strukturierung organisationaler Kommunikation als Führungsinstrument, Vorgabe einer kollektiven Handlungsfähigkeit einer Organisation sowie Bildung eines kategorialen Modells der Wirklichkeit.[354] So sind Modelle zusammengefasst „als

[353] An dieser Stelle sei noch auf folgende weitere Ansätze verwiesen: Gudehus (Auslegung und Dimensionierung), 2012; Krystek (Integrierter Sanierungs-/Restrukturierungsprozess), 2010; McLeavey; Narasimhan (Production Planning), 1985; Rohloff (Integrierte Gestaltung), 2009; Schenk et al. (Fabrikplanung und Fabrikbetrieb), 2014; Österle; Blessing (Ansätze des Business Engineering), 2005; Schuh; Stich (Grundlagen der PPS), 2012; Hoogervorst (Enterprise Governance), 2009; Friedli; Schuh (Wettbewerbsfähigkeit der Produktion), 2012

[354] Vgl. Rüegg-Stürm (St. Galler Management-Modell), 2002, S. 13ff.

kontingente Erfindungen zu verstehen, die als wichtig betrachtete Handlungssphären aufzeigen und bestimmte Wirkzusammenhänge postulieren"[355].

Das neue St. Galler Management-Modell unterscheidet sechs zentrale Dimensionen des Managements: Umweltsphären, Anspruchsgruppen, Interaktionsthemen, Ordnungsmomente, Prozesse und Entwicklungsmodi (vgl. Abbildung 38). In diesem Kontext charakterisiert RÜEGG-STÜRM Management in Anlehnung an ULRICH als „Gestalten, Lenken (Steuern) und Weiterentwickeln zweckorientierter soziotechnischer Organisationen"[356].

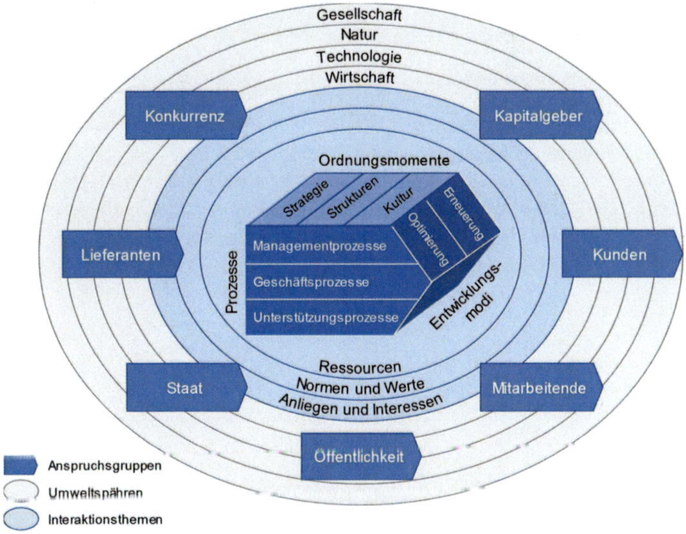

Abbildung 38: Das neue St. Galler Management-Modell nach RÜEGG-STÜRM[357]

Umweltsphären stellen die zentralen Kontexte der unternehmerischen Tätigkeit dar und sind auf wichtige Veränderungstrends hin zu untersuchen. Anspruchsgruppen[358] bilden organisierte und unorganisierte Menschengruppen, Organisationen oder Institutionen ab, welche von den unternehmerischen Tätigkeiten in einer bestimmten Form betroffen sind. Unter Interaktionsthemen werden verschiedene Typen von Inhalten kommunikativer Prozesse mit den Anspruchsgruppen verstanden. Dies können sowohl personen- und kulturgebundene Elemente wie Anliegen oder Interessen als auch objektgebundene Elemente wie Ressourcen sein. Die Ordnungsmomente dienen der Strukturierung des organisationalen Alltagsgeschehens, welche auf die Erzielung bestimmter Wirkungen und Ergebnisse ausgelegt sind. Zu ihnen zählen die Strategie, die Strukturen und die Kultur. Prozesse beschreiben die sachliche und zeitliche Logik beim Vollzug spezifischer Aufgabenfelder und dienen der notwendigen Führungsarbeit. Den Prozessen sind Management-, Geschäfts- und Unterstützungsprozesse zugeordnet. Entwicklungsmodi stellen grundlegende Muster der unternehmerischen Weiterentwicklung zur

[355] Vgl. Rüegg-Stürm (St. Galler Management-Modell), 2002, S. 15
[356] Vgl. Rüegg-Stürm (St. Galler Management-Modell), 2002, S. 21f.
[357] Vgl. Rüegg-Stürm (St. Galler Management-Modell), 2002, S. 22
[358] Im Englischen auch als Stakeholder bezeichnet

Verfügung, wodurch die Forderung nach einer kontinuierlichen Weiterentwicklung befriedigt werden kann. Hierzu zählen die Erneuerung und die Optimierung.[359]

Zusammenfassend stellt das neue St. Galler Management-Modell ein integriertes Führungsinstrument des Managements dar, welches Unternehmen bei ihrer Geschäftstätigkeit umfassend unterstützten soll.[360] Das Modell zielt jedoch weder auf die Auslegung der drei befähigenden Faktoren noch auf deren integrierte Betrachtung ab. Auch eine konkrete Vorgehensweise ist nicht gegeben, sodass auch die Praktikabilität eingeschränkt ist. Der Fokus des Modells liegt auf der Beschreibung eines Unternehmens sowie dessen Umweltsphären und eignet sich daher nicht zur konkreten Auslegung industrieller Werkzeugbaubetriebe.

3.3.2 Das Konzept Integriertes Management nach BLEICHER

Das Konzept des integrierten Managements nach BLEICHER basiert auf einem sinnvollen und ganzheitlichen Managementkonzept zur unternehmenspolitischen Ausrichtung der Unternehmung auf umweltorientierte Zwecke durch die Konkretisierung von Zielen und Maßnahmen. Dabei bedarf es der Profilierung strategischer Programme, der Einbindung dieser in Organisationsstrukturen und Managementsysteme sowie eines strategisch intendierten Problemverhaltens. Übergeordnetes Ziel des Konzepts ist die Integration dieser Profile zu einem harmonisierten, hochkomplexen Netzwerk (vgl. Abbildung 39).[361]

---

[359] Vgl. Rüegg-Stürm (St. Galler Management-Modell), 2002, S. 23

[360] Vgl. Rüegg-Stürm (St. Galler Management-Modell), 2002, S. 7

[361] Vgl. Bleicher (Integriertes Management), 2011, S. 266; Bleicher (Integriertes Management), 2011, S. 541ff.

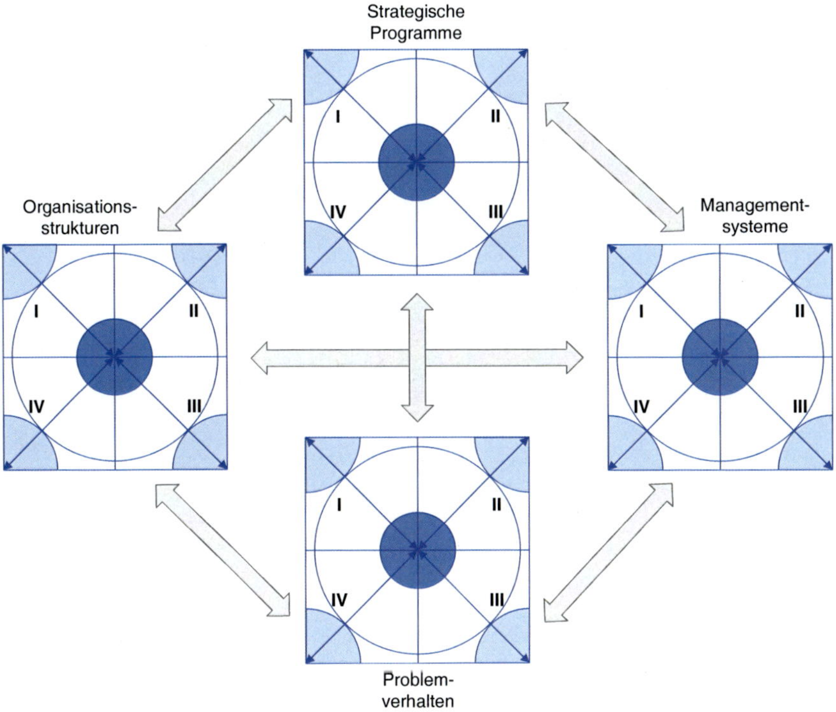

Abbildung 39: Integration der vier Dimensionen Strategische Programme, Organisationsstrukturen, Problemverhalten und Managementsysteme nach BLEICHER[362]

Die Zielbestimmung in den vier Dimensionen[363] gelingt durch die Profilierung der generellen Zielausrichtung in einem Portfolio. Dies soll folgend am Beispiel des organisationsstrukturellen Profils erläutert werden (vgl. Abbildung 40).

---

[362] Vgl. Bleicher (Integriertes Management), 2011, S. 389

[363] Neben diesen vier Dimensionen werden im normativen Management auch noch die Dimensionen Unternehmenspolitik, -verfassung und -kultur betrachtet

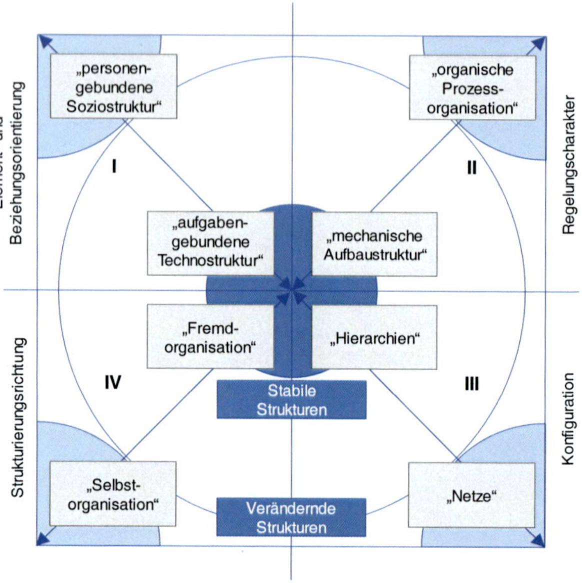

Abbildung 40: Organisationsstrukturelles Profil als Beispiel der integrierten Betrachtungsweise sowie der Erreichung eines strategischen Fits[364]

Die Gestaltungsfelder, die zur strategischen Dimensionierung der Skalierung der Organisationsstrukturen notwendig sind, sind die Element- und Beziehungsorientierung, der Regelungscharakter, die Konfiguration sowie die Strukturierungsrichtung.[365] In diesen Gestaltungsfeldern gilt es, die jeweilige strategische Ausrichtung zwischen zwei Maximalausprägungen festzulegen. Dies sind die personengebundene Soziostruktur und die aufgabengebundene Technostruktur. Zur Bestimmung der Position im Gestaltungsfeld kann auf Seite der Elementorientierung zwischen sachorientierter und personenorientierter sowie in der Beziehungsgestaltung zwischen formalisierter und symbolorientierter Strukturierung unterschieden werden.[366]

Im Gestaltungsfeld des Regelungscharakters kann auf der Seite des Reglungsgrads zwischen programmierter Einzelregelung und zweckbezogener Rahmenregelung sowie auf der Seite des Zeithorizonts der Strukturierung zwischen einer auf Dauer und auf Zeit ausgelegten Strukturierung unterschieden werden. Durch die Gegenüberstellung dieser beiden Zielpaare ergeben sich die Maximalausprägungen mechanische Aufbaustruktur und organische Prozessorganisation.[367]

[364] Vgl. Bleicher (Integriertes Management), 2011, S. 336
[365] Vgl. Bleicher (Integriertes Management), 2011, S. 325
[366] Vgl. Bleicher (Integriertes Management), 2011, S. 326ff.
[367] Vgl. Bleicher (Integriertes Management), 2011, S. 329ff.

Das Gestaltungsfeld Konfiguration besitzt die beiden Maximalausprägungen Hierarchien und Netze. Diese entstehen durch die Gegenüberstellung der Form und der Inhalte der Konfiguration. Bei der Form der Konfiguration kann in steile und flache Formen unterschieden und der Inhalt der Konfiguration in monolithisch und polyzentrisch unterteilt werden.[368]

Das letzte Gestaltungsfeld bildet die Strukturierungsrichtung. Hierbei kann grundsätzlich zwischen der Orientierung und der Gestaltung der Organisationsentwicklung unterschieden werden. Die Orientierung kann dabei exogen oder endogen sein, die Gestaltung der Entwicklung hingegen selbst- oder fremdgesteuert. Die Kombination der beiden Ebenen ergibt die Maximalausprägungen Fremdorganisation und Selbstorganisation.[369]

Durch die Integration der vier Gestaltungsfelder (vgl. Abbildung 40) ergeben sich zwei grundlegende Organisationsstrukturen, die stabilisierende und die verändernde Organisationsstruktur.[370] Innerhalb dieses Spannungsfeldes muss sich ein Unternehmen positionieren, wobei darauf zu achten ist, dass ein Basis-„Fit" entsteht. Dieser entsteht, wenn die Ausprägungen in den vier Gestaltungsfeldern so gewählt sind, dass sie auf einem Kreis liegen. Darüber hinaus besteht das Erfordernis, dass auch eine Harmonisierung zwischen den einzelnen Profilen (vgl. Abbildung 39) vorgenommen wird, der sogenannte „horizontale Fit".[371] Erst die Harmonisierung der einzelnen Profile zu einem Fit stellt die integrierte Ausrichtung des Unternehmens sicher.[372]

Das Konzept des integrierten Managements nach BLEICHER fokussiert als Managementmodell die integrierte Ausrichtung von unterschiedlichen Gestaltungsfeldern. Dabei liegt der Fokus auf der Gestaltung der Organisationsstruktur, die Auslegung der Prozesse und der Ressourcen findet nicht statt bzw. wird nur untergeordnet betrachtet. Trotz einer konkreten Vorgehensweise fehlt der Branchenbezug, weshalb das Modell nur bedingt für die strategische Auslegung im industriellen Werkzeugbau geeignet ist.

3.3.3 Der General Management Navigator nach MÜLLER-STEWENS & LECHNER

Der General Management Navigator nach MÜLLER-STEWENS & LECHNER stellt einen Bezugsrahmen dar, welcher die Disziplin des strategischen Managements nach einer spezifischen Logik strukturiert.[373] Er dient der Verknüpfung von strategischen Interventionen mit organisatorischen Veränderungsprozessen zu einer integrierten Strategie- und Wandelarbeit. Dies entspricht der Verknüpfung der beiden Konzepte des Strategischen Managements und des Change Managements.[374]

---

368 Vgl. Bleicher (Integriertes Management), 2011, S. 330ff.

369 Vgl. Bleicher (Integriertes Management), 2011, S. 332ff.

370 Vgl. Bleicher (Integriertes Management), 2011, S. 234ff.

371 Vgl. Bleicher (Integriertes Management), 2011, S. 553ff.

372 An dieser Stelle wird auch auf das Konzept „Strategisches Produktionsmanagement" von Friedli & Schuh (Vgl. Friedli; Schuh (Wettbewerbsfähigkeit der Produktion), 2012, S. 95ff.) hingewiesen, welches in Anlehnung an Bleicher die Gestaltungsfelder Aktivitäten, Strukturen und Verhalten in den vier Quadranten Leistungsumfang, Ressourcen, Organisation und HR abbildet. Dadurch soll eine einseitige Technologiebetrachtung in produzierenden Unternehmen verhindert werden.

373 Vgl. Müller-Stewens; Lechner (Strategisches Management), 2005, S. 24

374 Vgl. Müller-Stewens; Lechner (Unternehmerische Einheiten), 1999, S. 25

Der General Management Navigator besteht aus vier plus einem Arbeitsfeld: Initiierung, Positionierung, Wertschöpfung, Veränderung und Performance Messung (vgl. Abbildung 41).[375]

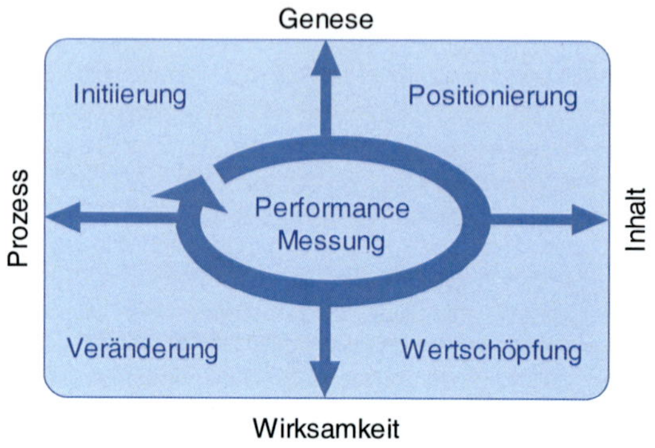

Abbildung 41: General Management Navigator nach Müller-Stewens & Lechner[376]

Die Initiierung bildet den Ausgangspunkt einer strategischen Initiative, wie beispielsweise den Eintritt in ein neues Geschäftsfeld und klärt die Frage: „Auf welche Art und Weise ist die Gestaltungsarbeit vorzubereiten, zu organisieren und in Schwung zu bringen?“[377] Der Impuls für eine solche Initiative kann dabei von allen Mitarbeitern quer über Hierarchieebenen erfolgen und sowohl intendiert als auch nicht-intendiert sein. Die Gestaltungsbereiche der Initiierung sind dabei die beteiligten Personen, das Timing, die Instrumente und Ressourcen, das konkrete Vorgehen sowie das Verhalten.[378]

Die Positionierung beschreibt das Außenverhältnis des Unternehmens gegenüber seinen Anspruchsgruppen. Die Außenwelt umfasst dabei alle Gruppierungen, welche Einfluss auf die Aktivitäten des Unternehmens ausüben können oder von diesen beeinflusst werden. Ziel der Positionierung ist die Bestimmung des Verhältnisses zwischen dem Unternehmen und den Anspruchsgruppen seiner Umwelt.[379] Die zentrale Fragestellung der Positionierung lautet: „Wie sollte sich die unternehmerische Einheit gegenüber den Anspruchsgruppen ihrer Umwelt positionieren?“[380]

Die Wertschöpfung befasst sich mit der Ausgestaltung des Innenverhältnisses, also den Fähigkeiten und wertschöpfenden Prozessen des Unternehmens. Strategische Initiativen, wel-

[375] Vgl. Müller-Stewens; Lechner (Strategisches Management), 2005, S. 27

[376] Vgl. Müller-Stewens; Lechner (Strategisches Management), 2005, S. 27

[377] Vgl. Müller-Stewens; Lechner (Unternehmerische Einheiten), 1999, S. 28

[378] Vgl. Müller-Stewens; Lechner (Unternehmerische Einheiten), 1999, S: 28ff.; Müller-Stewens; Lechner (Strategisches Management), 2005, S. 27f.

[379] Vgl. Müller-Stewens; Lechner (Strategisches Management), 2005, S. 28f.

[380] Vgl. Müller-Stewens; Lechner (Unternehmerische Einheiten), 1999, S. 30

che die Wertschöpfung betreffen, sind somit auf die Entwicklung und Verbesserung organisationaler Fähigkeiten gerichtet.[381] Daraus resultiert die zentrale Fragestellung der Wertschöpfung: „Wie soll die Wertschöpfung gegenüber den Anspruchsgruppen erbracht werden?“[382]

Das letzte originäre Arbeitsfeld stellt die Veränderung dar. So stellt sich in diesem Feld die Frage: „Wie sind die einzelnen Veränderungsmaßnahmen zu einem in sich stimmigen Wandeldesign zu ‚orchestrieren‘?“[383] Kern des Arbeitsfelds ist die operative Wirksamkeit der strategischen Initiativen im Unternehmen. Ziel ist die Identifizierung der Auswirkungen strategischer Initiativen auf den organisatorischen Basisprozess, womit sich der Kreis zur Initiierung schließt.[384]

Die Performance Messung bildet das fünfte und letzte Arbeitsfeld des General Management Navigators. Hierunter lassen sich alle Arten von Ansätzen zusammenfassen, welche den Verlauf strategischer Initiativen von der Genese bis zur Wirksamkeit beobachten und bemessen.[385] Die zentrale Fragestellung hierbei lautet: „Wie kann man die Qualität der Gestaltungsarbeit beobachten und messen?“[386]

Das Vorgehen innerhalb der ersten vier Arbeitsfelder lässt sich anhand eines stringenten Schemas von drei Arbeitsschritten vollziehen: Analyse, Option und Auswahl. In der Analyse wird eine Aufnahme und Bewertung der bestehenden Situation vorgenommen. Soll auf Basis dieser Analyse eine Veränderung erfolgen, müssen möglichst viele Optionen generiert werden, wie der Status quo verändert werden kann. Zuletzt gilt es, die einzelnen Optionen zu bewerten und eine abgewogene Auswahl zu treffen. Ein Arbeitsfeld ist somit beendet, wenn entlang der untersuchten Dimensionen ein in sich konsistentes Programm entwickelt worden ist.[387]

Der General Management Navigator nach MÜLLER-STEWENS & LECHNER stellt einen übergeordneten Beziehungsrahmen zur Durchführung von Veränderungen in einem Unternehmen dar. Eine direkte Auslegung der befähigenden Faktoren ist nicht Bestandteil des Modells. Lediglich die konkrete Vorgehensweise wird der Anforderung an eine Methodik zur strategischen Auslegung industrieller Werkzeugbaubetriebe im Ansatz gerecht, weshalb sich das Modell für die konkrete Fragestellung dieser Arbeit (vgl. Kapitel 1.2) nicht direkt eignet.

3.3.4 Enterprise Engineering nach MARTIN

Das Enterprise Engineering nach MARTIN stellt einen Ansatz zur integrierten Gestaltung von Unternehmen dar. Es beschreibt eine Zusammenstellung von einzelnen Methoden, welche der Umgestaltung des Unternehmens, dessen Prozesse sowie dessen Systeme dienen.[388] Grundgedanke dieses Ansatzes ist die Idee, dass der Unternehmenserfolg auf der Einheit und der Integration der einzelnen Dimensionen eines Unternehmens beruht.[389] So werden im Enterprise Engineering verschiedene Methoden zur Gestaltung eines Unternehmens zu einem

[381] Vgl. Müller-Stewens; Lechner (Strategisches Management), 2005, S. 29
[382] Vgl. Müller-Stewens; Lechner (Unternehmerische Einheiten), 1999, S. 32
[383] Vgl. Müller-Stewens; Lechner (Unternehmerische Einheiten), 1999, S. 33
[384] Vgl. Müller-Stewens; Lechner (Strategisches Management), 2005, S. 29
[385] Vgl. Müller-Stewens; Lechner (Strategisches Management), 2005, S. 29
[386] Vgl. Müller-Stewens; Lechner (Unternehmerische Einheiten), 1999, S. 35
[387] Vgl. Müller-Stewens; Lechner (Unternehmerische Einheiten), 1999, S. 37
[388] Vgl. Martin (The Great Transition), 1995, S. 58
[389] Vgl. Hoogervorst (Enterprise Governance), 2009, S. 9

integrierten Ansatz zusammengeführt. Der Ansatz beinhaltet fünf Methoden zur Unternehmensveränderung sowie zwei begleitende Prozesse zur Veränderung der Infrastruktur (vgl. Abbildung 42).[390]

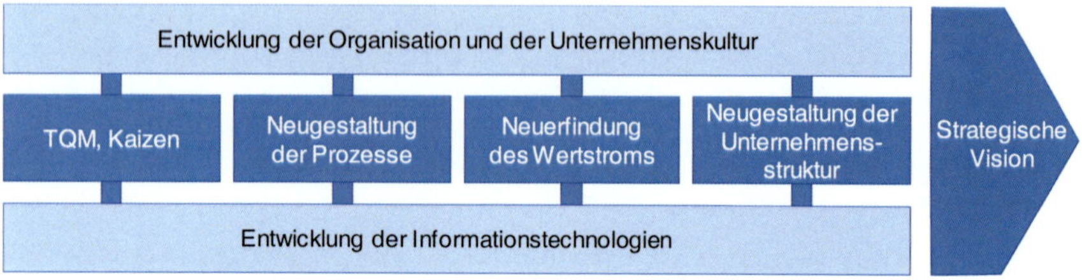

Abbildung 42: Die sieben Komponenten des Enterprise Engineerings nach MARTIN[391]

Die sieben Komponenten des Enterprise Engineerings bilden das gesamte Spektrum von Veränderungen in einem Unternehmen ab. Die Methoden und Prozesse reichen dabei von Ausführungstätigkeiten einzelner Personenkreise bis hin zu Veränderungen der gesamten Unternehmensstruktur. Je näher die Komponente bzw. die Methode an der Pfeilspitze liegt, desto umfassender ist die durchgeführte Veränderung.[392]

Total Quality Management (TQM) und Kaizen repräsentieren Methoden eines kontinuierlichen Veränderungsmanagements, welche sich auf die individuellen Aufgaben einzelner Mitarbeiter fokussieren und von diesen selbst angestoßen werden. Ziel ist die Verbesserung des gesamten Unternehmens durch die Verbesserung von einzelnen Prozessen oder Prozessschritten.[393]

Die Neugestaltung der Prozesse ist, anders als TQM und Kaizen, durch eine diskontinuierliche Veränderung der Unternehmensprozesse charakterisiert. Übergeordnetes Ziel ist eine schnelle Problemlösung durch eine radikale Veränderung. Diese Veränderung, wie beispielsweise eine massive Kostensenkung, tangiert mehrere Abteilungen und hat einen langfristigen Charakter.[394]

Die Neuerfindung des Wertstroms stellt eine weitere, in Bezug auf die Veränderungsumfang noch umfangreichere Methode dar. Diese Methode befasst sich mit der ganzheitlichen Neugestaltung von Wertströmen, welche aus Kundenwert schaffenden Aktivitäten bestehen und die gesamte Wertschöpfung des Unternehmens abbilden. Dabei liegt der Fokus der Methode auf der Erreichung signifikanter Verbesserungen der Effektivität. Auch die Neuerfindung des Wertstroms stellt einen diskontinuierlichen Veränderungsprozess dar.[395]

Die Neugestaltung der Unternehmensstrukturen befasst sich mit der radikalen und ganzheitlichen Veränderung der gesamten Unternehmensstruktur. Dies können die Entwicklung neuer Geschäftsbereiche, der Aufbau neuer Standorte oder die Kooperation mit neuen Partnern sein.

[390] Vgl. Martin (The Great Transition), 1995, S. 60f.
[391] Vgl. Martin (The Great Transition), 1995, S. 61
[392] Vgl. Martin (The Great Transition), 1995, S. 60f.
[393] Vgl. Martin (The Great Transition), 1995, S. 62
[394] Vgl. Martin (The Great Transition), 1995, S. 62f.; Martin (The Great Transition), 1995, S. 71ff.
[395] Vgl. Martin (The Great Transition), 1995, S. 63ff.

Diese Veränderungsmaßnahme schließt die Neugestaltung der Prozesse und der Wertströme ein und ergänzt diese um die Veränderung fundamentaler Strukturen des Unternehmens durch die Bildung neuer organisatorischer Einheiten und Kulturen.[396]

Die Veränderung der strategischen Vision stellt die Spitze des Pfeiles und damit die umfangreichste Veränderung dar. Bei dieser Methode wird die strategische Vision des Unternehmens und damit auch die strategische Ausrichtung neu definiert. Die Anpassung der strategischen Vision stellt wiederum einen kontinuierlichen Veränderungsprozess dar.[397]

Bei der Anwendung einer der Methoden müssen sowohl die Entwicklung der Organisation und Kultur als auch die Entwicklung der Informationstechnologien berücksichtigt werden, da diese beiden Komponenten des Ansatzes vor, während und nach der Anwendung Einfluss auf die fünf Methoden haben. Eine unzureichende Anpassung der beiden Komponenten ist laut MARTIN der Hauptgrund für den fehlenden Erfolg von Veränderungen im Unternehmen.[398]

Das Enterprise Engineering nach MARTIN erfüllt die Anforderungen an die Prozess- und Organisationsauslegung in hohem Maße. Ebenso wird eine konkrete Vorgehensweise vorgegeben und es besteht eine hohe Praktikabilität. Auf die Leistung eines Unternehmens wird jedoch ebenso kein Bezug genommen wie zur Branche Werkzeugbau. Dies spiegelt sich unter anderem in einer fehlenden integrierten Auslegung der befähigenden Faktoren wider.

3.3.5 Das Modell zur Gestaltung einer prozessorientierten Aufbauorganisation nach KUGELER & VIETING

Das Modell zur Gestaltung einer prozessorientierten Aufbauorganisation nach KUGELER & VIETING stellt ein Referenz-Vorgehensmodell dar. Dabei hat die prozessorientierte Organisation die Aufgabe, die optimale Ausführung der Unternehmensprozesse in Bezug auf Kosten, Zeit und Qualität zu ermöglichen, ohne sich auf die reine Funktionsabfolge zu beschränken.[399] Ziel der prozessorientierten Aufbauorganisation ist, neben der Orientierung an den übergeordneten Unternehmenszielen, die Ausrichtung der Organisation an den Subzielen Koordinationseffizienz, Anpassungseffizienz und Motivationseffizienz.[400] Bei der Einführung einer solchen Organisation sind insbesondere die unterschiedlichen Rahmenbedingungen, wie personelle Restriktionen, technische Restriktionen und rechtliche Restriktionen zu berücksichtigen.[401]

Zur Unterstützung der Einführung einer prozessorientierten Aufbauorganisation haben KUGELER & VIETING ein achtstufiges Vorgehensmodell entwickelt, welches die für den Unternehmenszweck notwendigen Aufgaben auf ein arbeitsteiliges System verteilt. Das Vorgehensmodell setzt die Erstellung eines Ordnungsrahmens und die Konzeption von Soll-Prozessen voraus (vgl. Abbildung 43).[402]

---

396 Vgl. Martin (The Great Transition), 1995, S. 74
397 Vgl. Martin (The Great Transition), 1995, S. 76f.
398 Vgl. Martin (The Great Transition), 1995, S. 61
399 Vgl. Kugeler; Vieting (Prozessorientierte Aufbauorganisation), 2008, S. 221
400 Vgl. Frese (Grundlagen der Organisation), 2000, S. 258ff.
401 Vgl. Kugeler (Informationsmodellbasierte Organisationsgestaltung), 2000, S. 91
402 Vgl. Kugeler; Vieting (Prozessorientierte Aufbauorganisation), 2008, S. 249ff.

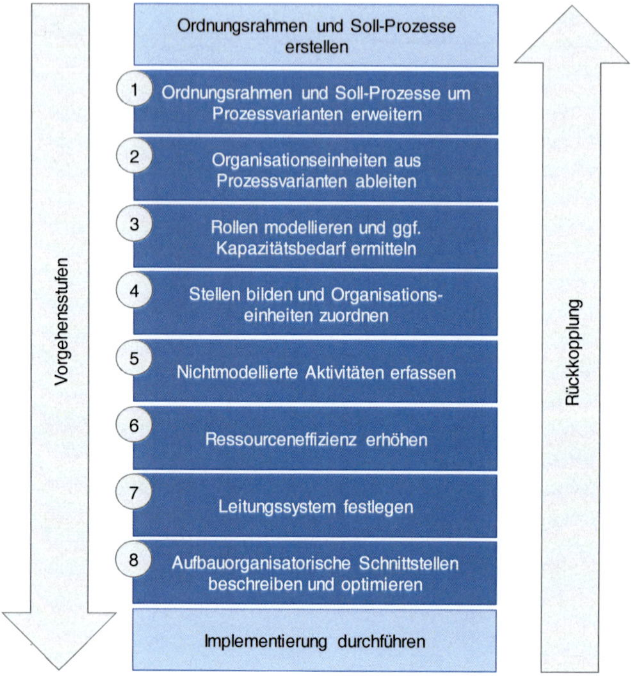

Abbildung 43: Die Stufen des Referenz-Vorgehensmodells nach KUGELER & VIETING[403]

In der ersten Stufe des Modells sind der definierte Ordnungsrahmen und die konzipierten Soll-Prozesse um Prozessvarianten zu ergänzen. Zudem ist die Einbindung von strategischen Entscheidungen, wie zum Beispiel die Einführung eines Key-Account Managements, hier verortet. Die Prozessvarianten basieren dabei auf den generischen Soll-Prozessen und bilden die zeitlich-logische Abfolge der Aktivitäten ab.[404]

In Stufe zwei findet die Ableitung der Organisationseinheiten statt. Dabei ist darauf zu achten, dass die Aufgaben eines Prozesses nur einer Organisationseinheit zugeordnet werden. Diese Zuordnung bildet die Ausgangsbasis für die weitere Entwicklung der Aufbauorganisation und dient als Grundlage für einheitliche Zielsysteme bei der Prozessdurchführung.[405]

In der dritten Stufe werden für die Organisationseinheiten notwendige Rollen modelliert. So gilt es, jeder Rolle Fähigkeiten, Kenntnisse und Ressourcen zuzuordnen. Dabei ist jedoch zu beachten, dass durch die Schnittstellenminimierung eine ganzheitliche Aufgabenstruktur in den Stellen notwendig ist. Aus der Zuordnung von Aufgaben zu Organisationseinheiten ergibt sich in der Regel die Notwendigkeit zum Aufbau neuer Stellen.[406]

---

[403] Vgl. Kugeler; Vieting (Prozessorientierte Aufbauorganisation), 2008, S. 250
[404] Vgl. Kugeler; Vieting (Prozessorientierte Aufbauorganisation), 2008, S. 251
[405] Vgl. Kugeler; Vieting (Prozessorientierte Aufbauorganisation), 2008, S. 251
[406] Vgl. Kugeler; Vieting (Prozessorientierte Aufbauorganisation), 2008, S. 252

Ziel der vierten Stufe ist die prozessorientierte Bildung von Stellen. Dies bedeutet, dass die Rollen gemäß einer ganzheitlichen Aufgabenstruktur sinnvoll zu den Stellen zugeordnet werden. Diese Stellenbildung muss in Hinblick auf die geforderten Anforderungen an Kenntnisse, Fähigkeiten etc. erfolgen. Entscheidend hierbei ist die strikte Trennung der Stufen drei und vier, da die Ermittlung der Rollen (Stufe 3) der Objektivierung der späteren Stellenbildung (Stufe 4) dient.[407]

Die fünfte Stufe beschäftigt sich mit der Ermittlung von nicht den Aktivitäten zugeordneten Aufgaben (Aufgaben des Unternehmens vs. Aufgaben der Prozesse). Diese prozessbegleitenden Aufgaben sind zu identifizieren und ebenfalls mit für die Aufgabenerfüllung notwendigen Fähigkeiten und Kenntnissen zu hinterlegen. Operativ müssen diese Aufgaben den Stellen zugeordnet bzw. neue Stellen geschaffen werden, wodurch implizit eine Zuweisung zu den Organisationseinheiten stattfindet.[408]

Ziel der sechsten Stufe ist die Verfolgung der Ressourceneffizienz anstelle der bisher verfolgten Prozesseffizienz. Diese gilt es gegeneinander abzuwägen. Zunächst wird hierzu die Auslastung der Stellen untersucht, was anhand der Rollenmodellierung aus Stufe 3 erfolgen kann. Um die Ressourcen realistisch dimensionieren zu können, sollte eine Auslastung von 100% als unrealistisch angesehen werden, da aufgrund von Störungen weniger Arbeitszeit zur Verfügung steht.[409]

In Stufe 7 erfolgt nun die Festlegung eines Leistungssystems, in welches die Organisationseinheiten unter der Geschäftsführung eingegliedert werden können. Hierbei ist es das Ziel, einheitliche Verantwortungsbereiche zu erhalten und nicht voneinander zu trennen. Insbesondere die Möglichkeit eines kontinuierlichen Prozessmanagements muss dabei berücksichtigt werden.[410]

In der letzten, achten Stufe werden die entstandenen Schnittstellen beschrieben und optimiert. Die Beschreibung der Schnittstellen muss dabei sowohl inhaltlich (welche Information) als auch zeitlich (Zeitpunkt der Informationsweitergabe) geschehen. Die Optimierung dieser Schnittstellen erfolgt auf Basis ihrer Art anhand unterschiedlicher Ansatzpunkte.[411]

Das Modell zur Gestaltung einer prozessorientierten Aufbauorganisation nach KUGELER & VIETING schließt mit der Durchführung der Implementierung einer prozessorientierten Aufbauorganisation, wobei Rückkopplungen zwischen den einzelnen Stufen berücksichtigt werden müssen. Sowohl die Praktikabilität als auch die konkrete Vorgehensweise sind Stärken des Referenz-Vorgehensmodells, wobei eine aktive Auslegung der Prozesse und der Organisation stattfindet. Jedoch wird die Leistung des Unternehmens nicht berücksichtigt und die befähigenden Faktoren nicht integriert auf Basis dieser Leistung ausgelegt. Auch der Bezug zum Werkzeugbau ist unzureichend für eine geeignete Methodik zur strategischen Auslegung industrieller Werkzeugbaubetriebe.

[407] Vgl. Kugeler; Vieting (Prozessorientierte Aufbauorganisation), 2008, S. 254
[408] Vgl. Kugeler; Vieting (Prozessorientierte Aufbauorganisation), 2008, S. 256
[409] Vgl. Kugeler; Vieting (Prozessorientierte Aufbauorganisation), 2008, S. 256f.
[410] Vgl. Kugeler; Vieting (Prozessorientierte Aufbauorganisation), 2008, S. 258
[411] Vgl. Kugeler; Vieting (Prozessorientierte Aufbauorganisation), 2008, S. 258f.

3.3.6 Der Turn Around-Management-Prozess nach Brühl

Der Turn Around-Management-Prozess nach Brühl stammt aus dem Sanierungsmanagement und thematisiert die Restrukturierung eines Unternehmens aufgrund einer Unternehmenskrise.[412] Eine Unternehmenskrise kann dabei sowohl durch externe als auch durch interne Krisenfaktoren entstehen und hat einen negativen Einfluss auf die unternehmerische Tätigkeit. Zu den externen Krisenfaktoren zählen unter anderem stagnierende und rückläufige Märkte, strukturelle Überkapazitäten, eine hohe Wettbewerbsintensität, ein unzureichendes Marktpotenzial, die Globalisierung der Wertschöpfung oder ein regulatorisches Unternehmensumfeld. Eine unklare strategische Ausrichtung, ein zu komplexes Produktprogramm, eine hohe Kundenabhängigkeit, eine verfehlte Markenpolitik, eine unzureichende Technologiekompetenz, eine operative Ineffizienz, eine zu geringe Unternehmensgröße oder aber eine ineffiziente Unternehmensstruktur zählen hingegen zu den internen Krisenfaktoren.[413] In der Praxis sind sowohl interne als auch externe Faktoren für eine Unternehmenskrise verantwortlich.[414]

Trotz der Unterschiede in Bezug auf Ursachen, den Verlauf und die Restrukturierungsansätze lässt sich ein generischer Verlauf einer typischen Unternehmenskrise definieren (vgl. Abbildung 44). Demzufolge beginnt eine Unternehmenskrise immer durch einen strategischen Misfit, wobei die strategische Ausrichtung nicht mehr den gegenwärtigen und zukünftigen Marktanforderungen entspricht.[415] Der Verlauf lässt zudem erkennen, dass der Unternehmenswert im Verlauf der Krise deutlich sinkt. Um diesen Wertverlust abzuwenden, ist ein umfangreicher Turn Around-Prozess notwendig, welcher die Sanierung des Unternehmens in verschiedenen Schritten vornimmt.[416]

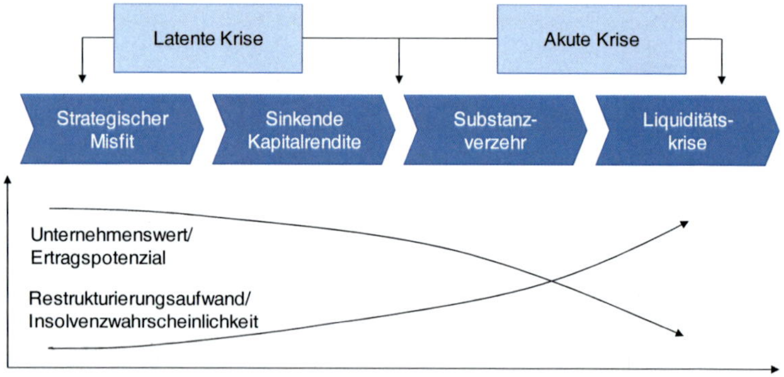

Abbildung 44: Generischer Verlauf einer typischen Unternehmenskrise[417]

Der Restrukturierungsprozess wird nach Brühl in zwei Phasen unterteilt, das Krisenmanagement und das Transformationsmanagement (vgl. Abbildung 45). In der ersten Phase („Survi-

[412] Vgl. Brühl (Restrukturierung), 2004, S. 5
[413] Vgl. Brühl (Restrukturierung), 2004, S. 5ff.
[414] Vgl. Brühl (Restrukturierung), 2004, S. 16
[415] Vgl. Brühl (Restrukturierung), 2004, S. 18
[416] Vgl. Brühl (Restrukturierung), 2004, S. 19
[417] Vgl. Brühl (Restrukturierung), 2004, S. 18

val") steht die Sicherung der Liquidität im Vordergrund. Dabei gilt es ein kurzfristiges Maßnahmenpaket anzusetzen, um Voraussetzungen für die Fortführung der Geschäftstätigkeit zu schaffen. Dieses Paket soll zudem Maßnahmen zur operativen Ergebnisverbesserung beinhalten. Nach erfolgreicher Sicherung des Überlebens des Unternehmens schließt sich die Phase des Transformationsmanagements an, in welcher die Erneuerung („Revival") des Unternehmens im Fokus steht. Ausgangspunkt der Transformation ist die Anpassung der strategischen Ausrichtung auf Basis des Geschäftsfeldportfolios. Anschließend werden die Führungsorganisation und die betrieblichen Prozesse überarbeitet, wodurch die strategische Neuausrichtung inhaltlich abgeschlossen ist. Um die Nachhaltigkeit der Veränderungen sicherstellen zu können, muss zudem die Unternehmenskultur verändert werden.[418]

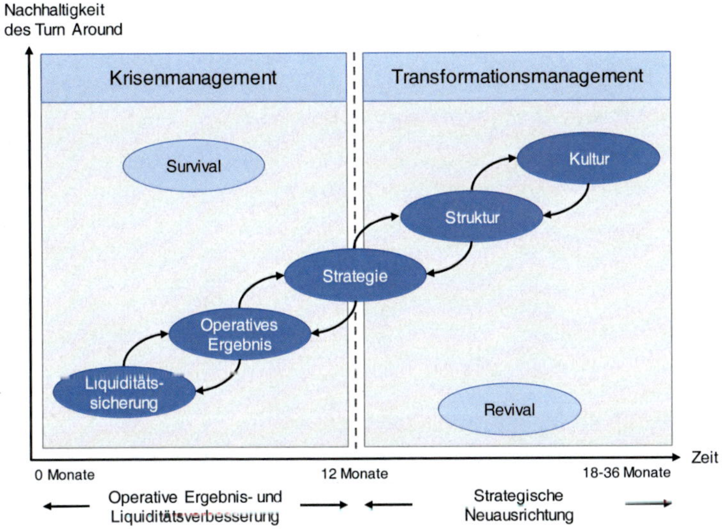

Abbildung 45: Restrukturierungsprozess des Turn Around-Managements nach BRÜHL[419]

Die erfolgreiche Überwindung einer Unternehmenskrise ist nach BRÜHL nur durch einen nachhaltigen Restrukturierungsprozess möglich. Klassisches Kostenmanagement und Downsizing von Unternehmenskapazitäten und -strukturen sind alleine nicht zielführend, da sie strukturelle und strategische Defizite nur unzureichend adressieren.[420]

Der Turn Around-Management-Prozess nach BRÜHL stellt eine Vorgehensweise zur Sanierung bzw. Restrukturierung von Unternehmen dar. Anders als bei einer Auslegung findet das Modell reaktiv auf eine Unternehmenskrise Anwendung und adressiert lediglich die Auslegung der Prozesse und der Organisation in rudimentärer Art und Weise. Obwohl BRÜHLS Vorgehensweise einen konkreten Bezug auf die produzierende Industrie nimmt, fehlt die Auslegung der

418 Vgl. Brühl (Restrukturierung), 2004, S. 19f.
419 Vgl. Brühl (Restrukturierung), 2004, S. 20
420 Vgl. Brühl (Restrukturierung), 2004, S. 20

Ressourcen in Gänze, weshalb die Eignung der Vorgehensweise für die strategische Auslegung im Werkzeugbau deutlich eingeschränkt ist.

3.3.7 Die neue MOTION-Methode zum prozessorientierten Veränderungsmanagement nach Schuh

MOTION (Model for Transforming, Identifying and Optimizing Core Processes) bezeichnet ein integratives Konzept zum ganzheitlichen Wandel von Unternehmen, welches kulturelle Besonderheiten europäischer Unternehmen berücksichtigt und Vorteile aus top-down orientierten revolutionären und bottom-up orientierten evolutionären Ansätzen vereinigt. Ziel des Ansatzes ist die Vermeidung von Brüchen zwischen der Analyse, der Gestaltung und der Transformation aufgrund nicht aufeinander abgestimmter Einzelmethoden.[421] Das dadurch entstandene „Down-up"-Prinzip ermöglicht die Konzentration der Kräfte auf die wesentlichen Veränderungsobjekte bei gleichzeitig effektiver Nutzung von vorhandenen Ressourcen.[422] Die MOTION-Methode orientiert sich dabei am General Management Navigator (vgl. Kapitel 3.3.3) und nutzt dessen Phasen als Bausteine (vgl. Abbildung 46).[423]

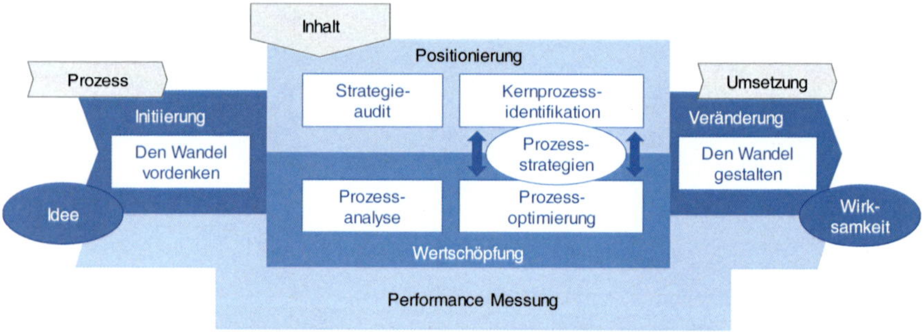

Abbildung 46: Eine Methode zum ganzheitlichen Wandel – das neue MOTION nach Schuh[424]

Der Baustein der Initiierung befasst sich thematisch in erster Linie mit dem „Vordenken des Wandels". Dies bedeutet, dass Barrieren und Befähiger einer Veränderungsumsetzung bekannt sein müssen, um diese durchführen zu können. Nur auf Basis einer ausführlichen Betrachtung des übergeordneten Ist- und des Ziel-Zustandes kann eine geeignete Strategie erarbeitet und ausgewählt werden. Dabei sind insbesondere die vorherrschende Unternehmenskultur sowie die Komplexität der Strukturen zu berücksichtigen.[425]

In der Positionierung wird die zukünftige Position des Unternehmens im Markt durch ein Strategieaudit, die Identifikation der Kernprozesse und der Prozessstrategien definiert. Zu Beginn werden mithilfe des Strategieaudits Strategische Erfolgspositionen (SEPs') identifiziert und analysiert. Auf Basis dessen kann folgend ein strategisches Programm abgeleitet werden, worin festgelegt wird, für welche Teilstrategien welche Ziele, Mittel und Verfahren definiert und

[421] Vgl. Schuh (Change Management), 2006, S. 12; Eversheim; Krah (Das MOTION-Konzept), 1998, S. 24
[422] Vgl. Schuh (Change Management), 2006, S. 12f.
[423] Vgl. Schuh (Change Management), 2006, S. 14
[424] Vgl. Schuh (Change Management), 2006, S. 15
[425] Vgl. Schuh (Change Management), 2006, S. 73ff.

eingesetzt werden. Die Strategischen Erfolgspositionen stellen dabei eine Verbindung zwischen dem potenziellen Kundennutzen und dem Leistungsangebot des Unternehmens dar. Den Abschluss des Strategieaudits bildet die Erstellung eines strategischen Profils, durch welches die Vereinbarkeit der Ausprägungen der einzelnen Teilstrategien geprüft werden kann.[426] Auf Basis des Strategieaudits können anschließend die Kernprozesse sowie die Reihenfolge des Durchlaufs dieser identifiziert werden. Eine Bewertung der Prozesse erfolgt durch Prozesskenngrößen.[427] Im Rahmen der Prozessstrategien werden die Strategien auf Basis ihrer Bedeutung für die Prozesse in ein Portfolio eingeordnet, wodurch spezifische Strategien für die Prozesse abgeleitet werden können.[428]

Zentraler Baustein, neben der Positionierung, ist die Wertschöpfung, in der die Analyse und Optimierung der Prozesse auf Basis der Prozessstrategien durchgeführt werden. Mithilfe der Prozessanalyse sollen dabei Prozesse beschrieben, relevante Prozessparameter aufgenommen und Schwachstellen ermittelt werden. Diese Prozessbeschreibung bildet die Grundlage für die Modellierung der Prozesse.[429] In der Prozessoptimierung werden anschließend die Maßnahmen zur Verbesserung des Ablaufs und des Aufbaus festgelegt. Das Ziel der Prozessoptimierung liegt in der Beseitigung von Schwachstellen und der Hervorhebung der Stärken. Von besonderer Bedeutung bei der Prozessoptimierung ist die Berücksichtigung der Wechselwirkungen mit den Prozessstrategien.[430]

Den vierten der fünf Bausteine bildet die Veränderung, wobei thematisch die „Gestaltung des Wandels" im Vordergrund steht. Relevante Aspekte, welche bei der Umsetzung der Veränderung berücksichtigt werden müssen, sind die Kommunikation, das Projektmanagement sowie die Qualifizierung der Mitarbeiter. Nur durch die Berücksichtigung dieser Aspekte ist eine erfolgreiche Umsetzung der Veränderungen möglich.[431]

Die Performance Messung stellt abschließend ein geeignetes Veränderungscontrolling der definierten Maßnahmen sicher. Das Controlling dient dabei auf der einen Seite der Erhebung des Status quo als Information in Bezug auf den Fortschritt und auf der anderen Seite der Möglichkeit zum Ergreifen von gegensteuernden Maßnahmen im Falle einer fehlerhaften Entwicklung. Geeignete Controlling-Instrumente stellen Mitarbeiterinterviews oder die Balance Scorecard, als ganzheitliches Konzept zur Messung, Dokumentation und Steuerung von Unternehmensaktivitäten, dar.[432]

Das „Model for Transforming, Identifying and Optimizing Core Processes" nach SCHUH beschreibt die Operationalisierung des St. Galler Management Navigators. Wie bei dem St. Galler Management Navigator werden auch bei MOTION die befähigenden Faktoren nicht oder nur unzureichend ausgelegt. Durch den Umfang der Methodik steht zudem die Wirtschaftlichkeit, trotz der Vorgabe einer konkreten Vorgehensweise, einer Nutzung des Ansatzes zur strategischen Auslegung industrieller Werkzeugbaubetriebe entgegen.

---

426 Vgl. Schuh (Change Management), 2006, S. 19ff.; Eversheim; Krah (Das MOTION-Konzept), 1998, S. 25
427 Vgl. Schuh (Change Management), 2006, S. 27ff.
428 Vgl. Schuh (Change Management), 2006, S. 31ff.
429 Vgl. Schuh (Change Management), 2006, S. 41ff.; Eversheim; Krah (Das MOTION-Konzept), 1998, S. 26f.
430 Vgl. Schuh (Change Management), 2006, S. 62ff.
431 Vgl. Schuh (Change Management), 2006, S. 90ff
432 Vgl. Schuh (Change Management), 2006, S. 98ff.

3.3.8 Die 4EM-Methode nach SANDKUHL

Die 4EM-Methode („For Enterprise Modeling") nach SANDKUHL stellt einen Ansatz einer systematischen und kontrollierten Vorgehensweise zur Analyse, Erfassung, Entwicklung und Dokumentation eines Unternehmens mit seinen Strukturen und Prozessen in Form von Modellen dar.[433] Zusätzlich werden Akteure und Ressourcen erklärt und deren wechselseitige Beziehungen und Abhängigkeiten illustriert.[434] Die 4EM-Methode weist drei Grundprinzipien auf, welche eng miteinander verknüpft sind: Eine definierte Vorgehensweise und Notation, die Durchführung der Modellierung in Projektform mit definierten Rollen und die partizipative Arbeitsweise zur Einbindung aller Interessensgruppen.[435]

Das 4EM-Unternehmensmodell besteht aus verschiedenen Teilmodellen, welche unterschiedliche Sichten auf das Unternehmen darstellen und eine enge Verzahnung untereinander aufweisen. Die Teilmodelle sowie ihre Abhängigkeiten sind in Abbildung 47 dargestellt und werden im Folgenden beschrieben.

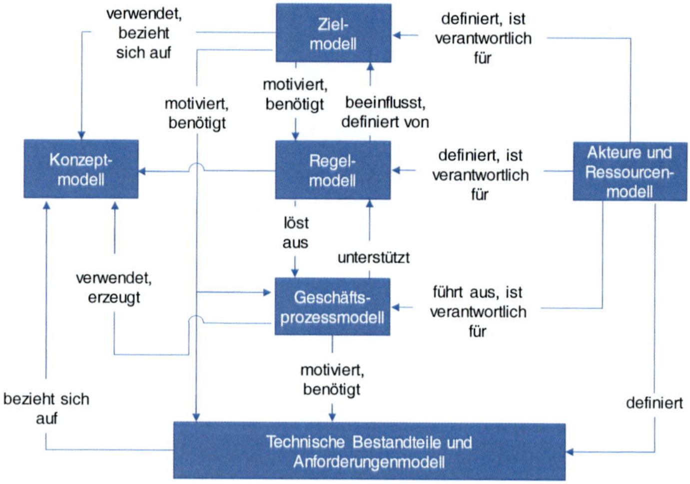

Abbildung 47: Die Teilmodelle der 4EM-Methode nach SANDKUHL[436]

Das Ziel- und Problemmodell (ZPM) befasst sich mit der Beschreibung der Unternehmensziele anhand der Themen Strategie, Organisation sowie Prioritäten. Das Geschäftsregelmodell (GRM) definiert und pflegt Richtlinien, welche eine Operationalisierung der Unternehmensziele darstellen. Im Konzeptmodell (KM) wird die Bedeutung wichtiger Konzepte und Informationen definiert, um ein einheitliches Verständnis über den Inhalt und die Nutzung dieser Konzepte zu erzeugen. Das Geschäftsprozessmodell (GPM) beschreibt die Geschäftsprozesse des Unternehmens und definiert die jeweiligen Inputs und Outputs. Zudem gibt es vor, welche Ge-

[433] Vgl. Sandkuhl et al. (Unternehmensmodellierung), 2013, S. 80
[434] Vgl. Sandkuhl et al. (Unternehmensmodellierung), 2013, S. 1f.
[435] Vgl. Sandkuhl et al. (Unternehmensmodellierung), 2013, S. 75ff.
[436] Vgl. Sandkuhl et al. (Unternehmensmodellierung), 2013, S. 79

schäftsziele mit welchen Geschäftsprozessen in welchen Organisationseinheiten und mit welchen Ressourcen erreicht werden sollen. Im Akteure- und Ressourcenmodell (ARM) werden die unterschiedlichen Akteure und Ressourcen miteinander in Verbindung gesetzt sowie die Aufbauorganisation des Unternehmens abgebildet. Das letzte Modell ist das technische Komponenten- und Anforderungsmodell (TKAM), welches eine Spezifizierung des Ressourcenmodells in Bezug auf die Definition von Anforderungen an Ressourcen oder Informationssysteme darstellt.[437] Von großer Bedeutung ist bei der Modellierung der einzelnen Teilmodelle die Integration der unterschiedlichen Modelle, wobei dabei die Reihenfolge mit ZPM → KM → GPM → GRM → ARM → TKAM vorgegeben ist.[438]

Zur Ausgestaltung der einzelnen Teilmodelle sieht SANDKUHL den Durchlauf von drei Aktivitäten vor. In der Analyse gilt es die aktuelle Unternehmenssituation darzustellen und erkennbare Probleme und Schwachstellen zu identifizieren. Auf Basis dieser Analyse findet im Anschluss eine Bewertung der Ist-Situation statt. Dabei müssen insbesondere die aktuellen Ziele und die Herausforderungen durch das Marktumfeld anhand von Handlungsalternativen diskutiert werden. Ziel der Bewertung ist die Aufdeckung von Zielkonflikten mit Auswirkungen auf die Strukturen und Prozesse des Unternehmens. Nach der Bewertung der Ist-Situation kann in einem dritten Schritt die Gestaltung vorgenommen werden. Hier werden unterschiedliche Zukunftsszenarien (Soll-Situationen) entworfen und modelliert. Diese Modellierung dient als Bauplan für zukünftige Veränderungen, die rein organisatorischer Art sein können oder aber die Einführung neuer IT-gestützter Lösungen einschließen.[439]

SANDKUHLS 4EM-Methode weist eine hohe bis sehr hohe Praktikabilität, Wirtschaftlichkeit sowie eine konkrete Vorgehensweise auf. Jedoch liegt der Fokus der Methode auf der Beschreibung des Ist-Zustands eines Unternehmens in Form einer Modellierung (vgl. Kapitel 2.2.1.2). Eine aktive Auslegung findet nur im Bereich der Prozesse und der Ressourcen statt. Dabei fehlen die Berücksichtigung der Leistung und die Organisationsauslegung ebenso wie der konkrete Werkzeugbaubezug. Eine Anwendung im Werkzeugbau ist somit nur eingeschränkt möglich.

3.3.9 Das 4-Ebenen-Modell zur zukunftsorientierten Unternehmensgestaltung nach GAUSEMEIER & PLASS

Das 4-Ebenen-Modell resultiert aus der Erkenntnis, dass sich die nachhaltige und erfolgreiche Gestaltung eines Unternehmens auf ein einfaches und plausibles Grundmuster zurückführen lässt, mithilfe derer die Wettbewerbsfähigkeit von Unternehmen sichergestellt werden kann. Dieses Grundmuster besteht aus den vier Betrachtungsebenen Vorausschau, Strategien, Prozess und Systeme (vgl. Abbildung 48), welche von oben nach unten orientiert bearbeitet werden müssen.[440] Das Modell folgt dem Motto: „Structure follows strategy"[441].

[437] Vgl. Sandkuhl et al. (Unternehmensmodellierung), 2013, S. 77f.
[438] Vgl. Sandkuhl et al. (Unternehmensmodellierung), 2013, S. 107
[439] Vgl. Sandkuhl et al. (Unternehmensmodellierung), 2013, S. 80ff.
[440] Vgl. Gausemeier; Plass (Unternehmensgestaltung), 2014, S. 37f.
[441] Das Motto basiert auf der Erkenntnis von Alfred Chandler Ende der 1960er Jahre, welche besagt, dass die Veränderung der Strategie mit den entsprechenden Anpassungen der Organisationsstrukturen einhergehen muss.

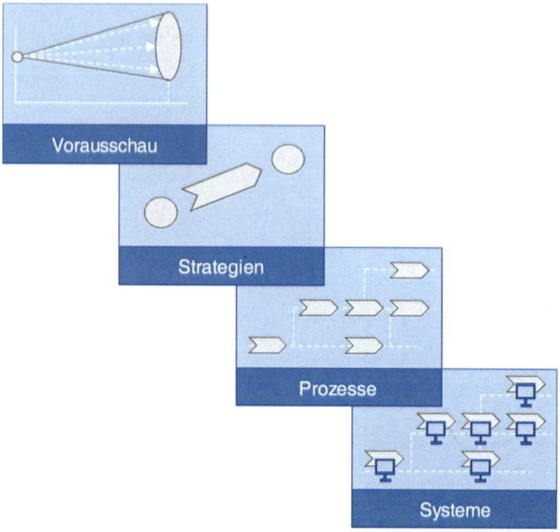

Abbildung 48: Das 4-Ebenen-Modell zur zukunftsorientierten Unternehmensgestaltung nach GAUSEMEIER & PLASS[442]

In der Vorausschau gilt es, auf Ebene der Unternehmensführung den Zukunftsraum mit dem Ziel künftige Chancen zu identifizieren und Bedrohungen für das heutige Geschäft zu erkennen, systematisch auszuleuchten. Methoden und Hilfsmittel zur Vorausschau sind beispielsweise die Szenario-Technik, die Delphi-Methode und die Trendanalyse. Die Ergebnisse dieser Vorausschau, aber auch der üblichen Analysen wie zum Beispiel der Stärken-Schwächen-Analyse, der Marktanalyse und der Wettbewerbsanalyse bilden die Grundlage für die Entwicklung einer unternehmensspezifischen Strategie.[443]

In der zweiten Betrachtungsebene werden primär die Unternehmens- und Geschäftsstrategien entwickelt, um die mittel- und langfristige Ausrichtung des Unternehmens zu definieren. Eingangsgröße hierfür bilden die Ergebnisse der Vorausschau. Dabei stellt die Strategie eine Kursbestimmung im Sinne eines Leitbilds dar, welches im Unternehmen durch konkrete Marktleistungs- und Geschäftsziele sowie Konsequenzen und Maßnahmen[444] für die einzelnen Handlungsbereiche zum Ausdruck kommt. Von besonderer Bedeutung dabei ist die Berücksichtigung der Rahmenbedingungen und äußeren Einflüsse zur Bündelung der Ziele und Maßnahmen zur Verwirklichung der definierten Vision.[445]

Die dritte Betrachtungsebene befasst sich mit den Prozessen des Unternehmens, da gut strukturierte Geschäftsprozesse die wesentliche Voraussetzung für eine effiziente Leistungserstellung sind. Die Prozesse müssen dabei gemäß den Vorgaben aus der Strategie gestaltet werden. Im Zuge dieser Prozessgestaltung gilt es zudem, die Aufbauorganisation zu überprüfen,

[442] Vgl. Gausemeier; Plass (Unternehmensgestaltung), 2014, S. 38
[443] Vgl. Gausemeier; Plass (Unternehmensgestaltung), 2014, S. 38
[444] Hier im Sinne von Strategischen Programmen
[445] Vgl. Gausemeier; Plass (Unternehmensgestaltung), 2014, S. 38

da die Abbildung der Prozesse auf die Aufbauorganisation zur Ablauforganisation führt. Hierbei sind die Mitarbeiter des Unternehmens zur verbesserten Akzeptanz der Veränderungen intensiv einzubeziehen.[446]

Zuletzt gilt es, in der Betrachtungsebene der Systeme IT-Systeme einzuführen und eine Planung zu initiieren. IT-Systeme unterstützen bei der Aufgabenbewältigung in den Hauptgeschäftsprozessen und befähigen die Mitarbeiter entlang des gesamten Auftragsabwicklungsprozesses. Hierbei rückt vermehrt die „Service-Orientierung“, welche ein Paradigma der Gestaltung von IT in einem Unternehmen darstellt, in den Vordergrund. Von zentraler Bedeutung ist die Verzahnung der Geschäftserfordernisse mit den IT-Möglichkeiten.[447] Im Zuge des Trends der Digitalisierung wird sich die Möglichkeit dieser Verzahnung in den nächsten Jahren deutlich erhöhen.

Das 4-Ebenen-Modell von GAUSEMEIER & PLASS weist eine konkrete Vorgehensweise sowie eine eingeschränkte Praktikabilität auf. Die Auslegung der befähigenden Faktoren erfolgt jedoch in einem nur teilweise integrierten Ansatz. Dies ist insbesondere darauf zurückzuführen, dass die Auslegung der Organisation nicht erfolgt. Auch der Branchenbezug ist nur eingeschränkt vorhanden, weshalb die Anwendbarkeit der Methodik zur strategischen Auslegung industrieller Werkzeugbaubetriebe nicht im ausreichenden Maße gegeben ist.

3.3.10 Das Vorgehensmodell zur prozessorientierten Organisationsgestaltung nach MEISE

Das Vorgehensmodell zur prozessorientierten Organisationsgestaltung nach MEISE resultiert aus der Kritik an der überzogenen Prozessorientierung und der Radikalität des Business Process Reengineerings (BPR).[448] Die drei Phasen des BPR Prozessidentifikation, Prozessdesign und Prozessimplementierung werden in Top-down-Ansätzen realisiert und reichen nicht aus, um eine Optimierung der Qualitäts-, Zeit- und Kostenkriterien zu ermöglichen.[449]

MEISE ergänzt die drei Phasen um vier zusätzliche Phasen (vgl. Abbildung 49). So kann durch den Einsatz revolutionärer und evolutionärer Methoden zur Prozessverbesserung der Charakter des fundamentalen Wandels des BPR aufgeweicht werden. Zudem kann durch die Ergänzung der Phasen eine Kombination aus Top-down-Vorgaben und Bottom-up-Optimierungen erreicht werden. Nach MEISE besteht jedoch keine Pflicht, alle zusätzlichen Phasen in das Vorgehen einzugliedern, sodass die Eingliederung situativ vom Umfang des Restrukturierungsprojekts abhängig gemacht werden soll.[450]

[446] Vgl. Gausemeier; Plass (Unternehmensgestaltung), 2014, S. 39
[447] Vgl. Gausemeier; Plass (Unternehmensgestaltung), 2014, S. 39
[448] Vgl. Hammer; Champy (Business Reengineering), 1994
[449] Vgl. Meise (Prozessorientierte Organisationsgestaltung), 2001, S. 77ff.; Gaitanides (Business Reengineering), 1998, S. 372
[450] Vgl. Meise (Prozessorientierte Organisationsgestaltung), 2001, S. 89

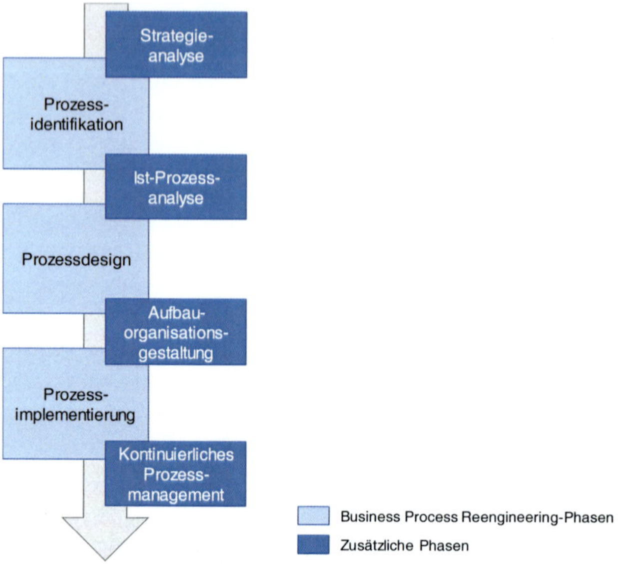

Abbildung 49: Das Vorgehensmodell zur prozessorientierten Organisationsgestaltung nach MEISE[451]

Die Strategieanalyse dient der Verankerung der Organisationsgestaltung in der Unternehmensstrategie und ermöglicht die Abgrenzung von Geschäftseinheiten. In dieser Phase werden die strategischen Optionen analysiert, eine Strategie festgelegt, Geschäftseinheiten gebildet und Ziele sowie Erfolgsfaktoren definiert. Sie generiert den Input für die Prozessidentifikation, bei welcher die zu optimierenden Kern- und Supportprozesse in den einzelnen Geschäftseinheiten ausgewählt werden.[452]

Im Anschluss an die Prozessidentifikation kann die Ist-Analyse erfolgen. Diese Phase ist insbesondere bei einer evolutionären Prozessveränderung von Bedeutung, da die Neugestaltung der Prozesse auf Basis der Ist-Prozesse erfolgt. So werden in dieser Phase die Ist-Prozesse analysiert und Verbesserungspotenziale aufgestellt. Nach dieser Analyse erfolgt das Prozessdesign, wobei die Schnittstellen der Prozesse beschrieben, Zielkriterien festgelegt und Soll-Prozesse dokumentiert werden.[453]

Die Aufnahme der Phase Aufbauorganisationsgestaltung resultiert aus der Tatsache, dass mit einer Restrukturierung eine Neuverteilung der Verantwortung für die Durchführung und Leitung der Prozesse einhergeht. In dieser Phase werden übergeordnete Organisationseinheiten anhand der Soll-Prozesse festgelegt und Verantwortungen zu Prozessfunktionen zugeteilt. Diese Gestaltung kann von der Geschäftseinheit bis zu einem Neuentwurf der gesamten Unternehmensaufbauorganisation ausgeweitet werden. Die Ergebnisse dieser Phase dienen als Input

[451] Vgl. Meise (Prozessorientierte Organisationsgestaltung), 2001, S. 90
[452] Vgl. Meise (Prozessorientierte Organisationsgestaltung), 2001, S. 89f.
[453] Vgl. Meise (Prozessorientierte Organisationsgestaltung), 2001, S. 89f.

für die sich anschließende Prozessimplementierung. In dieser Phase werden Kommunikations- und Migrationskonzepte erarbeitet sowie die Soll-Prozesse eingeführt.[454]

Den Abschluss des Vorgehensmodells bildet die Phase des kontinuierlichen Prozessmanagements. Diese ist nach MEISE sinnvoll, da die Umsetzung neuer Prozesse nicht immer ohne zeitlichen Verzug zur Planung geschehen kann. So müssen gegebenenfalls Informationssysteme neu gestaltet und Mitarbeiter geschult werden. Zudem gilt es die neuen Prozesse durch ein Benchmarking zu vergleichen und die evolutionäre Prozessoptimierung langfristig zu betreiben.[455]

MEISES Vorgehensmodell zur prozessorientierten Organisationsgestaltung umfasst die Auslegung aller befähigenden Faktoren. Diese Auslegung erfolgt jedoch bei allen Faktoren in einem unzureichenden Maße. Insbesondere die Ressourcen werden nur rudimentär behandelt. Dies wirkt sich auch auf den fehlenden Bezug zur produzierenden Industrie aus. Somit fehlen dem Modell wesentliche Voraussetzungen, um mit dessen Hilfe eine strategische Auslegung industrieller Werkzeugbaubetriebe vorzunehmen.

3.3.11 Ganzheitliche Fabrikplanung nach PAWELLEK

Der Begriff Ganzheitlichkeit beschreibt nach PAWELLEK die generelle Betrachtung aller zur Gestaltung einer Fabrik erforderlichen Komponenten. Diese ganzheitliche Planung ist dabei systemorientiert und berücksichtigt daher die wesentlichen auftretenden Wechselwirkungen zwischen diesen Komponenten. So lassen sich im Kontext der Fabrikplanung sechs Gestaltungsbereiche der Fabrik unterscheiden:[456]

- Produkt
- Technologie
- Organisation
- Anlagen
- Personal
- Finanzen

Bei diesen Wirksystemen, auch inhaltliche Komponenten der Fabrik genannt, bestehen sowohl Abhängigkeiten zwischen den äußeren und den inneren Wirksystemen des Unternehmens als auch zwischen den einzelnen Wirksystemen untereinander. Eine Ordnung der Wirksysteme und eine Einordnung der Fabrikplanung in die Unternehmensplanung ist in Abbildung 50 dargestellt.[457]

---

[454] Vgl. Meise (Prozessorientierte Organisationsgestaltung), 2001, S. 89f.
[455] Vgl. Meise (Prozessorientierte Organisationsgestaltung), 2001, S. 89f.
[456] Vgl. Pawellek (Ganzheitliche Fabrikplanung), 2008, S. 14
[457] Vgl. Pawellek (Ganzheitliche Fabrikplanung), 2008, S. 14f.

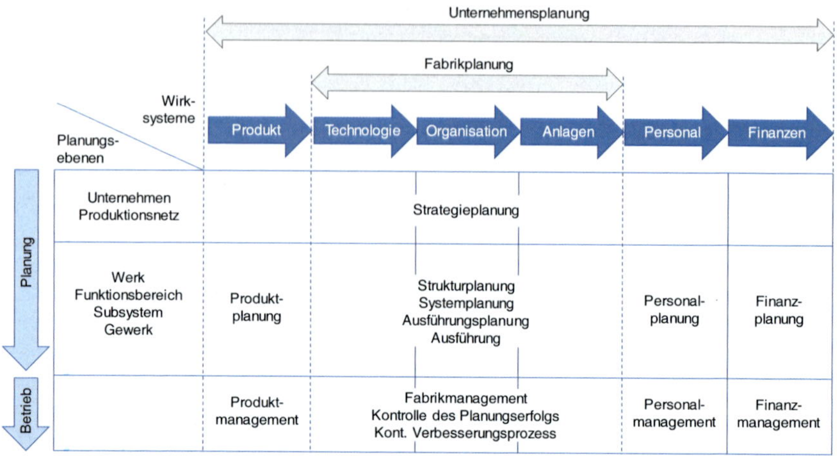

Abbildung 50: Ganzheitliche Fabrikplanung nach PAWELLEK[458]

Die Fabrikplanung ist als systematischer und zielorientierter Prozess in mehreren aufeinander aufbauenden Phasen zur Planung einer Fabrik zu verstehen. Hierbei stellt die Fabrik den Ort eines Unternehmens dar, an dem Wertschöpfung durch die arbeitsteilige Produktion von Industriegütern unter dem Einsatz von Produktionsfaktoren durchgeführt wird.[459] Diese Planung der Fabrik muss nach PAWELLEK unter der Berücksichtigung der unterschiedlichen Wirksysteme integriert erfolgen, damit Abhängigkeiten in ihrer Komplexität berücksichtigt werden können.[460] Um dieser Komplexität im Planungsvorgehen gerecht zu werden, wird die Planung iterativ in fünf Phasen, mit einem zunehmend steigenden Konkretisierungsgrad, durchgeführt.[461] Der Fokus liegt dabei auf den drei Komponenten Technologie, Organisation und Anlagen, tangiert jedoch auch die übrigen Bereiche der Unternehmensplanung.

Die erste Phase stellt die Strategieplanung dar, in welcher Ziele und Maßnahmen bzw. Innovationsprogramme zur Erreichung der übergeordneten Unternehmensziele entwickelt werden. Im Anschluss erfolgt die Strukturplanung, welche die Erstellung lang-, mittel- und kurzfristiger Projektpläne der Innovationsprogramme beinhaltet. Die Systemplanung, als dritte Phase, umfasst die Ausarbeitung der funktionsbereichsbezogenen Systemlösungen der einzelnen Projekte. In der vierten Phase, der Ausführungsplanung, werden schließlich die Projekte bis zur Ausführungsreife detailliert und bis zur Betriebsbereitschaft realisiert. Abschließend erfolgt die Unterstützung des Anlaufs und der Personalentwicklung.[462]

Die ganzheitliche Fabrikplanung nimmt einen konkreten Bezug auf die produzierende Industrie, weist eine sehr hohe Wirtschaftlichkeit und Praktikabilität auf und legt befähigende Faktoren teilweise integriert aus. Allerdings werden weder Prozesse ausgelegt noch die Leistung

458 Vgl. Pawellek (Ganzheitliche Fabrikplanung), 2008, S. 15
459 Vgl. VDI (VDI-Richtlinie 5200), 2011, S. 3
460 Vgl. Pawellek (Ganzheitliche Fabrikplanung), 2008, S. 15
461 Vgl. Pawellek (Ganzheitliche Fabrikplanung), 2008, S. 51
462 Vgl. Pawellek (Ganzheitliche Fabrikplanung), 2008, S. 51

ausreichend berücksichtigt. Durch die Fokussierung des Ansatzes auf die Strukturierung der Fabrik als Ort der Leistungserstellung eignet sich dieser nur bedingt zur strategischen Auslegung industrieller Werkzeugbaubetriebe.

3.3.12 Lebenszyklusorientierte Leistungssysteme für den Werkzeugbau nach KÜHN

Die Entwicklung einer Methodik zur Gestaltung lebenszyklusorientierter Leistungssysteme für den Werkzeugbau stellt einen Ansatz dar, Leistungen im Werkzeugbau kundenorientiert zu gestalten, um die Wettbewerbsfähigkeit mithilfe einer erfolgreichen Differenzierung nachhaltig zu steigern. Dies geschieht durch die zielgerichtete Kombination von Sach- und Dienstleistungen entlang des gesamten Lebenszyklus' eines Werkzeugs.[463] Die Methodik ist in zwei übergeordnete Phasen, die Analyse und die Gestaltung aufgeteilt und setzt sich aus jeweils drei Methodikschritten zusammen (vgl. Abbildung 51).[464]

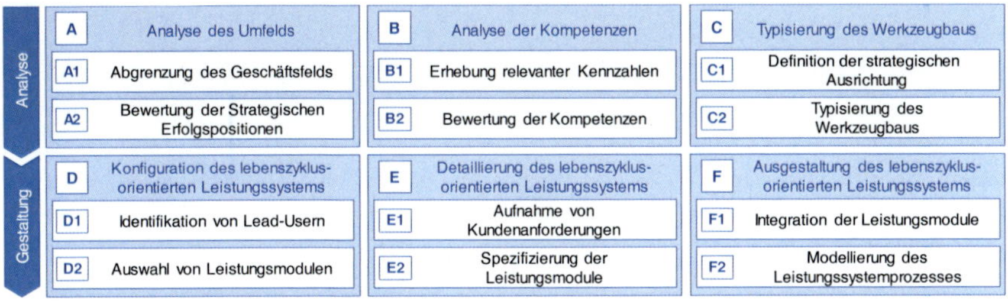

Abbildung 51: Methodik zur Gestaltung von lebenszyklusorientierten Leistungssystemen im Werkzeugbau nach KÜHN

In einem ersten Schritt, der Analyse des Umfelds, erfolgt die Analyse der strategischen Ausrichtung des bestehenden Leistungssystems bzw. des gesamten Unternehmens im Sinne des Market-based View (MBV). Durch diese Analyse soll die Kundenorientierung der zukünftigen Leistung gewährleistet werden, indem der Kundennutzen, welchen der Werkzeugbaubetrieb adressieren will, spezifiziert wird. Aus dieser Spezifizierung können Strategische Erfolgspositionen (SEP) abgeleitet werden, welche die Grundlage für das zukünftige Leistungssystem darstellen.[465]

Im nachfolgenden Schritt erfolgt die Analyse der Kompetenzen im Sinne des Resource-based View (RBV), in welchem die vorhandenen Kompetenzen kennzahlenbasiert bewertet und identifiziert werden. In diesem Schritt wird überprüft, inwiefern die im ersten Schritt definierten Strategischen Erfolgspositionen aktuell bereits durch die Kompetenzen des Werkzeugbaubetriebs adressiert werden. Diese Analyse erfolgt auf Basis eines Marktvergleichs, um die Wettbewerbsfähigkeit bewerten zu können.[466]

Im dritten und letzten Schritt der Analysephase erfolgt die Verknüpfung von Market-based und Resource-based View durch eine Typisierung von Werkzeugbaubetrieben. In diesem Schritt

[463] Vgl. Kühn (Leistungssysteme für den Werkzeugbau), 2016, S. 3
[464] Vgl. Kühn (Leistungssysteme für den Werkzeugbau), 2016, S. 91
[465] Vgl. Kühn (Leistungssysteme für den Werkzeugbau), 2016, S. 104
[466] Vgl. Kühn (Leistungssysteme für den Werkzeugbau), 2016, S. 114

werden die definierten Strategischen Erfolgspositionen und die vorhandenen Kompetenzen abgeglichen und eine strategische Ausrichtung des Betriebs definiert. Diese Ausrichtung bildet die Basis für die Zuordnung des Werkzeugbaubetriebs zu einem der vier definierten Typen des Werkzeugbaus Schnelligkeitsbefähiger, Komplexitätsreduzierer, Kostenreduzierer und Innovationsbefähiger.[467]

Im ersten Schritt der Gestaltungsphase erfolgt die Konfiguration des lebenszyklusorientierten Leistungssystems auf Basis der zuvor durchgeführten Typisierung. Dazu werden zunächst Lead-User identifiziert, um das Leistungssystem auf die wichtigsten und mengenmäßig relevantesten Kunden auszulegen. Auf Basis dieser Lead-User werden für diese einzelne Leistungsmodule ausgewählt.[468]

Im folgenden Schritt werden die lebenszyklusorientierten Leistungssysteme detailliert. Dazu werden zunächst die spezifischen Kundenanforderungen systematisch aufgenommen und das Leistungssystem spezifiziert. Dies erfolgt auf Basis der vorgenommenen Typisierung sowie der durchgeführten Konfiguration.[469]

In einem letzten Schritt der Gestaltungsphase und dem letzten Schritt der gesamten Methodik wird das lebenszyklusorientierte Leistungssystem final ausgestaltet. Dafür werden die Leistungsmodule zu einem ganzheitlichen System integriert und die Leistungssystemprozesse modelliert. Dies geschieht mithilfe der Black-Box-Methode und stellt eine erste Operationalisierung des Leistungssystems bzw. eine Implementierung dieses im Unternehmen dar.[470]

Die Methodik zur Entwicklung lebenszyklusorientierter Leistungssysteme von KÜHN findet Anwendung im Werkzeugbau, wodurch ein sehr hoher Branchenbezug gegeben ist. Sie fokussiert auf die Ausgestaltung der dem Kunden angebotenen Leistung. Eine aktive Auslegung der befähigenden Faktoren Organisation und Ressourcen findet nicht statt. Lediglich die Prozesse werden auf Basis der definierten Leistung ausgelegt. Trotz einer konkreten Vorgehensweise und einer hohen Praktikabilität fehlen in der Methodik konkrete Ansätze zur Auslegung aller befähigenden Faktoren, weshalb ihre Eignung zur strategischen Auslegung im Werkzeugbau nicht gegeben ist.

3.4 Bewertung bestehender Ansätze

Nach der Vorstellung einer repräsentativen Auswahl relevanter Ansätze zur Unternehmensauslegung werden diese im Folgenden anhand der in Kapitel 3.2 definierten Anforderungen an eine Methodik zur strategischen Auslegung industrieller Werkzeugbaubetriebe bewertet. Abbildung 52 zeigt das zusammenfassende Ergebnis dieser Bewertung.

---

[467] Vgl. Kühn (Leistungssysteme für den Werkzeugbau), 2016, S. 127
[468] Vgl. Kühn (Leistungssysteme für den Werkzeugbau), 2016, S. 135
[469] Vgl. Kühn (Leistungssysteme für den Werkzeugbau), 2016, S. 153
[470] Vgl. Kühn (Leistungssysteme für den Werkzeugbau), 2016, S. 162

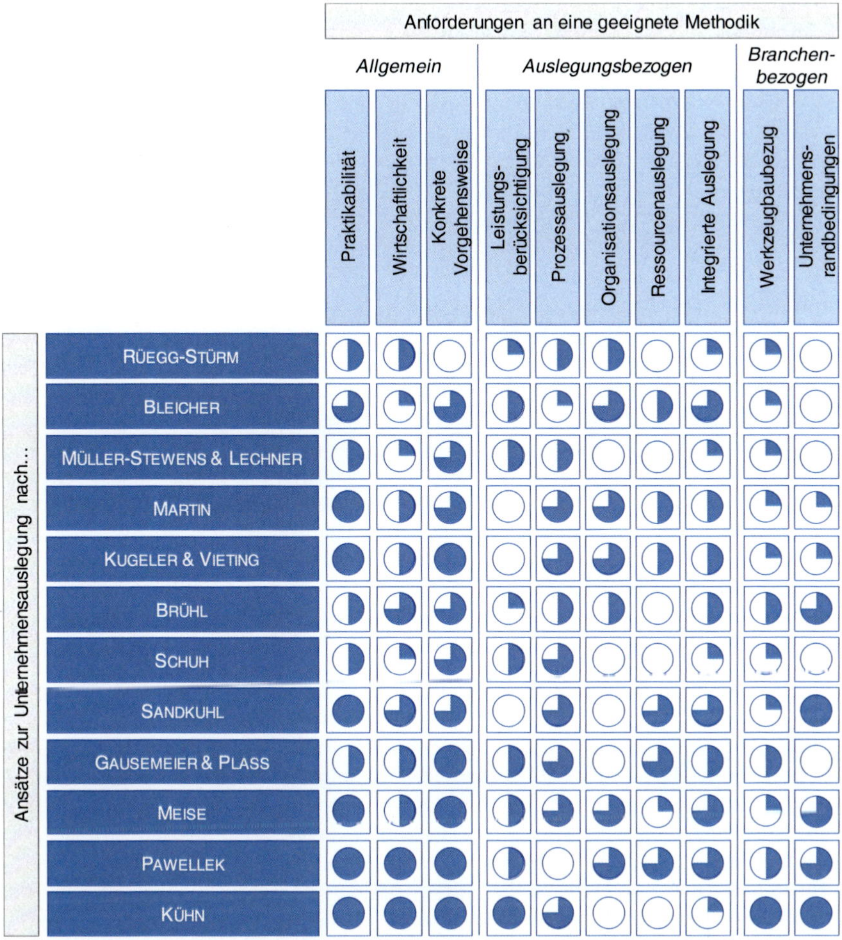

Abbildung 52: Ergebnis der Bewertung der Ansätze

Die Bewertung der **allgemeinen Anforderungen** geschieht anhand der Anforderungen an die Praktikabilität, die Wirtschaftlichkeit und eine konkrete Vorgehensweise. Der Erfüllungsgrad der Anforderung **Praktikabilität** ist bei den vorgestellten Ansätzen sehr unterschiedlich ausgeprägt. So weisen einige Ansätze nur eine geringe, andere Ansätze hingegen eine hohe bis sehr hohe Praktikabilität auf. In den Ansätzen von RÜEGG-STÜRM, MÜLLER-STEWENS & LECHNER, BRÜHL, SCHUH, BLEICHER sowie GAUSEMEIER & PLASS wird kein direkter Praxisbezug aufgezeigt, da der Fokus auf einer eher theoretischen Darstellung liegt. Sowohl die Komplexität der Modelle als auch ihre Handhabbarkeit sind die wesentlichen Gründe für eine schlechte Bewertung in Bezug auf die Anforderung Praktikabilität. Die Ansätze von MARTIN, KUGELER & VIETING, SANDKUHL, MEISE, PAWELLEK und KÜHN sind hingegen sehr gut in der Praxis anwendbar, da sie eine klare Struktur aufweisen und ihre Strukturen flexibel und situativ angepasst werden können. Zudem ist es durch die Ansätze möglich, komplexe Zusammenhänge einfach und leicht verständlich darzustellen. Die Ansätze wurden teilweise bereits erfolgreich in der Praxis eingesetzt. Die Anforderung in Bezug auf eine hohe **Wirtschaftlichkeit** der Ansätze wird von diesen nur ungenügend erfüllt. Lediglich die Ansätze von PAWELLEK und KÜHN erfüllen die Anforderung in vollem Maße, da sowohl der Nutzen für den Anwender sehr hoch als auch der erforderliche Ressourceneinsatz sehr gering sind. Die Ansätze von BRÜHL und SANDKUHL sowie die von RÜEGG-STÜRM, MARTIN, KUGELER & VIETING, GAUSEMEIER & PLASS und MEISE weisen einen hohen bzw. geringen Erfüllungsgrad in Bezug auf die Wirtschaftlichkeit auf. Dies ist dadurch begründet, dass zwar bei allen Ansätzen der Nutzen für den Anwender hoch bis sehr hoch ist, der erforderliche Ressourcenaufwand jedoch nicht benannt wird. Die Ansätze von BLEICHER sowie MÜLLER-STEWENS & LECHNER und SCHUH haben entweder einen eher geringen konkreten Nutzen für den Anwender bzw. dieser wird nicht klar herausgestellt oder sie sind durch einen überverhältnismäßigen Ressourceneinsatz gekennzeichnet. Eine **konkrete Vorgehensweise** wird in der Mehrheit der Ansätze vorgestellt. So weisen die Ansätze von GAUSEMEIER & PLASS, MEISE, PAWELLEK, KÜHN sowie KUGELER & VIETING einen sehr hohen Erfüllungsgrad der Anforderung auf, da die jeweiligen Ansätze einem klar definierten, aufeinander aufbauenden Ablauf folgen und Ein- sowie Ausgangsgrößen der einzelnen Schritte beschrieben werden. Die Ansätze von BLEICHER, MÜLLER-STEWENS & LECHNER, MARTIN, BRÜHL, SCHUH und SANDKUHL beinhalten jeweils eine klar definierte und aufeinander aufbauende Abfolge der Schritte zur strategischen Auslegung. Eine genaue Beschreibung der In- und Outputs einzelner Schritte ist hingegen nicht gegeben. Lediglich der Ansatz von RÜEGG-STÜRM erfüllt die Anforderung an eine konkrete Vorgehensweise aufgrund seines Charakters eines Gestaltungsmodells nicht.

Die Bewertung der **auslegungsbezogenen Anforderungen** referenziert auf die Erfüllung der Anforderungen in Bezug auf die Leistungsberücksichtigung, Prozessauslegung, Organisationsauslegung, Ressourcenauslegung sowie eine integrierte Auslegung dieser Gestaltungsfelder. Die Anforderung an die **Leistungsberücksichtigung** wird nur von wenigen Ansätzen in einer ausreichenden Weise erfüllt, da die meisten Ansätze die Leistungsberücksichtigung der grundsätzlichen strategischen Ausrichtung unterordnen. Lediglich der Ansatz von KÜHN erfüllt diese Anforderung in sehr hohem Maße. Als einziger Ansatz setzt er sich mit der angebotenen Leistung auseinander, wobei KÜHN den Lebenszyklus von Leistungen betrachtet und Leistungssysteme definiert. Die Berücksichtigung der angebotenen Leistungen erfolgt bei den Ansätzen von BLEICHER, MÜLLER-STEWENS & LECHNER, SCHUH, GAUSEMEIER & PLASS, MEISE und PAWELLEK in geringem Maße. Hier erfolgt die Leistungsberücksichtigung im Kontext der Unternehmensauslegung lediglich als Teil der strategischen Ausrichtung und wird nur unzureichend adressiert. Obwohl die Leistungen als Teil der Strategieentscheidung thematisiert werden, werden sie im Kontext der Unternehmensauslegung nicht weiter beschrieben. Bei den übrigen Ansätzen wird die Leistung weder unabhängig noch als Teil der Strategieentscheidung berücksichtigt, weshalb sie die Anforderung an die Leistungsberücksichtigung nicht erfüllen. Die Anforderung an die **Prozessauslegung** wird von keinem der Ansätze in einem sehr hohen Maße berücksichtigt, da sie unabhängig von der Leistung erfolgt. Dennoch erfüllen die meisten Ansätze diese Anforderung in einem geringen oder hohen Maße. Dabei stellen die Prozesse einen Hauptbestandteil des jeweiligen Ansatzes dar und bilden das zentrale Element für die folgende Auslegung der Organisation. In den Ansätzen von BLEICHER und PAWELLEK werden die Prozesse jedoch nicht qualitativ ausgelegt, sondern lediglich rudimentär beschrieben. Eine Auslegung der Prozesse auf Basis der Leistung findet jedoch auch in diesen Ansätzen nicht statt. Die Verknüpfung von Leistung und Prozess wird zwar im Ansatz von KÜHN beschrieben, allerdings ist die Prozessauslegung nur ein kleiner Teil des Ansatzes und deshalb für eine ganzheitliche Auslegung nur unzureichend konkretisiert. Die **Organisationsauslegung** wird bei vielen Ansätzen lediglich in sehr geringem Maße oder gar nicht adressiert. In den Ansätzen von RÜEGG-STÜRM und BRÜHL stellt die Organisation einen wichtigen Bestandteil ihres Ansatzes dar, sie wird jedoch ausschließlich beschrieben, eine Auslegung findet nicht statt. BLEICHER, MARTIN, KUGELER & VIETING, MEISE und PAWELLEK legen die Organisation in ihren Ansätzen hingegen im Kontext der Unternehmensauslegung aus. Lediglich eine prozessorientierte Auslegung der Organisation wird nur unzureichend berücksichtigt, da sie losgelöst von den Prozessen erfolgt. Die Ansätze von RÜEGG-STÜRM, MÜLLER-STEWENS & LECHNER, BRÜHL, KÜHN und SCHUH berücksichtigen die **Ressourcenauslegung** weder beschreibend noch wird sie auslegend thematisiert. In den Ansätzen von GAUSEMEIER & PLASS, SANDKUHL sowie PAWELLEK sind die Ressourcen von zentraler Bedeutung und werden qualitativ ausgelegt. Dies erfolgt teilweise jedoch ungeachtet der definierten Leistung, der Prozesse und der Organisation. BLEICHER, MARTIN sowie KUGELER & VIETING beschreiben die Ressourcen zwar rudimentär oder im Kontext der Unternehmensauslegung, eine tatsächliche Auslegung dieser findet jedoch nicht statt. Die letzte Anforderung der auslegungsbezogenen Anforderungen stellt die Anforderung an eine **integrierte Auslegung** der Leistung und der befähigenden Faktoren dar. Integriert bedeutet in diesem Zusammenhang, dass alle vier Gestaltungsfelder berücksichtigt und unter Beachtung ihrer Wechselwirkungen ausgelegt werden. Nur die Ansätze von BLEICHER, PAWELLEK, MEISE und SANDKUHL erfüllen diese Anforderung in einem hohen Maße und berücksichtigen alle vier Gestaltungsfelder. Jedoch werden diese einzig bei SANDKUHL unter Beachtung der Wechselwirkungen ausgelegt. In seinem Geschäftsmodell werden Geschäftsprozesse, die Organisationseinheiten und die erforderlichen Ressourcen in einen Zusammenhang gebracht. Die übrigen Ansätze berücksichtigen lediglich zwei oder drei Gestaltungsfelder und legen diese unabhängig voneinander aus oder beschreiben diese lediglich. Somit findet eine integrierte Auslegung aller für die Unternehmensauslegung relevanten Gestaltungsfelder in keinem Ansatz in ausreichender Form statt.

Die Bewertung der **branchenbezogenen Anforderungen** basiert auf den beiden Anforderungen des Bezugs auf die Branche Werkzeugbau sowie der Berücksichtigung von spezifischen Unternehmensrandbedingungen. Mit Ausnahme des Ansatzes von KÜHN erfüllt keiner die Anforderungen an einen **Werkzeugbaubezug** in vollem Maße. KÜHNS Ansatz zu lebenszyklusorientierten Leistungssystemen ist speziell für die Branche Werkzeugbau entwickelt worden. Die Ansätze von PAWELLEK, GAUSEMEIER & PLASS sowie BRÜHL stellen einen direkten Bezug zur produzierenden Industrie her und erfüllen die Anforderung somit in einem geringen Maße. Alle übrigen Ansätze nehmen zwar einen Bezug zu einem Objekt, dem Unternehmen vor, eine Konkretisierung dieses Objekts findet jedoch nicht statt. Die Berücksichtigung der **Unternehmensrandbedingungen** stellt die letzte Anforderung an eine Methodik zur strategischen Auslegung industrieller Werkzeugbaubetriebe dar. Diese Anforderung können die Ansätze von SANDKUHL, MEISE, BRÜHL, KÜHN und PAWELLEK in sehr hohem bzw. hohem Maße erfüllen, da spezifische Randbedingungen eines Unternehmens als wichtige Inputfaktoren angesehen werden und Interdependenzen dieser teilweise Berücksichtigung finden. Die übrigen Ansätze erfüllen die Anforderung nicht oder lediglich in einem sehr geringen Maße, da Randbedingungen entweder nicht berücksichtigt oder aber nicht ausreichend spezifiziert werden.

Abschließend ist festzustellen, dass die bewerteten Ansätze insbesondere sechs der zehn Anforderungen an eine Methodik zur strategischen Auslegung industrieller Werkzeugbaubetriebe nicht ausreichend erfüllen:

- Die Berücksichtigung der Leistung wird in den Ansätzen nur ansatzweise thematisiert
- Die Auslegung der Gestaltungsfelder Organisation und Ressourcen findet nur unzureichend statt
- Die Gestaltungsfelder werden nicht unter Berücksichtigung der jeweiligen Wechselwirkungen und einer strikten Kundenorientierung ausgelegt
- Der Bezug zur Branche Werkzeugbau ist nicht gegeben bzw. eine Adaption auf diese nicht direkt möglich
- Unternehmensspezifische Randbedingungen finden nur unzureichend Berücksichtigung

3.5 Handlungsbedarf aus der Theorie

Der Handlungsbedarf aus der Praxis führte zu der Forderung nach einer systematischen Vorgehensweise zur strategischen Auslegung industrieller Werkzeugbaubetriebe (vgl. Kapitel 2.4). Eine solche Vorgehensweise soll Werkzeugbaubetriebe in die Lage versetzen, ihre Kundenorientierung durch eine strategische Auslegung der befähigenden Faktoren Prozesse, Organisation und Ressourcen unter Berücksichtigung des strategischen Fits und auf Basis der definierten Leistung zu erhöhen und damit den Kundennutzen bei gleichzeitig effizienter Wertschöpfung zu steigern. Ausgehend von dem abgeleiteten Handlungsbedarf aus der Praxis wurden zehn Anforderungen an eine Methodik zur strategischen Auslegung industrieller Werkzeugbaubetriebe definiert, auf Basis derer die für diese Arbeit relevanten Ansätze aus der wissenschaftlichen Literatur bewertet werden konnten.

Die Analyse von Ansätzen zur strategischen Unternehmensauslegung hat verdeutlicht, dass es in der Literatur eine Vielzahl von Ansätzen für die Auslegung von Unternehmen gibt. Diese Ansätze besitzen jedoch alle einen unterschiedlichen Fokus und erfüllen daher die aufgestellten Anforderungen in unterschiedlicher Weise. Insbesondere konnten **fünf systematische Defizite** (vgl. Kapitel 3.4) aufgezeigt werden, die eine einfache Übertragung der Ansätze auf den Anwendungsfall des Werkzeugbaus verhindern.

Die zur Adressierung des Kundennutzens notwendige Berücksichtigung der angebotenen Leistungen, welche eine kundenorientierte Auslegung von Werkzeugbaubetrieben ermöglicht, wird nur von einem Ansatz in vollem Maße erfüllt. Alle weiteren Ansätze adressieren die Leistungsberücksichtigung unzureichend. Die Auslegung der Gestaltungsfelder Organisation und Ressourcen findet, im Gegensatz zur Prozessauslegung, in keinem Ansatz vollumfänglich statt und hat nur eine untergeordnete Bedeutung in den Ansätzen. Die integrierte Auslegung, d.h. die Auslegung der Gestaltungsfelder unter Berücksichtigung ihrer jeweiligen Wechselwirkungen im Sinne eines strategischen Fits, wird in den Ansätzen nur unzureichend adressiert. Lediglich in einem Ansatz werden die Ressourcen auf Basis der Geschäftsprozesse und der Organisationseinheiten ausreichend ausgelegt. Ein Bezug auf die definierten Leistungen wird jedoch auch hier nicht vorgenommen. Die Berücksichtigung der spezifischen Rahmenbedingungen eines Unternehmens sowie der Bezug auf die Branche Werkzeugbau sind ebenfalls ungenügend. Insbesondere in Bezug auf den Unikatcharakter sowie die projektbezogene Auftragsabwicklung, aber auch die Heterogenität der Branche Werkzeugbau, ist die Berücksichtigung dieser Anforderungen zwingend erforderlich.

Abschließend ist festzustellen, dass keiner der vorgestellten Ansätze die Anforderungen an eine Methodik zur strategischen Auslegung industrieller Werkzeugbaubetriebe vollumfänglich erfüllt, woraus ein **Handlungsbedarf aus der Theorie** resultiert.

3.6 Konkretisierung der Forschungsfrage

Die Kapitel 2.4 und 3.5 haben die Handlungsbedarfe aus der Praxis und der Theorie im Rahmen der Themenstellung „Strategische Auslegung industrieller Werkzeugbaubetriebe" aufgezeigt. So konnte der in der Zielsetzung dargestellte Forschungsbedarf begründet und zur folgenden Forschungsfrage zusammengefasst werden:

„Wie muss eine Methodik zur strategischen Auslegung der Prozesse, der Organisation und der Ressourcen unter Berücksichtigung des definierten Leistungsangebots im industriellen Werkzeugbau gestaltet sein?"

Auf Basis dieser Forschungsfrage lassen sich weitere Fragen ableiten, welche die Beantwortung der übergeordneten Forschungsfrage unterstützen.[471] Die Anwendung der Methodik bei bereits existierenden Unternehmen erfordert die Beantwortung der Frage:

„Wie kann die angebotene Leistung im industriellen Werkzeugbau systematisch aufgenommen und klassifiziert werden?"

Um die aktuelle Auslegung eines Werkzeugbaubetriebs bewerten zu können, muss die Frage geklärt werden:

„Wie lässt sich der Status quo der Integration zwischen der angebotenen Leistung und den befähigenden Faktoren Prozesse, Organisation und Ressourcen bewerten?"

Im Zuge einer strukturierten und nachzuvollziehenden Vorgehensweise der Methodik zur strategischen Auslegung industrieller Werkzeugbaubetriebe stellt sich zudem die Frage:

„In welcher Reihenfolge müssen die Gestaltungsfelder ausgelegt werden, um die geforderte Kundenorientierung im gesamten Unternehmen zu verankern?"

Bei der Auslegung der drei befähigenden Faktoren muss ebenfalls die Frage beantwortet werden:

„Wie lässt sich eine Auslegung unter Berücksichtigung des strategischen Fits der drei befähigenden Faktoren sicherstellen?"

Damit die Methodik den Anforderungen einer branchenspezifischen Methodik genügt, gilt es zu klären:

„Wie kann der Branchenbezug der Methodik hergestellt werden?"

Wie bei jeder organisatorischen Veränderung muss abschließend auch bei der strategischen Auslegung industrieller Werkzeugbaubetriebe die folgende Frage beantwortet werden:

[471] Vgl. Kubicek (Heuristische Bezugsrahmen), 1977, S. 17ff.

„Wie kann ein hohes Nutzen-Aufwand-Verhältnis der Methodik zur strategischen Auslegung sichergestellt werden?“

Im Zuge der folgenden Konzeption der Methodik zur strategischen Auslegung industrieller Werkzeugbaubetriebe sollen die aufgezeigten Fragestellungen berücksichtigt und beantwortet werden (vgl. Kapitel 4.5).

4 Konzeption der Methodik

Im vorangegangenen Kapitel wurde deutlich, dass keiner der bestehenden Ansätze die Anforderungen, die eine strategische Unternehmensauslegung im industriellen Werkzeugbau an einen solchen stellt, hinreichend erfüllt. Es besteht sowohl Handlungsbedarf aus der Theorie als auch aus der Praxis, weshalb in diesem Kapitel eine Methodik konzipiert wird, welche die zentrale Forschungsfrage (vgl. Kapitel 3.6) beantwortet und den an sie gestellten Anforderungen in vollem Maße gerecht wird.

Im Folgenden werden zunächst die Grundlagen der Systemtechnik und der Modellierung zur Entwicklung einer Methodik vorgestellt sowie deren Notwendigkeit erörtert. Im Anschluss daran wird ein geeigneter Ordnungsrahmen abgeleitet, anhand dessen die Sachverhalte systematisch strukturiert werden können. Darauf aufbauend werden ein Zielbild definiert sowie die einzelnen Bausteine der Methodik identifiziert, hergeleitet und gegeneinander abgegrenzt, sodass das grobe Konzept der Methodik deutlich wird.

4.1 Grundlagen der Systemtechnik und der Modellierung

Der Methodikbegriff wird in der Literatur zum Teil sehr unterschiedlich definiert. Der vorliegenden Arbeit liegt das Verständnis zugrunde, dass eine Methodik als ein System von definierten Modellen, Methoden und Hilfsmitteln verstanden wird.[472] Im Kontext dieser Methodikdefinition ist es elementar, die grundlegenden Begrifflichkeiten der Systemtechnik und der Modellierung zu definieren. Diese wissenschaftlichen Grundlagen werden daher im Folgenden erläutert.

4.1.1 Systemtechnik

Die Systemtechnik stellt Ansätze, Beschreibungsmodelle sowie Vorgehensweisen bereit, welche die Bearbeitung von komplexen Problemstellungen, die in Relation zu einem System stehen, erlauben.[473] Hierzu wird in der Systemtechnik ein Rückgriff auf die Grundlagen der Systemtheorie und den Leitgedanken des Systemdenkens vorgenommen.[474]

In der Systemtheorie besteht ein **System** aus einer Akkumulation von Elementen, welche in Relation zueinander stehen und Eigenschaften besitzen.[475] Die Elemente können dabei wiederum selbst als Systeme betrachtet werden.[476] Solche weiter aufgegliederten Systeme werden Untersysteme genannt. Des Weiteren sind Elemente untereinander durch Beziehungen verknüpft, die ihre funktionelle Verknüpfung wiedergeben und sehr allgemein zu verstehen sind.[477] So kann es sich um Informationsbeziehungen, Wirkzusammenhänge, Materialflussbeziehungen, Lagebeziehungen etc. handeln.[478] Jedes System grenzt sich über eine mehr oder minder willkürlich gewählte Systemgrenze gegenüber seiner Umgebung ab. In der Umgebung bzw. dem Umfeld eines Systems sind Elemente oder andere Systeme angesiedelt, welche sich nicht innerhalb der Systemgrenzen befinden, jedoch einen Einfluss auf das System haben

[472] Vgl. Neuhausen (Gestaltung modularer Produktionssysteme), 2001, S. 6
[473] Vgl. Patzak (Systemtechnik), 1982, S. 15
[474] Vgl. Neemann (Schutz gegen Produktimitationen), 2007, S. 33
[475] Vgl. Patzak (Systemtechnik), 1982, S. 19
[476] Vgl. Haberfellner; Weck (Systems Engineering), 2012, S. 34
[477] Vgl. Bruns (Systemtechnik), 1991, S. 31
[478] Vgl. Haberfellner; Weck (Systems Engineering), 2012, S. 34

oder durch dieses beeinflusst werden. Weisen sie einen ausgesprochenen Systemcharakter auf, wird auch von Umsystemen gesprochen. Besitzt ein System solche Relationen in das Umfeld, handelt es sich um ein offenes System. Existieren hingegen nur Beziehungen zwischen den Elementen untereinander, wird das System als geschlossen bezeichnet. Beziehungen zwischen Elementen innerhalb eines Systems sind ausgeprägter und stärker als solche über die Systemgrenze hinaus.[479] Abbildung 53 zeigt die Struktur und Elemente eines Systems und schafft eine Übersicht der Grundbegriffe des Systemaufbaus.

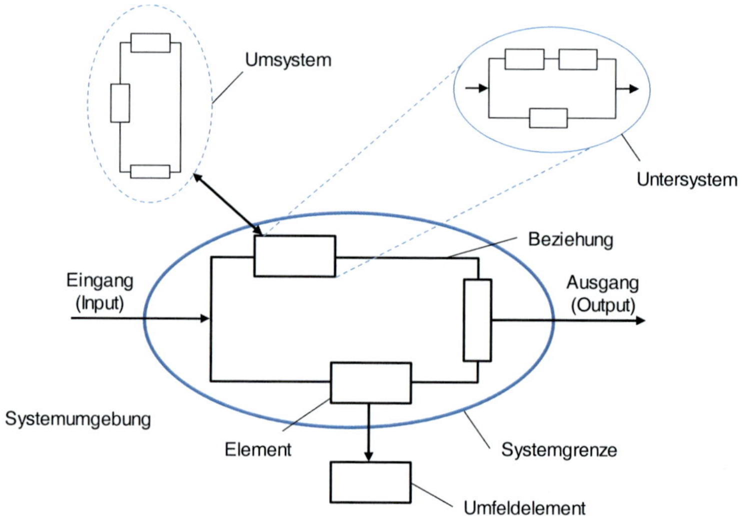

Abbildung 53: Grundbegriffe der Systemtechnik[480]

Neben den vorangegangenen Grundlagen der Systemtechnik legen HABERFELLNER & WECK der Systemtechnik vier Grundgedanken des **Systemdenkens** zugrunde: [481]

- Das **Vorgehensprinzip vom Groben zum Detail** grenzt das Problemfeld ein und konkretisiert es schrittweise. Es kann so vermieden werden, dass es zu einer zu detaillierten und zu frühzeitigen Betrachtung einzelner Systemelemente kommt
- Das **Vorgehensprinzip der Variantenbildung** bringt zum Ausdruck, dass zunächst sämtliche Lösungsmöglichkeiten für eine Problemstellung betrachtet werden sollten. Erst im Anschluss daran sollte die Variantenanzahl systematisch reduziert und so die Lösung des Problems konkretisiert werden
- Das **Vorgehensprinzip der Gliederung** in Projektphasen zielt darauf ab, den Lösungsweg in logisch separierte und zeitlich händelbare Teilschritte zu zergliedern

[479] Vgl. Haberfellner; Weck (Systems Engineering), 2012, S. 35

[480] I.A.a. Paulukuhn (Typologisierung von Entwicklungsprojekten), 2005, S. 5; Haberfellner; Weck (Systems Engineering), 2012, S. 34

[481] Vgl. Haberfellner; Weck (Systems Engineering), 2012, S. 58ff.

4.1.3 Nutzung von Systemtechnik und Modellierung zur Methodikentwicklung

Aufbauend auf den Grundlagen der Systemtechnik und der Modellierung wird im Folgenden der Methodikbegriff definiert. Dieser wird in der Literatur unterschiedlich ausgelegt. In der vorliegenden Arbeit wird ein Verständnis des Methodikbegriffs zugrunde gelegt, welches den Begriff Methodik als ein System von definierten Modellen, Methoden und Hilfsmitteln versteht (vgl. Abbildung 55).[497] Dieses Verständnis nutzt demnach die Aspekte der Systemtechnik und der Modellierung.

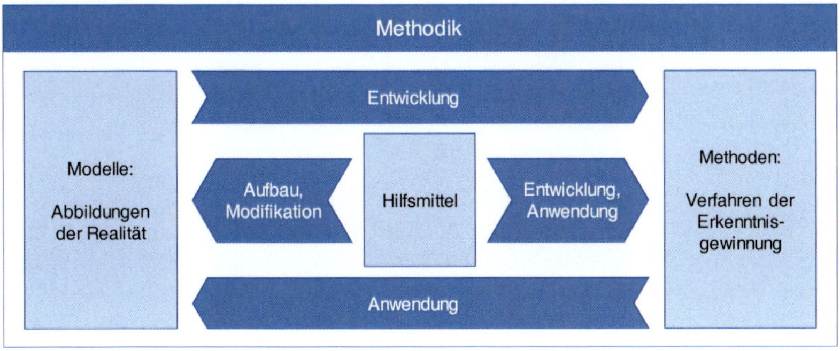

Abbildung 55: Die Methodik als System von Modellen, Methoden und Hilfsmitteln[498]

Als **System** einzelner Bestandteile erlaubt es eine Methodik, die Möglichkeiten der Elemente auszuschöpfen und zu kombinieren.[499] Die Methodik greift auf die vier Grundprinzipien der Systemtechnik (vgl. Kapitel 4.1.1) zurück. Mit dem Vorgehensprinzip vom Groben zum Detail wird sichergestellt, dass das gesamte Aufgabenspektrum umfassend betrachtet wird und keine relevanten Aspekte frühzeitig vernachlässigt werden. Darüber hinaus stellt dieses Prinzip sicher, dass eine generische und weiter detaillierte Vorgehensweise durchgeführt werden kann. Das Vorgehensprinzip der Variantenbildung ermöglicht im Rahmen der Vernetzung die Entwicklung von Lösungsalternativen. Die Methodik gibt für die verschiedenen Typen unterschiedliche Handlungsempfehlungen aus. Sie setzt sich insgesamt aus mehreren, abgeschlossenen Schritten mit festgelegter Schrittfolge zusammen. Dieses Vorgehen entspricht dem Vorgehensprinzip der Phasengliederung. Das letzte Grundprinzip der Systemtechnik, das Vorgehensprinzip des Problemlösungsprozesses, ermöglicht die reproduzierbare Anwendung der einzelnen zu durchlaufenden Schritte und stellt damit die aufeinander abgestimmte Verwendung der Elemente der Methodik sicher.

Die **Modellierung** eröffnet die Möglichkeit, für konkrete Schritte der Methodik adäquate Modelle einzusetzen und die Entwicklung der Methodik auf diese Art und Weise zu unterstützen. Verkürzungen kommen dann zum Einsatz, wenn auf diejenigen Aspekte fokussiert werden soll, die im Betrachtungsbereich der Planung komplexer Sachverhalte bedeutend sind. Ande-

[497] Vgl. Neuhausen (Gestaltung modularer Produktionssysteme), 2001, S. 6; Laufenberg (Integrierte Projektgestaltung), 1996, S. 6

[498] Vgl. Neuhausen (Gestaltung modularer Produktionssysteme), 2001, S. 7

[499] Vgl. Giehler (Erhöhung der Planungsproduktivität), 2010, S. 79

renfalls ist es nicht möglich, Aussagen über komplexe soziotechnische Systeme wie Unternehmen, in denen Menschen mit technischen Systemen interagieren, zu treffen.[500] Methoden grenzen sich dahingehend von Methodiken ab, dass es sich bei ihnen zum einen um Techniken handelt, die überschaubare Aufgaben lösen[501] und es sich zum anderen in einem weiter gefassten Sinn um Verfahren handelt, die der Erkenntnisgewinnung und Erkenntnisdarstellung dienlich sind.[502] Hilfsmittel werden verwendet zur Erstellung, zum Aufbau, zur Modifikation und zur Anwendung von Modellen und Methoden.

Basierend auf den vorgestellten Eigenschaften eignen sich die Systemtechnik sowie die Modellierung für den Aufbau einer Methodik im Sinne des Forschungsziels dieser Arbeit. Aus diesem Grund werden sie im Folgenden zur Strukturierung und Konzeption der Methodik genutzt.

4.2 Ordnungsrahmen für die Methodik

Die Sicherstellung einer Verankerung der zu entwickelnden Methodik in der wissenschaftlichen Forschung erfordert die Gestaltung eines geeigneten Ordnungsrahmens. Der Ordnungsrahmen verleiht der Methodik eine klare Struktur, indem er die bestehenden Zusammenhänge auf einem hohen Abstraktionsniveau beschreibt.[503]

Die Untersuchung der vorgestellten Ansätze zur strategischen Auslegung von Unternehmen (vgl. Kapitel 3.3) zeigt, dass der Ablauf sowie die Inhalte der Auslegung eine große Ähnlichkeit aufweisen. So kann festgestellt werden, dass in den vorgestellten Ansätzen die vier Inhalte Strategie, Prozesse, Organisation und Ressourcen nahezu in allen Ansätzen enthalten und weitestgehend in der gleichen Reihenfolge beschrieben werden. Nicht berücksichtigt sind dabei die Ansätze von MÜLLER-STEWENS & LECHNER sowie SCHUH, da diese einen allgemeingültigen Charakter aufweisen und auf Veränderungsprojekte im Allgemeinen, unabhängig von einer Unternehmensauslegung, anwendbar sind.

Sämtliche Ansätze beginnen mit einer Phase der Definition einer übergeordneten oder spezifischen **Strategie**. Bei den Ansätzen von RÜEGG-STÜRM, BLEICHER, MARTIN, BRÜHL sowie GAUSEMEIER & PLASS werden hierbei die Ziele des Veränderungsprojekts definiert und in den Kontext der Gesamtstrategie des Unternehmens eingeordnet. MEISE definiert die Strategie auf Basis einer Analyse der einzelnen Geschäftseinheiten und legt damit die Grundlage für die Verankerung der Strategie in der Organisation. Auch bei der Unternehmensmodellierung nach SANDKUHL geht die Methodik von einem Ziel- und Problemmodell aus, welches durch ein Geschäftsregelmodell ergänzt wird und die Grundlage der Modellierung bildet. PAWELLEK wird in seinen Ausführungen zu Beginn des Veränderungsprojekts hingegen konkreter und geht, ebenso wie KÜHN, bereits auf die aus der Strategie bzw. den Kompetenzen abgeleiteten Produkte, Technologien und **Leistungen** ein.

Die zweite generische Phase zielt auf die **Prozesse** in einem Unternehmen ab. Bei RÜEGG-STÜRM, GAUSEMEIER & PLASS, SANDKUHL und MARTIN umfasst sie die Gestaltung und Auslegung der Unternehmens- und Geschäftsprozesse. KUGELER & VIETING gehen darüber hinaus

[500] Vgl. Giehler (Erhöhung der Planungsproduktivität), 2010, S. 80; Bachthaler (Systemtechnik), 2000, S. 24f.
[501] Vgl. Berens et al. (Quantitative Planung), 2004, S. 102
[502] Vgl. Neuhausen (Gestaltung modularer Produktionssysteme), 2001, S. 7
[503] Vgl. Meise (Prozessorientierte Organisationsgestaltung), 2001, S. 59ff.

auf einen Ordnungsrahmen ein und leiten auf Basis dieses Ordnungsrahmens die Soll-Prozesse her. MEISE hingegen geht in seiner zweiten Phase zur prozessorientierten Organisationsgestaltung auf die Ist-Analyse der Prozesse ein, welche als Input für die Gestaltung der Aufbauorganisation dient. KÜHN modelliert seine Prozesse spezifisch auf Basis des zuvor definierten Leistungssystems.

Die dritte generische Phase umfasst die Gestaltung der **Organisation**. Auch wenn sich die Begrifflichkeiten in den einzelnen Ansätzen voneinander unterscheiden, so gehen RÜEGG-STÜRM, BLEICHER, MARTIN sowie MEISE & PAWELLEK auf die Gestaltung der Organisationsstruktur als Aufbauorganisation eines Unternehmens ein. BRÜHL unterstreicht darüber hinaus die hohe Relevanz der Unternehmenskultur bei der Organisationsgestaltung. SANDKUHL verankert die Organisationsmodellierung in einem Akteure- und Ressourcenmodell, welches die Rollen und Funktionen der einzelnen Akteure eines Unternehmens definiert. Diesen Konkretisierungsgrad weist auch die Methodik von KUGELER & VIETING auf, in welcher ebenfalls Organisationseinheiten, Kapazitätsbedarfe, Rollen und Stellen definiert werden.

Die letzte generische Phase geht auf die **Ressourcen** eines Unternehmens ein und beschreibt, definiert und gestaltet diese. Jedoch gehen lediglich RÜEGG-STÜRM, KUGELER & VIETING und PAWELLEK auf die gesamte Ressourcenvielfalt eines Unternehmens ein. Auch SANDKUHL fasst den Begriff Ressourcen weit auf, stellt jedoch die technischen Komponenten als besonders wichtig heraus. MARTIN sowie GAUSEMEIER & PLASS spezifizieren in ihren Ansätzen insbesondere die informationstechnischen Systeme, da der Fokus dieser beiden Ansätze auf diesem Ressourcenbereich liegt. BLEICHER beschränkt sich in seiner Betrachtung hingegen auf Managementsysteme, welche eine starke Abhängigkeit von den Prozessen aufweisen.

Eine Übersicht über die einzelnen generischen Phasen und Inhalte der zentralen Ansätze sowie die daraus resultierende Ableitung der vier Phasen zur strategischen Auslegung industrieller Werkzeugbaubetriebe Strategie und Leistung, Prozesse, Organisation sowie Ressourcen ist in Abbildung 56 dargestellt.

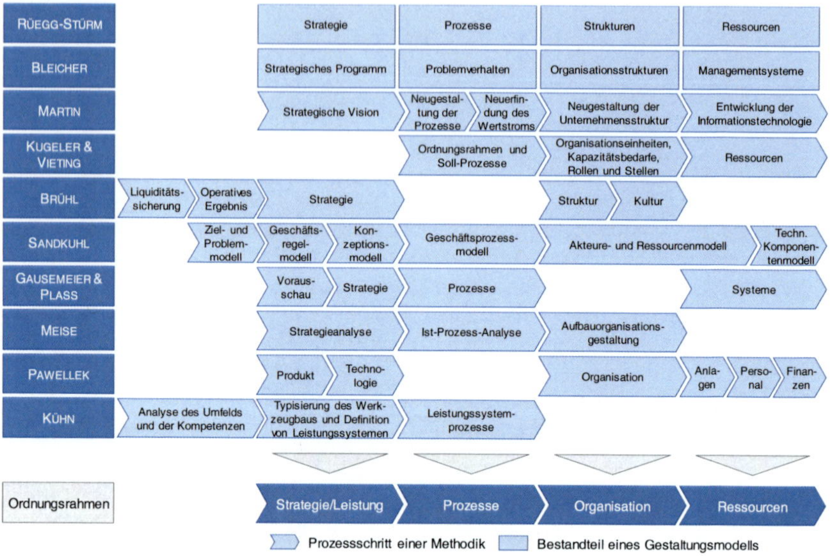

Abbildung 56: Die vier generischen Phasen der strategischen Unternehmensauslegung

Die vier identifizierten generischen Phasen bilden abschließend den Ordnungsrahmen für die Konzeption einer Methodik zur strategischen Auslegung industrieller Werkzeugbaubetriebe.

4.3 Zielbild: Der strategisch ausgelegte Werkzeugbau

Der strategisch ausgelegte Werkzeugbau stellt einen Werkzeugbaubetrieb dar, bei welchem die befähigenden Faktoren Prozesse, Organisation und Ressourcen aufeinander und auf die von der Unternehmensführung festgelegte Strategie bzw. die daraus resultierende Leistung abgestimmt sind. Die ideale Abstimmung dieser vier Gestaltungsfelder beruht auf einer integrierten Auslegung dieser im Sinne eines strategischen Fits, um die vom Kundennutzen abgeleitete Strategie bzw. die daraus resultierende Leistung durch eine Kundenorientierung in den drei befähigenden Faktoren zu verwurzeln. Diese Integration der vier Gestaltungsfelder erfolgt auf Basis bestehender Wechselwirkungen zwischen den Gestaltungsfeldern sowie innerhalb der Gestaltungsfelder selbst und ermöglicht so eine ganzheitliche Auslegung des Werkzeugbaubetriebs auf den Kundennutzen unter Berücksichtigung eines strategischen Fits.

Die strategische Auslegung beschreibt einen ganzheitlichen Ansatz, um die Effizienz und die Effektivität eines Werkzeugbaubetriebs signifikant zu erhöhen und das Unternehmen im Ganzen strikt am Kundennutzen auszulegen. Diese ganzheitliche Betrachtungs- und Vorgehensweise ist notwendig, da die im Werkzeugbau im Zuge der Industrialisierung (vgl. Kapitel

2.3.5.1) durchgeführten Verbesserungsprozesse in den sechs Handlungsfeldern[504] der Operativen Exzellenz[505] von industriellen Werkzeugbaubetrieben bereits adressiert worden sind und einzeln betrachtet keine signifikante Erhöhung von Effizienz und Effektivität industrieller Betriebe mehr ermöglichen (vgl. Kapitel 2.4).[506] Insbesondere durch die steigenden Anforderungen der Kunden des Werkzeugbaus[507] ist eine bewusste und integrierte Auslegung der befähigenden Faktoren, auch im Kontext der digitalen Vernetzung von Produkten und Prozessen sowie der übergeordneten Strategie unabdingbar zur Sicherstellung der langfristigen Wettbewerbsfähigkeit von Werkzeugbaubetrieben am Hochlohnstandort Deutschland.

Abbildung 57 illustriert schematisch den strategisch ausgelegten Werkzeugbaubetrieb im Vergleich zum historisch bzw. organisch gewachsenen Werkzeugbaubetrieb (vgl. Kapitel 2.3.5). Der Werkzeugbau ist durch eine Leistung gekennzeichnet (dunkelblaues Dreieck), welche er seinen Kunden anbietet. Die definierte Leistung gibt den Rahmen für die befähigenden Faktoren vor und bestimmt die Größe der drei übrigen Dreiecke. Ziel ist es, die befähigenden Faktoren Prozesse, Organisation und Ressourcen (hellblaue Dreiecke) so auszulegen, dass sie aufeinander abgestimmt sind, wodurch ein strategischer Fit zwischen diesen entsteht. Der organisch gewachsene Werkzeugbaubetrieb (links) ist hingegen durch kontinuierliche Verbesserungen innerhalb der einzelnen befähigenden Faktoren und eine sukzessive Ausweitung des Leistungsangebots charakterisiert. Dieses organische Wachstum führt jedoch dazu, dass die befähigenden Faktoren untereinander nicht mehr ausreichend integriert ausgelegt sind und durch den fehlenden strategischen Fit Leistungsfähigkeit verloren geht. Ein Beispiel hierfür ist der Zukauf einer automatisierten Fertigungszelle, welche eine Ressource darstellt und der zwangsläufig zu neuen Prozessdefinitionen und auch zu einer Anpassung der Organisationsstruktur führen muss, da die Zelle auch ohne die Bedienung des Mitarbeiters mannlos betrieben werden kann. Diese bedingte Anpassung der übrigen Faktoren findet jedoch in der Praxis häufig nicht statt, da sie mit einem erhöhten organisatorischen und finanziellen Aufwand verbunden ist, den kleinere Werkzeugbaubetriebe parallel zur operativen Tätigkeit nur schwer aufbringen können (vgl. Kapitel 2.3.4).

[504] Die sechs Handlungsfelder der Operativen Exzellenz im Werkzeugbau sind der Vertrieb, die Wertschöpfungsgestaltung, die Standardisierung, die Synchronisierung, die Mitarbeiterentwicklung und das Wissensmanagement

[505] Vgl. Schuh et al. (Operative Exzellenz), 2010

[506] Vgl. Schuh et al. (Globaler industrieller Werkzeugbau), 2014, S. 222

[507] Vgl. Boos et al. (Schwer imitierbarer Kundennutzen), 2015, S. 38

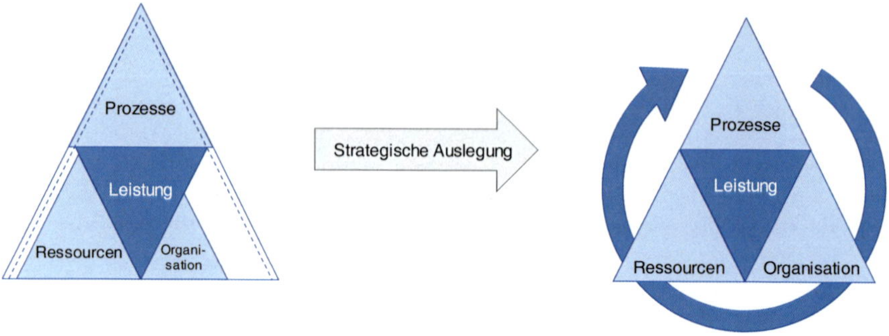

Abbildung 57: Zielbild des Dissertationsvorhabens – Der strategisch ausgelegte Werkzeugbau

Die Integration der vier Gestaltungsfelder bei der strategischen Auslegung industrieller Werkzeugbaubetriebe im Sinne eines strategischen Fits stellt eine notwendige Voraussetzung für die Sicherstellung der langfristigen Wettbewerbsfähigkeit für Werkzeugbaubetriebe am Hochlohnstandort Deutschland dar.

4.4 Grobkonzept der Methodik

Die strategische Auslegung industrieller Werkzeugbaubetriebe birgt durch die ganzheitliche Betrachtung und Auslegung der vier wesentlichen Gestaltungsfelder eines Unternehmens Leistung, Prozesse, Organisation und Ressourcen Potenziale in Bezug auf die Steigerung der Effizienz in der Auftragsabwicklung sowie der Effektivität für den Kunden. Die organische Entwicklung von Werkzeugbaubetrieben lässt eine solche strategische Betrachtung der Gestaltungsfelder im Sinne eines strategischen Fits in den meisten Betrieben jedoch vermissen (vgl. Kapitel 2.4).

Ausgehend von der aus dem Kundennutzen abgeleiteten strategischen Ausrichtung des Werkzeugbaubetriebs wird in einem ersten Teil der Methodik zur strategischen Auslegung industrieller Werkzeugbaubetriebe in einer **Analyse** zunächst eine Typisierung des Werkzeugbaubetriebs durchgeführt, auf Basis derer die Integration von Leistung, Prozessen, Organisation und Ressourcen bewertet wird. Die Typisierung geschieht in Bezug auf den zu adressierenden Kundennutzen und fußt auf den Analysen von FRICK[508] zur Definition von strategischen Unternehmenstypen im Werkzeugbau. Aufbauend auf dieser Auswahl erfolgt eine Bewertung des Integrationsgrads der vier Gestaltungsfelder. Im Anschluss an die Analysephase findet im zweiten Teil der Methodik die eigentliche **Auslegung** der befähigenden Faktoren statt. In der Auslegungsphase werden die drei befähigenden Faktoren Prozesse, Organisation und Ressourcen in drei aufeinanderfolgenden Detaillierungsschritten iterativ ausgelegt, sodass sie dem in der Analysephase definierten Werkzeugbautypen und somit implizit dessen Leistung gerecht werden. So kann eine Kundenorientierung im gesamten Unternehmen implementiert werden. Der Aufbau der Methodik orientiert sich am entwickelten Ordnungsrahmen mit den vier generischen Phasen der Unternehmensauslegung (vgl. Kapitel 4.2).

[508] Vgl. Frick (Geschäftsmodelle im Werkzeugbau), 2006

Ziel der strategischen Auslegung ist eine, auf Basis der von dem Kundennutzen abgeleiteten Leistung, strategische und integrierte Abstimmung der befähigenden Faktoren Prozesse, Organisation und Ressourcen des jeweiligen Werkzeugbaubetriebs.

4.4.1 Konzeption der Analyse

Teil 1 der Methodik umfasst die Analyse des Integrationsgrads der Leistung, der Prozesse, der Organisation und der Ressourcen eines Werkzeugbaubetriebs, in welchem die Methodik zur strategischen Auslegung Anwendung findet. Mit der Analysephase wird die Voraussetzung zur eigentlichen Auslegung des Werkzeugbaubetriebs, welche den zweiten Teil der Methodik darstellt, gelegt. Dazu wird zunächst die angebotene Leistung des Werkzeugbaubetriebs anhand eines morphologischen Kastens[509] analysiert. Auf Basis dieser Leistungsanalyse kann ein Werkzeugbautyp abgeleitet werden, wodurch die spätere strategische Auslegung des Werkzeugbaubetriebs optimal erfolgen kann. Im Anschluss an die Definition des Werkzeugbautypen erfolgt analog zur Leistung die Aufnahme des Status quo in den befähigenden Faktoren Prozesse, Organisation und Ressourcen anhand von definierten Morphologien. Diese Aufnahme bildet die Voraussetzung zur Bewertung des Integrationsgrads der vier Gestaltungsfelder. Die Bewertung ermöglicht eine Aussage über den strategischen Fit zwischen den befähigenden Faktoren sowie der angebotenen Leistung.

Der erste Schritt (**Schritt A**) der Methodik ist die **Leistungsanalyse** des Werkzeugbaubetriebs (vgl. Abbildung 58). Dieser Schritt untergliedert sich in die beiden Detailschritte Erfassung der angebotenen Leistung sowie Klassifizierung des Werkzeugbaubetriebs. Die Analyse der Leistung bildet die notwendige Voraussetzung zur strategischen Auslegung der befähigenden Faktoren und basiert auf den von FRICK[510] identifizierten und empirisch validierten Werkzeugbautypen.

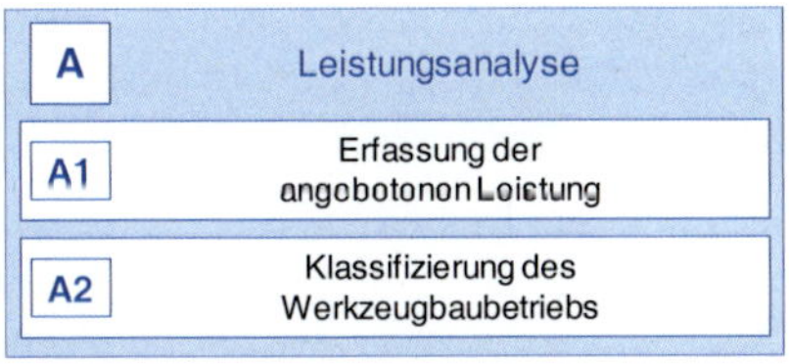

Abbildung 58: Schritt A – Leistungsanalyse

Im ersten Detailschritt (**Schritt A1**) wird die zukünftig angebotene Leistung des Werkzeugbaubetriebs systematisch erfasst. Dies erfolgt auf Basis eines morphologischen Kastens, welcher sowohl leistungsspezifische Merkmale im Spannungsfeld Produkt (Kosten versus Innovation) als auch leistungsspezifische Merkmale im Spannungsfeld Zusammenarbeit (Zeit versus Komplexität) in unterschiedlichen Ausprägungsformen beinhaltet.[511] Die Zuordnung zu den jeweiligen Ausprägungen erfolgt zum einen auf Basis einer Analyse vergangener Auftragsdaten und zum anderen in Bezug auf die zukünftige Adressierung der Merkmalsausprägungen durch den

[509] I.A.a. Zwicky (Morphologische Forschung), 1959; Zwicky (Forschen im morphologischen Weltbild), 1966
[510] Vgl. Frick (Geschäftsmodelle im Werkzeugbau), 2006
[511] Vgl. Frick (Geschäftsmodelle im Werkzeugbau), 2006, S. 185

Werkzeugbaubetrieb. Ziel des ersten Detailschritts ist ein Vergleich des Status quo des anwendenden Werkzeugbaubetriebs mit den den vier Werkzeugbautypen zugehörenden Merkmalsausprägungen in Bezug auf die angebotene Leistung.

Der zweite Detailschritt (**Schritt A2**) umfasst den Vergleich der festgelegten Merkmalsausprägungen des Werkzeugbaubetriebs mit den Merkmalsausprägungen der vier Werkzeugbautypen. Dieser Vergleich lässt die Ableitung eines Werkzeugbautypen zu, der den Werkzeugbaubetrieb in geeigneter Weise repräsentiert. FRICK[512] identifiziert, beschreibt und validiert in seiner Arbeit Nutzenpotenziale des Werkzeugbaus, aus denen sich die vier Werkzeugbautypen Kostenreduzierer und Schnelligkeitsbefähiger, Kosten- und Komplexitätsreduzierer, Innovations- und Schnelligkeitsbefähiger sowie Innovationsbefähiger und Kostenreduzierer ableiten lassen. Die Klassifizierung des Werkzeugbaubetriebs und die damit einhergehende Ableitung des Werkzeugbautypen erfolgt mithilfe einer Abweichungsberechnung der Ausprägungen aller Merkmale. Auf Basis des identifizierten Werkzeugbautypen kann eine idealtypische Auslegung der befähigenden Faktoren im zweiten Teil der Methodik erfolgen.

Der zweite Schritt (**Schritt B**) beinhaltet die **Integrationsanalyse** der vier Gestaltungsfelder des Werkzeugbaubetriebs (vgl. Abbildung 59). Er besteht aus den Detailschritten Ermittlung des Status quo der drei befähigenden Faktoren und der Bewertung des Integrationsgrads der vier Gestaltungsfelder. Die Kenntnis über den Integrationsgrad der vier Gestaltungsfelder stellt die notwendige Voraussetzung für die strategische Auslegung dar, da sie den Ausgangspunkt der Veränderungsmaßnahmen in den drei befähigenden Faktoren festlegt. Hierzu wird zunächst, analog zu Detailschritt A1, der jeweilige Status quo bzgl. der drei befähigenden Faktoren bestimmt. Aufbauend auf dieser vorgenommenen Einordnung bzgl. der Merkmale der drei befähigenden Faktoren erfolgt die Ermittlung des Integrationsgrads der vier Gestaltungsfelder auf Basis bestehender Wirkzusammenhänge. Hierzu werden die Ausprägungen mit den idealtypischen Ausprägungen des in Schritt A definierten Werkzeugbautypen verglichen und mathematisch bewertet, wie hoch die Abweichungen im Vergleich zu den Werkzeugbautyp spezifischen Ausprägungen in den drei Dimensionen sind.

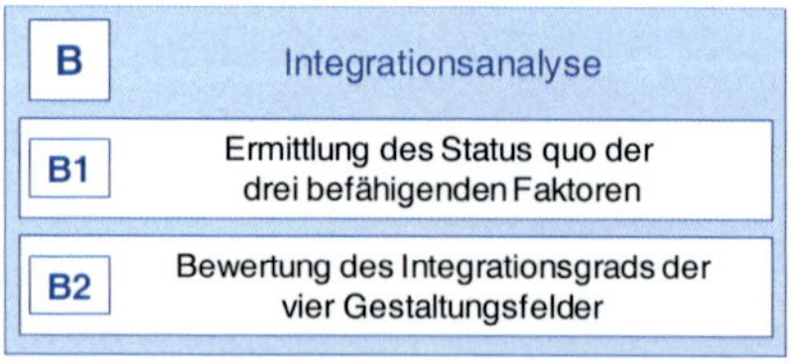

Abbildung 59: Schritt B – Integrationsanalyse

In Detailschritt 1 (**Schritt B1**) erfolgt, analog zu Detailschritt A1, die Ermittlung des Status quo der drei befähigenden Faktoren. Auch hier erfolgt eine Definition von spezifischen Merkmalen in den Spannungsfeldern Kosten versus Innovation und Zeit versus Komplexität mit unterschiedlichen Ausprägungen in den drei Dimensionen Prozesse, Organisation und Ressourcen anhand von morphologischen Kästen. Auf Basis dieser morphologischen Kästen erfolgt die Einordnung des Werkzeugbaubetriebs in den unterschiedlichen Merkmalen. Die Analyse des

[512] Vgl. Frick (Geschäftsmodelle im Werkzeugbau), 2006, S. 185

Status quo der Ausprägungen bildet die Grundlage für die Bewertung des Integrationsgrads der vier Gestaltungsfelder.

Der zweite Detailschritt (**Schritt B2**) umfasst die eigentliche Bewertung des Integrationsgrads der vier Gestaltungsfelder. Nachdem in Schritt A der Werkzeugbautyp definiert und in Detailschritt B1 die Merkmalsausprägungen in den befähigenden Faktoren Prozesse, Organisation und Ressourcen bestimmt worden sind, wird in diesem Schritt bewertet, inwieweit die aktuelle Auslegung der befähigenden Faktoren zur definierten Leistung und somit zum Werkzeugbautypen passt. Dies geschieht wiederum auf Basis eines Vergleichs der aktuellen Ausprägungen mit den idealtypischen Ausprägungen des repräsentativen Werkzeugbautypen. Die idealtypische Konfiguration der Ausprägungen in den drei Dimensionen basiert auf den Wirkzusammenhängen, welche zwischen den unterschiedlichen Merkmalsausprägungen in den drei Dimensionen bestehen. Zum Abschluss dieses Detailschritts ist der Werkzeugbaubetrieb, aufgrund der aufgedeckten Diskrepanzen zwischen Ist- und Soll-Zustand, in der Lage, die befähigenden Faktoren integriert auszulegen und diese damit strategisch auf die zukünftige Leistung abzustimmen, wodurch eine ganzheitliche Adressierung des Kundennutzens innerhalb des Unternehmens erfolgen kann.

Das Ergebnis der Analysephase ist die Definition eines Werkzeugbautypen, welcher die angebotene Leistung sowie den zu adressierenden Kundennutzen des Werkzeugbaubetriebs widerspiegelt. Der Werkzeugbautyp sowie die Ausprägungen der Merkmale in den drei befähigenden Faktoren ermöglichen eine zielgerichtete Auslegung der befähigenden Faktoren im zweiten Teil der Methodik. Führt das Ergebnis der Integrationsanalyse dazu, dass der Werkzeugbaubetrieb bereits ausreichend strategisch ausgelegt ist, so muss die Auslegungsphase der Methodik nicht angewendet werden.

4.4.2 Konzeption der Auslegung

Teil 2 der Methodik zur strategischen Auslegung industrieller Werkzeugbaubetriebe umfasst die Auslegungsphase. In der Auslegungsphase erfolgt die Auslegung der drei befähigenden Faktoren Prozesse, Organisation und Ressourcen. Diese wird in drei aufeinanderfolgenden und iterativen, sich in ihrem Detaillierungsgrad unterscheidenden Schritten durchgeführt. Im Zuge dieses iterativen Vorgehens wird in einem ersten Schritt, der strukturellen Auslegung, die Basis innerhalb der drei befähigenden Faktoren gelegt, indem Kernprozesse identifiziert, organisatorische Einheiten definiert und notwendige Ressourcen festgelegt werden. Darauf aufbauend wird der Werkzeugbaubetrieb in einem zweiten Schritt dazu befähigt, Wertschöpfung zu betreiben und Kundenaufträge abzuwickeln. Dazu werden Prozesse zur Auftragsabwicklung modelliert, eine Organisationsstruktur aufgebaut und Kapazitäten berechnet. Nach der Anwendung der ersten beiden Schritte innerhalb der Auslegungsphase ist der Werkzeugbau in der Lage, Werkzeuge herzustellen und anderweitige Leistungen für seine Kunden zu erbringen. In einem letzten Schritt wird abschließend die Effizienz in der Wertschöpfung erhöht. Hier werden zunächst die Prozesse standardisiert. Zudem wird der Wissensintensität des Werkzeugbaus durch die Implementierung eines Wissensmanagements Rechnung getragen und es werden die Ressourcen automatisiert und miteinander vernetzt, sodass eine effiziente und moderne Wertschöpfung möglich ist. Sollte sich bei der Durchführung von Maßnahmen zur Effizienzsteigerung der Kapazitätsbedarf verändern, so müssen ggf. Teile des Schrittes D erneut durchlaufen werden. Diese Iteration erfolgt immer dann, wenn die Maßnahmen Einfluss auf die Organisationsstruktur oder den Ressourceneinsatz haben.

Der dritte Schritt der Methodik (**Schritt C**) stellt die **strukturelle Auslegung** dar. In diesem Schritt werden die grundlegenden Voraussetzungen für einen Werkzeugbaubetrieb geschaffen (vgl. Abbildung 60). Dazu werden in einem ersten Detailschritt C1 die in dem anwendenden Werkzeugbaubetrieb vorherrschenden Prozesse analysiert und klassifiziert. Auf diese Weise lassen sich die Kernprozesse des Unternehmens identifizieren, welche unmittelbar an der Erfüllung des Kundennutzens beteiligt sind. In Detailschritt C2 werden im Anschluss organisatorische Einheiten gebildet, um die Komplexität der unterschiedlichen Unternehmensprozesse organisatorisch beherrschen zu können, wohingegen im letzten Schritt, Detailschritt C3, die zur Erbringung der in Schritt A identifizierten Leistung notwendigen Ressourcen festgelegt werden.

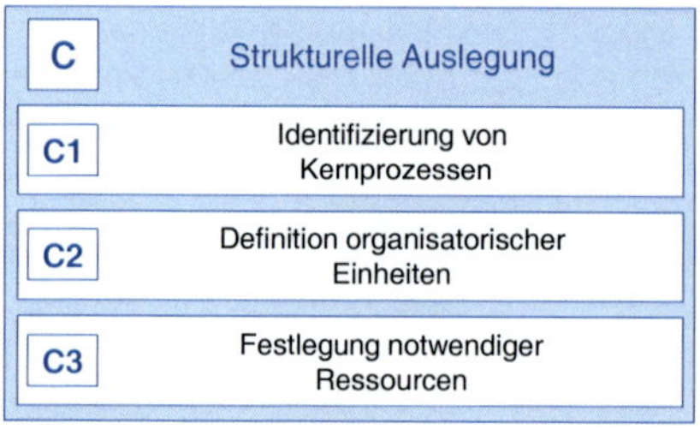

Abbildung 60: Schritt C – Strukturelle Auslegung

In Detailschritt 1 (**Schritt C1**) erfolgt die Identifizierung von Kernprozessen. Zur Identifizierung der Kernprozesse werden zunächst die übergeordneten Prozessschritte der Wertschöpfungskette (vgl. Kapitel 2.3.5.2) spezifiziert. Diese Spezifizierung erfolgt für alle Prozessschritte der Wertschöpfungskette, wobei eine detaillierte Beschreibung und Abgrenzung der Prozesse vorgenommen wird. Anschließend wird die strategische Bedeutung der Prozesse in Bezug auf den Einfluss auf die Erfüllung des Kundennutzens mithilfe eines Prozessportfolios bestimmt. Dabei werden die spezifizierten Prozesse hinsichtlich ihrer Effektivität und Effizienz bewertet und in einem Prozessportfolio aufgetragen. Auf diese Weise lassen sich die Kernprozesse des jeweiligen Werkzeugbaubetriebs identifizieren, wobei die Bewertung unter Berücksichtigung des identifizierten Werkzeugbautypen erfolgt.

Im zweiten Detailschritt (**Schritt C2**) werden organisatorische Einheiten definiert. Hierzu wird in einem ersten Schritt eine Segmentierungsanalyse durchgeführt, um zu prüfen, in welchen Prozessen eine Segmentierung in Bezug auf das Auftragsspektrum möglich ist. Insbesondere eignet sich hier eine Trennung von planbaren und unplanbaren Auftragsarten (vgl. Kapitel 2.3.2.3). Nachdem die Entscheidung für eine Segmentierung in den einzelnen Prozessen getroffen worden ist, erfolgt ein Prozessvergleich, um Prozesse mit ähnlichen Tätigkeiten sowie Arbeitsfolgen und damit ähnlichen Voraussetzungen in Bezug auf die Kompetenzen zu identifizieren. Dieser Prozessvergleich bildet die notwendige Voraussetzung zur Ableitung organisatorischer Einheiten, wobei ähnliche Prozesse in organisatorischen Einheiten zusammengefasst werden.

In Detailschritt 3 (**Schritt C3**) erfolgt die Festlegung notwendiger Ressourcen, um die Prozesse, welche in Schritt C1 identifiziert worden sind, durchführen zu können. Dazu werden zunächst die physischen Ressourcen in Form von Technologien bzw. Maschinen ausgelegt, indem die Bedeutung der jeweiligen Technologie sowie die Leistungsfähigkeit der Maschinen gegenübergestellt werden. Auf diese Weise lassen sich diejenigen Ressourcen bestimmen, welche zukünftig intern vorgehalten und diejenigen Technologien, welche zukünftig extern eingekauft werden sollten. Darauf aufbauend werden die notwendigen Humanressourcen des Unternehmens bestimmt. Dabei werden die Leistungsfähigkeit der Mitarbeiter durch ein Benchmarking bestimmt und daraus folgend Anforderungsprofile abgeleitet, mithilfe derer Mitarbeiter zielgerichtet eingesetzt werden können. Abschließend werden notwendige IT-basierte Ressourcen, wie bspw. CAD-Systeme identifiziert und definiert.

Der vierte Schritt der Methodik (**Schritt D**) umfasst die **wertschöpfungsbefähigende Auslegung** des Werkzeugbaubetriebs (vgl. Abbildung 61). Durch die Durchführung dieses Schrittes mit seinen drei Detailschritten wird der Werkzeugbaubetrieb in die Lage versetzt, die vom Kunden geforderte Leistung zu erbringen. Dazu wird in Detailschritt D1 die Prozesslandschaft mithilfe einer Prozessmodellierungssprache modelliert, bewertet und optimiert. Anschließend wird eine Organisationsstruktur erstellt, welche die geforderte Prozessorientierung in der Unternehmensstruktur verankert und Beziehungen, Zuständigkeiten und Verantwortlichkeiten zwischen organisatorischen Einheiten beschreibt (Detailschritt D2). Abschließend werden in einem dritten Detailschritt die Kapazitäten für die in Schritt C definierten Segmente und Ressourcen berechnet. Hierzu wird eine Segmentierungsberechnung durchgeführt, die die erforderlichen Kapazitäten segmentspezifisch ausweist und Über- sowie Unterkapazitäten aufzeigt.

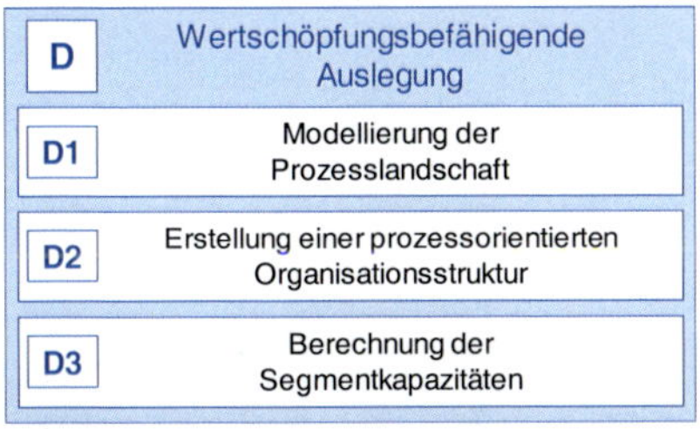

Abbildung 61: Schritt D – Wertschöpfungsbefähigende Auslegung

In Detailschritt 1 (**Schritt D1**) werden die unterschiedlichen Auftragsabwicklungsprozesse der Prozesslandschaft des Werkzeugbaubetriebs modelliert. Dabei werden insbesondere Unterschiede zwischen den einzelnen Segmenten berücksichtigt. Mithilfe der Prozessmodellierungssprache aixperanto werden zunächst die Auftragsabwicklungsebene, anschließend die Hauptprozessebene und abschließend die Prozessschrittebene modelliert. Die Modellierung erfolgt dabei systematisch in einem iterativen und partizipativen Verfahren, um eine detaillierte Übersicht über die Prozesslandschaft mit ihren einzelnen Prozessschritten zu erhalten. Im Vordergrund stehen dabei die Beziehungen zwischen einzelnen Prozessschritten sowie die Bewertung der Prozesse in Bezug auf Schwachstellen sowie den Wertschöpfungs- und Standardisierungsgrad. Dadurch ist die unternehmensspezifische Modellierung von Soll-Prozessen möglich.

Detailschritt 2 (**Schritt D2**) befasst sich mit der Erstellung einer prozessorientierten Organisationsstruktur. In diesem Schritt wird die Organisationsstruktur des Werkzeugbaubetriebs in Form einer prozessorientierten Organisation gestaltet. Dazu wird zunächst ermittelt, welche Geschäftsprozesse auf welche Kompetenzen bzw. Funktionen des Unternehmens zurückgreifen, indem die einzelnen Prozesse und Funktionen gegenübergestellt werden. Anschließend werden verschiedene ausführende, lenkende und beratende Rollen definiert, welche zur Auftragsabwicklung notwendig sind. In einem letzten Schritt wird abschließend ein Organigramm erstellt, welches die Beziehungen zwischen den einzelnen organisatorischen Einheiten sowie die Zugriffsrechte von Prozessverantwortlichen auf Funktionen visualisiert und beschreibt.

Im letzten Detailschritt (**Schritt D3**) erfolgt die Berechnung der notwendigen Segmentkapazitäten. In diesem Schritt werden die begrenzt zur Verfügung stehenden Kapazitäten optimal auf die einzelnen Segmente verteilt, um eine möglichst hohe Auftragsdeckung bei gleichzeitig minimalem Ressourceneinsatz zu erzielen. Hierbei wird jedoch berücksichtigt, dass bei unterschiedlichen Segmenten sowohl eine hohe Auslastung als auch eine hohe Verfügbarkeit der Ressourcen im Vordergrund stehen können. Die Berechnung wird sowohl für physische Ressourcen (Maschinen) als auch für Humanressourcen (Mitarbeiter) durchgeführt und folgt einem vierschrittigen Vorgehen.

Im fünften und letzten Schritt (**Schritt E**), der **effizienzsteigernden Auslegung** des Werkzeugbaubetriebs (Abbildung 62), erfolgt die Optimierung der drei befähigenden Faktoren. Dadurch soll die Effizienz in der Leistungserstellung signifikant gesteigert werden. Hierzu werden in Detailschritt E1 zunächst die Fertigungsprozessfolgen standardisiert. Dabei erfolgt eine detaillierte Auseinandersetzung mit den Prozessfolgen in der mechanischen Fertigung, welche ein hohes Potenzial zur Effizienzsteigerung aufweisen. Die Standardisierung dieser Prozessfolgen ermöglicht die Einführung einer strukturierten Planungssystematik, welche ebenfalls in diesem Detailschritt thematisiert wird. Zudem wird die Ressource Wissen in Detailschritt E2 durch die Implementierung eines systematischen Wissensmanagements und die Einführung eines Wissensmanagementprozesses gestärkt, da diese im wissensintensiven Werkzeugbau von zentraler Bedeutung ist (vgl. Kapitel 2.4). Im letzten Detailschritt E3 wird zunächst das Automatisierungspotenzial der eingesetzten Technologien und Ressourcen bewertet. Anschließend werden die ausgelegten Ressourcen mithilfe moderner Informations- und Kommunikationstechnologie (IKT) digital miteinander vernetzt, wodurch eine moderne, anpassungsfähige und effiziente Wertschöpfung ermöglicht wird. Bei umfangreichen Veränderungen mit Einfluss auf definierte Ressourcen, insbesondere im Bereich der Automatisierung, bedarf es im Anschluss gegebenenfalls einer Anpassung der berechneten Kapazitäten in Schritt D3.

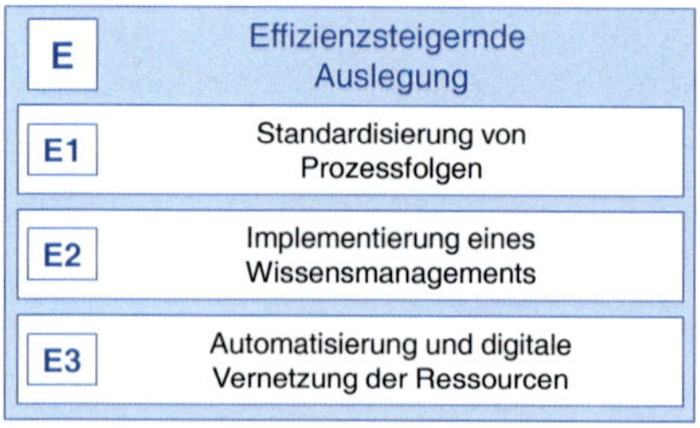

Abbildung 62: Schritt E – Effizienzsteigernde Auslegung

In Detailschritt 1 (**Schritt E1**) werden die Prozesse in der mechanischen Fertigung standardisiert. Durch den Unikatcharakter der Auftragsabwicklung im Werkzeugbau besteht ein hohes Potenzial zur Realisierung von Skaleneffekten durch eine Standardisierung (vgl. Kapitel 2.3.5.1). Hierzu wird zunächst das Werkzeugspektrum, welches der Werkzeugbau anbietet, bis auf Komponentenebene aufgegliedert, um komponentenspezifische Fertigungsprozessfolgen ableiten zu können. Dadurch können die Prozessfolgen der einzelnen Komponenten miteinander verglichen sowie erste Gemeinsamkeiten und Unterschiede identifiziert werden. Im Zuge der Bauteilaufnahme und Prozessfolgenidentifizierung erfolgt zudem eine Gewichtung der Prozessfolgen, um deren Häufigkeit und somit Relevanz bestimmen zu können. Anschließend werden mithilfe des Einsatzes von Prozessgestaltungsmöglichkeiten die Prozessfolgen standardisiert, um die aus der Vielfalt der Bauteile entstehende Varianz der Prozessfolgen zu reduzieren. Zum Abschluss wird eine Planungssystematik vorgestellt, die die zielgerichtete Einplanung von Aufträgen in die Fertigung in drei Ebenen ermöglicht.

Der zweite Detailschritt (**Schritt E2**) befasst sich mit der Implementierung eines systematischen Wissensmanagements für einen zielgerichteten Umgang mit der Ressource Wissen. Zunächst wird hierzu das bestehende Wissen in den verschiedenen organisatorischen Einheiten entlang der Auftragsabwicklungsprozesse aufgenommen und in Bezug auf die Wissenstiefe klassifiziert. Auf Basis dieser Wissensidentifizierung erfolgt die Bestimmung der Wissensträger innerhalb des Werkzeugbaubetriebs sowie die Bestimmung eines Wissensmanagers, welcher Wissensmanagementprozesse einführt und koordiniert. Dabei wird ein auf Bausteinen basierender, grundlegender Prozess des Wissensmanagements als Orientierung herangezogen. In einem letzten Schritt werden für unterschiedliche Bereiche und Schnittstellen zu externen Kunden sowie Wertschöpfungs- und Forschungspartnern Wissensmanagementmethoden definiert und für die entsprechende Nutzung angepasst, sodass für alle Bereiche und Schnittstellen anforderungsgerechte Methoden zur Verfügung gestellt werden können.

Bei dem letzten Detailschritt (**Schritt E3**) stehen die Automatisierung und digitale Vernetzung der Ressourcen im Vordergrund. Dabei werden zunächst die Technologien und Maschinen identifiziert, welche Potenzial bzgl. einer Automatisierung aufweisen. Hierzu wird sowohl die Automatisierung einzelner Maschinen als auch die Verkettung dieser zu Automatisierungszellen betrachtet. Anschließend erfolgt eine Bewertung der identifizierten Lösungen in Bezug auf deren Nutzen und Aufwand. Zum Abschluss erfolgt die Erstellung eines Lastenhefts. Dabei werden sowohl technische Anforderungen als auch organisatorische Anforderungen berücksichtigt. Zudem werden in diesem Detailschritt die notwendigen Voraussetzungen für die digitale Vernetzung des Shopfloors vorgestellt. Auf Basis dieser Betrachtung erfolgt eine Analyse der notwendigen Systeme sowie eine systematische Auswahl dieser. Durch die Verknüpfung der Systeme mit Daten, welche aus mit Sensoren oder QR-Codes versehenen Werkzeugkomponenten gewonnen werden, können Informationen gefiltert und zur Auftragssteuerung sowie zum weiteren Ausbau der Wissensbasis genutzt werden.

Abbildung 63 zeigt einen Überblick über das Grobkonzept der Methodik mit den zwei Phasen Analyse und Auslegung.

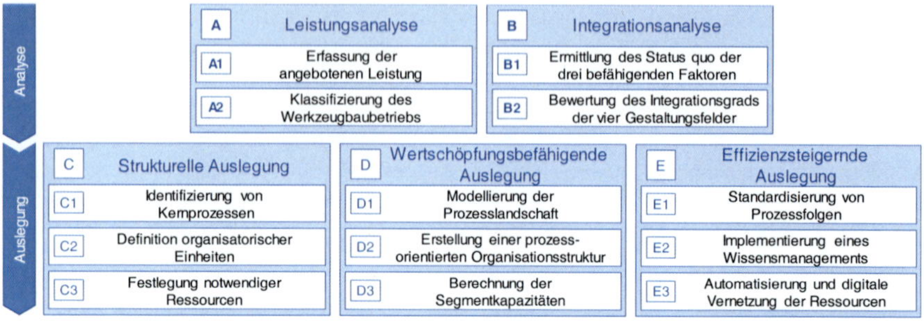

Abbildung 63: Grobkonzept der Methodik zur strategischen Auslegung industrieller Werkzeugbaubetriebe

Nachdem das Grobkonzept der Methodik vorgestellt und die einzelnen Schritte in Detailschritten beschrieben wurden, erfolgt im folgenden Kapitel ein Abgleich der aufgestellten Anforderungen an eine Methodik zur strategischen Auslegung industrieller Werkzeugbaubetriebe mit dem Grobkonzept.

4.5 Abgleich der Anforderungen mit dem Grobkonzept

Auf Grundlage der Systemtechnik und der Modellierung im Kontext der Methodenentwicklung konnte eine Methodik zur strategischen Auslegung industrieller Werkzeugbaubetriebe konzipiert werden. Das entwickelte Grobkonzept der Methodik folgt dem hergeleiteten Ordnungsrahmen (vgl. Kapitel 4.2) mit den vier generischen Phasen der Unternehmensauslegung Strategie und Leistung, Prozesse, Organisation sowie Ressourcen und beinhaltet die beiden Phasen Analyse und Auslegung. Das Durchlaufen der ersten Phase stellt die Basis dar und ist zwingend erforderlich, um den Status quo in Bezug auf den Integrationsgrad der vier Gestaltungsfelder zu bestimmen. Sie besteht aus den beiden Schritten Leistungsanalyse und Integrationsanalyse. Der zweite Teil der Methodik umfasst die Auslegung der drei befähigenden Faktoren und besteht aus den drei Schritten strukturelle Auslegung, wertschöpfungsbefähigende Auslegung und effizienzsteigernde Auslegung. In der bestehenden Form adressiert das Methodikkonzept sowohl die gestellten Anforderungen (vgl. Kapitel 3.2) als auch die daraus abgeleiteten konkreten Forschungsfragen (vgl. Kapitel 3.6).

Die **allgemeinen Anforderungen** Wirtschaftlichkeit, konkrete Vorgehensweise und Praktikabilität werden jeweils voll erfüllt. Die Wirtschaftlichkeit wird dadurch sichergestellt, dass der geringe Aufwand in der Analysephase einem hohen Nutzen in der Auslegungsphase gegenüber steht. Insbesondere der Aspekt einer kundenorientierten Auslegung führt zu einem hohen Nutzen der Methodik. Die konkrete Vorgehensweise sowie die Praktikabilität werden durch den Aufbau der Methodik gewährleistet, da die Methodik in logisch aufeinander aufbauende Teilschritte untergliedert ist, welche jeweils einen konkreten Ablauf aufzeigen.

Die **auslegungsbezogenen Anforderungen** Leistungsberücksichtigung, Prozess-, Organisations- und Ressourcenauslegung sowie deren integrierte Auslegung werden ebenfalls von der Methodik in vollem Maße erfüllt. Das Ziel der Methodik besteht in der strategischen Auslegung der drei befähigenden Faktoren Prozesse, Organisation und Ressourcen auf Basis der dem

Kunden angebotenen Leistung. Durch die Analyse der angebotenen Leistung und die Überprüfung des Fits zwischen der Leistung und den drei befähigenden Faktoren werden alle vier Gestaltungsfelder Leistung, Prozesse, Organisation und Ressourcen bei der Auslegung berücksichtigt. Die iterative Auslegung der drei Faktoren in der Auslegungsphase stellt zudem die Adressierung der Anforderung an eine integrierte Auslegung sicher.

Die **branchenbezogenen Anforderungen** Werkzeugbaubezug und Unternehmensrandbedingungen stellen ebenfalls Anforderungen dar, welche von der Methodik erfolgreich adressiert werden. Der Werkzeugbaubezug zeigt sich in der Typisierung der Werkzeugbaubetriebe in Bezug auf ihre Leistung und stellt sicher, dass dadurch alle Arten von Werkzeugbaubetrieben abgedeckt werden. Die Unternehmensrandbedingungen werden schließlich durch die Berücksichtigung des Unikatcharakters sowie der Auftragsfertigung von Werkzeugbaubetrieben und die Definition branchenspezifischer Merkmale zur Klassifizierung und Bewertung von Leistung, Prozessen, Organisation und Ressourcen berücksichtigt.

Abbildung 64 zeigt zusammenfassend, dass mit dem ausgearbeiteten Grobkonzept die Grundlage zur Detaillierung der Methodik geschaffen werden konnte. Diese wird im folgenden Kapitel detailliert.

	Anforderungen	Forschungsfragen	Erfüllung in der Methodik
Allgemeine Anforderungen	▪ Wirtschaftlichkeit ▪ Konkrete Vorgehensweise ▪ Praktikabilität	▪ Wie kann ein hohes Nutzen-Aufwand-Verhältnis der Methodik zur strategischen Auslegung sichergestellt werden?	▪ Hohes Nutzenpotenzial durch eine kundenorientierte Auslegung ▪ Geringer Aufwand in der Analysephase ▪ Aufbau aus klar definierten, logisch aufeinander aufbauenden Teilschritten für einen konkreten Ablauf
Auslegungsbezogene Anforderungen	▪ Leistungsberücksichtigung ▪ Prozessauslegung ▪ Organisationsauslegung ▪ Ressourcenauslegung ▪ Integrierte Auslegung	▪ Wie kann die angebotene Leistung im industriellen Werkzeugbau systematisch aufgenommen und klassifiziert werden? ▪ Wie lässt sich der Status quo der Integration zwischen der angebotenen Leistung und den befähigenden Faktoren Prozess, Organisation und Ressourcen bewerten? ▪ In welcher Reihenfolge müssen die Gestaltungsfelder ausgelegt werden, um die geforderte Kundenorientierung im gesamten Unternehmen zu verankern? ▪ Wie lässt sich eine Auslegung unter Berücksichtigung des strategischen Fits der drei befähigenden Faktoren sicherstellen?	▪ Klassifizierung der Leistung auf Basis einer Typisierung ▪ Mathematische Berechnung des Integrationsgrads der drei befähigenden Faktoren und der Leistung ▪ Durchgängige Auslegung durch eine systematische kunden- und prozessorientierte Organisations- und Ressourcenauslegung ▪ Integrierte Auslegung der befähigenden Faktoren durch ein iteratives Vorgehen
Branchenbezogene Anforderungen	▪ Werkzeugbaubezug ▪ Unternehmens-randbedingunen	▪ Wie kann der Branchenbezug der Methodik hergestellt werden?	▪ Branchenspezifische Leistungsdefinition ▪ Typisierung des Werkzeugbaubetriebs auf Basis branchentypischer Leistungen ▪ Branchenweite Anwendbarkeit

Abbildung 64: Abgleich des Grobkonzepts mit den aufgestellten Anforderungen und den Forschungsfragen

5 Detaillierung der Methodik

In Kapitel 4 wurde ein Grobkonzept für eine Methodik zur strategischen Auslegung industrieller Werkzeugbaubetriebe auf Basis eines Ordnungsrahmens entwickelt und grundlegend beschrieben. Dieses Grobkonzept sieht eine Zweiteilung der Methodik in die beiden Phasen Analyse und Auslegung vor. Im ersten Teil erfolgt die Analyse der strategischen Ausrichtung bzw. des Leistungsspektrums, welche die Grundlage für die im zweiten Teil erfolgende Auslegung der befähigenden Faktoren Prozesse, Organisation und Ressourcen darstellt. Der erste Teil der Methodik beinhaltet zwei Schritte und der zweite Teil drei Schritte, wobei alle Schritte jeweils aus zwei bzw. drei Detailschritten bestehen (vgl. Abbildung 65).

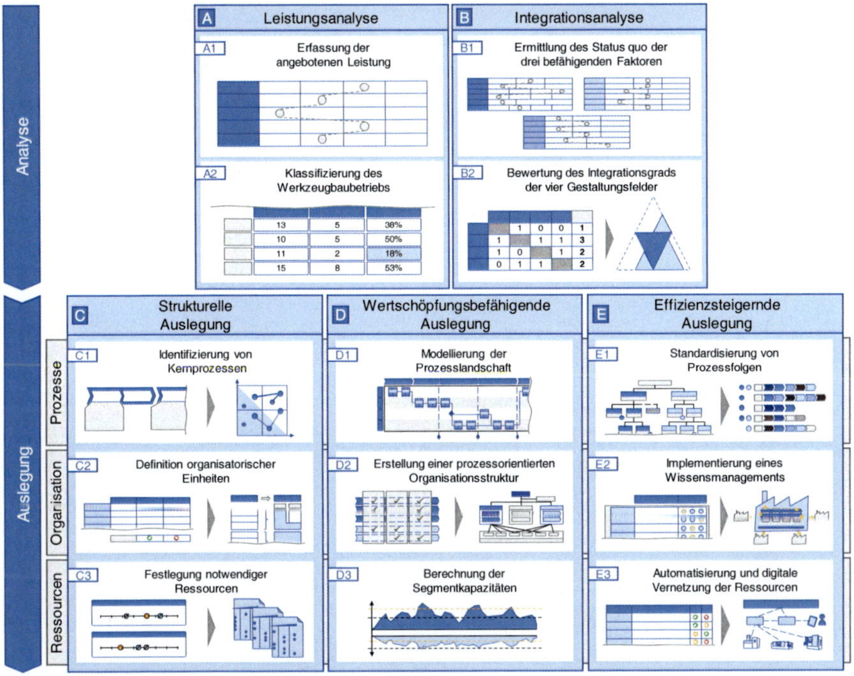

Abbildung 65: Methodik zur strategischen Auslegung industrieller Werkzeugbaubetriebe

Im vorliegenden Kapitel werden die einzelnen Schritte und Detailschritte des Grobkonzepts der Methodik detailliert beschrieben. Dabei werden eingangs die relevanten theoretischen Grundlagen vorgestellt, auf Basis derer die Beschreibung des Vorgehens zur Durchführung der Methodik erfolgt. Abschließend werden die Methodikschritte zu einer abgeschlossenen Methodik integriert.

5.1 Detaillierung der Analyse

Der erste Teil der Methodik zur strategischen Auslegung industrieller Werkzeugbaubetriebe umfasst zwei Schritte. In Schritt A wird zunächst die strategische Ausrichtung des Werkzeugbaus anhand des Leistungsangebots eingeordnet. Dazu werden die den Kunden angebotene

Leistung systematisch erfasst und eine Typisierung des Werkzeugbaus durchgeführt. Anschließend erfolgt in Schritt B eine Integrationsanalyse. Dabei wird überprüft, ob ein strategischer Fit zwischen der angebotenen Leistung des Werkzeugbaubetriebs und den befähigenden Faktoren Prozesse, Organisation und Ressourcen besteht. Das Ergebnis der Analysephase bildet den Ausgangspunkt für die zukünftige strategische Auslegung des Werkzeugbaubetriebs im zweiten Teil der Methodik (vgl. Kapitel 5.2).

5.1.1 Schritt A: Leistungsanalyse

Der erste Schritt der Methodik beinhaltet die Analyse der Leistung des Werkzeugbaubetriebs. Diese erfolgt anhand von zwei Detailschritten. Zunächst wird die angebotene Leistung des Werkzeugbaubetriebs mithilfe eines morphologischen Kastens systematisch erfasst, auf Basis dessen die Zuordnung des Werkzeugbaubetriebs zu einem Werkzeugbautypen erfolgen kann. Zur Analyse der Leistung werden dazu eingangs die notwendigen Grundlagen in den Bereichen morphologischer Kasten, Werkzeugbautypen und Leistungen im Werkzeugbau beschrieben, auf Basis derer die Analyse erfolgt.

5.1.1.1 Grundlagen

Die systematische Erfassung der angebotenen Leistung erfolgt anhand eines **morphologischen Kastens**. Ein morphologischer Kasten stellt eine Methode zur „Zerlegung [...] [eines] Problems in abgegrenzte Teilaspekte und die systematische Variierung von Merkmalsausprägungen [dar], [um] möglichst nahe an das denkbare Lösungsoptimum heranzukommen“[513]. Der morphologische Kasten ist den Kreativtechniken zuzuordnen und dient der systematischen Lösungsfindung.[514] Er geht auf den Schweizer ZWICKY[515] zurück. Die Konstruktion eines morphologischen Kastens erfolgt nach ZWICKY anhand von fünf Schritten:[516]

(1) Definition und zweckmäßige Verallgemeinerung eines Problems

(2) Bestimmung der Parameter des Problems

(3) Aufstellung eines morphologischen Kastens zur Einordnung aller möglichen Lösungen des Problems

(4) Analyse aller möglichen Lösungen des morphologischen Kastens

(5) Wahl der optimalen Lösung

Die Definition einer Lösung oder mehrerer möglicher Lösungen erfolgt auf Basis von „gewissen Stützpunkten des Wissens, der Erfahrung und des Besitz[es]“[517], welche der Anwender der Methode setzt.

Mithilfe der Methode des morphologischen Kastens konnte FRICK[518] erfolgreiche Geschäftsmodelle im Werkzeugbau analysieren und von dieser Analyse ausgehend acht generische

---

[513] Vgl. Mittelmann (Werkzeugkasten Wissensmanagement), 2011, S. 171

[514] Vgl. Mittelmann (Werkzeugkasten Wissensmanagement), 2011, S. 171

[515] Vgl. Zwicky (Forschen im morphologischen Weltbild), 1966

[516] Vgl. Zwicky (Morphologische Forschung), 1959, S. 76; Zwicky (Forschen im morphologischen Weltbild), 1966, S. 116

[517] Vgl. Zwicky (Forschen im morphologischen Weltbild), 1966, S. 129

[518] Vgl. Frick (Geschäftsmodelle im Werkzeugbau), 2006

Geschäftsmodelle für den Werkzeugbau ableiten. Alle Geschäftsmodelle von FRICK sowie die vier von GAUS & ZISKOVEN neu identifizierten Geschäftsmodelle im Werkzeugbau[519] basieren auf einem spezifischen Differenzierungsansatz in Bezug auf die **Nutzenpotenziale**[520] eines Werkzeugbaubetriebs.[521] Nutzenpotenziale können durch besondere Fähigkeiten, sogenannte Strategische Erfolgspositionen[522], erfolgreich erschlossen werden.[523] Nutzenpotenziale ermöglichen es Unternehmen, sich gegenüber den Kunden durch das Angebot bestimmter Leistungen und gegenüber den Wettbewerbern durch diese Leistung zu profilieren.[524] FRICK unterteilt die Möglichkeiten der Differenzierung im Werkzeugbau in eine Differenzierung über das Produkt und eine Differenzierung über die Zusammenarbeit mit Kunden und Partnern. Bei der produktseitigen Differenzierung kann ein Werkzeugbau eine der folgenden beiden Ausprägungen belegen:[525]

- **Kosten:** Niedrige Einstandspreise von Werkzeugen mit Auswirkungen auf den Preis der Bauteile
- **Innovation:** Innovative Werkzeuge zur Abbildung komplexester Bauteile und innovativer Produktionsprozesse zur Reduzierung von Kosten über den Lebenszyklus

Eine kooperationsbezogene Differenzierung hingegen erfolgt anhand der beiden folgenden Ausprägungen:[526]

- **Zeitersparnis:** Kurze Entwicklungs- und Herstellungszeit von Werkzeugen sowie hohe Verfügbarkeit von Kapazitäten
- **Komplexitätsreduktion:** Übernahme von Leistungsumfängen des Kunden und Lieferung von optimierten Gesamtlösungen

Entscheidend bei der Differenzierung anhand der Nutzenpotenziale ist jedoch, dass „in den anderen Disziplinen [...] ein akzeptables Niveau geboten werden [muss] und Schwellwerte [...] nicht unterschritten werden [dürfen]“[527]. So gilt es, dass sich Werkzeugbaubetriebe auf bestimmte Nutzenpotenziale fokussieren, die übrigen jedoch nicht völlig unbeachtet lassen.[528] Auf Basis der zwei übergeordneten Differenzierungskategorien Produkt und Zusammenarbeit lassen sich in Anlehnung an FRICK vier unterschiedliche, empirisch validierte **Werkzeugbautypen**[529] definieren, welche einen unterschiedlichen Nutzen für den Kunden erbringen und sich

[519] Vgl. Gaus/Ziskoven (Geschäftsmodelle für intelligente Werkzeuge), 2010, S. 23

[520] Siehe hierzu: Pümpin (Strategische Erfolgspositionen), 1992, S. 19

[521] Vgl. Frick (Geschäftsmodelle im Werkzeugbau), 2006, S. 200

[522] Die drei zentralen Strategischen Erfolgspositionen im Werkzeugbau sind nach FRICK die Integration in den Kundenprozess, die Fokussierung und die Problemlösung. Vgl. Frick (Geschäftsmodelle im Werkzeugbau), 2006, S. 189

[523] Vgl. Pümpin (Strategische Erfolgspositionen), 1992, S. 28

[524] Vgl. Bleicher (Integriertes Management), 2011, S. 436; Kozielski (Kennzahlensystem für den Werkzeugbau), 2010, S. 40

[525] Vgl. Frick (Geschäftsmodelle im Werkzeugbau), 2006, S. 189; I.A.a. Frick (Geschäftsmodelle im Werkzeugbau), 2006, S. 201

[526] Vgl. Frick (Geschäftsmodelle im Werkzeugbau), 2006, S. 200

[527] Vgl. Treacy; Wiersema (Marktführerschaft), 1995, S. 11; Frick (Geschäftsmodelle im Werkzeugbau), 2006, S. 190

[528] Vgl. Treacy; Wiersema (Marktführerschaft), 1995, S. 11; Frick (Geschäftsmodelle im Werkzeugbau), 2006, S. 190

[529] Vgl. Frick (Geschäftsmodelle im Werkzeugbau), 2006, S. 127

in ihrer angebotenen Leistung voneinander unterscheiden. Die vier Werkzeugbautypen sind in Abbildung 66 dargestellt.

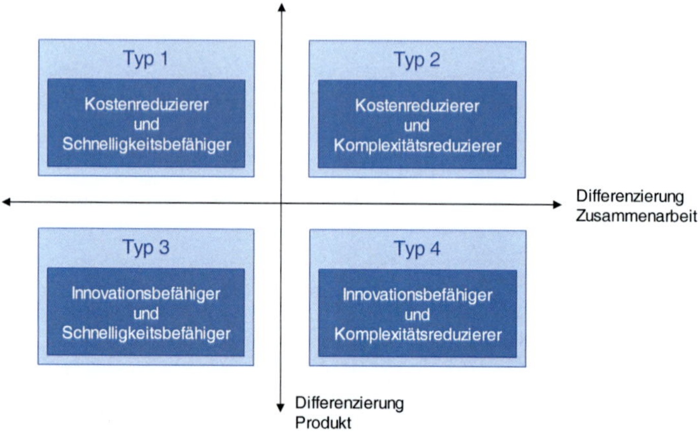

Abbildung 66: Werkzeugbautypen in Bezug auf die unterschiedlichen Nutzenpotenziale in den beiden Spannungsfeldern Produkt und Zusammenarbeit

Die vier unterschiedlichen Werkzeugbautypen unterscheiden sich teilweise signifikant in der Leistung, die sie ihren Kunden anbieten. Der Begriff **Leistung** wird von verschiedenen Wissenschaftlern und Autoren unterschiedlich definiert und charakterisiert. In der vorliegenden Arbeit wird unter der Leistung das „Ergebnis eines betrieblichen Produktionsprozesses innerhalb eines bestimmten Zeitraums in Form von Produkten“[530] verstanden, wobei industrielle Leistungen von produzierenden Unternehmen angeboten und von Organisationen oder Unternehmen nachgefragt werden.[531] Leistungen sind jedoch nicht lediglich als physische Produkte zu betrachten (Sachleistung), sondern bestehen in der Regel aus einer Kombination, auch Leistungsbündel oder Leistungssystem genannt, von physischem Produkt und ergänzenden Dienstleistungen.[532] Industrielle Dienstleistungen[533] lassen sich nach SCHUH in folgende drei Arten unterscheiden:[534]

- Produktunterstützende Dienstleistungen
- Prozessunterstützende Dienstleistungen
- Kundenunterstützende Dienstleistungen

[530] Vgl. Kühn (Leistungssysteme für den Werkzeugbau), 2016, S. 11; o.V. (Wissensbegriff Leistung), 2012

[531] Vgl. Schuh et al. (Fit for Service), 2004, S. 8; Garbe (Industrielle Dienstleistungen), 1998, S. 23; Kühn (Leistungssysteme für den Werkzeugbau), 2016, S. 11; Kleinaltenkamp (Markt- und Produktmanagement), 2006, S. 220

[532] Vgl. Bullinger (Dienstleistungen), 1997, S. 29; Belz (Erfolgreiche Leistungssysteme), 1991, S. 1; Kühn (Leistungssysteme für den Werkzeugbau), 2016, S. 12

[533] Vgl. Kleinaltenkamp (Markt- und Produktmanagement), 2006, S. 220

[534] Vgl. Schuh et al. (Fit for Service), 2004, S. 57

Produktunterstützende Dienstleistungen, auch produktbegleitende Dienstleistungen genannt, sind beispielsweise die Installation einer Sachleistung, die Mitarbeiterschulung oder die Dokumentation von Eigenschaften einer Sachleistung und stehen im direkten Zusammenhang mit dieser. Prozessunterstützende Dienstleistungen hingegen umfassen den Betrieb der industriellen Sachleistung und erhöhen die Effizienz des Betriebs einer Anlage durch bspw. Ersatzteile, Reparaturen oder eine Prozessberatung. Die kundenunterstützenden Dienstleistungen, wie bspw. Vermietung, Finanzierung oder technische Beratung, beziehen sich nur bedingt auf eine konkrete Sachleistung und adressieren direkt das Geschäft des Kunden. Von der produktunterstützenden zur kundenunterstützenden Dienstleistung steigen der Grad der Immaterialität und der Grad der Interaktion mit dem Kunden.[535]

Die Klassifizierung der Leistung im Werkzeugbau kann auf unterschiedliche Weise geschehen. Zum einen ist eine Klassifizierung von Leistungen anhand des Erzeugnisspektrums gemäß den Ausführungen von EVERSHEIM & KLOCKE möglich.[536] Zum anderen können einzelne Erzeugnisse anhand ihrer Eigenschaften wie Abmessung, Gewicht, Komplexität etc.[537] oder aber anhand ihres Einsatzspektrums hinsichtlich der Industrien wie Medizintechnik, Automobilindustrie etc.[538] unterteilt werden. Für die strategische Auslegung der befähigenden Faktoren Prozesse, Organisation und Ressourcen, auf Basis der angebotenen Leistung, sind diese Klassifizierungen jedoch nicht zielführend, da die Auswirkungen bei unterschiedlichen Ausprägungen der Merkmale für die Auslegung der befähigenden Faktoren nicht von hoher Bedeutung sind.

Im Kontext der Unternehmensauslegung bietet sich eine Klassifizierung der Sachleistung Werkzeug anhand folgender Kriterien an: Grundsätzlich lassen sich Werkzeuge anhand ihrer Funktion unterscheiden. Diese resultiert vor allem aus dem jeweiligen **Werkzeugtypen**. Je nach Ausprägung der Funktion weisen Werkzeuge dabei verschiedene Grade der **Komplexität und Innovation** auf und müssen bspw. auf unterschiedliche Weise entwickelt oder mit verschiedenen Technologien hergestellt werden. Die Komplexität wird zudem durch die Anzahl bzw. die Vielfalt der **Werkzeugkomponenten** bestimmt. Bestehen Massivumformwerkzeuge häufig nur aus wenigen Komponenten und sind in ihrer Herstellung wenig komplex, so bestehen Spritzgieß- oder Blechverarbeitungswerkzeuge häufig aus mehreren hundert Bauteilen[539] und sind insbesondere in der Konstruktion, der Montage und im Try-out als sehr komplex zu bewerten. Auch innerhalb der Typen gibt es verschiedene Komplexitäten. So lassen sich durch die drei Merkmale Werkzeugkomplexität, Unterschiedlichkeitsgrad der Werkzeugtypen und Vielfalt der Werkzeugkomponenten Werkzeuge in geeigneter Weise charakterisieren. Die vom Werkzeugbau angebotenen Dienstleistungen unterscheiden sich in erster Linie durch den Prozessschritt der Wertschöpfungskette, in dem sie angeboten werden. Dieser **Leistungsumfang** kann von beratenden Leistungen bis hin zur Übernahme gesamter Wertschöpfungsumfänge reichen. Da Dienstleistungen im Werkzeugbau häufig in Verbindung mit der Sachleistung angeboten werden, stellt auch der **Integrationsgrad** der Dienstleistung ein differenzierendes

[535] Vgl. Schuh et al. (Fit for Service), 2004, S. 57; Kühn (Leistungssysteme für den Werkzeugbau), 2016, S. 17

[536] Vgl. Eversheim; Klocke (Werkzeugbau mit Zukunft), 1998, S. 24

[537] Vgl. Kuhlmann (Geschäftsprozesse im industriellen Werkzeugbau), 2011, S. 88; Pitsch (Kompetenzfeldbasierte Vernetzung), 2014, S. 118

[538] Vgl. Kühn (Leistungssysteme für den Werkzeugbau), 2016, S. 106

[539] Gemeinsame Datenbank des Werkzeugmaschinenlabors WZL der RWTH Aachen und des Fraunhofer-Instituts für Produktionstechnologie IPT, Stand August 2016

Leistungsmerkmal dar. Die beschreibenden Merkmale der Leistung im industriellen Werkzeugbau sind zusammenfassend im Folgenden dargestellt und werden in Kapitel 5.1.1.2 ausführlich beschrieben:

- Werkzeugkomplexität
- Unterschiedlichkeitsgrad der Werkzeugtypen
- Vielfalt der Werkzeugkomponenten
- Leistungsumfang entlang der Wertschöpfungskette
- Integrationsgrad der Dienstleistungen

5.1.1.2 Vorgehen zur Erfassung der angebotenen Leistung

Jeder Werkzeugbaubetrieb bietet seinen Kunden eine spezifische Leistung an, mit der er sich gegenüber seinen Wettbewerbern differenzieren und dem Kunden einen besonderen Mehrwert liefern kann.[540] Um diese Differenzierung erreichen zu können, müssen Werkzeugbaubetriebe ihre Leistung strikt am Kundennutzen ausrichten.[541] Dies bedeutet, dass sie die Anforderungen ihrer Kunden mindestens im vollen Umfang, nach Möglichkeit jedoch darüber hinaus erfüllen müssen. So definieren KLOCKE & SCHUH drei Arten von Merkmalen, mithilfe derer sich Werkzeugbaubetriebe mehr oder weniger differenzieren können. Mithilfe von Basismerkmalen allein ist eine Differenzierung nicht möglich, da die Merkmale deutlich unterhalb des definierten Preisäquivalents liegen. Leistungsmerkmale bieten in Ansätzen die Möglichkeit, sich gegenüber Wettbewerbern abzuheben, wohingegen Begeisterungsmerkmale von entscheidender Bedeutung für eine erfolgreiche Differenzierung sind, da diese den größten Netto-Kundennutzen schaffen und somit vom Kunden besonders honoriert werden.[542]

Die Differenzierung gegenüber dem Wettbewerb erfolgt folglich über **spezifische Merkmale**, die für den Kunden von besonderer Bedeutung sind. Diese Merkmale werden zum einen durch die Leistung selbst, zum anderen aber auch durch die Leistungsfähigkeit des Werkzeugbaubetriebs, welche von den befähigenden Faktoren Prozesse, Organisation und Ressourcen abhängt, definiert bzw. ausgestaltet. Die für die Beschreibung der Leistung eines Werkzeugbaubetriebs relevanten Nutzenpotenziale (vgl. Kapitel 5.1.1.1), welche einen spezifischen Kundennutzen adressieren, werden in Anlehnung an FRICK in Merkmale mit Einfluss auf ein Differenzierungspotenzial auf Basis des Produkts (Spannungsfeld: Kosten versus Innovation) und auf Basis der Zusammenarbeit (Spannungsfeld: Zeit versus Komplexität) eingeteilt (vgl. Abbildung 67).

[540] Vgl. Schuh et al. (Marketing), 2016, S. 54
[541] Vgl. Kühn/Grandke (Kundennutzen), 1997, S. 133
[542] Vgl. Klocke; Schuh (Zukunftsstudie Werkzeugbau), 2005, S. 30

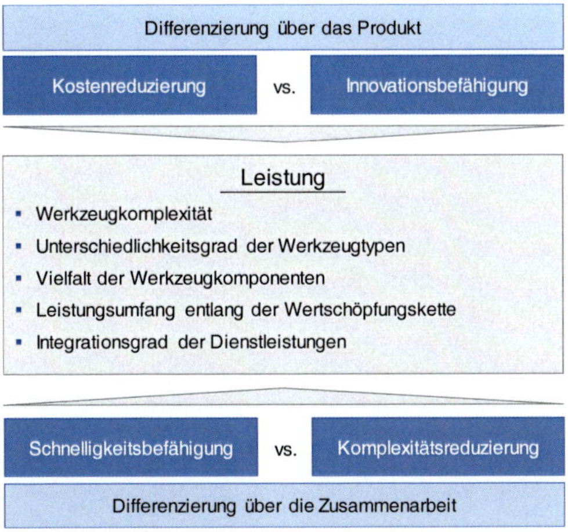

Abbildung 67: Beschreibende Merkmale der Leistung im industriellen Werkzeugbau auf Basis der Nutzenpotenziale

Aufgrund der komplexen Zusammenhänge zwischen den Differenzierungspotenzialen über das Produkt und die Zusammenarbeit ist eine eindeutige Zuordnung der Merkmale zu einem der beiden Spannungsfelder in der Regel nicht möglich, da die Ausprägung eines Merkmals sowohl Einfluss auf das Differenzierungspotenzial über das Produkt als auch über das der Zusammenarbeit haben kann. Im Folgenden werden die einzelnen Merkmale zur Erfassung der Leistung, unter Berücksichtigung der Auswirkungen auf die beiden Spannungsfelder, beschrieben.

Werkzeugkomplexität

Die Werkzeugkomplexität ist durch die Funktionaltäten, die in einem Werkzeug integriert sind, und die Schwierigkeit in der Herstellung des Werkzeugs und der einzelnen Bestandteile gekennzeichnet. Die Komplexität des Werkzeugs wird maßgeblich durch die Komplexität des herzustellenden Bauteils beeinflusst. Komplexe Bauteilgeometrien erfordern komplexe Werkzeugkonzepte, welche wiederum ein umfangreiches Engineering- und Fertigungs-Know-how erfordern. Komplexitätstreiber eines Werkzeugs sind neben der Bauteilgeometrie auch Kriterien wie Materialien, Herstellungsverfahren, Toleranzen und Genauigkeiten, Oberflächengüten sowie die Anzahl und die Art der für das Werkzeug notwendigen Komponenten. Auch die Integration verschiedener Funktionen wie Reinigen, Fügen oder eine Qualitätsprüfung erhöhen die Komplexität eines Werkzeugs.[543] Eine hohe Werkzeugkomplexität geht in der Regel mit einer geringen Imitierbarkeit des Werkzeugs[544] und einem hohen Innovationsgrad einher.

Mögliche Ausprägungen für das Merkmal Werkzeugkomplexität sind (vgl. auch Abbildung 68):

- **Gering:** Die Werkzeuge sind sehr einfach gestaltet und adressieren im Wesentlichen den Wunsch des Kunden bzgl. eines geringen Einstandspreises. Das Imitieren durch

[543] Vgl. Klocke; Arntz (Technologien von morgen), 2004, S. 10ff.

[544] Vgl. Schuh (Service im Werkzeugbau), 04.12.2007

andere Betriebe ist leicht möglich. Die Werkzeuge können sehr schnell hergestellt und geliefert werden.

- **Eher gering:** Die Werkzeuge sind komplex und können nicht einfach imitiert werden. Der Grad der Komplexität ist aufgrund einer geringen Anzahl an Funktionalitäten des Werkzeugs jedoch begrenzt. Der Nutzen für den Kunden liegt in erster Linie im geringen Einstandspreis des Werkzeugs trotz einer mittleren Komplexität.
- **Eher hoch:** Die Werkzeuge sind komplex und durch besonders innovative Aspekte charakterisiert. Das in der Serienproduktion herzustellende Bauteil kann nur durch die besondere Innovation des Werkzeugs hergestellt werden. Das Werkzeug enthält Funktionalitäten, die zu einem besseren Serienprozess führen.
- **Hoch:** Die Werkzeuge sind in ihrer Bauart sehr komplex und besonders innovativ. Durch die Integration einer Vielzahl von Funktionalitäten werden nachfolgende Prozesse, wie bspw. die Montage zweier Bauteile, in der Herstellung überflüssig, wodurch der Kunde eine fertige Systemlösung erhält.

Werkzeugkomplexität	Einfach imitierbare Werkzeuge mit Fokus auf geringem Einstandspreis	Schwer imitierbare Werkzeuge, welche jedoch lediglich eine begrenzte Komplexität aufweisen	Schwer imitierbare, komplexe Werkzeuge mit besonders hohem Innovationsgrad	Komplexeste Werkzeuge mit individuellen und innovativen Funktionalitäten, die in das Werkzeug integriert werden

Abbildung 68: Ausprägungen des Merkmals Werkzeugkomplexität

Unterschiedlichkeitsgrad der Werkzeugtypen

Am Hochlohnstandort Deutschland hat sich der Großteil der Werkzeugbaubetriebe auf das Angebot bzw. die Herstellung eines bestimmten Werkzeugtypen fokussiert und differenziert sich dadurch am Markt. Zudem liegt der Fokus der Betriebe auf einer speziellen Branche wie beispielsweise der Automobilindustrie, der Verpackungsindustrie oder der Medizintechnik. Die Fokussierung auf eine spezielle Industrie hat den Grund, dass sich die Anforderungen in der Automobilindustrie (z. B. sehr kurze Lieferzeiten) zum Teil stark von denen der Medizintechnik (z. B. Reinraumtechnik) unterscheiden. Der Fokus auf einen Werkzeugtyp resultiert aus der Tatsache, dass die technische Herstellung unterschiedlicher Werkzeugtypen durch unterschiedliche Ressourcen erfolgen muss und teilweise sehr unterschiedliche Kompetenzen und umfangreiches Erfahrungswissen in der Entwicklung notwendig sind. Nur wenige Werkzeugbaubetriebe in Deutschland stellen daher grundverschiedene Werkzeugtypen her, um die spezifischen Anforderungen besser adressieren und Synergieeffekte erzielen zu können.[545] Zur Begeisterung des Kunden bzw. zum Angebot von Gesamtlösungen für einen integrierten Prozess stellen Werkzeugbaubetriebe jedoch situativ auch verschiedene Werkzeugtypen her bzw. beschaffen diese bei strategischen Wertschöpfungspartnern. Dem Kunden gegenüber treten sie als Prozessbefähiger auf (vgl. Kapitel 2.3.2).

Mögliche Ausprägungen für das Merkmal Unterschiedlichkeitsgrad der Werkzeugtypen sind (vgl. auch Abbildung 69):

- **Gering:** Der Werkzeugbaubetrieb bietet nur wenige Werkzeugtypen an und hat sich auf eine Industrie fokussiert, deren Anforderungen er sehr präzise adressieren kann.

[545] Gemeinsame Datenbank des Werkzeugmaschinenlabors WZL der RWTH Aachen und des Fraunhofer-Instituts für Produktionstechnologie IPT, Stand August 2016

Durch eine hohe Standardisierung und große Erfahrungswerte können die Werkzeugtypen kostengünstig und schneller als vom Wettbewerb hergestellt werden.

- **Eher gering:** Der Werkzeugbaubetrieb stellt wenige verschiedene Werkzeugtypen her, bietet diese jedoch für unterschiedliche Industrien an, da er dabei Synergieeffekte erzielen kann. Er ist in der Lage, Werkzeuge kostengünstig herzustellen.
- **Eher hoch:** Der Werkzeugbaubetrieb stellt für eine bestimmte Industrie unterschiedliche Werkzeugtypen her. Im Vordergrund steht nicht die kostengünstige Herstellung eines Werkzeugs, sondern das Angebot eines insgesamt kostengünstigen Prozesses für den Kunden, der durch die Kombination verschiedener Werkzeuge möglich ist. Dies erfolgt auf Basis der detaillierten Kenntnis der Anforderungen der Industrie.
- **Hoch:** Der Werkzeugbaubetrieb ist in der Lage, unterschiedlichste Werkzeugtypen für verschiedene Industrien anzubieten, da er mit verschiedensten Wertschöpfungspartnern strategisch zusammenarbeitet und den Kunden gegenüber als Lösungsanbieter für den Serienprozess auftritt.

Unterschiedlichkeitsgrad der Werkzeugtypen	Angebot weniger Werkzeugtypen für eine spezifische Industrie	Angebot weniger Werkzeugtypen für verschiedene Industrien	Angebot verschiedener Werkzeugtypen für eine Industrie, teilweise zusammen mit Partnern	Angebot unterschiedlichster Werkzeugtypen für verschiedene Industrien durch Zusammenarbeit mit Partnern

Abbildung 69: Ausprägungen des Merkmals Unterschiedlichkeitsgrad der Werkzeugtypen

Vielfalt der Werkzeugkomponenten

Werkzeuge unterscheiden sich nicht nur in Bezug auf ihre Funktionalität, sondern insbesondere durch die Anzahl und den Unterschiedlichkeitsgrad der Werkzeugkomponenten. Ein Werkzeug kann, je nach Werkzeugtyp, aus mehreren hundert Werkzeugkomponenten bestehen[546], welche vor der Montage des Werkzeugs im Werkzeugbaubetrieb hergestellt oder von Fremdanbietern bezogen werden müssen. Dabei werden Normalien, Aufbaukomponenten, mechanische und konturgebende sowie in den letzten Jahren vermehrt elektronische Komponenten unterschieden. Insbesondere Normalien und elektronische Komponenten, zunehmend jedoch auch Aufbaukomponenten, werden von Werkzeugbaubetrieben fremd bezogen, wodurch der Fokus in der Herstellung auf mechanischen und konturgebenden Komponenten liegt. Ziel ist die möglichst umfangreiche Standardisierung der Komponenten bei gleichzeitiger Bauteilindividualität. Hierzu bedarf es jedoch der Fachkompetenz, zugekaufte Komponenten anforderungsgerecht für jedes Werkzeug adaptieren zu können.

Mögliche Ausprägungen für das Merkmal Vielfalt der Werkzeugkomponenten sind (vgl. auch Abbildung 70):

- **Gering:** Die Vielfalt der Werkzeugkomponenten ist gering. Es werden lediglich mechanische und konturgebende Komponenten eingesetzt. Die mechanischen Komponenten liegen dabei jedoch hochgradig standardisiert vor. Die Individualisierung des Werkzeugs erfolgt ausschließlich durch die konturgebenden Teile, wodurch eine schnelle und kostengünstige Herstellung des Werkzeugs möglich ist.

[546] Gemeinsame Datenbank des Werkzeugmaschinenlabors WZL der RWTH Aachen und des Fraunhofer-Instituts für Produktionstechnologie IPT, Stand März 2016

- **Eher gering:** Der Anteil der standardisierten Werkzeugkomponenten ist geringer, da die Werkzeugindividualität nicht nur durch die konturgebenden Teile erzeugt wird, sondern auch durch weitere Funktionalitäten. Dennoch können die Werkzeuge kostengünstig hergestellt werden.
- **Eher hoch:** Neben mechanischen und konturgebenden Teilen werden auch elektronische Komponenten eingesetzt. Da diese jedoch individuell in die Werkzeuge eingepasst werden müssen, werden sie nur selten eingesetzt. Die Standardisierung der mechanischen Komponenten liegt im Fokus.
- **Hoch:** Der Einsatz von elektronischen Komponenten ist ein wesentliches Merkmal des Werkzeugs. Dem Einsatz dieser Mehrwert generierenden Komponenten wird eine Standardisierung von mechanischen Komponenten untergeordnet und mit vielen Wertschöpfungspartnern zusammengearbeitet.

Vielfalt der Werkzeugkomponenten	Eingesetzt wird eine Vielzahl standardisierter mechanischer Komponenten sowie individualisierte konturgebende Teile	Eingesetzt werden teils standardisierte mechanische Komponenten und individualisierte konturgebende Teile	Elektronische Komponenten werden nur selten eingesetzt, mechanische Komponenten sind standardisiert	Eingesetzt werden verschiedenste mechanische, konturgebende und elektronische Komponenten

Abbildung 70: Ausprägungen des Merkmals Vielfalt der Werkzeugkomponenten

Leistungsumfang entlang der Wertschöpfungskette

In Kapitel 2.3.3 wurden die Wertschöpfungskette des Werkzeugbaus sowie die Schnittstellen zu den vor- und nachgelagerten Kundenprozessen beschrieben. Die Wertschöpfungskette beschreibt in erster Linie die notwendigen Prozessschritte zur Herstellung der Sachleistung Werkzeug. Neben diesen Sachleistungen bieten Werkzeugbaubetriebe vermehrt jedoch auch ergänzende bzw. mit der Sachleistung verknüpfte Dienstleistungen an (vgl. Kapitel 2.3.2.2). Dabei unterscheidet sich der Grad des Dienstleistungsumfangs bei Werkzeugbaubetrieben teilweise stark voneinander. Bieten einige Werkzeugbaubetriebe insbesondere Leistungen im Bereich der Entwicklung an, so bieten andere Werkzeugbaubetriebe insbesondere Unterstützung im Bereich der Serienproduktion an.

Mögliche Ausprägungen für das Merkmal Leistungsumfang entlang der Wertschöpfungskette sind (vgl. auch Abbildung 71):

- **Gering:** Der Werkzeugbaubetrieb bietet lediglich Sachleistungen in Form von Werkzeugen und produktunterstützende Dienstleistungen an. Sein Fokus liegt auf einer effizienten und schnellen Herstellung der Werkzeuge.
- **Eher gering:** Der Werkzeugbaubetrieb bietet aktiv produkt- und prozessunterstützende Dienstleistungen in den der Werkzeugherstellung vorgelagerten Prozessschritten an, um die Time-to-market zu reduzieren. Die Serienunterstützung findet nur passiv statt.
- **Eher hoch:** Der Werkzeugbaubetrieb bietet aktiv produkt- und prozessunterstützende Dienstleistungen in den der Werkzeugherstellung vor- und nachgelagerten Prozessschritten an, um die Entwicklung und die Serienproduktion aktiv betreuen zu können.
- **Hoch:** Der Werkzeugbaubetrieb bietet neben der Sachleistung Werkzeug auch aktiv produkt-, prozess- und ggf. kundenunterstützende Dienstleistungen entlang der

gesamten Wertschöpfungskette an. Der Fokus liegt auf dem Angebot einer Gesamtlösung für den Kunden.

Leistungsumfang entlang der Wertschöpfungskette	Sachleistungen und produktunterstützende Dienstleistungen	Sachleistungen sowie produkt- und prozessunterstützende Dienstleistungen in vorgelagerten Prozessen	Sachleistungen sowie produkt- und prozessunterstützende Dienstleistungen in vor- und nachgelagerten Prozessen	Sachleistungen sowie produkt-, prozess- und kundenunterstützende Dienstleistungen entlang der Wertschöpfungskette

Abbildung 71: Ausprägungen des Merkmals Leistungsumfang entlang der Wertschöpfungskette

Integrationsgrad der Dienstleistungen

Dienstleistungen im Werkzeugbau können sowohl losgelöst von einer Sachleistung als auch eng mit dieser verknüpft angeboten werden. Im Zuge dieser Unterscheidung können Leistungen im Werkzeugbau anhand ihres Integrationsgrads mit der Sachleistung Werkzeug charakterisiert werden. Diese Charakterisierung erfolgt, in Anlehnung an BELZ, anhand eines Schalenmodells, welches sich nach KÜHN im Werkzeugbau in die sechs Schalen Produkt, Produktsystem, Sortiment, Dienstleistung, Integration der Leistung und Integriertes Projektmanagement untergliedern lässt.[547] Der Integrationsgrad zwischen Sachleistung und Dienstleistung steigt dabei von innen nach außen an, wobei sich gleichzeitig auch der Kundennutzen erhöht.

Mögliche Ausprägungen für das Merkmal Integrationsgrad der Dienstleistungen sind (vgl. auch Abbildung 72):

- **Gering:** Dienstleistungen werden nicht systematisch angeboten. Das Angebot erfolgt lediglich in Ausnahmefällen auf Anfrage des Kunden. Der Fokus liegt auf einer unabhängigen Herstellung der Werkzeuge.
- **Eher gering:** Das Dienstleistungsangebot beschränkt sich auf einen kleinen Teil der Wertschöpfungskette und ist im Wesentlichen durch Beratungsleistungen charakterisiert. Der Fokus liegt auf der Herstellung der Werkzeuge.
- **Eher hoch:** Das Dienstleistungsangebot ist beschränkt auf einen kleinen Teil der Wertschöpfungskette. Die Leistungen gehen über die Beratung hinaus und umfassen Leistungen wie die teil- und vollumfängliche Übernahme von Umfängen.
- **Hoch:** Das Dienstleistungsangebot ist sehr diversifiziert. Unterschiedlichste Dienstleistungen werden entlang der gesamten Wertschöpfungskette angeboten und werden in Kombination mit dem Werkzeug verkauft.

Integrationsgrad der Dienstleistungen	Kein systematisches Angebot von integrierten Dienstleistungen	Teilweise mit dem Werkzeug verknüpfte Beratungsdienstleistungen in einem kleinen Teil der Wertschöpfungskette	Viele verknüpfte Beratungs- und unterstützende Dienstleistungen in einem kleinen Teil der Wertschöpfungskette	Diversifiziertes und integriertes Dienstleistungsangebot entlang der gesamten Wertschöpfungskette

Abbildung 72: Integrationsgrad der Dienstleistungen

Zusammenfassend ist der auf Basis der Merkmale und deren Ausprägungen aufgespannte morphologische Kasten zur Klassifizierung der Leistung von Werkzeugbaubetrieben in Abbildung 73 dargestellt. Die Einordnung des Werkzeugbaubetriebs in den dargestellten morphologischen Kasten erfüllt die Anforderung an die Praktikabilität der Methodik, da ein komplexer

[547] Vgl. Kühn (Leistungssysteme für den Werkzeugbau), 2016, S. 140

Sachverhalt in einzelne, weniger komplexe Teilsysteme heruntergebrochen wird (vgl. Kapitel 3.2).

Werkzeugkomplexität	Einfach imitierbare Werkzeuge mit Fokus auf geringem Einstandspreis	Schwer imitierbare Werkzeuge, welche jedoch lediglich eine begrenzte Komplexität aufweisen	Schwer imitierbare, komplexe Werkzeuge mit besonders hohem Innovationsgrad	Komplexeste Werkzeuge mit individuellen und innovativen Funktionalitäten, die in das Werkzeug integriert werden
Unterschiedlichkeitsgrad der Werkzeugtypen	Angebot weniger Werkzeugtypen für eine spezifische Industrie	Angebot weniger Werkzeugtypen für verschiedene Industrien	Angebot verschiedener Werkzeugtypen für eine Industrie, teilweise zusammen mit Partnern	Angebot unterschiedlichster Werkzeugtypen für verschiedene Industrien durch Zusammenarbeit mit Partnern
Vielfalt der Werkzeugkomponenten	Eingesetzt wird eine Vielzahl standardisierter mechanischer Komponenten sowie individualisierte konturgebende Teile	Eingesetzt werden teils standardisierte mechanische Komponenten und individualisierte konturgebende Teile	Elektronische Komponenten werden nur selten eingesetzt, mechanische Komponenten sind standardisiert	Eingesetzt werden verschiedenste mechanische, konturgebende und elektronische Komponenten
Leistungsumfang entlang der Wertschöpfungskette	Sachleistungen und produktunterstützende Dienstleistungen	Sachleistungen sowie produkt- und prozessunterstützende Dienstleistungen in vorgelagerten Prozessen	Sachleistungen sowie produkt- und prozessunterstützende Dienstleistungen in vor- und nachgelagerten Prozessen	Sachleistungen sowie produkt-, prozess- und kundenunterstützende Dienstleistungen entlang der Wertschöpfungskette
Integrationsgrad der Dienstleistungen	Kein systematisches Angebot von integrierten Dienstleistungen	Teilweise mit dem Werkzeug verknüpfte Beratungsdienstleistungen in einem kleinen Teil der Wertschöpfungskette	Viele verknüpfte Beratungs- und unterstützende Dienstleistungen in einem kleinen Teil der Wertschöpfungskette	Diversifiziertes und integriertes Dienstleistungsangebot entlang der gesamten Wertschöpfungskette

Abbildung 73: Morphologischer Kasten zur Klassifizierung der angebotenen Leistung im Werkzeugbau

Die Einordnung des Werkzeugbaubetriebs hinsichtlich der fünf Merkmale geschieht auf qualitativer Ebene, wobei sie durch eine quantitative Datenauswertung unterstützt werden kann. So kann durch vergangenheitsbasierte Daten bzgl. der Anzahl hergestellter Werkzeuge der Unterschiedlichkeitsgrad der Werkzeugtypen analysiert werden, indem eine Kategorisierung von Werkzeugen in Typen durchgeführt wird. Auch eine Analyse der Vielfalt der Werkzeugkomponenten ist durch die Betrachtung einzelner Stücklisten möglich. So kann durch die Gegenüberstellung von Stücklisten eine Gleichteilquote berechnet werden, welche die Einordnung in eine der Ausprägungen unterstützt. Zudem können der Leistungsumfang sowie der Integrationsgrad der Dienstleistungen auf Basis vergangener Aufträge systematisch analysiert und erfasst werden.[548] Da sich die Rahmenbedingungen eines Unternehmens sowie des Marktes jedoch mit der Zeit verändern und die strategische Auslegung des Werkzeugbaubetriebs zukunftsorientiert erfolgen soll[549], ist lediglich die Betrachtung vergangener Aufträge nicht zweckmäßig. Deshalb sollte die Einordnung in die Ausprägungen der einzelnen Merkmale auch in Hinblick auf die zukünftige Belegung der Felder mit einem Zeithorizont von etwa fünf Jahren geschehen.

Durch diesen strategischen Charakter der Leistungsanalyse sollte diese durch die Geschäftsführung bzw. die Führungskräfte des Werkzeugbaubetriebs erfolgen. Dazu sollte jedoch auf die Expertise einzelner Personen oder Abteilungen, wie bspw. dem Vertrieb, welcher Veränderungen in den Kundenanforderungen ggf. frühzeitig antizipieren kann, oder den Try-out Mitarbeitern, welche durch die Begleitung des Anlaufprozesses der Werkzeuge einen umfangreichen Austausch mit den Kunden haben, zurückgegriffen werden. Unterstützend können zudem systematische Kundenbefragungen durchgeführt werden, um die sich ändernden Kundenanforderungen zu evaluieren. Auch durch die Anwendung unterschiedlicher Kreativitätstechniken wie dem Mind Mapping, Brainstorming/-writing oder einer Kundennutzen-Matrix[550]

[548] Vgl. Pitsch (Kompetenzfeldbasierte Vernetzung), 2014, S. 100
[549] Vgl. Kühn (Leistungssysteme für den Werkzeugbau), 2016, S. 111
[550] Vgl. Scherer (Kreativitätstechniken), 2007

können Kundenbedürfnisse antizipiert und das zukünftige Leistungsangebot des Werkzeugbaubetriebs entwickelt werden. Die Einordnung in den morphologischen Kasten erfolgt abschließend anhand der erhobenen Daten sowie der Prognose der zukünftigen Ausrichtung. Abbildung 74 zeigt beispielhaft die Einordnung eines Werkzeugbaubetriebs in den morphologischen Kasten zur Definition der zukünftigen Leistung des Werkzeugbaubetriebs. Bei der Einordnung des Werkzeugbaubetriebs in die vier Ausprägungen innerhalb der fünf Merkmale ist zu beachten, dass aufgrund der diskreten Skalierung auch Zwischenstufen zwischen den vier Ausprägungen bestehen können. So kann es möglich sein, dass keine der vier Ausprägungen den Werkzeugbaubetrieb in exakter Weise beschreibt, jedoch eine Tendenz ausgewiesen werden kann. Aufgrund der Berücksichtigung der Wechselwirkungen zwischen den einzelnen Merkmalen bei der Klassifizierung des Werkzeugbaubetriebs (vgl. Kapitel 5.1.2.3) werden eventuelle Unschärfen relativiert und stehen einer späteren strategischen Auslegung nicht im Wege. Der Fokus liegt in diesem Schritt auf einer hohen Praktikabilität und Akzeptanz der Methodik.

Werkzeugkomplexität	Einfach imitierbare Werkzeuge mit Fokus auf geringem Einstandspreis	Schwer imitierbare Werkzeuge, welche jedoch lediglich eine begrenzte Komplexität aufweisen	Schwer imitierbare, komplexe Werkzeuge mit besonders hohem Innovationsgrad	Komplexeste Werkzeuge mit individuellen und innovativen Funktionalitäten, die in das Werkzeug integriert werden
Unterschiedlichkeitsgrad der Werkzeugtypen	Angebot weniger Werkzeugtypen für eine spezifische Industrie	Angebot weniger Werkzeugtypen für verschiedene Industrien	Angebot verschiedener Werkzeugtypen für eine Industrie, teilweise zusammen mit Partnern	Angebot unterschiedlichster Werkzeugtypen für verschiedene Industrien durch Zusammenarbeit mit Partnern
Vielfalt der Werkzeugkomponenten	Eingesetzt wird eine Vielzahl standardisierter mechanischer Komponenten sowie individualisierte konturgebende Teile	Eingesetzt werden teils standardisierte mechanische Komponenten und individualisierte konturgebende Teile	Elektronische Komponenten werden nur selten eingesetzt, mechanische Komponenten sind standardisiert	Eingesetzt werden verschiedenste mechanische, konturgebende und elektronische Komponenten
Leistungsumfang entlang der Wertschöpfungskette	Sachleistungen und produktunterstützende Dienstleistungen	Sachleistungen sowie produkt- und prozessunterstützende Dienstleistungen in vorgelagerten Prozessen	Sachleistungen sowie produkt- und prozessunterstützende Dienstleistungen in vor- und nachgelagerten Prozessen	Sachleistungen sowie produkt-, prozess- und kundenunterstützende Dienstleistungen entlang der Wertschöpfungskette
Integrationsgrad der Dienstleistungen	Kein systematisches Angebot von integrierten Dienstleistungen	Teilweise mit dem Werkzeug verknüpfte Beratungsdienstleistungen in einem kleinen Teil der Wertschöpfungskette	Viele verknüpfte Beratungs- und unterstützende Dienstleistungen in einem kleinen Teil der Wertschöpfungskette	Diversifiziertes und integriertes Dienstleistungsangebot entlang der gesamten Wertschöpfungskette

Abbildung 74: Beispielhaft ausgefüllter morphologischer Kasten zur Definition der zukünftigen Leistung

Dem Anwender liegen nach dem Abschluss der **Erfassung der angebotenen Leistung** folgende Ergebnisse vor:

- Identifizierte (zukünftige) Merkmalsausprägungen in Bezug auf Potenziale einer Differenzierung anhand des Produkts und der Zusammenarbeit
- Systematisch erfasstes Leistungsangebot des Werkzeugbaubetriebs anhand der relevanten Merkmale zur Leistungsanalyse

5.1.1.3 Vorgehen zur Klassifizierung des Werkzeugbaubetriebs

Unternehmenstypen im Werkzeugbau, welche für eine strategische Auslegung im Hinblick auf eine Differenzierung am Markt relevant sind, differenzieren sich sowohl aufseiten des Produkts als auch aufseiten der Zusammenarbeit. Diesbezüglich unterscheiden sich auch die vier Typen Kostenreduzierer und Schnelligkeitsbefähiger, Kosten- und Komplexitätsreduzierer, Innovations- und Schnelligkeitsbefähiger sowie Innovationsbefähiger und Komplexitätsreduzierer (vgl. Abbildung 66) jeweils durch ein unterschiedliches Nutzenpotenzial in Bezug auf das Produkt und die Zusammenarbeit. Dadurch liefern sie ihren Kunden einen Mehrwert gegenüber den jeweils anderen Typen. Im Folgenden werden die vier Nutzenpotenziale vorgestellt:[551]

Kostenreduktion

Das Nutzenpotenzial der Kostenreduktion liegt in der Verringerung der Kosten bzgl. des Einstandspreises der Werkzeuge. Dabei werden sowohl die Kosten des Werkzeugbaus in der Werkzeugherstellung als auch der Preis für den Kunden reduziert. Die Betrachtung der Total-Costs-of-Ownership, also die Lebenszykluskosten eines Werkzeugs, werden durch dieses Nutzenpotenzial nicht adressiert. Allerdings fällt Werkzeugbaubetrieben an einem Hochlohnstandort wie Deutschland die reine Differenzierung über den Einstandspreis schwer, da Anbieter aus Niedriglohnländern mit hoher Leistungsfähigkeit häufig einen deutlichen Wettbewerbsvorteil besitzen (vgl. Kapitel 2.4).[552] Entscheidend bei der produktseitigen Differenzierung über die Kosten ist das Angebot eines weiteren Mehrwerts, wodurch für den Kunden eine sinnvolle Kombination entsteht. Aufgrund der Entfernung ausländischer Anbieter zu deutschen Produktionswerken sind die beiden Nutzenpotenziale bzgl. der Zusammenarbeit Schnelligkeitsbefähigung (u.a. aufgrund der Transaktionskosten[553]) und Komplexitätsreduzierung (aufgrund der fehlenden Kundennähe) für Kunden bei ausländischen Anbietern nicht gegeben, ohne einen besonders hohen Mehraufwand zu haben.

Innovationsbefähigung

Die Innovationsbefähigung zielt darauf ab, dem Kunden einen Mehrwert durch ein innovatives Werkzeug zu bieten, welches ein Bauteil komplexester Geometrie und unter Berücksichtigung sonstiger Eigenschaften wie Haptik, Design etc. wirtschaftlich herstellen kann. Dabei werden neben der Innovation des Werkzeugs zur Herstellung des Bauteils weniger der Einstandspreis, sondern die Total-Cost-of-Ownership in den Vordergrund gerückt. Diese Lebenszyklusauslegung des Werkzeugs wird nicht nur durch eine innovative Konstruktion und Methode der Um- bzw. Urformung erreicht, sondern auch durch den Einsatz von Sensorik- und Aktoriksystemen, welche den Herstellungsprozess in der Serienproduktion so stabilisieren, dass die Herstellung des Bauteils erst durch den Einsatz solcher Systeme ermöglicht wird.[554] Um einen hohen Innovationsgrad erreichen zu können, bedarf es einer engen Zusammenarbeit mit den Kunden, in erster Linie im Bereich der Produktentwicklung, jedoch auch im Bereich der Serienproduktion. Hierzu werden innovative Fertigungsverfahren und hochgradig spezialisierte Mitarbeiter eingesetzt, um die Innovationsfähigkeit gewährleisten zu können.

Schnelligkeitsbefähigung

Durch seine zentrale Position innerhalb der Wertschöpfungskette des Produktentstehungsprozesses zwischen Produktentwicklung und Serienproduktion (vgl. Kapitel 2.3.3) ist der Werkzeugbau zentraler Befähiger zur Reduzierung der Time-to-market. Durch den großen zeitlichen Anteil der Werkzeugherstellung in Bezug auf die gesamte Produktentstehung führt eine Reduzierung der Zeit der Werkzeugherstellung zu einem direkten Wettbewerbsvorteil für den

---

[551] Vgl. Frick (Geschäftsmodelle im Werkzeugbau), 2006, S. 185; Kühn (Leistungssysteme für den Werkzeugbau), 2016, S. 129

[552] Vgl. Schuh et al. (Operative Exzellenz), 2010, S. 17

[553] Vgl. Frick (Geschäftsmodelle im Werkzeugbau), 2006, S. 187

[554] Vgl. Frick (Geschäftsmodelle im Werkzeugbau), 2006, S. 185; Kühn (Leistungssysteme für den Werkzeugbau), 2016, S. 130; Schuh (Werkzeugbau als Smart Service), 05.11.2014

Kunden. Aus diesem Grund werden Werkzeuge möglichst früh im Produktentwicklungsprozess hergestellt, was dazu führt, dass Änderungen im Produktdesign zu hohen Änderungskosten führen. Der Schnelligkeitsbefähiger entwickelt jedoch das Produkt gemeinsam mit dem Kunden und kann deshalb Änderungen in späten Phasen zulassen, ohne einen großen zeitlichen Verzug und einen signifikanten Kostenanstieg in der Werkzeugherstellung zu verursachen. Neben der Werkzeugherstellung zielt die Schnelligkeitsbefähigung auch auf die schnelle Verfügbarkeit von Ersatzteilen oder gar neuen Werkzeugen während der Serienproduktion ab. So reduziert der Schnelligkeitsbefähiger Ausfallzeiten in der Serienproduktion.[555]

Komplexitätsreduktion

Die Komplexitätsreduktion zeichnet sich dadurch aus, dass die Komplexität des Produktentstehungsprozesses des Kunden mithilfe der Übernahme diverser Leistungsumfänge durch den Werkzeugbau reduziert wird. Dies können Leistungen wie die Übernahme der Produktentwicklung, die Übernahme von Wartungen und Reparaturen, aber auch die Produktion von Bauteilen in Kleinserie sein. Dazu arbeitet der Komplexitätsreduzierer systematisch mit Partnerunternehmen zusammen und tritt gegenüber dem Kunden als Generalunternehmer auf.[556] Dadurch entstehen für den Kunden weniger Schnittstellen, wobei der Komplexitätsreduzierer den Kunden sowohl kostenseitig als auch aufseiten der Innovationsfähigkeit einen Mehrwert liefern kann, je nachdem, mit welchen Partnern er zusammenarbeitet. Er zeichnet sich dadurch aus, den gesamten Prozess der Produktentstehung begleiten und federführend übernehmen zu können.

Die Beschreibung der einzelnen Nutzenpotenziale macht deutlich, dass die bloße Adressierung eines Nutzenpotenzials nicht sinnvoll ist, da unter den einzelnen Potenzialen Wechselwirkungen bestehen. So ist es für Werkzeugbaubetriebe notwendig, jeweils ein produktseitiges Differenzierungspotenzial (Kostenreduzierung oder Innovationsbefähigung) und ein Differenzierungspotenzial in Bezug auf die Zusammenarbeit (Schnelligkeitsbefähigung oder Komplexitätsreduzierung) zu adressieren, wobei auch die jeweils anderen Potenziale nicht gänzlich vernachlässigt werden dürfen (vgl. Kapitel 5.1.1.1). Zur Bestimmung des Werkzeugbautypen, welcher den Werkzeugbaubetrieb in geeigneter Weise repräsentiert, ist ein Vergleich der getroffenen Einordnung des Werkzeugbaubetriebs mit den Ausprägungen der vier Werkzeugbautypen im morphologischen Kasten (vgl. Kapitel 5.1.1.2) notwendig. Die Charakterisierung

---

[555] Vgl. Frick (Geschäftsmodelle im Werkzeugbau), 2006, S. 187; Kühn (Leistungssysteme für den Werkzeugbau), 2016, S. 129

[556] Vgl. Frick (Geschäftsmodelle im Werkzeugbau), 2006, S. 186; Kühn (Leistungssysteme für den Werkzeugbau), 2016, S. 129

der vier Werkzeugbautypen ist in einer Übersicht in Abbildung 75 dargestellt und wird im Folgenden erläutert.

Werkzeugkomplexität	Einfach imitierbare Werkzeuge mit Fokus auf geringem Einstandspreis	Schwer imitierbare Werkzeuge, welche jedoch lediglich eine begrenzte Komplexität aufweisen	Schwer imitierbare, komplexe Werkzeuge mit besonders hohem Innovationsgrad	Komplexeste Werkzeuge mit individuellen und innovativen Funktionalitäten, die in das Werkzeug integriert werden
Unterschiedlichkeitsgrad der Werkzeugtypen	Angebot weniger Werkzeugtypen für eine spezifische Industrie	Angebot weniger Werkzeugtypen für verschiedene Industrien	Angebot verschiedener Werkzeugtypen für eine Industrie, teilweise zusammen mit Partnern	Angebot unterschiedlichster Werkzeugtypen für verschiedene Industrien durch Zusammenarbeit mit Partnern
Vielfalt der Werkzeugkomponenten	Eingesetzt wird eine Vielzahl standardisierter mechanischer Komponenten sowie individualisierte konturgebende Teile	Eingesetzt werden teils standardisierte mechanische Komponenten und individualisierte konturgebende Teile	Elektronische Komponenten werden nur selten eingesetzt, mechanische Komponenten sind standardisiert	Eingesetzt werden verschiedenste mechanische, konturgebende und elektronische Komponenten
Leistungsumfang entlang der Wertschöpfungskette	Sachleistungen und produktunterstützende Dienstleistungen	Sachleistungen sowie produkt- und prozessunterstützende Dienstleistungen in vorgelagerten Prozessen	Sachleistungen sowie produkt- und prozessunterstützende Dienstleistungen in vor- und nachgelagerten Prozessen	Sachleistungen sowie produkt-, prozess- und kundenunterstützende Dienstleistungen entlang der Wertschöpfungskette
Integrationsgrad der Dienstleistungen	Kein systematisches Angebot von integrierten Dienstleistungen	Teilweise mit dem Werkzeug verknüpfte Beratungsdienstleistungen in einem kleinen Teil der Wertschöpfungskette	Viele verknüpfte Beratungs- und unterstützende Dienstleistungen in einem kleinen Teil der Wertschöpfungskette	Diversifiziertes und integriertes Dienstleistungsangebot entlang der gesamten Wertschöpfungskette

Typ 1: Kostenreduzierer und Schnelligkeitsbefähiger
Typ 2: Kosten- und Komplexitätsreduzierer
Typ 3: Innovations- und Schnelligkeitsbefähiger
Typ 4: Innovationsbefähiger und Komplexitätsreduzierer

Abbildung 75: Übersicht über die Merkmalsausprägungen der vier Werkzeugbautypen in Bezug auf die Leistung

Der **Kostenreduzierer und Schnelligkeitsbefähiger** zeichnet sich dadurch aus, dass er für den Kunden einen besonderen Mehrwert in Bezug auf den Einstandspreis des Werkzeugs und in Bezug auf eine schnelle Herstellung des Werkzeugs bietet. Dazu benötigt er hochgradig standardisierte Werkzeuge und Prozesse, um Werkzeuge schnell und kostengünstig herstellen zu können, die in ihrer Komplexität normaltypisch für den europäischen Markt sind.[557] Dies kann durch die Fokussierung auf einige wenige Werkzeugtypen und eine Industrie erreicht werden. Eine schnelle Herstellung setzt das Angebot von Dienstleistungen in einigen wenigen Bereichen wie der Produktentwicklung voraus, bei denen der Werkzeugbau den Kunden im Wesentlichen in beratender Funktion unterstützt. Auch werden Dienstleistungen zur schnellen Lieferung von Ersatzteilen oder ggf. Reparaturen angeboten. Dies geschieht jedoch nur in reaktiver Form auf konkrete Anfrage des Kunden. Ein systematisches Angebot von integrierten Dienstleistungen wird nicht angeboten.

Der **Kosten- und Komplexitätsreduzierer** ist gekennzeichnet durch die Übernahme von Leistungsumfängen des Kunden unter besonderer Berücksichtigung der Gesamtkosten des Werkzeugs und der Dienstleistungen. Die Komplexität der Werkzeuge entspricht der des Kostenreduzierers und Schnelligkeitsbefähigers. Um Leistungsumfänge vom Kunden übernehmen zu können, benötigt er die Fähigkeit, verschiedenste Werkzeuge für eine Industrie liefern zu können, wobei der Standardisierungsgrad der eigenen Werkzeuge, trotz der erhöhten Anzahl unterschiedlicher Werkzeugtypen, durch die systematische Einbindung strategischer Wertschöpfungspartner hoch ist. Mithilfe dieser Wertschöpfungspartner bietet er Sach- und Dienstleistungen verschiedenster Art, insbesondere an den beiden Schnittstellen zu den Kundenprozessen an. Bei der Übernahme dieser Leistungen fokussiert er sich strikt auf seine eigenen Kernkompetenzen, um der Kostenverantwortung gerecht zu werden.

[557] Wenig komplexe, einfach imitierbare Werkzeuge bieten am Hochlohnstandort Deutschland keine Möglichkeit zur Differenzierung gegenüber nationalen und internationalen Wettbewerbern

Bei dem **Innovations- und Schnelligkeitsbefähiger** liegt der Mehrwert für den Kunden in innovativen Werkzeugen, welche schnell hergestellt werden können. Dazu fokussiert er sich auf ein geringes Spektrum an Werkzeugtypen für unterschiedliche Industrien, um bei diesen Werkzeugen besonders innovativ sein zu können. Um Produktinnovationen zu ermöglichen, verzichtet er auf eine umfassende Standardisierung der mechanischen Werkzeugkomponenten, um umfangreich spezifische elektronische Komponenten einsetzen zu können. Skaleneffekte, welche die Schnelligkeit ermöglichen, erzeugt dieser Typ daher in erster Linie durch ein sehr hohes Know-how in einem geringen Produktspektrum. Sein Fokus liegt im Engineering und in der Konstruktion, weshalb er den Kunden im Wesentlichen im Bereich der Produktentwicklung und nur zweitrangig in der Sicherstellung der Serienproduktion unterstützt. Hierbei setzt er jedoch nicht nur auf Beratungs-, sondern auch auf die Dienstleistungen wie die Optimierung von Bauteilen oder aber die Übernahme der gesamten Produktentwicklung.

Der **Innovationsbefähiger und Komplexitätsreduzierer** stellt den Werkzeugbautyp mit dem umfangreichsten Mehrwert für den Kunden dar. Dazu stellt er seinen Kunden hochkomplexe Werkzeuge zur Verfügung, welche einen hohen bis sehr hohen Innovationsgrad aufweisen. Er zeichnet sich durch das Angebot verschiedenster Werkzeuge und Dienstleistungen für unterschiedliche Industrien aus. Dazu arbeitet er entlang der gesamten Wertschöpfungskette mit Wertschöpfungspartnern zur Vergabe von kompetenz- und kapazitätsrelevanten Umfängen zusammen, die anschließend dem Kunden im Sinne eines Generalunternehmers angeboten werden. Er überwacht die Serienproduktion des Kunden und greift bei Problemen aktiv in den Serienprozess ein. Durch die Zusammenarbeit mit verschiedenen Wertschöpfungspartnern kann er dem Kunden weltweit einen hohen Innovationsgrad der Gesamtlösung liefern, wobei er stark von seinen Wertschöpfungspartnern abhängig ist.

Die Beschreibung des Leistungsangebots der vier Werkzeugbautypen anhand des morphologischen Kastens ermöglicht eine Klassifizierung und Abgrenzung der vier Typen mithilfe von Merkmalsausprägungen. Die Einordnung der Ausprägungen der einzelnen Merkmale basiert jedoch auf einer qualitativen Beschreibung und Bewertung der Typen, sodass die Ausprägungen, aufgrund der diskreten Skala, die Charaktereigenschaft des Werkzeugbautypen nicht immer eindeutig bzw. exakt beschreiben. So kann es in der Realität zu leichten Abweichungen in beide Richtungen der Skala kommen, wobei der Unterschied zwischen den vier Werkzeugtypen durch die Einordnung in den morphologischen Kasten unter Berücksichtigung der Wechselwirkungen deutlich wird.

Zur Zuordnung des Werkzeugbaubetriebs zu einem der vier Werkzeugbautypen wird nun durch den Werkzeugbaubetrieb ein **Vergleich der Ausprägungen** durchgeführt. Dadurch, dass die Ausprägungen jedes Merkmals eine Skala in Bezug auf eine minimale und eine maximale Ausprägung des Merkmals aufweisen, ist eine Quantifizierung der jeweiligen Auswertungen möglich. Hierzu wird zunächst die betragsmäßige maximal mögliche Abweichung eines Anwenders zu jedem der vier Werkzeugbautypen berechnet. Sie ist werkzeugbautypspezifisch und unterscheidet sich demnach je nach Typ. Anschließend wird die tatsächliche betragsmäßige Abweichung des anwendenden Werkzeugbaubetriebs zu den Ausprägungen der vier Werkzeugbautypen ermittelt. Die Abweichung ist dabei durch die Anzahl der möglichen Ausprägungen bestimmt, die zwischen der Ausprägung des Werkzeugbautyps und der des anwendenden Werkzeugbaubetriebs liegen. Um die Abweichung über die einzelnen Merkmale der Leistung darstellen zu können, wird schließlich das Verhältnis aus tatsächlicher und maximal möglicher Abweichung gebildet. Der Werkzeugbautyp, zu dem insgesamt die geringste betragsmäßige Abweichung besteht, repräsentiert den Werkzeugbaubetrieb in geeignetster Weise. Im vorgestellten Beispiel entspricht der Werkzeugbaubetrieb einem Innovationsbefähiger und Schnelligkeitsbefähiger (vgl. Abbildung 76).

	Maximal mögliche Abweichung zum Werkzeugbautypen	Tatsächliche Abweichung zum Werkzeugbautypen	Prozentuale Abweichung zum Werkzeugbautypen
	$\sum_{i=1}^{5}(\lvert i_{max} - gi \rvert)$ i_{max}: Max. Ausprägung g_i: Ausprägung Typ x	$\sum_{i=1}^{5}(\lvert x_i - gi \rvert)$ x_i: Ausprägung WZB g_i: Ausprägung Typ x	$\sum_{i=1}^{5}(\lvert x_i - gi \rvert) / \sum_{i=1}^{5}(\lvert i_{max} - gi \rvert)$
Typ 1: Kostenreduzierer und Schnelligkeitsbefähiger	13	5	38%
Typ 2: Kostenreduzierer und Komplexitätsreduzierer	10	5	50%
Typ 3: Innovationsbefähiger und Schnelligkeitsbefähiger	11	2	18%
Typ 4: Innovationsbefähiger und Komplexitätsreduzierer	15	8	53%

Abbildung 76: Beispielhafte Berechnung der Abweichung der Ausprägungen zwischen Werkzeugbaubetrieb und Werkzeugbautypen

Auf diese Weise kann ein repräsentativer Werkzeugbautyp für den Werkzeugbaubetrieb bestimmt werden. Im vorgestellten Beispiel beträgt die Abweichung zum Innovationsbefähiger und Schnelligkeitsbefähiger 18%. Diese Auswahl muss jedoch mit der zukünftigen strategischen Positionierung des Werkzeugbaubetriebs in Einklang sein und sollte kritisch hinterfragt werden.

Dem Anwender liegen nach dem Abschluss der **Klassifizierung des Werkzeugbaubetriebs** folgende Ergebnisse vor:

- Klassifizierter Werkzeugbaubetrieb durch eine Zuordnung des Werkzeugbaubetriebs zu einem der vier existierenden Werkzeugbautypen
- Analytische Grundlage zur Überprüfung des Integrationsgrads der befähigenden Faktoren Prozesse, Organisation und Ressourcen

5.1.2 Schritt B: Integrationsanalyse

Im zweiten Schritt der Methodik findet die Integrationsanalyse der vier Gestaltungsfelder Leistung, Prozesse, Organisation und Ressourcen statt. Diese erfolgt in zwei Detailschritten. Zunächst werden die Merkmale zur Beschreibung der drei befähigenden Faktoren Prozesse, Organisation und Ressourcen im Kontext der strategischen Unternehmensauslegung beschrieben und es erfolgt, analog zu Schritt A1, eine Einordnung des Werkzeugbaubetriebs in die morphologischen Kästen der drei befähigenden Faktoren. Im zweiten Detailschritt wird anschließend der Integrationsgrad der vier Gestaltungsfelder berechnet und grafisch dargestellt. Zur Integrationsanalyse werden zunächst die notwendigen Grundlagen in den Bereichen Kennzahlen, Benchmarking und paarweiser Vergleich dargestellt.

5.1.2.1 Grundlagen

Zur Einordnung in die morphologischen Kästen der drei Gestaltungsfelder Prozesse, Organisation und Ressourcen bedarf es einer qualitativen Einschätzung der Anwender der Methodik.

Diese qualitative Einschätzung lässt sich jedoch mithilfe von **Kennzahlen** und einer damit verbundenen quantitativen Bewertung datenbasiert bekräftigen.

Eine Kennzahl stellt „eine Zahl [dar], die in Bezug auf ein Erkenntnisziel relevant ist und damit im Vergleich zu anderen Zahlen einen besonderen Aussagewert hat, unabhängig von ihrer quantitativen Struktur“[558]. Sie stellt eine „bewusste Verdichtung der komplexen Realität über zahlenmäßig erfassbare, betriebswirtschaftliche Sachverhalte“[559] dar, um gewünschte Informationen zu erhalten. Dabei können Kennzahlen unterschiedliche Funktionen erfüllen, je nachdem, auf welcher Ebene eines Unternehmens die Kennzahl genutzt wird. WEBER unterscheidet fünf Kennzahlenfunktionen:[560]

- **Anregungsfunktion:** Kennzahlen dienen der Erkennung von Auffälligkeiten und Veränderungen
- **Operationalisierungsfunktion:** Kennzahlen dienen dazu, Ziele konkret messbar zu machen
- **Vorgabefunktion:** Kennzahlen dienen als Vorgabe für Teilbereiche eines Unternehmens und liefern dazu kritische Zielwerte
- **Steuerungsfunktion:** Kennzahlen ermöglichen die Steuerung komplexer Steuerungsprozesse durch die Nutzung weniger Kennzahlen
- **Kontrollfunktion:** Kennzahlen ermöglichen einen Soll-Ist-Abgleich und Abweichungsanalysen

In diesem Zusammenhang können Kennzahlen grundsätzlich in absolute Kennzahlen und relative Verhältniskennzahlen unterschieden werden. Unter absoluten Kennzahlen werden Einzelkennzahlen, Summen, Differenzen und Mittelwerte, unter Verhältniskennzahlen werden Gliederungszahlen, Messzahlen und Beziehungszahlen verstanden. Sie beschreiben das Verhältnis von zwei unterschiedlichen, im Zusammenhang stehenden absoluten Kennzahlen bzw. eine zeitliche Veränderung von Messwerten.[561] Abbildung 77 zeigt eine Übersicht verschiedener Kennzahlenarten.

---

558 Vgl. Staudt et al. (Kennzahlen und Kennzahlensysteme), 1985, S. 24

559 Vgl. Weber; Schäffer (Einführung in das Controlling), 2011, S. 171

560 Vgl. Weber; Schäffer (Einführung in das Controlling), 2011, S. 173

561 Vgl. Siegwart et al. (Kennzahlen), 2010, S. 23; Kozielski (Kennzahlensystem für den Werkzeugbau), 2010, S. 52

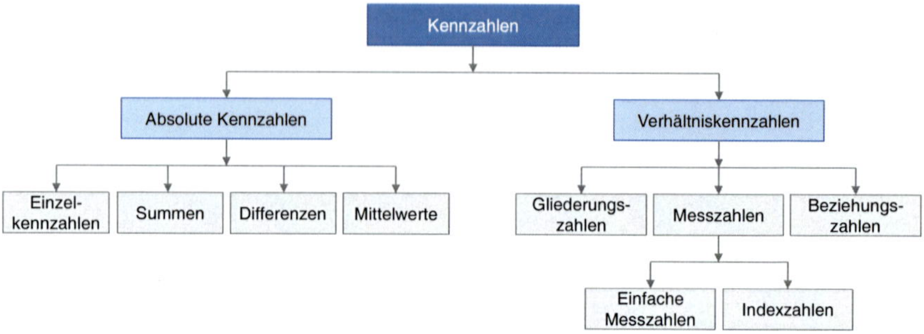

Abbildung 77: Arten von Kennzahlen nach SIEGWART[562]

Kennzahlen können zum einen zum historischen Vergleich in einem Unternehmen und zum Vergleich mit anderen Unternehmensbereichen, zum anderen aber auch zum Vergleich mit anderen Unternehmen herangezogen werden. Der Vergleich von Unternehmensbereichen und zwischen ganzen Unternehmen kann durch ein internes bzw. externes **Benchmarking** durchgeführt werden (vgl. Abbildung 78). Ein Benchmarking stellt „die Suche nach besseren Vorgehensweisen und Lösungen außerhalb der eigenen Welt"[563] im Sinne von Best-Practice-Lösungen dar und ist ein „kontinuierliche[r] Prozess, die eigenen Produkte, Dienstleistungen und Praktiken an den stärksten Mitbewerbern [...], die als Industrieführer angesehen werden, zu messen"[564]. Geprägt wurde der Begriff Benchmarking in den 1970er Jahren von dem US-amerikanischen Unternehmen Xerox, dessen CEO David T. Kearns Benchmarking in der oben genannten Definition bekannt machte.[565]

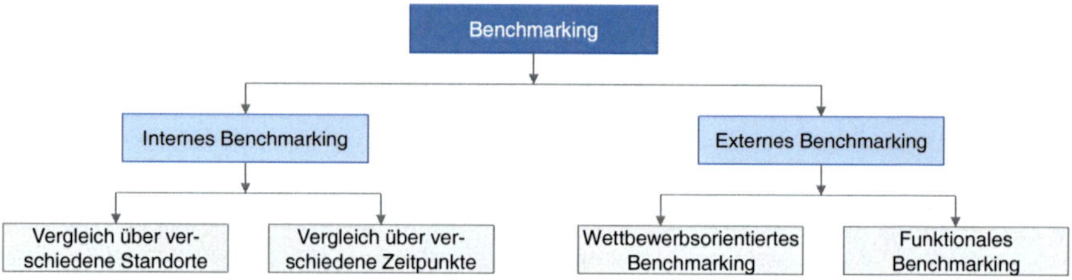

Abbildung 78: Arten des Benchmarkings nach CAMP[566]

Die vorgestellte Methode des Benchmarkings auf Basis von absoluten und relativen Kennzahlen kann herangezogen werden, um die Einordnung des Werkzeugbaubetriebs in die Ausprägungen eines Merkmals innerhalb der morphologischen Kästen zu erleichtern und quantitativ zu unterstützen.

---

562 Vgl. Siegwart et al. (Kennzahlen), 2010, S. 23
563 Vgl. Camp (Benchmarking), 1994, S. 13
564 Vgl. Camp (Benchmarking), 1994, S. 13
565 Vgl. Camp (Benchmarking), 1994, S. 7
566 Vgl. Camp (Benchmarking), 1994, S. 77; Bilsing (Leistungsfähigkeit), 2007, S. 16

Die Integrationsanalyse im zweiten Teil des Methodikschritts B erfolgt auf Basis bestehender Wirkzusammenhänge zwischen den Merkmalen der drei befähigenden Faktoren Prozesse, Organisation und Ressourcen sowie zwischen den Merkmalen innerhalb der drei Faktoren selbst. Zur Quantifizierung der Wirkzusammenhänge eignet sich die Methode des **paarweisen Vergleichs.** Der paarweise Vergleich ermöglicht die Einschränkung vieler Lösungen auf das Wesentliche, indem jedes alternative Element mit jedem anderen Element im Einzelnen verglichen wird.[567] Anhand einer definierten Punkteskala lässt sich auf diese Weise das Element bzw. Merkmal mit der größten Relevanz identifizieren, welches die meisten anderen Merkmale des Betrachtungsbereichs beeinflusst. Abbildung 79 zeigt eine Korrelationsmatrix, mithilfe derer ein paarweiser Vergleich durchgeführt werden kann.

Frage: Beeinflusst Merkmal 1 in der Zeile Merkmal 2 in der Spalte? (Punkt = ja; kein Punkt = nein)	Merkmal 1	Merkmal 2	Merkmal 3	Merkmal 4	Merkmal 5	Merkmal 6	Merkmal n	Summe
Merkmal 1		●		●				2
Merkmal 2					●			1
Merkmal 3		●						1
Merkmal 4						●	●	2
Merkmal 5		●				●		2
Merkmal 6				●				1
Merkmal n	●							1
Summe	1	3	0	2	1	2	1	

Abbildung 79: Methode des paarweisen Vergleichs nach DREWS[568]

Bei der integrierten Auslegung der Prozesse, der Organisation und der Ressourcen im Zuge der strategischen Auslegung industrieller Werkzeugbaubetriebe sind die Merkmale mit den höchsten Punktzahlen von besonderer Bedeutung und müssen bei der Auslegung besonders berücksichtigt werden. Jedoch ist darauf zu achten, dass alle Merkmale Berücksichtigung finden müssen, auch wenn sie von untergeordneter Bedeutung erscheinen.

5.1.2.2 Vorgehen zur Ermittlung des Status quo der drei befähigenden Faktoren

In Kapitel 2.2.2 wurden die für die strategische Auslegung industrieller Werkzeugbaubetriebe relevanten befähigenden Faktoren hergeleitet. Dieses sind die Prozesse, die Organisation und die Ressourcen eines Unternehmens. Zur Bewertung des Status quo der drei befähigenden Faktoren werden zunächst, analog zu Methodikschritt A1, die Merkmale der befähigenden Faktoren, welche für eine strategische Auslegung von industriellen Werkzeugbaubetrieben

[567] Vgl. Drews; Hillebrand (Projektmanagement-Methoden), 2010, S. 131

[568] I.A.a. Drews; Hillebrand (Projektmanagement-Methoden), 2010, S. 133

von Bedeutung sind, beschrieben. Diese Beschreibung erfolgt, ebenfalls analog zu Schritt A1, in Bezug auf ihren Einfluss auf eine Differenzierung über das Produkt sowie eine Differenzierung über die Zusammenarbeit (vgl. Kapitel 5.1.1.2). In diesem Zusammenhang werden die Einflüsse der Ausprägungen der Merkmale auf die Spannungsfelder (Kosten versus Innovation und Zeit versus Komplexität)[569] detailliert aufgezeigt. Dabei müssen die Merkmale nicht einem Spannungsfeld zugeordnet sein, sondern können einen Einfluss auf beide Spannungsfelder haben.

Im Folgenden ist eine Übersicht der Merkmale zur Beschreibung der drei befähigenden Faktoren im Kontext einer strategischen Auslegung industrieller Werkzeugbaubetriebe dargestellt. Abbildung 80 zeigt die Merkmale mit Einfluss auf die beiden Spannungsfelder. Dem Gestaltungsfeld Prozess, dem Gestaltungsfeld Organisation und dem Gestaltungsfeld Ressourcen sind jeweils sechs unterschiedliche Merkmale mit verschiedenen Ausprägungen zugeordnet. Auf Basis dieser Merkmale, welche im weiteren Verlauf des Kapitels beschrieben werden, werden drei morphologische Kästen aufgebaut, die dem anwendenden Werkzeugbaubetrieb bei einer Bewertung des Status quo helfen und einen Abgleich zum Idealzustand ermöglichen.

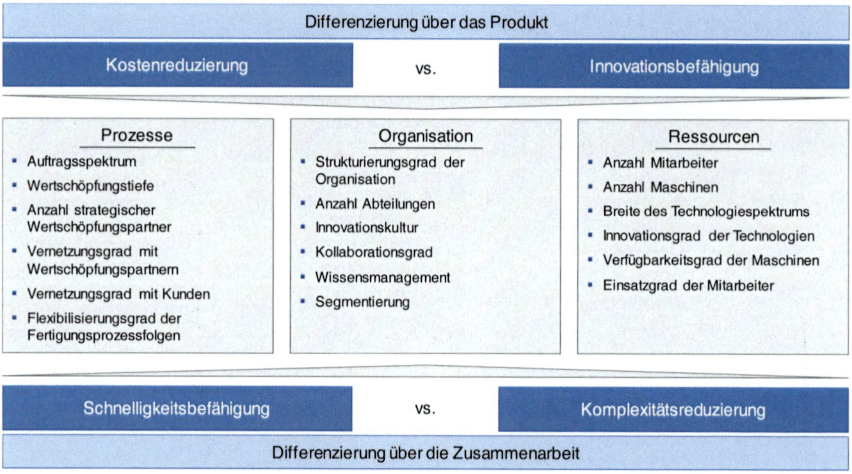

Abbildung 80: Beschreibende Merkmale der befähigenden Faktoren im industriellen Werkzeugbau auf Basis der Nutzenpotenziale

Folgend werden die Merkmale der drei befähigenden Faktoren kurz beschrieben. Eine ausführliche Herleitung und Beschreibung der einzelnen Merkmale und deren unterschiedlicher Ausprägungen ist dem Anhang A zu entnehmen. Zunächst erfolgt eine Beschreibung der Merkmale des Gestaltungsfelds **Prozesse**.

Das **Auftragsspektrum** eines Werkzeugbaubetriebs stellt dar, welche Auftragsarten (vgl. Kapitel 2.3.2.3) ein Werkzeugbaubetrieb bearbeitet. Diese Auftragsarten unterscheiden sich im Wesentlichen durch einen planbaren oder unplanbaren Charakter der Aufträge, wobei bspw.

569 Vgl. Frick (Geschäftsmodelle im Werkzeugbau), 2006, S. 189

das Angebot unterschiedlicher Dienstleistungen zur Übernahme von Komplexität zu verschiedenen Auftragsarten führt. Die **Wertschöpfungstiefe** eines Werkzeugbaubetriebs beschreibt den Anteil der Wertschöpfung an einem Produkt, der im eigenen Unternehmen geleistet wird. Zugekauftes Material und fremd vergebene Leistungsumfänge ergänzen die eigene Wertschöpfung und werden vom Unternehmen von Wertschöpfungspartnern eingekauft.[570] Die **Anzahl strategischer Wertschöpfungspartner** gibt Aufschluss über die Anzahl der Partnerunternehmen, bei denen Leistungsumfänge fremd vergeben werden. Die Charakterisierung strategisch bedeutet dabei, dass die Partnerschaft langfristig zur Realisierung von Kostenpotenzialen oder zur Generierung von Innovationen besteht. Der **Vernetzungsgrad mit Wertschöpfungspartnern** beschreibt die Zusammenarbeit des Werkzeugbaubetriebs mit seinen Wertschöpfungspartnern.[571] Ein hoher Vernetzungsgrad spiegelt sich in einer engen und systemisch unterstützten Vernetzung, ein geringer Vernetzungsgrad in einer situativen und unsystematischen Zusammenarbeit wider. Neben der Vernetzung mit Wertschöpfungspartnern ist auch die **Vernetzung mit Kunden** von relevanter Bedeutung in Bezug auf die Prozessqualität. Sie beschreibt, ähnlich wie der Vernetzungsgrad mit Wertschöpfungspartnern, die Intensität sowie die Art und Weise der Zusammenarbeit mit den Kunden in den Bereichen der Produktentwicklung und der Serienproduktion.[572] Der **Flexibilisierungsgrad der Fertigungsprozessfolgen** ist ein Indikator für den Standardisierungsgrad der Auftragsabwicklung in der mechanischen Fertigung, welche den Kern der physischen Werkzeugherstellung darstellt. Standardisierte Prozessfolgen ermöglichen eine schnelle Werkzeugfertigung durch eine zuverlässige Planung, wobei die Schnelligkeit einer Durchführung unterschiedlicher Auftragsarten und dem Angebot verschiedener Werkzeugtypen entgegenstehen kann.[573]

Abbildung 81 zeigt die Merkmale zur Beschreibung der Prozesse im Werkzeugbau vor dem Hintergrund einer strategischen Auslegung in Form eines morphologischen Kastens.

<table>
<tr><td>Auftragsspektrum</td><td colspan="4">Ausschließlich planbare Aufträge werden angeboten und durchgeführt</td><td colspan="4">Fokus liegt auf planbaren Aufträgen, unplanbare Aufträge werden nur in Form von späten Änderungen von Kunden durchgeführt</td><td colspan="4">Planbare und unplanbare Aufträge werden in gleichem bzw. ähnlichem Maße angeboten und durchgeführt</td></tr>
<tr><td>Wertschöpfungstiefe</td><td colspan="4">Geringe Wertschöpfungstiefe. Zukauf von Umfängen erfolgt durch unterschiedliche kostengünstige und kompetente Wertschöpfungspartner</td><td colspan="4">Wertschöpfungstiefe variiert je nach Auftrag stark. Die Wertschöpfungstiefe ist entweder kosten- oder innovationsgetrieben</td><td colspan="4">Hohe Wertschöpfungstiefe. Vorhaltung vieler Technologien zur Generierung von Innovationen und Aufbau von Kompetenzen zur Differenzierung</td></tr>
<tr><td>Anzahl strategischer Wertschöpfungspartner</td><td colspan="4">Geringe Anzahl an strategischen Partnern. Vielzahl der unterschiedlichen Partner wird zur Realisierung von Kostenpotenzialen genutzt</td><td colspan="4">Mittlere Anzahl an strategischen Partnern zur kompetenzbasierten Vergabe. Kapazitätsbasierte Vergaben erfolgen bei nicht strategischen Partnern</td><td colspan="4">Hohe Anzahl an strategischen Partnern. Zusammenarbeit erfolgt kompetenz- und kapazitätsbezogen mit dem Fokus auf Innovationen und Geschwindigkeit</td></tr>
<tr><td>Vernetzungsgrad mit Wertschöpfungspartnern</td><td colspan="3">Geringe Vernetzung entlang der gesamten Prozesskette. Partnereinbindung erfolgt unsystematisch und situativ</td><td colspan="3">Vernetzung erfolgt mit strat. Partnern systematisch, mit anderen Partnern jedoch unsystematisch und situativ</td><td colspan="3">Systematische Einbindung strategischer und weiterer Partner durch eine Planung und intensive Kommunikation</td><td colspan="3">Vernetzung erfolgt mit nahezu allen Partnern mithilfe von Systemen und ist systematisch geplant</td></tr>
<tr><td>Vernetzungsgrad mit Kunden</td><td colspan="3">Keine Vernetzung mit dem Kunden, die über die Kommunikation hinausgeht. Fokus auf schneller WZ-Produktion</td><td colspan="3">Vernetzung erfolgt unregelmäßig an den Schnittstellen zur Produktentwicklung und Serienproduktion</td><td colspan="3">Systematische Vernetzung entlang der gesamten Prozesskette</td><td colspan="3">Systematische Vernetzung entlang der gesamten Prozesskette wird digital unterstützt (automatisiert)</td></tr>
<tr><td>Flexibilisierungsgrad der Fertigungsprozessfolgen</td><td colspan="3">Herstellung einer Vielzahl von Komponenten erfolgt durch eine getaktete Fließfertigung</td><td colspan="3">Herstellung aller Komponenten erfolgt durch Fertigungslinien</td><td colspan="3">Herstellung vieler Komponenten erfolgt durch definierte Fertigungsprozessfolgen</td><td colspan="3">Herstellung der Komponenten erfolgt durch eine umfangreiche Steuerung auf dem Shopfloor</td></tr>
</table>

Abbildung 81: Morphologischer Kasten zur auslegungsbezogenen Beschreibung der Prozesse im Werkzeugbau

570 Vgl. Schittny (Wertschöpfungstiefengestaltung im Werkzeugbau), 2015, S. 47

571 Vgl. Boos et al. (Wertschöpfung im Betriebsmittelbau), 2013, S. 103

572 Vgl. Komorek (Kollaborative Wertschöpfung), 2014, S. 102; Komorek nennt die Vernetzung mit Wertschöpfungspartnern auch Vernetzung mit Lieferanten

573 Vgl. Klotzbach (Industrieller Werkzeugbau), 2006, S. 170

Im Bereich **Organisation** (siehe für eine ausführliche Beschreibung Anhang A) ist der **Strukturierungsgrad der Organisation** von großer Bedeutung. Die Strukturierung im Werkzeugbau erfolgt in der Regel verrichtungsorientiert und orientiert sich an der Wertschöpfungskette von Werkzeugbaubetrieben.[574] Der Strukturierungsgrad ist abhängig von der Anzahl der vorhandenen Hierarchiestufen, dem administrativen Aufwand der Auftragsabwicklung sowie der Anzahl der Abteilungen. Die **Anzahl der Abteilungen** charakterisiert den Spezialisierungsgrad einzelner Bereiche innerhalb der Wertschöpfungskette. Eine hohe Anzahl von Abteilungen führt zu einer Spezialisierung und der Möglichkeit, interdisziplinäre Teams mit einem hohen fachspezifischen Know-how zu bilden. Die **Innovationskultur** eines Unternehmens beschreibt, wie konservativ bzw. kreativ der Innovationsprozess bzw. die -kultur in einem Unternehmen sind. Unter Kostenaspekten ist in der Regel ein konservativer und standardisierter Innovationsprozess geeignet, welcher nur wenig Freiraum für Kreativität bietet, wohingegen unter dem Innovationsaspekt insbesondere der Freiraum zur Generierung von Innovationen geboten werden muss. Der **Kollaborationsgrad** ist ein Maß für die Nutzung cyber-physischer Systeme und deren Vernetzung zur Steigerung der Kollaborationsproduktivität zwischen Abteilungen innerhalb des Unternehmens. Ein hoher Kollaborationsgrad reduziert Schnittstellenverluste und ermöglicht eine automatisierte Kommunikation zwischen Abteilungen sowie eine effizientere Auftragsabwicklung auf dem Shopfloor.[575] Das **Wissensmanagement** ist in wissensintensiven Branchen wie dem Werkzeugbau von entscheidender Bedeutung. Eine systematische Überführung von Individualwissen in organisationales Wissen führt zu einem Aufbau von Know-how und ermöglicht den gezielten Einsatz des Wissens. Die **Segmentierung** stellt ein Mittel zur Bildung von Segmenten innerhalb eines Werkzeugbaubetriebs dar, in welchen unterschiedliche Auftragsarten effizient bearbeitet werden können.[576] Dabei verfolgen die unterschiedlichen Segmente verschiedene Zielsysteme.

Zusammenfassend ist in Abbildung 82 der morphologische Kasten zur Beschreibung der Organisation im Werkzeugbau im Kontext der strategischen Auslegung dargestellt.

---

574 Vgl. Gemeinsame Datenbank des Werkzeugmaschinenlabors WZL der RWTH Aachen und des Fraunhofer-Instituts für Produktionstechnologie IPT, Stand Mai 2016

575 Vgl. Boos et al. (Erfolgreich digital Vernetzen), 2016, S. 4; Schuh et al. (Steigerung der Kollaborationsproduktivität), 2014, S. 280

576 Vgl. Schuh et al. (Getaktete Fertigung), 2015, S. 47

Strukturierungsgrad der Organisation	Geringer Strukturierungsgrad der Organisation. Fokus liegt auf einer schnellen Herstellung von Werkzeugen durch flache Hierarchien und eine personengebundene Auftragsabwicklung		Hoher Strukturierungsgrad der Organisation. Fokus liegt auf dem Angebot einer Vielzahl unterschiedlicher Leistungen, welche durch viele Mitarbeiter und Abteilungen administrativ koordiniert werden müssen
Anzahl Abteilungen	Geringe Anzahl an Abteilungen. Fokus liegt auf kostengünstiger Herstellung der Werkzeuge mit wenigen Schnittstellen	Anzahl Abteilungen entspricht ungefähr den Prozessschritten. Ziel ist eine einfache, strukturierte Kommunikation	Hohe Anzahl an Abteilungen. Fokus liegt auf einer Spezialisierung und interdisziplinären Zusammenarbeit entlang der Prozesskette
Innovationskultur	Konservative Innovationskultur. Mitarbeiter sind für Produktivität, nicht für Kreativität zuständig. Innovative Werkzeuge stehen nicht im Fokus	Konservative Innovationskultur mit Fokus auf Produktivität. Bei einzelnen Werkzeugen werden Freiräume zur Generierung spezieller Innovationen geschaffen	Ausgeprägte Innovationskultur. Mitarbeiter sind für Produktivität und für Kreativität zuständig. Innovative Werkzeuge stehen im Fokus des täglichen Geschäfts
Kollaborationsgrad	Kollaboration innerhalb des Unternehmens erfolgt unsystematisch und nur selten abteilungsübergreifend	Kollaboration innerhalb des Unternehmens erfolgt systematisch in und zwischen Abteilungen; eine systemische Unterstützung erfolgt nicht	Kollaboration innerhalb des Unternehmens erfolgt systematisch über alle Abteilungen hinweg und wird durch digitale Systeme unterstützt
Wissensmanagement	Keine systematische Aufnahme von Wissen. Der Fokus liegt auf einer einmaligen und schnellen Herstellung von Werkzeugen	Systematische Aufnahme von Wissen zur Überführung von individuellem in organisationales Wissen	Systematische Aufnahme von Wissen zur Überführung von individuellem in organisationales Wissen sowie Kommerzialisierung des Wissens
Segmentierung	Weder zeitliche, noch physische Trennung von Auftragsarten in Segmenten	Zur Trennung von Auftragsarten werden Kapazitäten von Maschinen und Mitarbeitern zeitlich segmentiert	Physische Trennung von planbaren und unplanbaren Auftragsarten durch die Bildung unterschiedlicher Segmente mit unterschiedlichen Zielsystemen

Abbildung 82: Morphologischer Kasten zur auslegungsbezogenen Beschreibung der Organisation im Werkzeugbau

Zur Beschreibung der **Ressourcen** im Kontext der strategischen Auslegung industrieller Werkzeugbaubetriebe werden folgend die relevanten Merkmale vorgestellt, welche in Anhang A detailliert beschrieben werden. Die **Anzahl der Mitarbeiter** stellt zunächst ein Maß für die Größe des Werkzeugbaubetriebs dar. Die Anzahl der Mitarbeiter hat jedoch, insbesondere in der Unikatfertigung des Werkzeugbaus, maßgeblichen Einfluss auf die Geschwindigkeit der Werkzeugherstellung und umgekehrt auf die Kostenstruktur des Werkzeugbaubetriebs. Zudem kann bspw. durch eine hohe Anzahl an Mitarbeitern, aufgrund der höheren Kapazität, mehr Leistungsumfang vom Kunden übernommen werden. Ebenso wie die Anzahl der Mitarbeiter hat auch die **Anzahl der Maschinen** Einfluss auf Kapitalbindung und Geschwindigkeit. Viele Maschinen ermöglichen einen schnellen Zugriff auf eine bestimmte Technologie, gehen aber in der Regel mit einer schlechteren Auslastung einher. Die **Breite des Technologiespektrums** gibt an, wie viele Technologien ein Werkzeugbaubetrieb intern vorhält und damit, ob er sich auf einige wenige Technologien fokussiert, um diese optimal zu beherrschen, oder aber ob er ein diversifiziertes Spektrum aufweist, um möglichst viele Prozesse abdecken zu können. Der **Innovationsgrad der Technologien** beschreibt, ob der Werkzeugbaubetrieb über die klassischen Haupttechnologien hinausgehende Technologien vorhält und damit in der Lage ist, bspw. durch generative Fertigungsverfahren Innovationen zu generieren. Eine systematische Einbindung von innovativen Fertigungsverfahren ist zwar kostenintensiv, aber auch innovationsfördernd. Der **Verfügbarkeitsgrad der Maschinen** ist ein Maß für die Auslastung der Fertigungsmaschinen auf dem Shopfloor. Eine hohe Verfügbarkeit ermöglicht den flexiblen Zugriff auf bestimmte Maschinen zur Pilotierung neuer Verfahren, wohingegen eine hohe Auslastung zur Realisierung von Kostenpotenzialen führt. Der **Einsatzgrad der Mitarbeiter** zeigt, wie flexibel die Mitarbeiter entlang der Prozesskette eingesetzt werden können. Ein hoher Einsatzgrad führt zu einer personenunabhängigen Durchführung unterschiedlicher

Tätigkeiten, welche dem Kunden als Leistungen angeboten werden können. Ein geringer Einsatzgrad führt hingegen zu einer hohen Spezialisierung der Mitarbeiter und zur Realisierung von Effizienzeffekten in einzelnen Bereichen der Prozesskette.

Abschließend ist in Abbildung 83 der morphologische Kasten zur Beschreibung der Ressourcen vor dem Hintergrund der strategischen Auslegung industrieller Werkzeugbaubetriebe mit den entsprechenden Merkmalen dargestellt.

<table>
<tr><td>Anzahl Mitarbeiter</td><td colspan="2">Geringe Anzahl von flexibel einsetzbaren Mitarbeitern entlang der gesamten Prozesskette</td><td colspan="2">Anzahl der Mitarbeiter variiert in den unterschiedlichen Bereichen der Prozesskette teilweise stark</td><td colspan="2">Hohe Anzahl sehr spezialisierter Mitarbeiter entlang der gesamten Prozesskette. Einsatz von Mitarbeitern zur Technologie- oder Prozessentwicklung</td></tr>
<tr><td>Anzahl Maschinen</td><td colspan="2">Geringe Anzahl Maschinen in allen Technologien. Ziel ist die Hebung von Kostenvorteilen durch geringe Kapitalbindungskosten</td><td colspan="2">Anzahl Maschinen technologieabhängig. Nur in Technologien mit einem starken Einfluss auf Innovationen werden Kapazitäten vorgehalten</td><td colspan="2">Hohe Anzahl Maschinen in vielen Technologien zur flexiblen Nutzung bei Versuchen und Pilotierungen innovativer Verfahren oder Produkte</td></tr>
<tr><td>Breite des Technologiespektrums</td><td colspan="3">Schmales Technologiespektrum. Einsatz von nur wenigen Technologien, wodurch ein starker Fokus auf der Beherrschung einiger weniger Prozesse liegt</td><td colspan="3">Breites Technologiespektrum. Einsatz von vielen unterschiedlichen Technologien zur Abdeckung einer Vielzahl von Prozessen im eigenen Betrieb</td></tr>
<tr><td>Innovationsgrad der Technologien</td><td colspan="2">Geringer Innovationsgrad. Es werden lediglich die etablierten Haupttechnologien eingesetzt</td><td colspan="2">Es werden wenige innovative Technologien in der mechanischen Fertigung eingesetzt. Der Einsatz erfolgt punktuell</td><td colspan="2">Hoher Innovationsgrad. Eine Vielzahl von neuen und innovativen Verfahren wird systematisch in die Prozesskette eingebunden</td></tr>
<tr><td>Verfügbarkeitsgrad der Maschinen</td><td colspan="2">Geringer Verfügbarkeitsgrad zur hohen Auslastung der Maschinen mittels Automatisierungslösungen</td><td colspan="2">Verfügbarkeitsgrad der Maschine ist abhängig vom speziellen Einsatzspektrum sowie von der Kapitalbindung der Maschine</td><td colspan="2">Hoher Verfügbarkeitsgrad der Maschinen zur Pilotierung innovativer Lösungen und zum flexiblen Zugriff auf die Maschinen</td></tr>
<tr><td>Einsatzgrad der Mitarbeiter</td><td colspan="3">Mitarbeiter sind in Bezug auf ihr Einsatzgebiet entlang der Prozesskette auf einen kleinen Bereich begrenzt. Die hohe Spezialisierung führt zu einer schnellen und effizienten Auftragsabwicklung</td><td colspan="3">Mitarbeiter sind flexibel einsatzbar. Die Abhängigkeit einer Leistung zu einem bestimmten Kreis an Mitarbeitern ist gering, wodurch der Kunde die Leistung nahezu immer beziehen kann</td></tr>
</table>

Abbildung 83: Morphologischer Kasten zur auslegungsbezogenen Beschreibung der Ressourcen im Werkzeugbau

Die Einordnung des Werkzeugbaubetriebs hinsichtlich der verschiedenen Merkmale der drei befähigenden Faktoren erfolgt, analog zu Methodikschritt A1 (vgl. Kapitel 5.1.1.2), auf qualitativer Ebene. Jedoch ist durch die Einbeziehung spezifischer Daten auch eine quantitative Bewertung möglich. So kann bspw. die Ermittlung der Wertschöpfungstiefe anhand von repräsentativen Aufträgen aus der Vergangenheit oder die Anzahl strategischer Wertschöpfungspartner durch eine Analyse der Lieferantenstruktur erfolgen. Auch kann die Bestimmung der Ausprägung in einem Merkmal, wie die Anzahl Abteilungen oder der Strukturierungsgrad der Organisation, durch einen Vergleich mit anderen Werkzeugbaubetrieben geschehen. So kann zum Beispiel ein Kennzahlenvergleich im Zuge eines Benchmarkings durchgeführt werden (vgl. Kapitel 5.1.2.1). Abbildung 84 zeigt dazu beispielhaft die repräsentative Organisationsstruktur von Werkzeugbaubetrieben, welche in der gemeinsamen Datenbank vom Werkzeugmaschinenlabor WZL der RWTH Aachen und dem Fraunhofer-Institut für Produktionstechnologie IPT vorhanden sind. Ebenso kann die Anzahl und Verteilung der Mitarbeiter sowie die Anzahl der Maschinen in einzelnen Technologien anhand eines Kennzahlenvergleichs bestimmt werden, woraufhin die Einordnung des Werkzeugbaubetriebs in eine der Merkmalsausprägungen erleichtert wird und einen quantitativen Charakter bekommt. Abbildung 84 zeigt beispielhaft die relative Verteilung der Mitarbeiter entlang der Prozesskette sowie die durchschnittliche Anzahl Maschinen in verschiedenen Technologien.

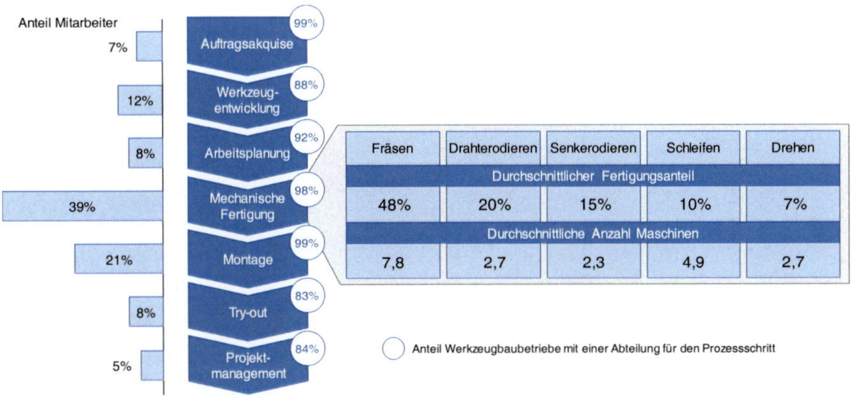

Abbildung 84: Relative Verteilung der Mitarbeiter entlang der Prozesskette, Anzahl Abteilungen sowie durchschnittliche Anzahl Maschinen pro Technologie[577]

Zur Einordnung innerhalb der einzelnen Merkmale sollten für die drei Bereiche Prozesse, Organisation und Ressourcen unterschiedliche Mitarbeiter aus verschiedenen Bereichen hinzugezogen werden. Im Bereich Prozesse bedarf es einer umfangreicheren Analyse vergangener, repräsentativer Aufträge zur Quantifizierung der einzelnen Merkmale, welche in der Regel durch den Vertrieb, das Projektmanagement, das Controlling oder die Geschäftsführung durchgeführt werden kann. Welche Abteilung sich für die Auswertung eignet, ist abhängig von der bestehenden Organisationsstruktur des jeweiligen Werkzeugbaubetriebs. Zur Einordnung im Bereich Organisation eignen sich insbesondere die Personalabteilung, die IT-Abteilung oder aber, insbesondere in kleineren Werkzeugbaubetrieben, die Geschäftsführung. Im Bereich Ressourcen fällt die Einordnung in der Regel in das Aufgabengebiet der Leitung der mechanischen Fertigung, da diese die Maschinen und ihr Einsatzspektrum am besten kennt und am einfachsten in Erfahrung bringen kann, wo die entsprechenden Daten beschafft werden können. Bei allen drei befähigenden Faktoren ist jedoch die Einbeziehung unterschiedlicher Mitarbeiter aus verschiedenen Bereichen des Unternehmens sinnvoll. Dadurch kann die Repräsentativität der Einordnung untermauert werden. Hierbei gilt, analog zu Schritt A, dass die einzelnen Merkmalsausprägungen einer diskreten Skala nicht immer exakt auf den anwendenden Werkzeugbaubetrieb zugeschnitten sind, sodass die Einordnung in die Ausprägungen so erfolgen sollte, die der Realität am ehesten entspricht (vgl. Kapitel 5.1.1.2 und Kapitel 5.1.1.3). Abbildung 85 zeigt abschließend die beispielhafte Einordnung eines Werkzeugbaubetriebs in die drei morphologischen Kästen.

[577] Vgl. Gemeinsame Datenbank des Werkzeugmaschinenlabors WZL der RWTH Aachen und des Fraunhofer-Instituts für Produktionstechnologie IPT, Stand März 2016

	Merkmal	Ausprägung 1	Ausprägung 2	Ausprägung 3	Ausprägung 4
Prozesse	Auftragsspektrum	Ausschließlich planbare Aufträge werden angeboten und durchgeführt	Fokus liegt auf planbaren Aufträgen, unplanbare Aufträge werden nur in Form von späten Änderungen von Kunden durchgeführt	Planbare und unplanbare Aufträge werden in gleichem bzw. ähnlichem Maße angeboten und durchgeführt	
	Wertschöpfungstiefe	Geringe Wertschöpfungstiefe. Zukauf von Umfängen erfolgt durch unterschiedliche kostengünstige und kompetente Wertschöpfungspartner	Wertschöpfungstiefe variiert je nach Auftrag stark. Die Wertschöpfungstiefe ist entweder kosten- oder innovationsgetrieben	Hohe Wertschöpfungstiefe. Vorhaltung vieler Technologien zur Generierung von Innovationen und Aufbau von Kompetenzen zur Differenzierung	
	Anzahl strategischer Wertschöpfungspartner	Geringe Anzahl an strategischen Partnern. Vielzahl der unterschiedlichen Partner wird zur Realisierung von Kostenpotenzialen genutzt	Mittlere Anzahl an strategischen Partnern zur kompetenzbasierten Vergabe. Kapazitätsbasierte Vergaben erfolgen bei nicht strategischen Partnern	Hohe Anzahl an strategischen Partnern. Zusammenarbeit erfolgt kompetenz- und kapazitätsbezogen mit dem Fokus auf Innovationen und Geschwindigkeit	
	Vernetzungsgrad mit Wertschöpfungspartnern	Geringe Vernetzung entlang der gesamten Prozesskette. Partnereinbindung erfolgt unsystematisch und situativ	Vernetzung erfolgt mit strat. Partnern systematisch, mit anderen Partnern jedoch unsystematisch und situativ	Systematische Einbindung strategischer und weiterer Partner durch eine Planung und intensive Kommunikation	Vernetzung erfolgt mit nahezu allen Partnern mithilfe von Systemen und ist systematisch geplant
	Vernetzungsgrad mit Kunden	Keine Vernetzung mit dem Kunden die über die Kommunikation hinausgeht. Fokus auf schneller WZ-Produktion	Vernetzung erfolgt unregelmäßig an den Schnittstellen zur Produktentwicklung und Serienproduktion	Systematische Vernetzung entlang der gesamten Prozesskette	Systematische Vernetzung entlang der gesamten Prozesskette wird digital unterstützt (automatisiert)
	Flexibilisierungsgrad der Fertigungsprozessfolgen	Herstellung einer Vielzahl von Komponenten erfolgt durch eine getaktete Fließfertigung	Herstellung aller Komponenten erfolgt durch Fertigungslinien	Herstellung vieler Komponenten erfolgt durch definierte Fertigungsprozessfolgen	Herstellung der Komponenten erfolgt durch eine umfangreiche Steuerung auf dem Shopfloor

	Merkmal	Ausprägung 1	Ausprägung 2	Ausprägung 3
Organisation	Strukturierungsgrad der Organisation	Geringer Strukturierungsgrad der Organisation. Fokus liegt auf einer schnellen Herstellung von Werkzeugen durch flache Hierarchien und eine personengebundene Auftragsabwicklung	Hoher Strukturierungsgrad der Organisation. Fokus liegt auf dem Angebot einer Vielzahl unterschiedlicher Leistungen, welche durch viele Mitarbeiter und Abteilungen administrativ koordiniert werden müssen	
	Anzahl Abteilungen	Geringe Anzahl an Abteilungen. Fokus liegt auf kostengünstiger Herstellung der Werkzeuge mit wenigen Schnittstellen	Anzahl Abteilungen entspricht ungefähr den Prozessschritten. Ziel ist eine einfache, strukturierte Kommunikation	Hohe Anzahl an Abteilungen. Fokus liegt auf einer Spezialisierung und interdisziplinären Zusammenarbeit entlang der Prozesskette
	Innovationskultur	Konservative Innovationskultur. Mitarbeiter sind für Produktivität, nicht für Kreativität zuständig. Innovative Werkzeuge stehen nicht im Fokus	Konservative Innovationskultur mit Fokus auf Produktivität. Bei einzelnen Werkzeugen werden Freiräume zur Generierung spezieller Innovationen geschaffen	Ausgeprägte Innovationskultur. Mitarbeiter sind für Produktivität und für Kreativität zuständig. Innovative Werkzeuge stehen im Fokus des täglichen Geschäfts
	Kollaborationsgrad	Kollaboration innerhalb des Unternehmens erfolgt unsystematisch und nur selten abteilungsübergreifend	Kollaboration innerhalb des Unternehmens erfolgt systematisch in und zwischen Abteilungen; eine systemische Unterstützung erfolgt nicht	Kollaboration innerhalb des Unternehmens erfolgt systematisch über alle Abteilungen hinweg und wird durch digitale Systeme unterstützt
	Wissensmanagement	Keine systematische Aufnahme von Wissen. Der Fokus liegt auf einer einmaligen und schnellen Herstellung von Werkzeugen	Systematische Aufnahme von Wissen zur Überführung von individuellem in organisationales Wissen	Systematische Aufnahme von Wissen zur Überführung von individuellem in organisationales Wissen sowie Kommerzialisierung des Wissens
	Segmentierung	Weder zeitliche, noch physische Trennung von Auftragsarten in Segmenten	Zur Trennung von Auftragsarten werden Kapazitäten von Maschinen und Mitarbeitern zeitlich segmentiert	Physische Trennung von planbaren und unplanbaren Auftragsarten durch die Bildung unterschiedlicher Segmente mit unterschiedlichen Zielsystemen

	Merkmal	Ausprägung 1	Ausprägung 2	Ausprägung 3
Ressourcen	Anzahl Mitarbeiter	Geringe Anzahl von flexibel einsetzbaren Mitarbeitern entlang der gesamten Prozesskette	Anzahl der Mitarbeiter variiert in den unterschiedlichen Bereichen der Prozesskette teilweise stark	Hohe Anzahl sehr spezialisierter Mitarbeiter entlang der gesamten Prozesskette. Einsatz von Mitarbeitern zur Technologie- oder Prozessentwicklung
	Anzahl Maschinen	Geringe Anzahl Maschinen in allen Technologien. Ziel ist die Hebung von Kostenvorteilen durch geringe Kapitalbindungskosten	Anzahl Maschinen technologieabhängig. Nur in Technologien mit einem starken Einfluss auf Innovationen werden Kapazitäten vorgehalten	Hohe Anzahl Maschinen in vielen Technologien zur flexiblen Nutzung bei Versuchen und Pilotierungen innovativer Verfahren oder Produkte
	Breite des Technologiespektrums	Schmales Technologiespektrum. Einsatz von nur wenigen Technologien, wodurch ein starker Fokus auf der Beherrschung einiger weniger Prozesse liegt	Breites Technologiespektrum. Einsatz von vielen unterschiedlichen Technologien zur Abdeckung einer Vielzahl von Prozessen im eigenen Betrieb	
	Innovationsgrad der Technologien	Geringer Innovationsgrad. Es werden lediglich die etablierten Haupttechnologien eingesetzt	Es werden wenige innovative Technologien in der mechanischen Fertigung eingesetzt. Der Einsatz erfolgt punktuell	Hoher Innovationsgrad. Eine Vielzahl von neuen und innovativen Verfahren wird systematisch in die Prozesskette eingebunden
	Verfügbarkeitsgrad der Maschinen	Geringer Verfügbarkeitsgrad zur hohen Auslastung der Maschinen mittels Automatisierungslösungen	Verfügbarkeitsgrad der Maschine ist abhängig vom speziellen Einsatzspektrum sowie von der Kapitalbindung der Maschine	Hoher Verfügbarkeitsgrad der Maschinen zur Pilotierung innovativer Lösungen und zum flexiblen Zugriff auf die Maschinen
	Einsatzgrad der Mitarbeiter	Mitarbeiter sind in Bezug auf ihr Einsatzgebiet entlang der Prozesskette auf einen kleinen Bereich begrenzt. Die hohe Spezialisierung führt zu einer schnellen und effizienten Auftragsabwicklung	Mitarbeiter sind flexibel einsatzbar. Die Abhängigkeit einer Leistung zu einem bestimmten Kreis an Mitarbeitern ist gering, wodurch der Kunde die Leistung nahezu immer beziehen kann	

Abbildung 85: Beispielhaft ausgefüllte morphologische Kästen zur Beschreibung von Prozessen, der Organisation und Ressourcen eines Werkzeugbaubetriebs

Dem Anwender liegen nach dem Abschluss der **Ermittlung des Status quo der drei befähigenden Faktoren** folgende Ergebnisse vor:

- Identifizierte Merkmalsausprägungen für das Gestaltungsfeld Prozesse
- Identifizierte Merkmalsausprägungen für das Gestaltungsfeld Organisation
- Identifizierte Merkmalsausprägungen für das Gestaltungsfeld Ressourcen

5.1.2.3 Vorgehen zur Bewertung des Integrationsgrads der vier Gestaltungsfelder

Nachdem der Werkzeugbaubetrieb sich innerhalb der Merkmale der Leistung (vgl. Kapitel 5.1.1.2) sowie der Merkmale der drei befähigenden Faktoren Prozesse, Organisation und Ressourcen (vgl. Kapitel 5.1.2.2) eingeordnet hat, erfolgt zum Abschluss der Analysephase die Bewertung des Integrationsgrads der vier Gestaltungsfelder. Hierzu wird ein Vergleich der Ausprägungen des Werkzeugbaubetriebs zu den Ausprägungen der vier Werkzeugbautypen Kostenreduzierer und Schnelligkeitsbefähiger, Kosten- und Komplexitätsreduzierer, Innovations- und Schnelligkeitsbefähiger sowie Innovationsbefähiger und Komplexitätsreduzierer (vgl. Abbildung 66) durchgeführt. Zunächst wird dazu dargestellt, wie die Merkmale der drei befähigenden Faktoren aller vier Werkzeugbautypen charakterisiert sind. Eine Übersicht der idealtypischen Merkmalsausprägungen der einzelnen Werkzeugbautypen ist in Abbildung 86 zu sehen.

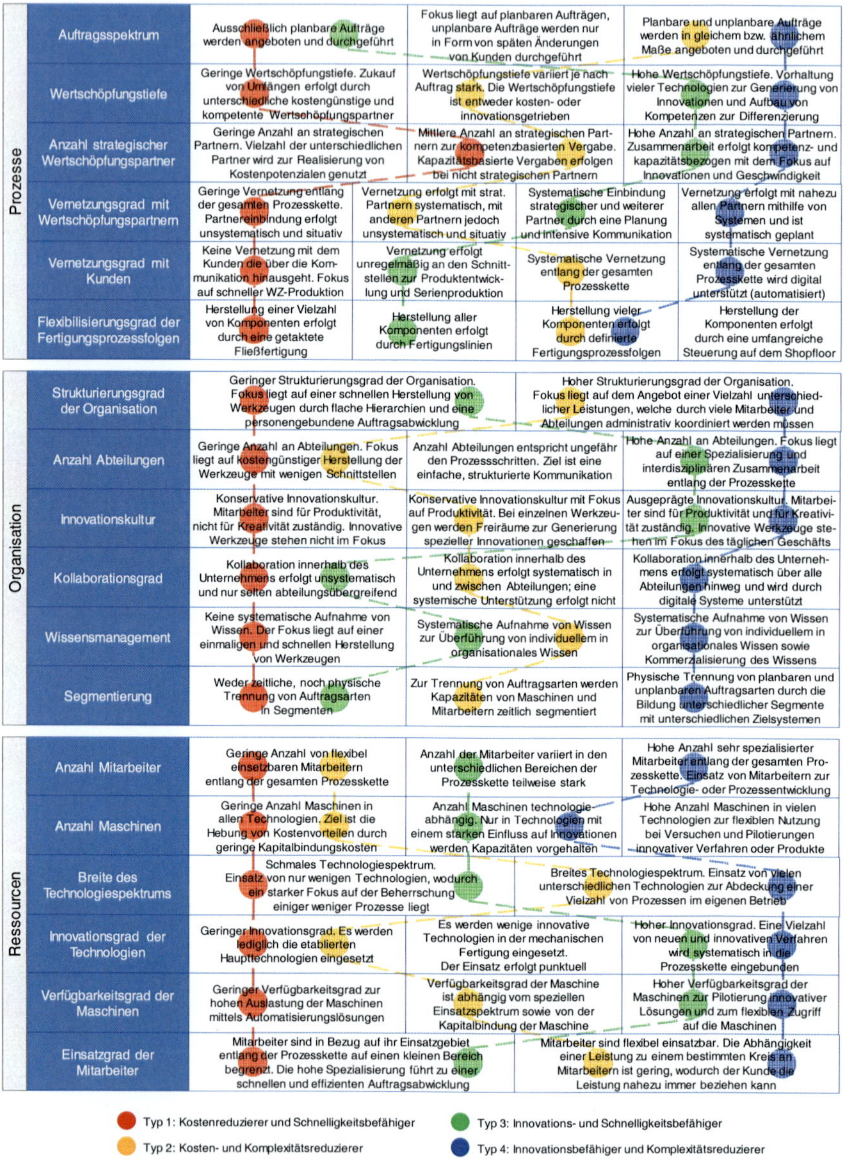

Abbildung 86: Übersicht der Merkmalsausprägungen der vier Werkzeugbautypen in Bezug auf die drei befähigenden Faktoren

Die idealtypischen Ausprägungen der vier Werkzeugbautypen basieren auf einer Analyse der bestehenden **Wirkzusammenhänge** zwischen den einzelnen Merkmalen. So bedingen sich bspw. der Vernetzungsgrad mit Wertschöpfungspartnern und der Kollaborationsgrad ebenso gegenseitig wie die Anzahl der Wertschöpfungspartner und die Wertschöpfungstiefe. Auch ist das Auftragsspektrum beispielsweise abhängig vom Leistungsumfang entlang der Wertschöpfungskette und beeinflusst wiederum die Ausprägung der Segmentierung. Ein weiteres Beispiel der Wirkzusammenhänge ist die Anzahl Mitarbeiter, welche die Anzahl Abteilungen und den Strukturierungsgrad der Organisation beeinflusst und gleichzeitig in Wechselwirkung zur Anzahl strategischer Wertschöpfungspartner steht. Ebenso beeinflusst die Systematik des Wissensmanagements die Anzahl Mitarbeiter und deren Einsatzgrad. Die Verfügbarkeit der Maschinen hat hingegen Einfluss auf die Anzahl Maschinen. Die aufgeführten Beispiele sollen die Komplexität der Wirkzusammenhänge darstellen, welche sowohl zwischen den vier Gestaltungsfeldern Leistung, Prozesse, Organisation und Ressourcen als auch innerhalb dieser bestehen (eine detaillierte Beschreibung der Wirkzusammenhänge ist dem Anhang B zu entnehmen).

Abbildung 87 zeigt eine Übersicht aller bestehenden Wirkzusammenhänge zwischen den Gestaltungsfeldern und innerhalb dieser. Die Relevanz der Merkmale in Bezug auf die Beeinflussung anderer Merkmale wird mithilfe der Methode des **paarweisen Vergleichs** durchgeführt, durch die eine quantitative Bewertung der Wirkzusammenhänge möglich ist. Ein Punkt steht dabei für eine positive Korrelation zwischen dem Merkmal aus der Zeile und dem Merkmal aus der Spalte, sodass das Merkmal in der Zeile das Merkmal in der Spalte beeinflusst. Ein leeres Feld steht dafür, dass kein direkter Zusammenhang zwischen dem Merkmal in der Zeile und dem Merkmal in der Spalte besteht. Durch die Identifizierung der Wirkzusammenhänge und die Erstellung der Korrelationsmatrix können auch diejenigen Merkmale identifiziert werden, welche bei der strategischen Auslegung industrieller Werkzeugbaubetriebe von besonderer Bedeutung sind, da sie die meisten anderen Merkmale beeinflussen. Demnach sind insbesondere die Merkmale Leistungsumfang entlang der Werkschöpfungskette innerhalb der Leistung sowie die Merkmale Auftragsspektrum, Wertschöpfungstiefe, Segmentierung, Anzahl der Mitarbeiter und Anzahl der Maschinen innerhalb der drei befähigenden Faktoren von hoher Relevanz, da sie den größten Einfluss auf andere Merkmale haben. Deshalb weisen sie die höchste Summe in der rechten Spalte auf. Die Merkmale mit der höchsten Summe in der untersten Zeile sind hingegen diejenigen, welche am stärksten durch andere Merkmale beeinflusst werden.

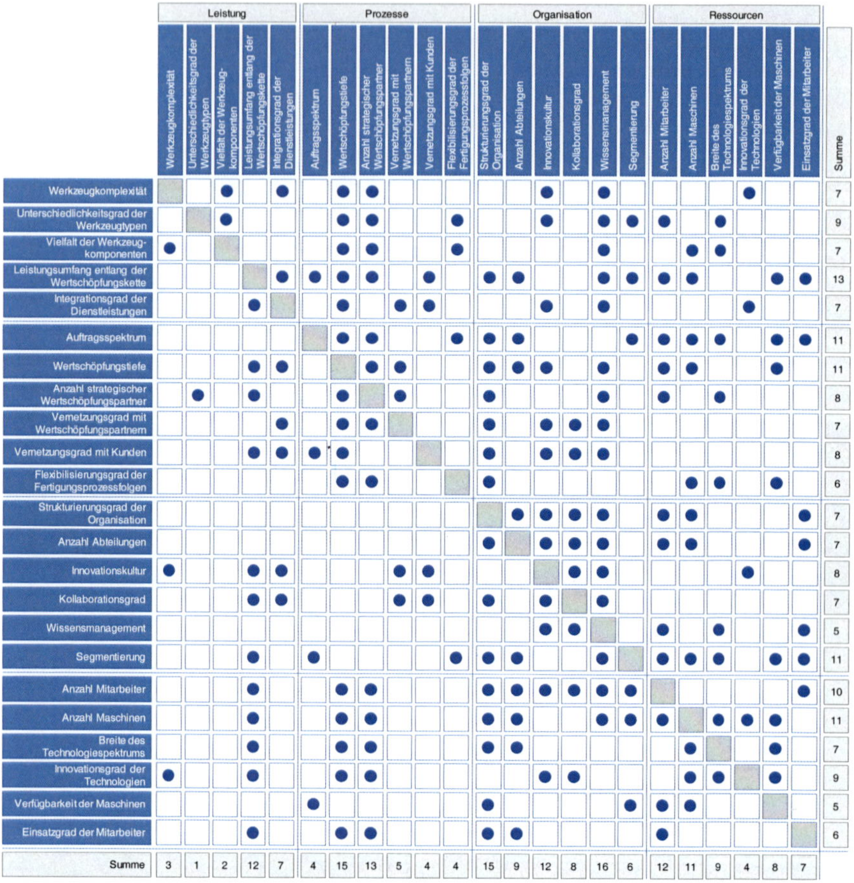

Abbildung 87: Darstellung der Wirkzusammenhänge zwischen den einzelnen Merkmalen der vier Gestaltungsfelder

Durch die Einordnung des Werkzeugbaubetriebs in die morphologischen Kästen sowie die Übersicht über die Ausprägungen der vier Werkzeugbautypen ist ein Abgleich dieser möglich. In Schritt A wurde bereits der Werkzeugbautyp identifiziert, welcher den Werkzeugbaubetrieb in geeignetster Weise repräsentiert. Im vorliegenden Beispiel entspricht die angebotene Leistung des Werkzeugbaubetriebs am ehesten der des Werkzeugbautypen Innovationsbefähiger und Schnelligkeitsbefähiger (vgl. Abbildung 76). Um den Integrationsgrad zwischen den drei befähigenden Faktoren und der angebotenen Leistung zu bewerten, wird die **Abweichung der Ausprägungen** des Werkzeugbaubetriebs zu den Ausprägungen des Werkzeugbautypen bestimmt. Hierzu wird, analog zu Schritt A, zunächst für jeden der drei befähigenden Faktoren die betragsmäßige maximal mögliche Abweichung des Anwenders zum definierten Werkzeugbautypen berechnet. Diese maximale Abweichung ist werkzeugbautypspezifisch und unterscheidet sich demnach je nach Typ. Anschließend wird die tatsächliche betragsmäßige Abweichung des anwendenden Werkzeugbaubetriebs zu den Ausprägungen des Werkzeugbautypen ermittelt. Um die Abweichung über die einzelnen Merkmale der drei befähigenden Faktoren darstellen zu können, wird schließlich das Verhältnis aus tatsächlicher und maximal möglicher Abweichung gebildet (vgl. Abbildung 88).

	Maximal mögliche Abweichung zum Typ 3	Tatsächliche Abweichung Werkzeugbaubetrieb zum Typ 3	Prozentuale Abweichung Werkzeugbaubetrieb zum Typ 3
	$\sum_{i=1}^{6}(\lvert i_{max} - gi \rvert)$ i_{max}: Max. Ausprägung g_i: Ausprägung Typ 3	$\sum_{i=1}^{6}(\lvert x_i - gi \rvert)$ x_i: Ausprägung WZB g_i: Ausprägung Typ 3	$\sum_{i=1}^{6}(\lvert x_i - gi \rvert) / \sum_{i=1}^{6}(\lvert i_{max} - gi \rvert)$
Prozesse	12	5	42%
Organisation	10	6	60%
Ressourcen	8	4	50%

Abbildung 88: Beispielhafte Berechnung der Abweichung der Ausprägungen zwischen Werkzeugbaubetrieb und Werkzeugbautyp

Abbildung 89 zeigt schematisch den **Integrationsgrad der vier Gestaltungsfelder** des Werkzeugbaubetriebs und visualisiert den Grad der Abweichung. Die Höhe der Dreiecke illustriert, wie groß jeweils der Unterschied der Ausprägung des Werkzeugbaubetriebs zu der Ausprägung des idealtypischen Werkzeugbautypen ist. So beträgt die Abweichung des Dreiecks Prozesse 42% zur Ausprägung des idealtypischen Dreiecks. Die Dreiecke der beiden befähigenden Faktoren Organisation und Ressourcen weichen hingegen zu 60% bzw. 50% von den idealtypischen Ausprägungen und somit auch der idealtypischen Höhe der beiden Dreiecke ab. Ziel ist es, dass am Ende der Auslegung die drei befähigenden Faktoren untereinander und zur angebotenen Leistung integriert ausgelegt sind und ein **strategischer Fit** zwischen diesen besteht.

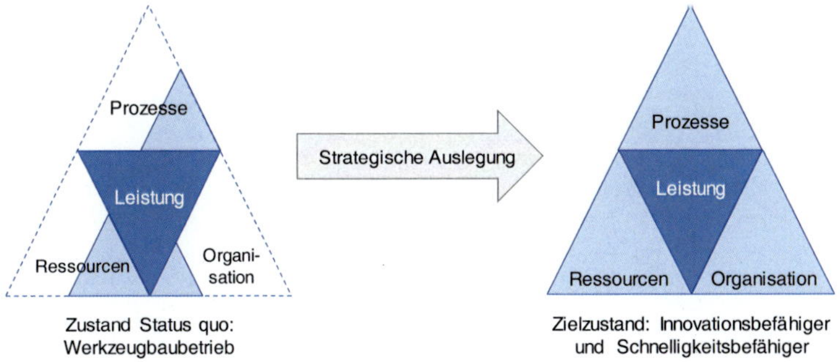

Abbildung 89: Beispielhafte Bewertung des Integrationsgrads der vier Gestaltungsfelder des Werkzeugbaubetriebs[578]

[578] Höhe Dreieck befähigender Faktor = (Höhe Dreieck Leistung – Höhe Dreieck Leistung x (1 – relative Abweichung befähigender Faktor))

Nach der Bewertung des Integrationsgrads der vier Gestaltungsfelder ist der Werkzeugbaubetrieb in der Lage, die befähigenden Faktoren auf Grundlage des ermittelten Status quo zielgerichtet neu auszulegen und einen strategischen Fit zwischen diesen zu erzielen.

Dem Anwender liegen nach dem Abschluss der **Bewertung des Integrationsgrads der vier Gestaltungsfelder** folgende Ergebnisse vor:

- Identifizierte Wirkzusammenhänge zwischen und innerhalb der Merkmale der vier Gestaltungsfelder
- Bewerteter Integrationsgrad der vier Gestaltungsfelder des Werkzeugbaubetriebs
- Vollständige analytische Grundlage zur strategischen Auslegung der drei befähigenden Faktoren auf Basis der angebotenen Leistung

5.2 Detaillierung der Auslegung

Die Auslegung stellt die zweite Phase der Methodik zur strategischen Auslegung industrieller Werkzeugbaubetriebe dar. Aufbauend auf den Ergebnissen der Analyse werden in dieser Phase die drei befähigenden Faktoren Prozesse, Organisation und Ressourcen iterativ ausgelegt. Die Auslegung geschieht auf Basis des in der Analyse identifizierten Werkzeugbautypen, welcher mit einer spezifischen Leistung verknüpft ist. Sie erfolgt unter Berücksichtigung der jeweiligen Wirkzusammenhänge der charakterisierenden Merkmale innerhalb und zwischen den befähigenden Faktoren, um einen strategischen Fit zu erzielen. Die Auslegung der drei befähigenden Faktoren wird in drei Schritten durchgeführt, wobei in jedem Schritt die Prozesse, die Organisation und die Ressourcen zunächst strukturell (Schritt C), im Anschluss wertschöpfungsbefähigend (Schritt D) und anschließend effizienzsteigernd (Schritt E) ausgelegt werden.

5.2.1 Schritt C: Strukturelle Auslegung

Der erste Schritt der zweiten Phase innerhalb der Methodik zur strategischen Auslegung industrieller Werkzeugbaubetriebe umfasst die strukturelle Auslegung. Dieser Schritt beinhaltet drei Detailschritte und bildet die Grundlage zur Auslegung eines Werkzeugbaubetriebs auf Basis der am Kundennutzen ausgerichteten Leistung. Ziel der strukturellen Auslegung ist die Verankerung der Kundenorientierung im gesamten Unternehmen[579] durch die Festlegung grundlegender Unternehmenscharakteristika, welche in den beiden Folgeschritten D und E weiter spezifiziert werden. Bevor die drei Detailschritte Identifizierung der Kernprozesse, Definition organisatorischer Einheiten sowie Festlegung notwendiger Ressourcen detailliert beschrieben werden, wird zunächst ein Überblick über die relevanten Grundlagen für die strukturelle Auslegung gegeben.

5.2.1.1 Grundlagen

Die wissenschaftlichen Definitionen des Begriffs **Prozess** sind so vielfältig wie die Prozesse selbst. Über alle Definitionen hinweg können Prozesse zusammenfassend jedoch als Input-Output-Transformationen aufgefasst werden, welche durch verschiedene Aktivitäten in einer

579 Vgl. Bruhn (Kundenorientierung), 1999, S. 4

zeitlich-logischen Abfolge erfolgen.[580] Im Zuge der Verankerung der Kundenorientierung in den befähigenden Faktoren mittels Prozessorientierung rücken insbesondere Geschäftsprozesse in den Fokus. Auch der Begriff **Geschäftsprozess** wird in der wissenschaftlichen Literatur umfangreich diskutiert. Für die vorliegende Arbeit wird auf die Definition von BERGSMANN zurückgegriffen, da sie alle für die strategische Auslegung industrieller Werkzeugbaubetriebe relevanten Aspekte beinhaltet. BERGSMANN definiert einen Geschäftsprozess als „die Abfolge aller notwendigen und direkt mit dem Geschäftsfall verbundenen Tätigkeiten zur Erstellung einer Leistung für einen Kunden, mit der bei diesem ein vorausgehender Bedarf gedeckt wird und die daher für diesen von Wert ist, samt der Zuordnung der dafür notwendigen Ressourcen“[581].

Prozesse lassen sich auf unterschiedliche Art und Weise klassifizieren und kategorisieren. So kann die Reichweite von Prozessen in die drei Ebenen interorganisatorisch (mehrere Organisationen), interfunktional (eine Organisation) und interpersonal (ein Organisationsbereich) unterteilt werden[582], wobei Geschäftsprozesse im Konkreten zur Ebene der interfunktionalen Prozesse gehören. Weiterhin lassen sich Prozesse hinsichtlich ihres Beitrags zur Leistungserbringung charakterisieren. So werden Leistungs- bzw. Ausführungsprozesse, Unterstützungsprozesse und Führungsprozesse unterschieden. Ausführungsprozesse beinhalten wertschöpfende Tätigkeiten mit dem Ziel der Aufgabenerfüllung, wohingegen Unterstützungsprozesse zu einer Verbesserung der Ausführungsprozesse verhelfen sollen. Führungsprozesse, auch Managementprozesse genannt, befassen sich hingegen mit strategischen Themen wie bspw. der Zielsetzung und Kontrolle sowie der Mitarbeiterführung.[583] Abschließend soll, in Anlehnung an die Wertkette von PORTER[584], die Unterteilung von Prozessen hinsichtlich ihrer Leistungsbeziehung zum Endprodukt vorgestellt werden. Diesbezüglich können Kern- und Supportprozesse unterschieden werden.[585] **Kernprozesse** sind „konsequent auf die strategischen Faktoren ausgerichtet, die für das Unternehmen von Bedeutung sind“[586] und stellen die Umsetzung der vorhandenen Kernkompetenzen in der Organisation dar. Sie lassen sich anhand der folgenden fünf Merkmale charakterisieren:[587]

- Wahrnehmbarer Kundennutzen
- Unternehmensspezifität
- Nicht-Imitierbarkeit
- Nicht-Substituierbarkeit
- Strategische Bedeutung

[580] Vgl. Schmelzer; Sesselmann (Geschäftsprozessmanagement), 2013, S. 52; Davenport (Process Innovation), 1993, S. 5; Chakravarty (Supply Chain Transformation), 2014, S. 76

[581] Vgl. Bergsmann (End-to-End Geschäftsprozessmanagement), 2012, S. 29

[582] Vgl. Davenport; Short (The New Industrial Engineering), 1990, S. 18

[583] Vgl. Knuppertz; Feddern (Prozessorientierte Unternehmensführung), 2011, S. 81

[584] Vgl. Porter (Competitive Advantages), 1985, S. 62

[585] Vgl. Osterloh; Frost (Prozessmanagement als Kernkompetenz), 2006, S. 36

[586] Vgl. Osterloh; Frost (Prozessmanagement als Kernkompetenz), 2006, S. 36

[587] I.A.a. Osterloh; Frost (Prozessmanagement als Kernkompetenz), 2006, S. 37; Schmelzer; Sesselmann (Geschäftsprozessmanagement), 2013, S. 105

Supportprozesse hingegen haben immer einen internen Kunden und leisten keinen Wertbeitrag zum Kundennutzen. Sie unterstützen die Kernprozesse bei der Leistungserbringung.[588]

Die Definition organisatorischer Einheiten baut auf dem Verständnis des Begriffs **Organisation** auf. Organisation kann im Kontext unterschiedlich definiert und verstanden werden. Unterscheiden lassen sich die drei kontextbezogenen Definitionen des prozessorientierten[589], des institutionellen und des instrumentellen Organisationsbegriffs.[590] Im prozessorientierten Verständnis wird die Organisation als ein bewusst gesteuerter Prozess zur Herstellung von Ordnung verstanden. Im institutionellen Verständnis wird die Organisation als eine Art Institution charakterisiert. Dies bedeutet, dass die Organisation ein System ist, welches konkrete Ziele verfolgt, eine geregelte Arbeitsteilung vorweist und eine definierte Abgrenzung zu seiner Umgebung aufweist. In dieser Arbeit wird der Begriff Organisation jedoch im Sinne des instrumentellen Verständnisses verwendet. Hierbei ist die Organisation ein von einem Unternehmen geschaffenes Regelsystem, welches zielorientiert als Führungsinstrument eingesetzt wird, Delegations- und Entscheidungsbefugnisse festlegt, die Aufgabenteilung spezifiziert und die Koordination von Aufgaben und den Aufbau von Hierarchien übernimmt. Damit dient die Organisation als Mittel zur Unternehmensführung. HABERBERG & RIEPLE stellen hierzu treffend fest: „Organizations are collections of people that come together and are organized for a particular set of purposes."[591]

Eine Möglichkeit zur Beherrschung der Vielfalt in der Leistungserbringung innerhalb einer Organisation stellt die **Segmentierung** dar. Die Segmentierung ist eine „Form der Gruppierung (Bündelung) von Unternehmensaktivitäten [...], die sich gegenüber anderen Gruppierungsalternativen durch eine – aus Sicht der Gesamtunternehmung – relativ geringe Relationenkomplexität auszeichnet"[592]. Unterschieden werden kann zwischen einer Ressourcenorientierung, einer Produktprogrammorientierung und einer Prozessorientierung.[593] Im Werkzeugbau haben sich insbesondere die prozessorientierte und die produktprogrammorientierte Segmentierung durchgesetzt. Bei der produktprogrammorientierten Segmentierung werden unterschiedliche Werkzeugtypen, welche von dem Werkzeugbaubetrieb angeboten werden, in unterschiedlichen Segmenten hergestellt, da sowohl andere Kompetenzen als auch andere Ressourcen zur Herstellung benötigt werden. So sind Werkzeugbaubetriebe, welche bspw. sowohl Spritzgießwerkzeuge als auch Stanz-Biegewerkzeuge herstellen, häufig in zwei Segmente unterteilt, die im Prozessverlauf ab der Methodenplanung völlig unabhängig voneinander sind. Aufgrund der Fokussierung deutscher Werkzeugbaubetriebe auf einen speziellen Werkzeugtypen hat sich in den letzten Jahren jedoch vermehrt die prozessorientierte Segmentierung durchgesetzt. Hierbei werden verschiedene Prozessarten bzw. Auftragsarten in unterschiedlichen Segmenten zusammengefasst und abgewickelt. So eignet es sich insbesondere, planbare und unplanbare Aufträge in unterschiedlichen Segmenten abzuwickeln, da sie entgegengesetzte Zielsysteme verfolgen. Steht bei planbaren Aufträgen eine hohe Auslastung der Ressourcen

---

588 Vgl. Osterloh; Frost (Prozessmanagement als Kernkompetenz), 2006, S. 38

589 Auch funktionaler Organisationsbegriff genannt

590 Vgl. Bea; Göbel (Theorie und Gestaltung), 2006, S. 2; Schreyögg (Grundlagen moderner Organisationsgestaltung), 1996, S. 4

591 Vgl. Haberberg; Rieple (Theory and Application), 2008, S. 6

592 Vgl. Höge (Organisatorische Segmentierung), 1995, S. 143

593 Vgl. Reiß (In Prozessen denken), 1993, S. 51

zur kostengünstigen Herstellung im Vordergrund, so ist bei unplanbaren Aufträgen in der Regel eine hohe Reaktionsfähigkeit erforderlich, welche eine hohe Verfügbarkeit von Ressourcen verlangt.[594] Abbildung 90 zeigt die beiden im Werkzeugbau üblichen Strategien zur Segmentierung des Werkzeug- bzw. des Auftragsspektrums.

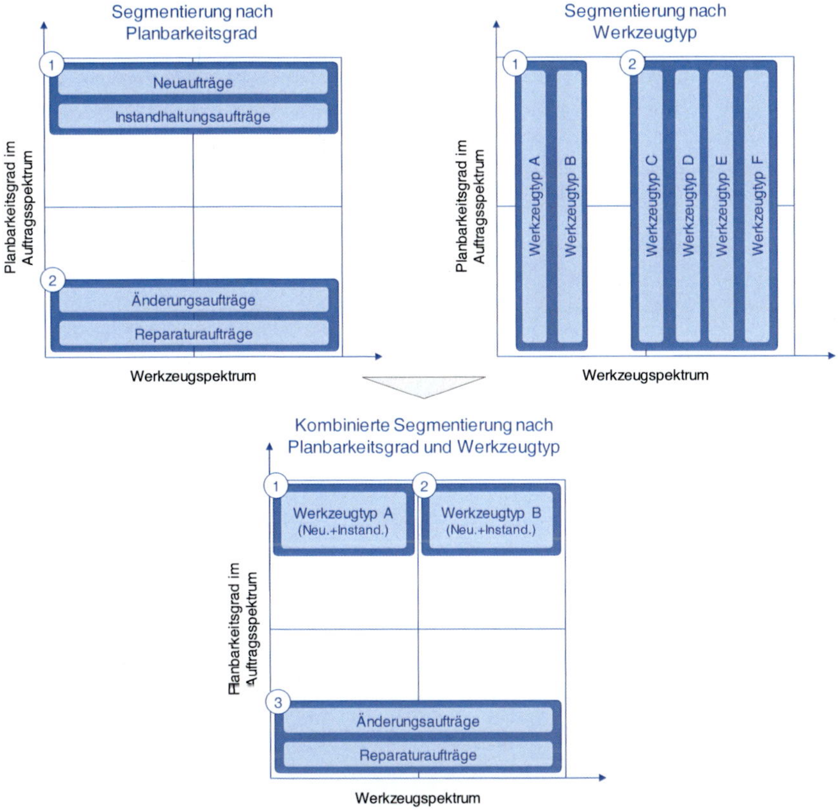

Abbildung 90: Übersicht möglicher Segmentierungsstrategien im Werkzeugbau

Neben einer reinen Segmentierung in Bezug auf das Werkzeug- und das Auftragsspektrum ist auch eine Mischform der beiden Varianten möglich. So kann es bei Werkzeugbaubetrieben sinnvoll sein, zwei Segmente zu bilden, um planbare und unplanbare Aufträge getrennt voneinander abwickeln zu können und das planbare Segment in einem zweiten Schritt noch einmal bzgl. des Werkzeugspektrums zu segmentieren.

Der industrielle Werkzeugbau ist im Vergleich zum werkstattorientierten Werkzeugbau nicht nur durch eine höhere Effizienz in der Auftragsabwicklung, sondern auch durch den Einsatz unterschiedlicher **Ressourcen** und moderner **Technologien** gekennzeichnet. So werden

[594] Vgl. hierzu Anhang A

nicht mehr nur konventionelle oder NC-gesteuerte Fräs-, Dreh- und Schleifmaschinen eingesetzt, sondern vermehrt hoch automatisierte Fertigungsmaschinen oder Fertigungszellen, welche unterschiedliche Technologien in einem System kombinieren. So integrieren Technologieführer heute bereits bis zu sieben Prozesse in einem System.[595] Eine häufige Kombination von Fertigungstechnologien in einem System stellt im Werkzeugbau die Verkettung von Fräsmaschinen zum Elektrodenfräsen, Senkerodiermaschinen, Waschstationen und Messmaschinen dar, welche über einen linearen oder mehrdimensionalen Roboter miteinander verbunden sind. Diese Prozessverkettung erfordert jedoch eine hohe Technologiebeherrschung und eine umfangreiche Integration in die bestehende Systemlandschaft. Abbildung 91 gibt einen Überblick der relevantesten im Werkzeugbau eingesetzten Technologien. Dabei sind die einzelnen Technologien anhand ihrer relativen Technologiebeherrschung und ihres Technologiepotenzials in einem Portfolio aufgetragen. Es wird deutlich, dass insbesondere neue Technologien wie das 5-Achs-HSC-Fräsen, das automatisierte Polieren (durch Robotereinsatz oder integriert in der Fräsmaschine)[596] sowie das Senkerodieren mit Graphitelektroden ein sehr hohes Potenzial aufweisen und vermehrt im Werkzeugbau vorzufinden sind.[597] So müssen Werkzeugbaubetriebe zukünftig verstärkt Kompetenzen aufbauen, um das Potenzial dieser Technologien zielgerichtet nutzen zu können.

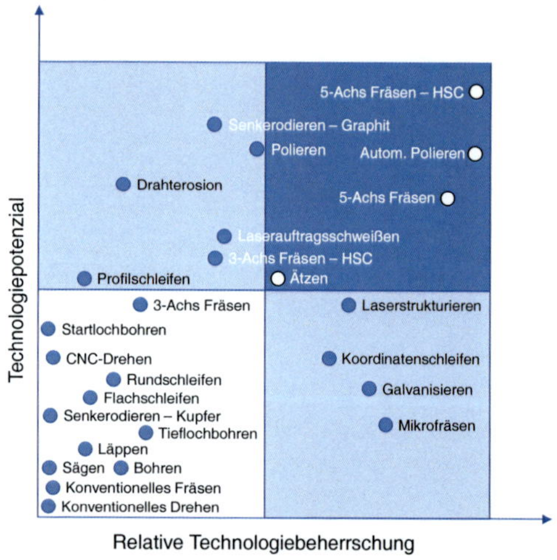

Abbildung 91: Übersicht der im Werkzeugbau eingesetzten Technologien in Bezug auf das Technologiepotenzial und die relative Technologiebeherrschung[598]

[595] Vgl. Schuh et al. (Fast Forward Tooling), 2015, S. 33

[596] Vgl. Schuh et al. (Fast Forward Tooling), 2015, S. 34; Dambon; Kretschmer (Automatisierte Feinbearbeitung), 2015

[597] Vgl. Gemeinsame Datenbank des Werkzeugmaschinenlabors WZL der RWTH Aachen und des Fraunhofer-Instituts für Produktionstechnologie IPT, Stand Juni 2016

[598] Vgl. Gemeinsame Datenbank des Werkzeugmaschinenlabors WZL der RWTH Aachen und des Fraunhofer-Instituts für Produktionstechnologie IPT, Stand Juni 2016

Neben der physischen Ressourcenausstattung hat sich auch die IT-basierte Ressourcenausstattung im Werkzeugbau verändert. Wurden früher lediglich CAD- und CAM-Systeme sowie administrative Programme zur Projektverwaltung eingesetzt, kommen heutzutage eine Vielzahl unterschiedlicher IT-Systeme zum Einsatz. Abbildung 92 gibt eine Übersicht über IT-Systeme, welche produzierende Unternehmen bei der Abwicklung von Aufträgen unterstützen. Zudem sind die Zusammenhänge und die Ebenen des jeweiligen Einsatzes der Systeme ersichtlich.

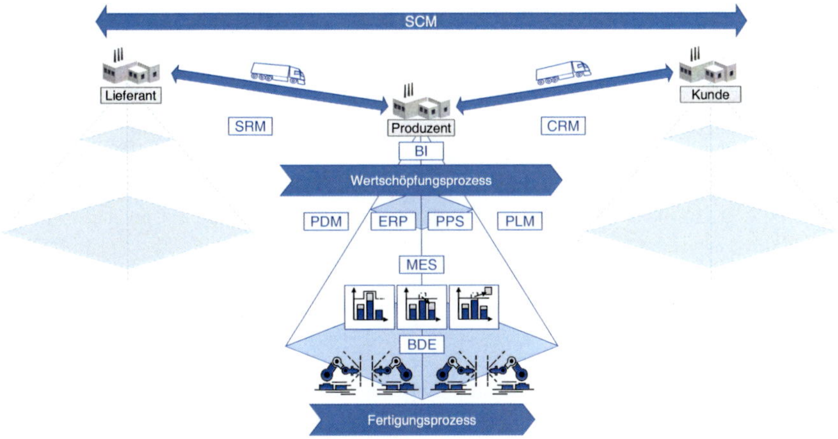

Abbildung 92: Übersicht verschiedener IT-Systeme zur Auftragsabwicklung in produzierenden Unternehmen[599]

Auf der Ebene der Fertigungsprozesse kommen vor allem BDE- (Betriebsdatenerfassungssysteme) und MES-Systeme (Produktionsleitsysteme) zum Einsatz. Durch diese Systeme werden Auftragsdaten ausgelesen und verbuchte Stunden zurückgemeldet sowie die Produktionsplanung durch eine echtzeitnahe Simulation von Material- und Ressourcenverfügbarkeiten unterstützt. Auf der Ebene der Wertschöpfungsprozesse werden insbesondere PDM- (Produktdatenmanagement), ERP- (Ressourcenplanung), PPS- (Produktionsplanung und -steuerung) sowie PLM-Systeme (Produktlebenszyklusmanagement) eingesetzt. Diese Systeme dienen der Optimierung der Wertschöpfungsprozesse von der Kundenanfrage bis hin zur Auslieferung der bestellten Produkte an den Kunden. Darüber hinaus finden auf einer übergeordneten Ebene Systeme wie das BI (Business Intelligence), SRM (Lieferantenbeziehungsmanagement), CRM (Kundenbeziehungsmanagement) und SCM (Supply Chain Management) Verwendung. Diese Systeme haben einen strategischeren Charakter und helfen, das Lieferkettenmanagement zu beherrschen und zu optimieren.[600]

[599] I.A.a. Schmidt et al. (Produktionssysteme des Maschinen- und Anlagenbaus), 2012, S. 20

[600] Vgl. Schmidt et al. (Produktionssysteme des Maschinen- und Anlagenbaus), 2012, S. 19; Siehe weiterführend hierzu unter anderem auch: Schuh; Stich (Logistikmanagement), 2013; Gienke; Kämpf (Handbuch Produktion), 2007; Gronau (Enterprise Resource Planning), 2004; Kahlert (Einsatz von PDM/EDM-Systemen), 2003

5.2.1.2 Vorgehen zur Identifizierung der Kernprozesse

Die Identifizierung der Kernprozesse des Werkzeugbaubetriebs stellt die notwendige Voraussetzung für die Definition organisatorischer Einheiten sowie die Festlegung notwendiger Ressourcen dar. Die geforderte leistungsspezifische Kundenorientierung moderner Werkzeugbaubetriebe fordert eine Prozessorientierung innerhalb der Unternehmensstruktur, weshalb die Unternehmensprozesse den Ausgangspunkt der Auslegung bilden. Hierbei sind jedoch nicht alle Prozesse eines Unternehmens von strategischer Bedeutung. Um die strategisch relevanten Prozesse, die Kernprozesse, zu identifizieren, müssen diese mit den Charakteristika des Werkzeugbaubetriebs in Beziehung gesetzt werden. Hierzu müssen Werkzeugbaubetriebe die eigenen Prozesse aufnehmen und voneinander abgrenzen. Die Hauptprozesse von Werkzeugbaubetrieben wurden anhand der Wertschöpfungskette des Werkzeugbaus bereits in Kapitel 2.3.5.2 beschrieben und zeigen die grobe Prozessstruktur auf. Damit jedoch eine Spezialisierung auf bestimmte Prozesse erfolgen kann, muss diese grobe Prozessstruktur spezifiziert werden. Abbildung 93 zeigt beispielhaft, wie die **Prozessspezifizierung** entlang der Wertschöpfungskette erfolgen kann, damit die Prozesse anschließend in Bezug auf ihre Bedeutung gewichtet werden können. So können zum Beispiel innerhalb des Prozessschritts mechanische Fertigung diverse Prozesse spezifiziert werden, welche sich aufgrund unterschiedlicher Technologien und notwendiger Kompetenzen unterscheiden lassen. Ebenfalls können u.a. im Bereich des Kundendienstes verschiedene Dienstleistungen differenziert werden, welche dem Kunden angeboten und durch einen Dienstleistungsprozess beschrieben werden können. Zur Abgrenzung und Spezifizierung der Prozesse eignet sich eine enge Zusammenarbeit der Führung mit den jeweiligen Bereichsleitern, da sie durch die operative Durchführung der Prozesse die notwendige und fundierte Wissensbasis mitbringen. Dabei ist jedoch darauf zu achten, dass die groben Prozessschritte nicht zu detailliert dargestellt werden, damit eine strategische Bewertung möglich ist.

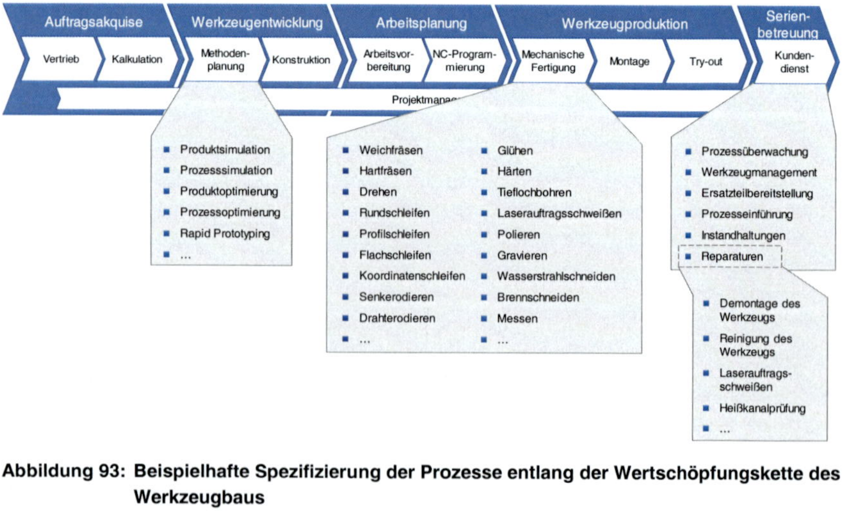

Abbildung 93: Beispielhafte Spezifizierung der Prozesse entlang der Wertschöpfungskette des Werkzeugbaus

Nachdem die Spezifizierung der Prozesse durchgeführt worden ist, können die Prozesse in Bezug auf ihre strategische Bedeutung bewertet werden, um sie als Kernprozesse zu identifizieren. Diese **Kernprozessidentifizierung** kann anhand eines Prozessportfolios geschehen. Dabei werden die Prozesse anhand ihrer Effektivität und Effizienz bewertet und in einem Portfolio aufgetragen.[601] In diesem Portfolio beschreibt die Prozesseffektivität „den relativen Beitrag [des Prozesses] zum wahrgenommenen Kundennutzen im Vergleich zum Wettbewerb“[602]. Demgegenüber ist die Prozesseffizienz als „Maß für den Mitteleinsatz (Zeit, Kosten) im Verhältnis zum Wettbewerb“[603] gekennzeichnet. Neben der Charakterisierung der Prozesse in Bezug auf Effektivität und Effizienz können zudem eine operative Prozessbedeutung durch den Wertbeitrag des Prozesses zum Umsatz sowie Prozessabhängigkeiten dargestellt werden (vgl. Abbildung 94).[604] Um die Einordnung der Prozesse zu erleichtern, bietet es sich an, Kennzahlen für die Effektivität und die Effizienz heranzuziehen. So lassen sich die Effizienz bspw. durch die Kennzahl Wert pro Tag und die Effektivität durch die Kennzahl Umsatzrendite darstellen. Auf diese Weise kann mittels eines internen oder externen Benchmarkings die Skala definiert und der jeweilige Durchschnittswert als Wert für die Mitte der Skala angenommen werden.[605] Als Ergebnis der Einordnung der Prozesse in das Portfolio lassen sich Kernprozesse mit einer besonderen strategischen Bedeutung für das Unternehmen identifizieren. Dies sind Prozesse, welche sich oberhalb der diagonalen Trennlinie befinden. Prozesse, welche sich unterhalb dieser Linie befinden, bieten ein grundsätzliches Potenzial zum Outsourcing. Sollte jedoch ein Prozess unterhalb der Trennlinie liegen, welcher als strategisch relevant angesehen wird, so muss eine Veränderung herbeigeführt werden, um eine Wettbewerbsschädigung zu verhindern.[606]

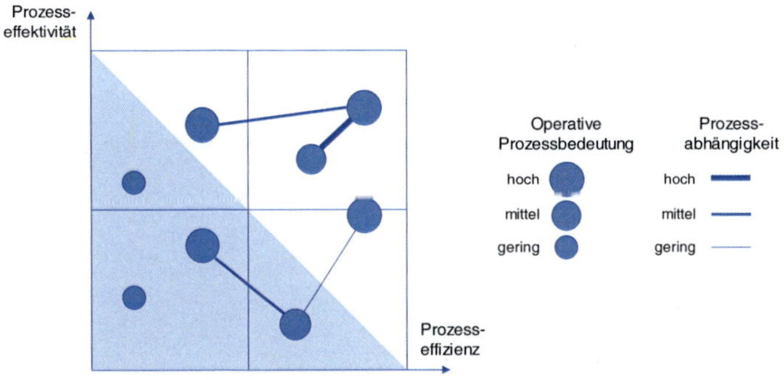

Abbildung 94: Kernprozessidentifikation mit dem Prozessportfolio nach MÜLLER[607]

[601] Neben der Identifikation anhand des Prozessportfolios kann die Kernprozessidentifizierung bspw. auch über eine Gewichtung der Prozesse mittels einer Prozess-Erfolgsfaktoren-Matrix (vgl. Schmelzer; Sesselmann (Geschäftsprozessmanagement), 2013, S. 108) erfolgen

[602] Vgl. Müller (Prozeßorientierte Veränderungsprojekte), 1999, S. 78

[603] Vgl. Müller (Prozeßorientierte Veränderungsprojekte), 1999, S. 78

[604] Vgl. Müller (Prozeßorientierte Veränderungsprojekte), 1999, S. 77; Schuh (Change Management), 2006, S. 31

[605] Vgl. Pitsch (Kompetenzfeldbasierte Vernetzung), 2014, S. 106

[606] Vgl. Müller (Prozeßorientierte Veränderungsprojekte), 1999, S. 78

[607] Vgl. Müller (Prozeßorientierte Veränderungsprojekte), 1999, S. 78; Schuh (Change Management), 2006, S. 32

Die Einordnung der Prozesse in das Portfolio erfolgt anhand von Kennzahlen und anhand von spezifischen Charakteristika des Werkzeugbaubetriebs. Beispiele für solche Charakteristika sind u.a.:

- Differenzierung über das Produkt (Kostenreduzierung versus Innovationsbefähigung)
- Differenzierung über die Zusammenarbeit (Schnelligkeitsbefähigung versus Komplexitätsreduzierung)
- Marktzugang (intern versus extern)
- Standort (Hochlohnstandort versus Niedriglohnstandort)
- Wertschöpfungsnetzwerk (ausgeprägt versus nicht ausgeprägt)

Die Charakteristika, welche zur Einordnung herangezogen werden, können aus den Merkmalen der vier Gestaltungsfelder (vgl. Kapitel 5.1) abgeleitet werden und sollten den Werkzeugbaubetrieb in Bezug auf seine strategische Ausrichtung ausreichend beschreiben. So sind beispielsweise die Prozessschritte Prozesssimulation und Methodenplanung insbesondere für Werkzeugbaubetriebe von besonderer strategischer Bedeutung, welche sich produktseitig über eine Innovationsbefähigung differenzieren (Werkzeugbautyp 3 und 4; vgl. Abbildung 66). Zudem sind die Prozessschritte Vertrieb und Kalkulation in der Regel für externe Werkzeugbaubetriebe entscheidender als für interne Werkzeugbaubetriebe, welche ihre Aufträge vom Mutterunternehmen erhalten. Abbildung 95 zeigt beispielhaft die Einordnung der Prozesse eines internen Werkzeugbaubetriebs, welcher im Methodikschritten A als Innovationsbefähiger und Schnelligkeitsbefähiger (Typ 3) identifiziert wurde.

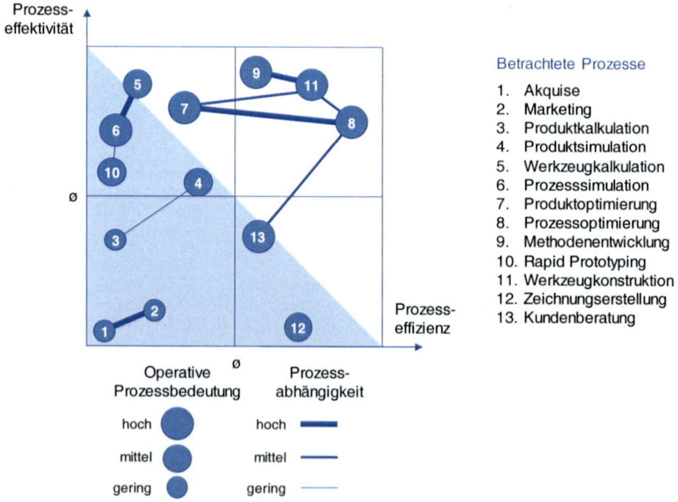

Abbildung 95: Beispielhafte Einordnung der Prozesse von der Akquise bis zur Arbeitsplanung eines Werkzeugbaus des Typs 3 in das Prozessportfolio

Die Einordnung der Prozesse von der Auftragsanbahnung bis zum Abschluss der Werkzeugkonstruktion zeigt, dass sich der Werkzeugbaubetrieb im Bereich des Rapid Prototyping (10), der Produkt- (4) und Prozesssimulation (6) sowie der Kundenberatung (13) verbessern muss, da diese Prozesse eine hohe operative Prozessbedeutung haben und nicht im Bereich der Kernprozesse des Portfolios liegen. Die Prozesse des Rapid Prototypings sowie der Produkt- und Prozesssimulation müssen insbesondere in Bezug auf ihre Effizienz gesteigert werden, um eine schnelle Produktentwicklung und -einführung gewährleisten zu können. Dies ist ein wesentliches Differenzierungsmerkmal eines Schnelligkeitsbefähigers. Im Bereich der Kundenberatung muss insbesondere die Prozesseffektivität, also der wahrgenommene Kundennutzen adressiert werden, um eine Differenzierung über produktbegleitende Dienstleistungen sicherstellen zu können und durch die Kundennähe Innovationspotenzial frühzeitig vorherzusehen. Durch die Abhängigkeiten der Prozesse erkennt der anwendende Werkzeugbaubetrieb zudem, welche Prozesse er outsourcen und welche er wegen ihrer Wechselwirkungen mit relevanten Prozessen auch in Zukunft intern durchführen sollte. Je weiter sich ein Prozess im Bereich der unteren linken Ecke des Portfolios befindet, je geringer seine operative Prozessbedeutung und je schwächer seine Abhängigkeiten zu anderen Prozessen ist, desto höher ist sein Potenzial, ihn durch Wertschöpfungspartner durchführen zu lassen. Die Entscheidung, welche Prozesse zukünftig intern und welche extern abgewickelt werden sollen, ist komplex und von einer Vielzahl von Faktoren abhängig. Wie die Entscheidung über eine interne und externe Abwicklung der Prozesse detailliert getroffen werden kann, wird in dieser Arbeit, aufgrund des Umfangs der Betrachtung, nicht tief gehender thematisiert. Dazu wird an dieser Stelle auf die „Methodik zur Wertschöpfungstiefengestaltung im Werkzeugbau“ von SCHITTNY[608] verwiesen, in welcher sowohl die Entscheidung als auch die Ausgestaltung von Outsourcing-Strategien beschrieben werden.

Dem Anwender liegen nach dem Abschluss der **Identifizierung der Kernprozesse** folgende Ergebnisse vor:

- Identifizierte Kernprozesse des Werkzeugbaubetriebs entlang der gesamten Wertschöpfungskette des Werkzeugbaus
- Identifizierte Prozesse mit Potenzial zum langfristigen Outsourcing
- Definierte Abhängigkeiten zwischen den einzelnen Prozessen
- Identifiziertes Verbesserungspotenzial aller Prozesse in Bezug auf die Prozesseffizienz und -effektivität

5.2.1.3 Vorgehen zur Definition organisatorischer Einheiten

Damit ein Werkzeugbaubetrieb die Vielzahl an Prozessen, welche im Zuge der Auftragsabwicklung durchgeführt werden müssen (Ablauforganisation), strukturiert bearbeiten kann, bedarf es einer organisatorischen Struktur innerhalb des Unternehmens (Aufbauorganisation). Folglich wird dem Unternehmen eine geeignete Struktur verliehen, indem auf Basis der identifizierten Kernprozesse, aber auch auf Basis der notwendigen administrativen bzw. unterstützenden Prozesse, organisatorische Einheiten definiert werden. Um der Komplexität der Auftragsabwicklung gerecht zu werden und das im Werkzeugbau bestehende Spannungsfeld zwischen der Abwicklung planbarer und unplanbarer Aufträge adressieren zu können (vgl. Kapitel

[608] Vgl. Schittny (Wertschöpfungstiefengestaltung im Werkzeugbau), 2015

2.3.2.3 und Anhang A), wird zunächst eine Analyse durchgeführt, die eine Überprüfung einer möglichen Bildung von Segmenten ermöglicht.

Die **Segmentierungsanalyse** basiert auf einer systematischen Auswertung von vergangenen Auftragsdaten. Zu Beginn müssen für alle identifizierten Prozessschritte, welche für die strategische Auslegung industrieller Werkzeugbaubetriebe von Bedeutung sind, vergangene Aufträge in planbare und unplanbare Aufträge getrennt werden. Zu den planbaren Aufträgen zählen u.a. Neuaufträge, Wiederholaufträge und Instandhaltungsaufträge, zu den unplanbaren Aufträgen gehören zum Beispiel Änderungsaufträge, Reparaturaufträge und häufig auch Dienstleistungsaufträge[609]. Die Planbarkeit ist ein Maß für die Reaktionsfähigkeit, wobei ein planbarer Auftrag einen zeitlichen Spielraum zur Bearbeitung des Auftrags zulässt und eine geringere Reaktionsfähigkeit mit sich bringt als ein unplanbarer Auftrag, bei dem der Auftrag hingegen ohne großen zeitlichen Verzug abgewickelt werden muss. Die Trennung von planbaren und unplanbaren Aufträgen sollte für alle identifizierten Prozesse erfolgen und sowohl die geleisteten Stunden der Mitarbeiter als auch der Maschinen berücksichtigen. Auf Basis der Stunden kann daraufhin ein Verhältnis zwischen geleisteten geplanten und geleisteten ungeplanten Stunden pro Prozess und Betrachtungsgegenstand (Mitarbeiter- und Maschinenbereich) berechnet werden. Abschließend kann eine erste Einschätzung über die Notwendigkeit einer Segmentierung getätigt werden. Dabei gilt: Je kleiner der Unterschied zwischen den beiden Prozentwerten planbarer und unplanbarer Aufträge bzw. Stunden ist, desto eher lohnt sich eine Segmentierung der Bereiche. Die Segmentierung kann entweder zeitlich (bei begrenzten Ressourcen und geringen Auslastungen der geplanten Segmente) oder physisch (bei ausreichenden Ressourcen und hohen Auslastungen der geplanten Segmente) erfolgen. Eine Segmentierung anhand von Produktgruppen wird an dieser Stelle nicht weiter verfolgt, da sie im Werkzeugbau, aufgrund der Fokussierung deutscher Werkzeugbaubetriebe, nur eine untergeordnete Bedeutung hat. Zudem beschränkt sich die Segmentierung heutzutage in der Regel auf die Werkzeugentwicklung und die Montage, da sich in diesem Bereich Experten für die einzelnen Werkzeugtypen herausgebildet haben. Diese Segmentierung ist jedoch implizit aus

[609] Dienstleistungsaufträge können neben unplanbaren auch planbare Aufträge sein

der Produktstruktur hervorgegangen und wurde nur in seltenen Fällen explizit durch einen systematischen Ansatz eingeführt. Eine beispielhafte Auswertung der Auftragsverteilung ist in Abbildung 96 dargestellt.

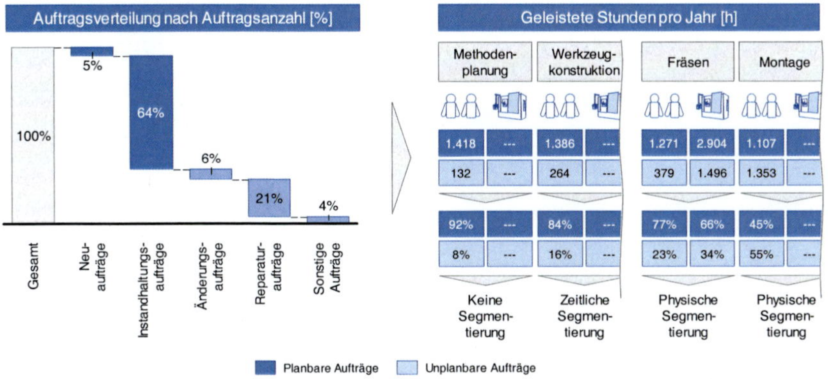

Abbildung 96: Beispielhafte Auswertung der Auftragsverteilung anhand verrechneter Stunden eines internen Werkzeugbaubetriebs

Bei der Segmentierungsanalyse ist zu beachten, dass für die Erhebung der Daten ein repräsentativer Zeitraum ausgewählt wird. Zudem ist zu berücksichtigen, dass sich die Auftragsverteilung, aufgrund strategischer Entscheidungen, zukünftig ändern kann. Dies ist bei der Interpretation der berechneten Daten zu beachten. Hierbei ist der Werkzeugbautyp von entscheidender Bedeutung. Werden Komplexitätsreduzierer tendenziell eher mehr unplanbare Aufträge abwickeln, so wird dieser Anteil bei Kostenreduzierern deutlich geringer sein. Auch die Grenze zwischen einer zeitlichen und einer physischen Segmentierung kann, je nach Werkzeugbautyp und Unternehmensrandbedingungen, individuell bzw. unterschiedlich sein. Insbesondere zur Generierung von Lerneffekten, bspw. in der Entwicklung, kann es ggf. jedoch auch nützlich sein, trotz einer rechnerisch sinnvollen Segmentierung auf diese zu verzichten und Kapazitäten zu bündeln. Eine detaillierte Berechnung der Kapazitäten wird in Methodikschritt D durchgeführt. Hierbei wird die Varianz der Auftragsvolumina in einen zeitlichen Bezug gesetzt, um eine fundierte Aussage über die optimalen Kapazitätsbedarfe der unterschiedlichen Segmente treffen zu können.

Nachdem die Überprüfung der Möglichkeit einer Segmentierung einzelner Prozessschritte durchgeführt worden ist, müssen die einzelnen Prozesse innerhalb der Wertschöpfungskette des Werkzeugbaubetriebs miteinander verglichen werden, um organisatorische Einheiten ableiten zu können. Dazu müssen ähnliche Prozesse, welche ähnliche Charakteristika aufweisen, in organisatorischen Einheiten geclustert werden, um diese mit einem begrenzten Ressourceneinsatz abwickeln zu können. Charakteristika für einen **Prozessvergleich** können beispielsweise sein:

- Position innerhalb der Wertschöpfungskette
- Notwendige Mitarbeiterkompetenz
- Eingesetzte Technologien
- Prozessklassifizierung
- Kontakt mit Kunden
- Kontakt mit Wertschöpfungspartnern

Neben diesen exemplarisch aufgeführten Charakteristika sollte der anwendende Werkzeugbaubetrieb der Methodik jedoch auch weitere Charakteristika zum Prozessvergleich heranziehen. Abbildung 97 zeigt den beispielhaften Vergleich der Methodenplanung mit den Prozessen Werkzeugkonstruktion und Fräsen.

	Methodenplanung	Werkzeugkonstruktion	Fräsen
Position innerhalb der Wertschöpfungskette	Während der Werkzeugentwicklung	Während der Werkzeugentwicklung	Während der Werkzeugproduktion
Notwendige Mitarbeiterkompetenz	Konstruktions- und Simulations-Know how	Konstruktions-Know how	Fertigungs-Know how
Eingesetzte Technologien	CAD- und Simulationssoftware	CAD-Software	Fräsmaschine und Steuerungssoftware
Prozessklassifizierung	wertschöpfend	wertschöpfend	wertschöpfend
Kontakt mit Kunden	punktuell	punktuell	nie
Kontakt mit Wertschöpfungspartnern	punktuell	punktuell	selten
	Ähnlichkeit zur Methodenplanung		

Abbildung 97: Beispielhafter Prozessvergleich zur Bewertung der Ähnlichkeit von Prozessen

Die beispielhafte Auswertung macht deutlich, dass die Prozesse Methodenplanung und Werkzeugkonstruktion eine höhere Ähnlichkeit aufweisen als die beiden Prozesse Methodenplanung und Fräsen. Dies hat zur Folge, dass für die Prozesse Methodenplanung und Werkzeugkonstruktion eine gemeinsame organisatorische Einheit, aus der Methodenplanung und dem Fräsen in der mechanischen Fertigung hingegen keine Einheit gebildet werden kann. Dieser Vergleich ist nun für alle Prozesse entlang der Prozesskette durchzuführen, welche zukünftig durch den Werkzeugbaubetrieb selbst durchgeführt werden sollen. Auf diese Weise können aus einer Vielzahl von Prozessen organisatorische Einheiten abgeleitet werden, die dem Werkzeugbaubetrieb eine organisatorische Grobstruktur geben.

Bei der **Ableitung organisatorischer Einheiten** auf Basis identifizierter Kernprozesse und begleitender unterstützender Prozesse ist zu beachten, dass auch Prozesse, welche nicht intern, sondern durch einen externen Wertschöpfungspartner durchgeführt werden, berücksichtigt werden müssen. Auch wenn die operative Abwicklung dieser Prozesse durch externe

Wertschöpfungspartner vorgenommen wird, so bedarf es einer Koordination der Fremdvergabe und einer Abstimmung mit den Wertschöpfungspartnern, welche von bestimmten Einheiten durchgeführt werden sollten. Ggf. muss für diese Koordination, je nach Umfang und Art, auch eine eigene organisatorische Einheit geschaffen werden. Bei der Definition der Einheiten ist weiterhin zu beachten, dass diese für jeden Werkzeugbaubetrieb unterschiedlich sein können und vom Werkzeugbautypen und weiteren Faktoren abhängig ist. Abschließend ist in Abbildung 98 beispielhaft die Definition organisatorischer Einheiten für die vorderen Prozesse der Wertschöpfungskette des Werkzeugbaus dargestellt.

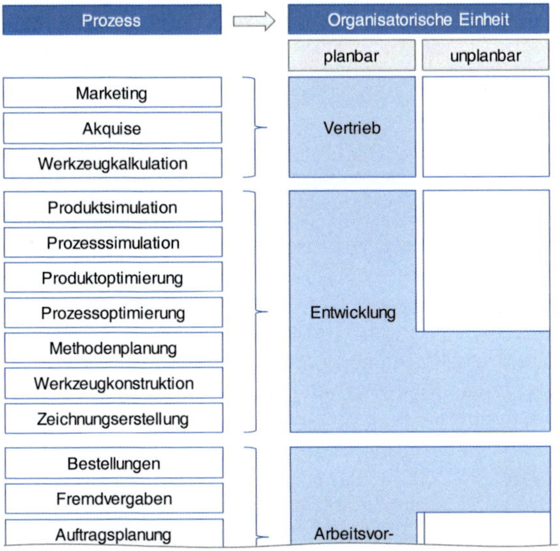

Abbildung 98: Definition organisatorischer Einheiten auf Basis von Ähnlichkeiten der identifizierten Kern- und Unterstützungsprozesse

Dem Anwender liegen nach dem Abschluss der **Definition organisatorischer Einheiten** folgende Ergebnisse vor:

- Aussage über die Möglichkeit zur Segmentierung von Bereichen innerhalb der einzelnen Prozessschritte in Bezug auf planbare und unplanbare Aufträge
- Identifizierte Ähnlichkeiten zwischen den einzelnen Kern- und Unterstützungsprozessen
- Organisatorische Einheiten zur Strukturierung der Organisation in grober Form

5.2.1.4 Vorgehen zur Festlegung notwendiger Ressourcen

Die Ressourcen im Werkzeugbau stellen die notwendigen materiellen und immateriellen Inputfaktoren und Hilfsmittel dar, mithilfe derer die Umwandlung eines Produkts hin zu einem höherwertigen Produkt durchgeführt werden kann.[610] Dazu werden im Wesentlichen physische Ressourcen, Humanressourcen, IT-basierte Ressourcen, aber auch finanzielle Ressourcen, Bestandsressourcen, strukturelle Ressourcen und kulturelle Ressourcen genutzt (vgl. Kapitel 2.3.5.2). Für die strategische Auslegung industrieller Werkzeugbaubetriebe in der strukturellen Auslegungsphase sind insbesondere physische Ressourcen, Humanressourcen und IT-basierten Ressourcen von Bedeutung[611], welche deshalb im Folgenden ausgelegt werden.

Zur Auslegung der **physischen Ressourcen**, worunter vor allem die Maschinen des Werkzeugbaubetriebs fallen, bedarf es zunächst einer Überprüfung des Technologieeinsatzes anhand der relativen Technologiebedeutung einzelner Technologien und deren Leistungsfähigkeit. Dazu müssen in einem ersten Schritt die Fertigungszeitanteile der einzelnen Technologien bzw. Fertigungsverfahren in der mechanischen Fertigung, in der die Maschinen organisatorisch verortet sind, bestimmt werden. Der Fertigungszeitanteil einer Technologie wird durch das Verhältnis der Maschinenlaufzeit einer Technologie (ohne Rüst- und Nebenzeiten) zu der gesamten Maschinenlaufzeit aller Technologien (ohne Rüst- und Nebenzeiten) in der mechanischen Fertigung bestimmt.[612] Dabei wird der Fertigungszeitanteil bspw. durch die reine Spindellaufzeit beschrieben, welche durch das jeweilige Erzeugnisspektrum charakterisiert wird. Dieser Zeitanteil ist bei einem Vergleich zwischen Werkzeugbaubetrieben, welche ein ähnliches Erzeugnisspektrum bearbeiten, als weitestgehend robust anzusehen. Der Unterschied in der Prozesseffizienz wird durch die Beherrschung der gesamten Prozesszeiten Fertigungs-, Rüst- und Nebenzeiten charakterisiert und kann zwischen unterschiedlichen Werkzeugbaubetrieben stark voneinander abweichen. Nach der Bestimmung der Fertigungszeitanteile kann anschließend ein Vergleich zum Wettbewerb mittels Benchmarking (vgl. Kapitel 5.1.2.1) durchgeführt werden, um zu evaluieren, ob der bisherige Technologieeinsatz des Werkzeugbaubetriebs dem des Wettbewerbs entspricht. Abbildung 99 zeigt dazu eine Übersicht über die relativen Fertigungszeitanteile der Kerntechnologien des anwendenden Werkzeugbaubetriebs sowie der Branche Werkzeugbau für verschiedene Werkzeugtypen (vgl. Kapitel 2.3.2.1).

[610] Vgl. Hinterhuber (Strategische Unternehmungsführung), 2004, S. 1; Homp (Aufbau von Kernkompetenzen), 2000, S. 222

[611] I.A.a. Frick (Geschäftsmodelle im Werkzeugbau), 2006, S. 51

[612] Auswertelogik des Fragebogens des Wettbewerbs „Excellence in Production" (EiP) zum Werkzeugbau des Jahres, welcher jährlich vom Werkzeugmaschinenlabor WZL der RWTH Aachen und dem Fraunhofer-Institut für Produktionstechnologie IPT ausgerichtet wird

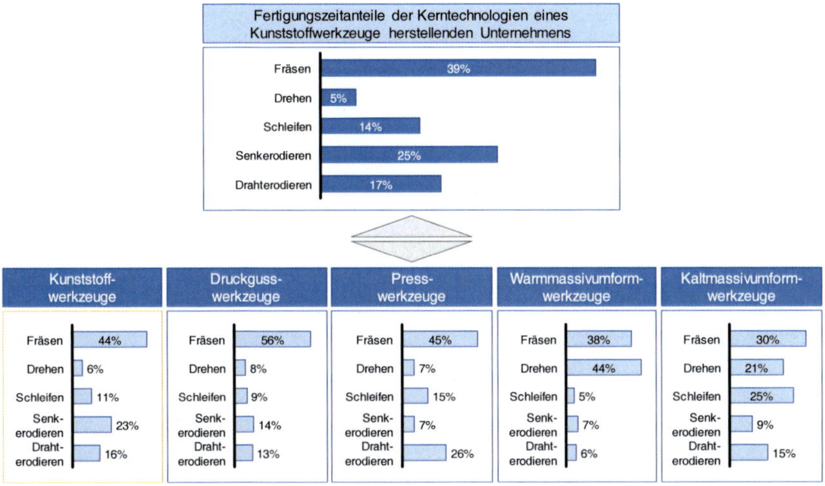

Abbildung 99: Vergleich der Fertigungszeitanteile der Kerntechnologien eines Kunststoffwerkzeuge herstellenden Unternehmens mit der Branche Werkzeugbau[613]

Nachdem die Fertigungszeitanteile ermittelt worden sind, muss anschließend die Leistungsfähigkeit der in den jeweiligen Technologien eingesetzten Maschinen bewertet werden. Dies geschieht durch die Bewertung der Produktivität, Flexibilität und Qualität der einzelnen Maschinen. Hierzu hat BILSING[614] ein Bewertungssystem entwickelt, mithilfe dessen für jede Technologie eine Gesamtleistungsfähigkeit der Technologie auf Basis der drei Merkmale Produktivität, Flexibilität und Qualität ermittelt werden kann. Die Leistungsfähigkeit wird dabei in einer dimensionslosen Kennzahl dargestellt, die einen Wert zwischen 0 und 10 annehmen kann, wobei 0 die minimale und 10 die maximale Ausprägung darstellt. An dieser Stelle soll exemplarisch die übergeordnete Gesamtformel zur Berechnung der Leistungsfähigkeit vorgestellt werden.[615] In ihr enthalten sind, je nach Technologie, unterschiedliche Kennzahlen wie bspw. die Anzahl der Maschinenachsen, das Maschinenalter, der minimale Drahtdurchmesser, das Vorliegen eines Palettiersystems, die Positioniergenauigkeit etc.:[616]

$$Leistungsfähigkeit = \sqrt{\frac{(P_N + P_H + P_O)^2 + (F_S + F_W + F_G)^2 + (Q_G + Q_O + Q_R + Q_P)^2}{3}}$$

Produktivität
P_N: Rüst- und Nebenzeiten
P_H: Hauptzeiten
P_O: Mannlose Nutzung

Flexibilität
F_S: Größe
F_W: Material
F_G: Geometrie

Qualität
Q_G: Genauigkeit
Q_O: Oberflächengüte
Q_R: Reproduzierbarkeit
Q_P: Prozesssicherheit

613 Vgl. Heeschen (Auswahl der Fertigungstechnologien), 2015, S. 19; Gemeinsame Datenbank des Werkzeugmaschinenlabors WZL der RWTH Aachen und des Fraunhofer-Instituts für Produktionstechnologie IPT, Stand Oktober 2015

614 Vgl. Bilsing (Leistungsfähigkeit), 2007

615 Eine Detaillierung der Formel ist Bilsing (Leistungsfähigkeit), 2007, S. 185ff. zu entnehmen

616 Vgl. Bilsing (Leistungsfähigkeit), 2007, S. 61f.

Der berechnete Wert der Leistungsfähigkeit, welcher relativ zu den anderen Technologien bewertet wird, wird in einem letzten Schritt, gemeinsam mit dem entsprechenden Fertigungszeitanteil, in einem Portfolio aufgetragen. Dieses Portfolio gibt eine Übersicht darüber, welche Technologien für den Werkzeugbaubetrieb aufgrund ihres hohen Fertigungszeitanteils von besonderer Bedeutung sind und wie ihre aktuelle Leistungsfähigkeit ist (vgl. Abbildung 100). Beispielhaft ist für den anzuwendenden Werkzeugbaubetrieb zu erkennen, dass er seine wichtigste Technologie, das Fräsen, ausreichend gut beherrscht, die Maschinen der Technologie Senkerodieren, welche einen verhältnismäßig hohen Fertigungszeitanteil aufweisen, hingegen nicht ausreichend leistungsfähig sind. So besteht insbesondere in dieser Technologie Investitionsbedarf. Die Technologien Schleifen und Drehen stellen lediglich Bedarfstechnologien dar, wodurch insbesondere die Kapazität (vgl. Kapitel 5.2.2.4) der Maschinen überprüft werden muss, da diese Technologien das Potenzial zum Outsourcing besitzen. Die Technologie Drahterodieren wird von dem Werkzeugbaubetrieb bereits in ausreichender Form beherrscht, jedoch sollten die Fertigungsstrategien hinterfragt werden, da der Fertigungszeitanteil verhältnismäßig gering ist. Durch eine Erhöhung des Fertigungszeitanteils in der Technologie Drahterodieren könnte bspw. das Fräsen, wenn es eine Engpasstechnologie darstellt, entlastet werden.

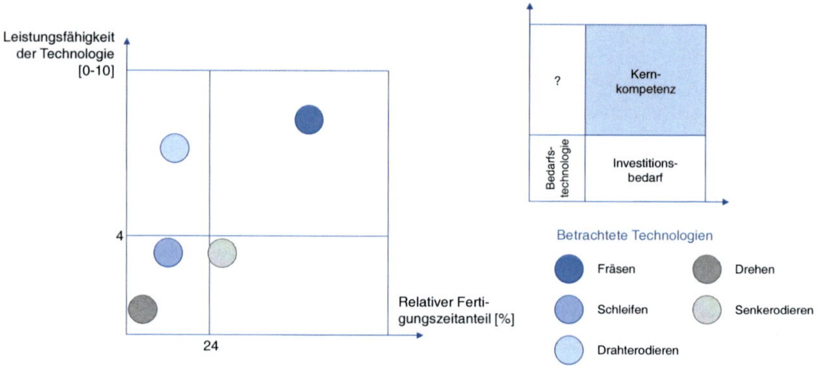

Abbildung 100: Portfolio zur Bewertung des Technologieeinsatzes von Werkzeugbaubetrieben[617]

Durch die Bewertung des Technologieeinsatzes ist der anwendende Werkzeugbaubetrieb in der Lage, die Technologien, welche er in Zukunft zur Erbringung der dem Kunden angebotenen Leistung vorhalten muss, kapazitiv auszulegen (vgl. Kapitel 5.2.2.4) und systematisch zu entwickeln. Hierbei sollten die in Schritt C1 identifizierten Kernprozesse, welche durch bestimmte Technologien abgebildet werden, noch einmal kritisch hinterfragt und auf Basis der detaillierteren Betrachtung in diesem Schritt ggf. angepasst werden. In der Detailbetrachtung können neben den beispielhaft dargestellten Technologien zudem auch weitere Technologien ausgewertet oder bspw. das Fräsen in unterschiedliche Kategorien (3-Achs- und 5-Achs-Frä-

[617] Die Bezugswerte 4 [0-10] und 24% resultieren aus einer Auswertung der gemeinsamen Datenbank des Werkzeugmaschinenlabors WZL der RWTH Aachen und des Fraunhofer-Instituts für Produktionstechnologie IPT, Stand Juni 2016

sen) unterteilt werden. Auch ist hier zu beachten, dass Technologien, welche der Werkzeugbau aktuell noch nicht einsetzt, für die Erbringung der Leistung relevant sein können. So könnte bspw. bei einem Innovationsbefähiger der Einsatz von additiven Fertigungsverfahren geeignet sein, um Innovationen zu fördern. Auch diese Technologien müssen von dem Werkzeugbaubetrieb bei der Ressourcenauslegung betrachtet werden. Für die spezifische Auswahl von Maschinen für die einzelnen Technologien sei an dieser Stelle auf HEESCHENS[618] „Kennzahlenbasierte Auswahl der Fertigungstechnologien und -ressourcen im industriellen Werkzeugbau“ verwiesen. Die Ermittlung der Kapazitäten der einzelnen Technologien erfolgt in Schritt D der Methodik der vorliegenden Arbeit.

Neben den physischen Ressourcen stellen die **Humanressourcen**, die Mitarbeiter des Werkzeugbaubetriebs, eine zentrale Ressource im wissensintensiven Werkzeugbau dar (vgl. Kapitel 2.3.5.2). Auch bei der Auslegung der Humanressourcen ist es zunächst wichtig, einen Überblick hinsichtlich der aktuellen Leistungsfähigkeit der Mitarbeiter zu erhalten, um diese zielgerichtet einsetzen und punktuell ergänzen zu können oder aber in eine neue organisatorische Einheit zu versetzen. So eignet es sich insbesondere, bspw. das Qualifikationsniveau der Mitarbeiter aus verschiedenen organisatorischen Einheiten mit dem Qualifikationsniveau von Wettbewerbern zu vergleichen. Aber auch die Altersstruktur sollte im Hinblick auf die zukünftige Wettbewerbsfähigkeit des Werkzeugbaubetriebs betrachtet werden. Durch den demografischen Wandel am Hochlohnstandort Deutschland (vgl. Kapitel 2.3.6) und das erforderliche werkzeugspezifische Know-how, welches zur Herstellung von Werkzeugen notwendig ist, ist eine ausgewogene Altersstruktur von jungen und erfahrenen Mitarbeitern zur Erhaltung des Wissens der Organisation unerlässlich.[619]

Abbildung 101 zeigt einen Vergleich des Qualifikationsniveaus sowie der Altersstruktur und Auszubildendenquote in den organisatorischen Einheiten Entwicklung und mechanische Fertigung. Durch einen solchen Vergleich wird deutlich, wie der anwendende Werkzeugbaubetrieb im Vergleich zu seinen Wettbewerbern aufgestellt ist und in welchen organisatorischen Einheiten Handlungsbedarf besteht.

[618] Vgl. Heeschen (Auswahl der Fertigungstechnologien), 2015

[619] Vgl. Schuh et al. (Wissen ist Macht), 2011, S. 14

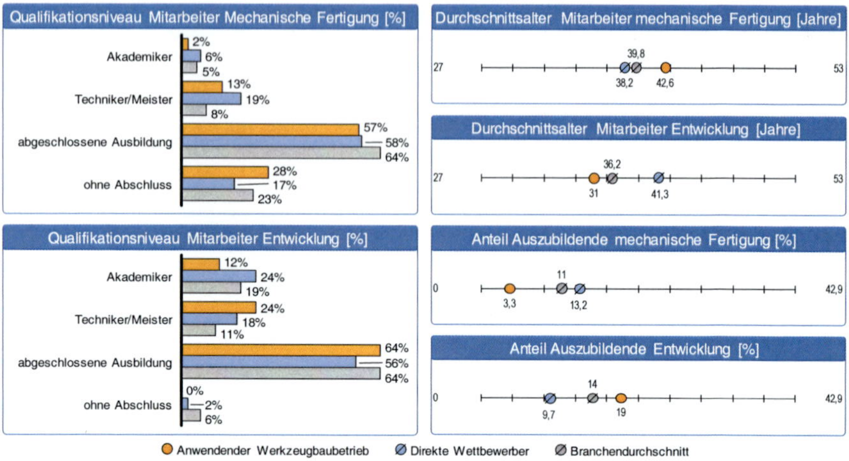

Abbildung 101: Vergleich des Qualifikationsniveaus sowie der Altersstruktur & Auszubildendenquote des anwendenden Werkzeugbaubetriebs mit der Branche Werkzeugbau[620]

Im gezeigten Beispiel muss der Werkzeugbaubetrieb dafür Sorge tragen, dass das Durchschnittsalter der Mitarbeiter im Bereich der mechanischen Fertigung deutlich reduziert und der Anteil der Auszubildenden kurz- bis mittelfristig gesteigert werden. Durch den Kennzahlenvergleich wird erkennbar, dass im Bereich der mechanischen Fertigung insbesondere junge Mitarbeiter eingestellt werden sollten, damit das Wissen der bald altersbedingt ausscheidenden Mitarbeiter an diese weitergegeben werden kann und dem Unternehmen somit langfristig zur Verfügung steht. Im Bereich der Entwicklung ist besonders auffällig, dass der Anteil an Akademikern deutlich unterhalb des Anteils der Wettbewerber liegt. Hier ist insbesondere für Werkzeugbaubetriebe, welche sich über eine Innovationsbefähigung differenzieren (Werkzeugbautyp 3 und 4; vgl. Abbildung 66) zu beachten, dass das Qualifikationsniveau der angestellten Mitarbeiter das geforderte Know-how sicherstellt. Auch in diesem Fall ist ein Bedarf auszumachen und eine Einstellung von qualifizierten und erfahrenen Mitarbeitern zu forcieren.

Um die Erkenntnisse aus dem Kennzahlenvergleich zielgerichtet nutzen zu können, müssen ausgehend von diesen Anforderungsprofile für Mitarbeiter der organisatorischen Einheiten ausgestaltet werden. Dazu sollen die Anforderungsprofile nicht nur für neue, sondern auch für bereits angestellte Mitarbeiter erstellt und genutzt werden. Neben allgemeinen Anforderungen, welche insbesondere durch die Unternehmensleitung definiert werden sollten, sind vor allem die fachspezifischen Anforderungen von entscheidender Bedeutung bei der Erstellung der Profile. Dabei sollte die Unternehmensführung nicht nur auf die Erfahrung und das Wissen der leitenden Mitarbeiter in der jeweiligen organisatorischen Einheit zurückgreifen, sondern auch auf das der Angestellten, um so die spezifischen Anforderungen ganzheitlich aufnehmen und zielgerichtet definieren zu können. Unterstützend können auch die Charakteristika, welche im

[620] Vgl. Gemeinsame Datenbank des Werkzeugmaschinenlabors WZL der RWTH Aachen und des Fraunhofer-Instituts für Produktionstechnologie IPT, Stand Juni 2016

Zuge des Prozessvergleichs (vgl. Kapitel 5.2.1.3) aufgenommen worden sind, herangezogen werden. Neben grundsätzlichen fachspezifischen Anforderungen wie die Kenntnisse bzgl. spezieller Softwareprogramme und die Erfahrungen im Bereich der Herstellung des vom Unternehmen gefertigten Werkzeugtyps sollte auch auf das Qualifikationsniveau und das Alter potenzieller und bestehender Mitarbeiter geachtet werden. Dabei ist vor allem darauf zu achten, dass nicht nur junge Mitarbeiter, sondern auch erfahrene Mitarbeiter eingestellt werden, sodass die Altersstruktur möglichst ausgeglichen ist. Dies ist im wissensintensiven Werkzeugbau von großer Bedeutung. Bei dem Auswahlprozess sind diesbezüglich auch die sozialen Fähigkeiten der Mitarbeiter zu prüfen, da die Zusammenarbeit junger und erfahrener Mitarbeiter unterschiedlicher Generationen leicht zu Konflikten führen kann. Hier sind durch die Unternehmensleitung entsprechende Regeln für den Umgang der Mitarbeiter untereinander zu definieren und mit allen Mitarbeitern gemeinsam auszuarbeiten. Zusätzlich ist bei der Auswahl darauf zu achten, dass Anforderungsprofile so gestaltet sind, dass sich die immer wichtiger werdenden IT-Kompetenzen in diesen widerspiegeln, da sie auch im Werkzeugbau von zunehmender Bedeutung sind. Zwei beispielhafte Anforderungsprofile für die beiden organisatorischen Einheiten Entwicklung und mechanische Fertigung sind in Abbildung 102 dargestellt.

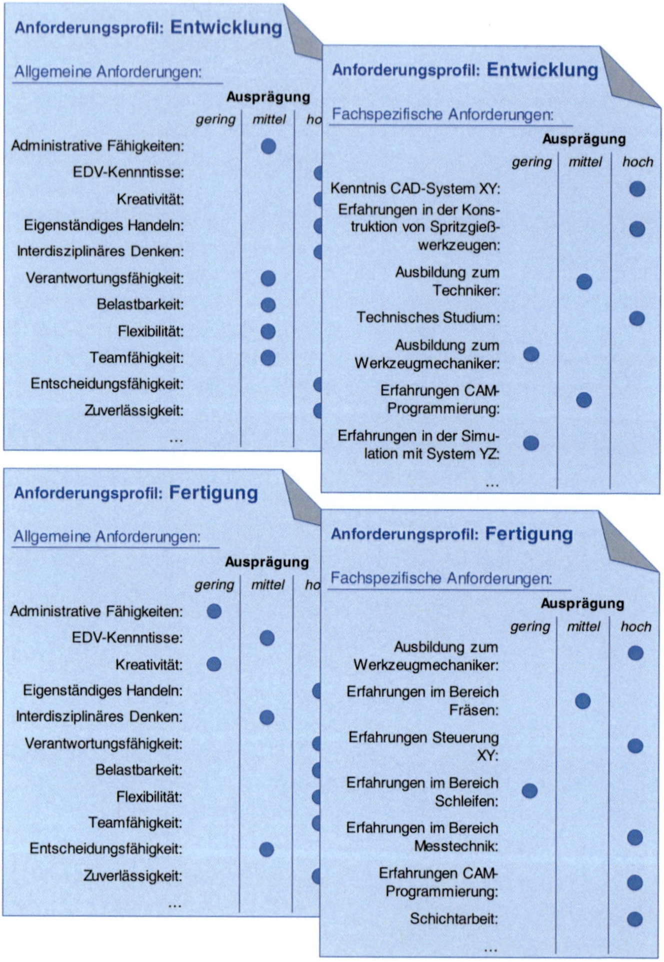

Abbildung 102: Exemplarische Anforderungsprofile für Humanressourcen in den organisatorischen Einheiten Entwicklung und mechanische Fertigung

Die spezifische Zuordnung der Mitarbeiter zu den einzelnen organisatorischen Einheiten sowie deren quantitative Kapazitätsermittlung erfolgt in Schritt D der Methodik der vorliegenden Arbeit.

Abschließend müssen zur strategischen Auslegung industrieller Werkzeugbaubetriebe in der Phase der strukturellen Auslegung der Ressourcen die **IT-basierten Ressourcen** ausgelegt werden. Unter IT-basierten Ressourcen werden im Werkzeugbau Softwaresysteme verstanden, welche Werkzeugbaubetriebe befähigen, die vom Kunden erteilten Aufträge anforderungsgerecht abzuwickeln. Unterschieden werden können eine Vielzahl an Softwaresystemen zur Auftragsannahme, -planung und -abwicklung, aber auch zur Vernetzung mit Lieferanten und Kunden entlang der gesamten Supply Chain (vgl. Kapitel 5.2.1.1). Neben übergeordneten Systemen, welche im gesamten Unternehmen eingesetzt werden (ERP, BDE), werden auch Systeme eingesetzt, welche speziell in einzelnen organisatorischen Einheiten (CAD – Entwicklung, CAM – mechanische Fertigung, CRM – Vertrieb) genutzt werden.

Zur Ermittlung der für den jeweiligen Werkzeugbaubetrieb relevanten Systeme kann zwischen primären und sekundären Systemen unterschieden werden. Primäre Systeme im Werkzeugbau sind Systeme, welche für die industrielle Auftragsabwicklung unerlässlich sind. Dies sind u.a. CAD- und CAM-Programme[621], technologiebedingte Maschinensteuerungen und ein ERP-System zur Auftragsverwaltung. Zu den sekundären Systemen im Werkzeugbau zählen BDE- und MDE-Systeme, PPS-Systeme, CRM- und SRM-Systeme sowie PLM-, PDM-, SCM- und BI-Systeme. Diese Systeme befähigen zu einer effizienten Wertschöpfung, sind jedoch keine notwendige Voraussetzung zur Wertschöpfung im Werkzeugbau.

Um zu bestimmen, welche Systeme eingesetzt und welche konkreten Softwarelösungen implementiert werden sollen, bedarf es einer detaillierten Analyse. Ausgehend von den identifizierten Kernprozessen werden in einem ersten Schritt Systeme identifiziert, welche für einzelne organisatorische Einheiten oder aber unternehmensweit von Bedeutung sind. Dies sollte anhand einer Befragung der Mitarbeiter aus den verschiedenen Bereichen, aber auch durch eine umfangreiche Technologierecherche erfolgen. Da aufgrund der schnellen Entwicklungen im Bereich der Softwareentwicklung in vielen produzierenden Unternehmen anderer Branchen bereits neue Systeme zum Einsatz kommen, sollte überprüft werden, ob eine Eignung dieser Systeme für den Werkzeugbau gegeben und eine Adaptierung auf die Belange des jeweiligen Werkzeugbaubetriebs möglich ist. Nachdem die Systeme und die dahinter stehende Technologie, welche an verschiedenen Stellen des Auftragsabwicklungsprozesses zum Einsatz kommen sollen, definiert worden sind, gilt es, strategische Partnerunternehmen und Kunden zu befragen, um die konkreten Softwarelösungen zu identifizieren. So ist es sinnvoll, Systeme einzusetzen, die mit den Systemen der Kunden und Partner verknüpft werden können, um Schnittstellen zu reduzieren und Synergien zu schaffen. Dabei gilt es zunächst, die für die Systemauswahl geeigneten Kunden und strategischen Partner zu identifizieren. Mithilfe einer ABC-Analyse lassen sich bspw. Kunden ermitteln, welche für den Werkzeugbaubetrieb eine besondere Bedeutung haben. Dabei ist darauf zu achten, dass nicht lediglich das letzte Geschäftsjahr als Referenzzeitraum in die Betrachtung mit einbezogen wird, da aufgrund der Auftragsvolatilität die Repräsentanz eingeschränkt sein kann. Aus diesem Grund sollte ein Zeitraum von ca. 5 Jahren analysiert werden, um die relevanten Kunden und deren Systemvoraussetzungen zu identifizieren. Nicht zu vergessen sind an dieser Stelle jedoch auch Kunden, die aus strategischen Gründen in der nächsten Zeit beliefert werden sollen, bisher jedoch noch nicht zum Kundenstamm gezählt haben. Abbildung 103 zeigt beispielhaft die Ergebnisse einer durchgeführten ABC-Analyse des anwendenden Werkzeugbaubetriebs, bei dem die Kunden 1 bis 7 in den letzten 5 Jahren als relevant identifiziert worden sind.

[621] Im Idealfall besteht eine Verknüpfung von CAD- und CAM-Systemen, um eine Datendurchgängigkeit von der Konstruktion bis hin zur Maschine in der mechanischen Fertigung zu gewährleisten (CAx-Kette)

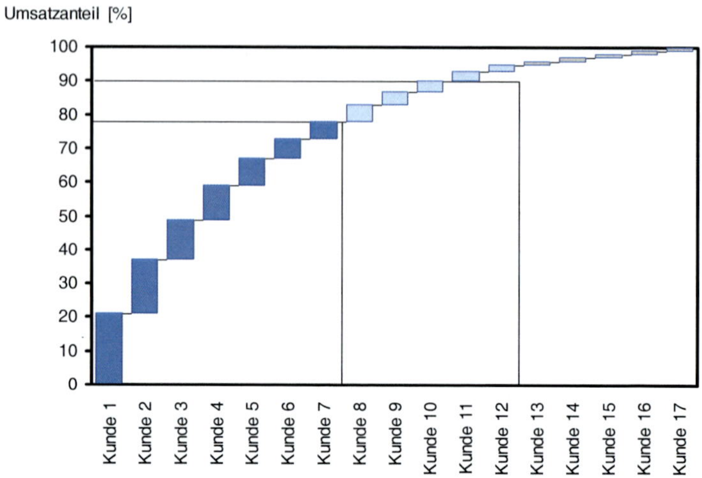

Abbildung 103: ABC-Analyse zur Identifizierung der relevanten Kunden anhand des Umsatzanteils am Gesamtumsatz

Die identifizierten und als relevant eingestuften Kunden können nun mithilfe eines Fragebogens befragt werden. So lassen sich nicht nur die jeweiligen Softwarelösungen der Kunden, sondern auch die spezifischen Anforderungen dieser systematisch aufnehmen. Auf Basis der externen sowie eigener Anforderungen des Werkzeugbaubetriebs lassen sich anschließend Lastenhefte für die jeweiligen Systeme erstellen. Diese sollten neben technologischen Parametern auch Anforderungen in Bezug auf die Benutzerfreundlichkeit der Oberfläche, den Einsatz unterschiedlicher Hardware wie bspw. mobile Devices, die Performance der Software, der Zugriff auf die Software, die Verknüpfung mit Kunden- und Partnersystemen und die Kosten für Lizenzen und Hardware beinhalten. Bei der Erstellung der Lastenhefte sollten neben Mitarbeitern mit entsprechender IT-Kenntnis und Mitarbeitern aus den anwendenden Bereichen auch externe Experten einbezogen werden, um weitere Expertise integrieren zu können. Abschließend gilt es für die einzelnen Systeme konkrete Softwareanbieter zu identifizieren, an welche die Lastenhefte versendet werden können.

Welche Systeme im anwendenden Werkzeugbaubetrieb zum Einsatz kommen, ist abhängig vom Werkzeugbautyp. Insbesondere Innovationsbefähiger mit einem Fokus auf der Entwicklungsberatung sollten eine starke Vernetzung der Systeme mit externen Systemen forcieren oder aber eine größere Anzahl an Systemen, zum Beispiel im Bereich der Entwicklung, einsetzen, um allen Kunden gerecht zu werden. Werkzeugbaubetriebe, welche sich hingegen über eine Komplexitätsreduzierung differenzieren, benötigen eine ausgeprägte Systemlandschaft zur Koordinierung des Wertschöpfungsnetzwerks. Dazu zählen insbesondere CRM-, SRM-, SCM- und PLM-Systeme. Werkzeugbaubetriebe, die sich über eine Kostenreduzierung differenzieren, benötigen hingegen vor allem PPS-, BDE- und MDE-Systeme, um eine kostengünstige und effiziente innerbetriebliche Wertschöpfung gewährleisten zu können.

Sollte der Werkzeugbaubetrieb im Zuge der Festlegung notwendiger Ressourcen zu dem Ergebnis kommen, dass eine bisher eingesetzte Technologie oder Ressource nicht der angenommenen Leistungsfähigkeit entspricht, der dahinter liegende Prozess jedoch als Kernprozess identifiziert wurde, so ist der Detailschritt C1 erneut, zumindest teilweise, zu durchlaufen. Anschließend müssen, je nach Erkenntnis, auch die beiden Detailschritte C2 und C3 teilweise angewendet werden, bis die Auslegung zwischen den Prozessen, der Organisation und den Ressourcen einen strategischen Fit darstellt.

Dem Anwender liegen nach dem Abschluss der **Festlegung notwendiger Ressourcen** folgende Ergebnisse vor:

- Definierte physische Ressourcen in Form von einzusetzenden Technologien entlang der Wertschöpfungskette
- Erstellte Anforderungsprofile der Mitarbeiter für die organisatorischen Einheiten zur systematischen Auslegung der Humanressourcen
- Identifizierte IT-basierte Ressourcen zur kundengerechten, effizienten und netzwerkbasierten Auftragsabwicklung

5.2.2 Schritt D: Wertschöpfungsbefähigende Auslegung

Der vierte Schritt der Methodik zur strategischen Auslegung industrieller Werkzeugbaubetriebe beinhaltet die wertschöpfungsbefähigende Auslegung der Prozesse, der Organisation und der Ressourcen. Dazu werden, aufbauend auf den Ergebnissen der strukturellen Auslegung in Schritt C, die Prozesse, die Organisation und die Ressourcen so ausgelegt, dass eine industrielle Wertschöpfung möglich ist. Hierzu werden zunächst die notwendigen theoretischen Grundlagen vorgestellt, wonach die drei Detailschritte Modellierung der Prozesslandschaft, Erstellung einer prozessorientierten Organisationsstruktur und Berechnung der Segmentkapazitäten beschrieben werden.

5.2.2.1 Grundlagen

Die Modellierung dient, wie in Kapitel 4.1.2 beschrieben, der vereinfachten, übersichtlichen und leicht verständlichen Abbildung der Realität. So werden im Zuge der **Prozessmodellierung** Prozesse beschrieben, um sie systematisch analysieren und effizient gestalten zu können. Diese Prozessmodellierung kann, je nachdem welches konkrete Ziel verfolgt wird, mithilfe von unterschiedlichen Methoden[622] erfolgen.[623]

Eine Prozessmodellierungssprache, welche sich in der Praxis bewährt hat, ist die Modellierungssprache **aixperanto**. Aixperanto wurde am Werkzeugmaschinenlabor WZL der RWTH Aachen entwickelt, um in Workshops partizipativ mit Mitarbeitern aus Unternehmen Prozesse systematisch aufzunehmen, zu visualisieren und zu bewerten. Dabei werden intuitiv verständliche Symbole und Elemente verwendet, um die Akzeptanz bei den Mitarbeitern des Unternehmens zu erhöhen. Die Anwendung von aixperanto schafft die Möglichkeit, Prozesse ganzheitlich zu optimieren. Zentrale Bestandteile von aixperanto sind der Prozessplan, auf dem der Prozess dargestellt wird, Schwimmbahnen (Swimlanes), welche die an dem Prozess beteilig-

---

[622] Beispielhaft sind hier die Methoden ARIS, Wertstromdesign und BPMN genannt

[623] Vgl. Krah (Prozessmodell), 1999, S. 167; Kühn (Leistungssysteme für den Werkzeugbau), 2016, S. 160

ten organisatorischen Einheiten repräsentieren, Prozesselemente, welche die einzelnen Prozessschritte darstellen und Verknüpfungen, welche die Beziehungen zwischen den einzelnen organisatorischen Einheiten und Prozessschritten erläutern. Die im Vordergrund stehenden Prozesselemente sind individuell konfigurierbar und können durch Charakteristika wie Input, Output, Prozessart, Wertschöpfungsgrad und Standardisierungsgrad beschrieben werden. Mithilfe einer Ampellogik können Wertschöpfungs- und Standardisierungsgrad in die drei Kategorien „gut", „mittel" und „schlecht" eingeteilt werden, wodurch eine Bewertung der einzelnen Prozessschritte ermöglicht wird. Zudem können Schwachstellen, Dokumente, Prozesszeiten, Medienbrüche und Hilfsmittel aufgeführt werden, um die Bewertung des Prozesses zu unterstützen und diese gezielt zu optimieren.[624]

Zur Strukturierung der Organisation werden in der Literatur verschiedene Ansätze aufgezeigt. So können **Organisationsstrukturen** u.a. in eine funktionale, eine divisionale, eine Matrix- und eine Prozessorganisation unterteilt werden.[625] Dabei handelt es sich um verschiedene Möglichkeiten zur Strukturierung der Aufbauorganisation, welche in einem Organigramm grafisch dargestellt werden kann.

Die funktionale Organisation stellt eine verrichtungsorientierte Struktur dar, wobei die Aufteilung der Organisation anhand der innerhalb des Unternehmens vorhandenen Funktionen erfolgt.[626] Sie ist durch ihre Zentralisierung charakterisiert, in Form eines Einliniensystems gestaltet und disziplinarische Beziehungen sind direkt ersichtlich.[627] Eine Aufteilung der Funktionen erfolgt in der Regel in kaufmännische und technische Funktionen, wobei sich auch leistungsorientierte, ressourcenorientierte und strategische Funktionsbereiche zuordnen lassen.[628] Eine divisionale Organisationsstruktur[629] stellt eine objektorientierte Organisation dar, in der die Organisation anhand verschiedener Objekte wie bspw. Produkt, Kunde oder Markt gegliedert ist. Sie beschreibt eine dezentrale Organisationsform, in der eigene „Unternehmen im Unternehmen"[630] die Geschäftsbereiche in Form von Centern verantworten. Des Weiteren ist die divisionale Organisation, anders als die funktionale Organisation, durch ein Mehrliniensystem charakterisiert.[631] Die Matrixorganisation stellt eine Kombination der beiden zuvor beschriebenen Organisationsstrukturen dar, indem sie die jeweiligen Vorteile der Ansätze vereint.[632] Dazu werden zwei Kriterien so kombiniert, dass eine Verrichtungs-Objekt-Matrix, eine Verrichtungs-Regional-Matrix oder eine Objekt-Regional-Matrix entsteht, wobei die Verrichtungs-Objekt-Matrix die relevanteste Form ist. Sie ist durch ihre Mehrdimensionalität, ein Mehrliniensystem und eine dezentrale Ausrichtung charakterisiert.[633] Im Falle einer Mehrdimensionalität in Form von mindestens drei Dimensionen wird sie auch Tensororganisation genannt.[634]

---

624 Vgl. Kuhlmann (Geschäftsprozesse im industriellen Werkzeugbau), 2011, S. 115; Kühn (Leistungssysteme für den Werkzeugbau), 2016, S. 161; o.V. (aixperanto), 2016

625 Vgl. Cummings; Worley (Organization Development), 2009, S. 315

626 Vgl. Cummings; Worley (Organization Development), 2009, S. 316; Schulte-Zurhausen (Organisation), 2010, S. 260

627 Vgl. Bea; Göbel (Theorie und Gestaltung), 2006, S. 377

628 Vgl. Schulte-Zurhausen (Organisation), 2010, S. 262

629 Auch als Geschäftsorganisation, Spartenorganisation oder Objektorganisation bezeichnet

630 Vgl. Bea; Göbel (Theorie und Gestaltung), 2006, S. 383

631 Vgl. Bea; Göbel (Theorie und Gestaltung), 2006, S. 381

632 Vgl. Cummings; Worley (Organization Development), 2009, S. 319

633 Vgl. Bea; Göbel (Theorie und Gestaltung), 2006, S. 395

634 Vgl. Schulte-Zurhausen (Organisation), 2010, S. 275

Im Gegensatz zu den bisher vorgestellten Organisationsstrukturen stellt die Prozessorganisation die modernste Form dar, bei der die Organisationsstruktur bzw. Aufbauorganisation auf die Geschäftsprozesse ausgerichtet wird. Somit stehen bei der Prozessorganisation die Prozessorientierung und die Kundenorientierung im Vordergrund.[635] Bei der Prozessorganisation sind eigenverantwortliche Teams für die Auftragsabwicklung zuständig, weshalb besondere Anforderungen an das Qualifikationsprofil der Mitarbeiter gestellt werden.[636] Da die Prozessorientierung insbesondere bei kleinen und mittelständischen Unternehmen, aufgrund begrenzter Ressourcen, nicht ohne Weiteres eingeführt werden kann, wird sie häufig mit einer funktionalen Organisation kombiniert. Diese Organisationsstruktur wird als **prozessorientierte Organisation** oder aber prozessorientierte Matrixstruktur bezeichnet und ist dadurch charakterisiert, dass Prozessverantwortliche die Leistungsoptimierung in Zusammenarbeit mit funktionsorientierten Organisationseinheiten bewirken.[637] Die prozessorientierte Organisation stellt die für segmentierte Werkzeugbaubetriebe geeignetste Form der Organisationsstruktur dar. Abbildung 104 zeigt den Zusammenhang zwischen Prozess- und Funktionsorientierung inkl. der Nahtstellen, an denen die beiden Ebenen miteinander in Verbindung treten.

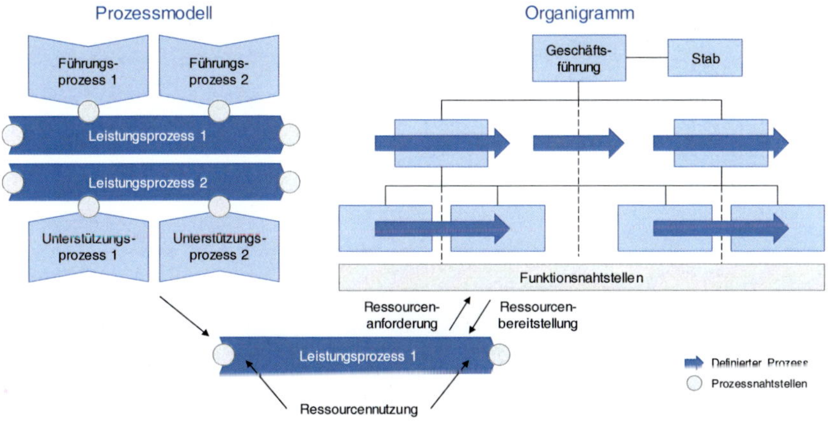

Abbildung 104: Prozessorientierte Organisation[638]

Innerhalb einer Organisationsstruktur gibt es verschiedene **Arten von organisatorischen Einheiten**. Diese Arten unterscheiden sich hinsichtlich ihrer Personenanzahl, ihrer Art der Eingliederung in die Hierarchie sowie in ihrer Art der Stellenmehrheiten.[639] Eine Stelle beschreibt die kleinste selbstständig handelnde Organisationseinheit in einem Unternehmen, wohingegen Stellenmehreinheiten eine Zusammenfassung mehrerer Stellen bezeichnen. Bezüglich der Eingliederung in die Hierarchie lassen sich Instanzen, Ausführungsstellen, Stabstellen und

[635] Vgl. Schmelzer; Sesselmann (Geschäftsprozessmanagement), 2013, S. 207; Ahlrichs; Knuppertz (Prozessorientierte Unternehmenssteuerung), 2006, S. 3

[636] Vgl. Cummings; Worley (Organization Development), 2009, S. 323

[637] Vgl. Knuppertz; Feddern (Prozessorientierte Unternehmensführung), 2011, S. 29

[638] Vgl. Knuppertz; Feddern (Prozessorientierte Unternehmensführung), 2011, S. 40

[639] Vgl. Bea; Göbel (Theorie und Gestaltung), 2006, S. 270

Dienstleistungsstellen unterscheiden. Eine Instanz beschreibt eine Stelle mit fachlicher Leitungsbefugnis, welche anderen Mitarbeitern gegenüber entscheidungs- und weisungsbefugt ist. Eine Ausführungsstelle bezeichnet eine Stelle, die mit der Wahrnehmung einer definierten Aufgabe betraut ist, wohingegen eine Stabstelle eine Instanz beschreibt, die in unterstützender Funktion indirekt der Erfüllung der Hauptaufgabe dient. Im Gegensatz dazu stellt eine Dienstleistungsstelle eine Stelle dar, die, anders als die Stabstelle, nicht nur eine Instanz, sondern mehrere Instanzen unterstützt. Hinsichtlich der Untergliederung von Stellenmehrheiten lassen sich Abteilungen, Gruppen und Ausschüsse unterscheiden. Demnach sind Abteilungen Verbindungen von Stellen, welche einer einheitlichen Leitungsinstanz unterstehen, wohingegen Gruppen[640] eine überschaubare Anzahl von Mitarbeitern darstellen, die sich eigenverantwortlich und durch Selbstabstimmung koordinieren, um einer gemeinsamen Aufgaben nachzugehen. Abschließend stellt ein Ausschuss eine organisatorische Einheit dar, die neben ihrer Haupttätigkeit nebenverantwortlich auch noch eine zweite Aufgabe, in der Regel in beratender Funktion, übernimmt. Abbildung 105 stellt zusammenfassend eine Übersicht der unterschiedlichen Arten von Organisationseinheiten dar.

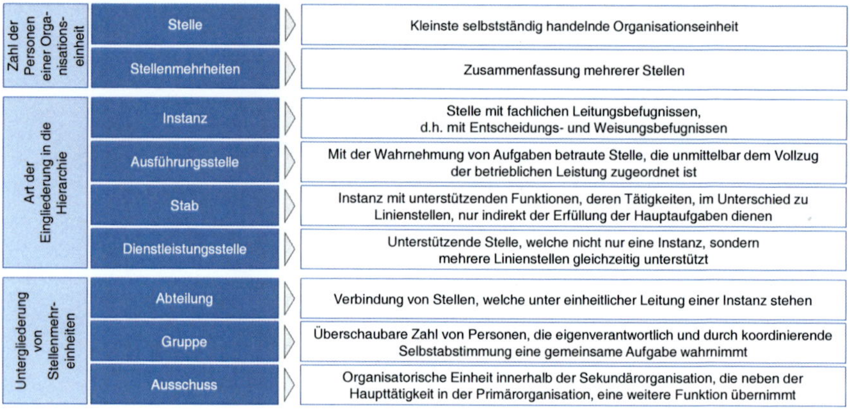

Abbildung 105: Arten von Organisationseinheiten nach BEA & GÖBEL[641]

Neben diesen Arten von Organisationseinheiten können in der prozessorientierten Organisation auch unterschiedliche **Rollen** voneinander abgegrenzt werden. Rollen stellen „organisatorische Aufgaben [dar], die sowohl die Funktionsfähigkeit von Prozessmanagement als Methode als auch die Ausführbarkeit aller Prozesse sicherstellen“[642]. So lassen sich ausführende, führende und beratende Rollen voneinander abgrenzen. Ausführende Rollen sind mit der operativen Ausführung von Aufgaben betraut und richten sich in der Regel nach den Berufsbezeichnungen bzw. den Fähigkeiten der Mitarbeiter. Führende Rollen wie bspw. Chief Process Officer und Process Owner stellen Prozessverantwortliche dar, welche neben den Funktionen die fachliche Gesamtkoordination aller Prozesse verantworten. Beratende Rollen, wie bspw.

640 Auch Teams genannt

641 Vgl. Bea; Göbel (Theorie und Gestaltung), 2006, S. 270

642 Vgl. Knuppertz; Feddern (Prozessorientierte Unternehmensführung), 2011, S. 86

ein Process Consultant, ermöglichen die Optimierung von Prozessen und Schnittstellen durch eine beratende Funktion innerhalb der Organisationsstruktur.[643]

5.2.2.2 Vorgehen zur Modellierung der Prozesslandschaft

Die Modellierung der Prozesslandschaft stellt den ersten Detailschritt der wertschöpfungsbefähigenden Auslegung industrieller Werkzeugbaubetrieb dar. Durch die Prozessmodellierung werden Prozessschritte, beteiligte organisatorische Einheiten, Beziehungen, Abfolgen, Schwachstellen, Hilfsmittel und Prozesscharakteristika systematisch aufgenommen und abgebildet, um den Prozessablauf zu optimieren. Zur Modellierung der Prozesslandschaft im Werkzeugbau eignet sich die Prozessmodellierungssprache aixperanto (vgl. Kapitel 5.2.2.1), welche speziell für die Einzel- und Kleinserienfertigung entwickelt wurde[644] und insbesondere durch die einfache Anwendung und das intuitive Verständnis des Prozesses geeignet ist. Sie basiert auf einer Aufnahme, Bewertung und Überführung des Ist-Zustands in einen optimalen Soll-Zustand.

Die Modellierung der Prozesslandschaft unterschiedlicher auftragsspezifischer Segmente (Neuauftrag, Reparaturauftrag, Instandhaltungsauftrag etc.; vgl. Kapitel 2.3.2.3) erfolgt anhand von drei aufeinander aufbauenden Ebenen, welche sich in ihrem jeweiligen Detaillierungsgrad voneinander unterscheiden. Diese drei Ebenen sind:[645]

- Modellierung der Auftragsabwicklungsebene
- Modellierung der Hauptprozessebene
- Modellierung der Prozessschrittebene

Bei der **Modellierung der Auftragsabwicklungsebene** werden die verschiedenen Prozessschritte der in Schritt C1 identifizierten Kernprozesse, aber auch der administrativen und unterstützenden Prozesse, in eine sinnvolle Abfolge gebracht und mit den vorhandenen organisatorischen Einheiten verknüpft. So ist Abbildung 106 zu entnehmen, dass der ersten organisatorischen Einheit zwei, der zweiten organisatorischen Einheit drei usw. Prozessschritte zugeteilt werden. Die Zuordnung der Prozessschritte zu den organisatorischen Einheiten ist durch die horizontale Ausrichtung dieser an den sogenannten Schwimmbahnen der jeweiligen Einheit zu erkennen. Zudem werden in der Auftragsabwicklungsebene übergeordnete Meilensteine gesetzt, welche dem Auftragsabwicklungsprozess eine grobe Struktur[646] und eine Verbindlichkeit verleihen, durch die der Prozess in Bezug auf Kosten und Termintreue kontrollierbar und steuerbar wird. Dies geschieht durch die Zuweisung von Verantwortlichkeiten zu jedem Prozessschritt sowie der Definition der bis dahin zu erfüllenden Aufgaben. Auf diese Weise entsteht ein sogenannter Stage Gate Prozess[647], welcher den jeweiligen Auftragsabwicklungsprozess in verschiedene Stufen (Stages) unterteilt, welche durch ein Tor (Gate) voneinander getrennt sind. Bei der Modellierung ist darauf zu achten, dass diese nicht vollkommen losgelöst von den bisher durchgeführten Prozessen erfolgt, sondern der Ist-Zustand kritisch

[643] Vgl. Knuppertz; Feddern (Prozessorientierte Unternehmensführung), 2011, S. 86
[644] Vgl. Schuh et al. (Modelling Business Processes), 2010, S. 1
[645] Vgl. Kuhlmann (Geschäftsprozesse im industriellen Werkzeugbau), 2011, S. 116
[646] Vgl. Kuhlmann (Geschäftsprozesse im industriellen Werkzeugbau), 2011, S. 119
[647] Vgl. Cooper (Winning at new Products), 2001

reflektiert wird. Dadurch wird die Akzeptanz bei den Mitarbeitern erhöht und eine erfolgreiche Umsetzung der neuen Soll-Prozesse unterstützt.

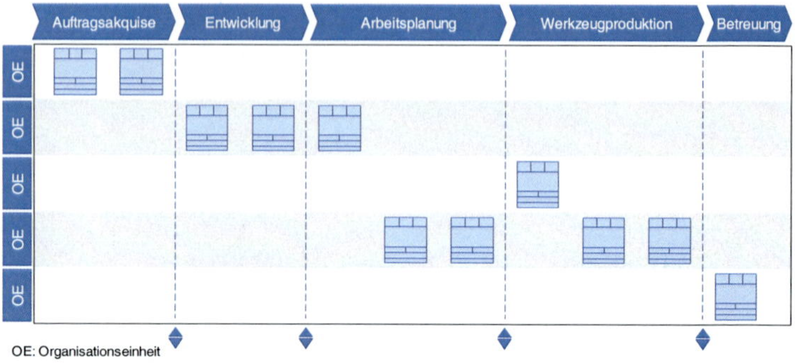

Abbildung 106: Modellierung der Auftragsabwicklungsebene

In der zweiten Ebene der Prozessmodellierung, der **Modellierung der Hauptprozessebene**, werden die einzelnen Prozessschritte in eine Beziehung zueinander gesetzt, um den realen und idealen Prozessfluss darstellen zu können. Dabei werden sowohl Materialflüsse von bspw. Werkzeugkomponenten, Rohmaterialien sowie Konstruktionszeichnungen und CAD-Modellen als auch Informationsflüsse wie Vorgabezeiten, Maschinenparametereinstellungen und Termine in den Prozessplan integriert. Die Verknüpfung der Prozessschritte kann direkt oder aber durch ODER-, ENTWEDER-ODER-, UND- sowie JA-NEIN-Verknüpfungen erfolgen.[648] Durch die Darstellung der Beziehungen zwischen den einzelnen Prozessschritten können Regelkreise zur Identifizierung von Fehlern und zur kontinuierlichen Verbesserung der Prozesse abgebildet und ggf. neu definiert werden. Im Zuge der Hauptprozessebene werden zudem Schwachstellen (roter Blitz) aufgenommen, welche den aktuellen Prozess behindern und somit zu Ineffizienzen führen. Dies können zum Beispiel Medienbrüche, häufige Umpriorisierungen, fehlende Standarddokumente oder aber fehlende Informationen zu bestimmten Zeitpunkten des Prozesses sein. An dieser Stelle sollten die bisherigen Schwachstellen möglichst vollständig aufgenommen werden, um den Soll-Zustand der Hauptprozessebene zielgerichtet modellieren zu können. Dies ist darin begründet, dass durch die Setzung von Ankern, auch wenn dies negative Schwachstellen sind, eine idealtypische Modellierung erleichtert wird. Abbildung 107 zeigt die Modellierung der Hauptprozessebene in exemplarischer Form.

[648] Vgl. Kuhlmann (Geschäftsprozesse im industriellen Werkzeugbau), 2011, S. 116

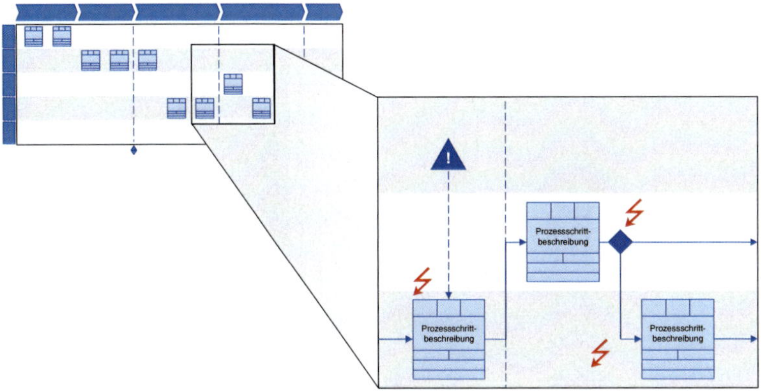

Abbildung 107: Modellierung der Hauptprozessebene

Den letzten Teil der Prozessmodellierung stellt die **Modellierung der Prozessschrittebene** dar. In dieser Ebene werden die einzelnen Prozessschritte charakterisiert und detailliert beschrieben. In der Prozessschrittebene wird der Prozessschritt zunächst systematisch kategorisiert. So können steuernde, planerische, informationsgenerierende, verwaltende und operativ ausführende Prozesse voneinander unterschieden werden. Anschließend werden der Wertschöpfungs- und der Standardisierungsgrad bestimmt. Im Fall des Wertschöpfungsgrads wird zwischen wertschöpfenden (grün), unterstützenden/bedingt wertschöpfenden (gelb) und verschwendenden[649] (rot) Tätigkeiten unterschieden.[650] Bei der Modellierung sind verschwendende Tätigkeiten grundsätzlich zu vermeiden, unterstützende zu reduzieren und wertschöpfende Tätigkeiten zu optimieren. Durch den Wertschöpfungsgrad wird die Effektivität des Prozesses dargestellt. Im Fall des Standardisierungsgrads werden standardisierte, bedingt standardisierte und nicht standardisierte Prozesse voneinander getrennt, um die Effizienz des Prozesses darzustellen. Auch hier gilt es, den Ist-Zustand möglichst umfangreich und detailliert abzubilden, um die Modellierung eines realistischen Soll-Zustands vornehmen zu können. Abschließend sind der Prozessinput und -output sowie die Prozesszeit und die verwendeten Hilfsmittel aufzunehmen und zu dokumentieren. Abbildung 108 zeigt ein Prozesselement zur Charakterisierung der einzelnen Prozessschritte im Zuge der Modellierung der Prozessschrittebene.

---

[649] Vgl. hierzu die sieben Arten der Verschwendung in der produzierenden Industrie: Ohno (Toyota Production System), 1988, S. 19

[650] Vgl. Kuhlmann (Geschäftsprozesse im industriellen Werkzeugbau), 2011, S. 126; Schuh (Lean Innovation), 2013, S. 157

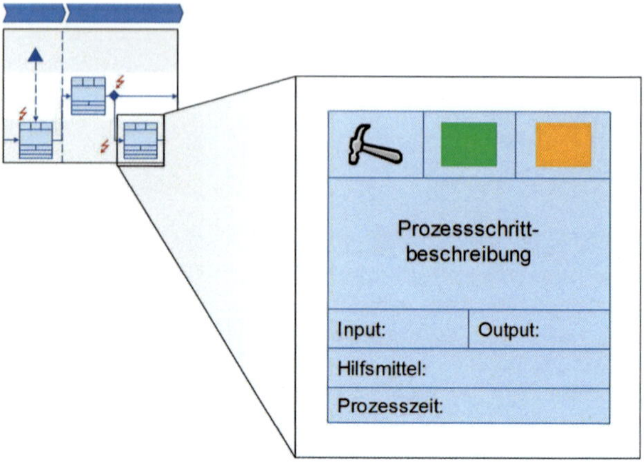

Abbildung 108: Modellierung der Prozessschrittebene

Zur Modellierung der Prozesslandschaft im Werkzeugbau müssen verschiedene Personengruppen in die unterschiedlichen Modellierungsphasen einbezogen werden. Im Idealfall werden von allen partizipierenden organisatorischen Einheiten Mitarbeiter in Workshops einbezogen, in denen die Prozessmodellierung durchgeführt wird. Hierbei ist darauf zu achten, dass in der ersten Phase, der Modellierung der Auftragsabwicklungsebene, eher Führungskräfte, in der letzten Phase, der Modellierung der Prozessschrittebene, hingegen vorwiegend ausführende Mitarbeiter in die Modellierung integriert werden, da die Mitarbeiter in der Regel eine unterschiedliche Abstraktionsfähigkeit aufweisen und diese in der ersten Ebene nicht zu feingliedrig, in der letzten Ebene hingegen nicht zu grobgliedrig erfolgen darf. So kann in einem iterativen Prozess (Autor-Kritiker-Zyklus), durch die Einbindung einer Vielzahl von Mitarbeitern, die Prozesslandschaft ganzheitlich aufgenommen werden. Bei der Modellierung ist ferner zu beachten, dass auch Schnittstellen zu externen Entitäten wie Kunden und Wertschöpfungspartnern abgebildet werden müssen und eine entsprechende Expertise in die Workshops eingebunden werden muss. Ziel der Modellierung sollte es abschließend sein, die aufgenommenen, aktuellen Prozesse in ideale Soll-Prozesse zu überführen, um effiziente und effektive Prozesse gewährleisten und abwickeln zu können. Dazu müssen konkrete Maßnahmen auf Basis der Ist-Prozesse abgeleitet und umgesetzt werden.

Dem Anwender liegen nach dem Abschluss der **Modellierung der Prozesslandschaft** folgende Ergebnisse vor:

- Bewertete Ist-Auftragsabwicklungsprozesse in Bezug auf den Wertschöpfungs- und den Standardisierungsgrad inkl. identifizierter Schwachstellen
- Modellierte Soll-Auftragsabwicklungsprozesse mit definierten Meilensteinen und verantwortlichen organisatorischen Einheiten sowie detailliert charakterisierten und miteinander verknüpften Prozessschritten zur operativen Leistungserbringung in verschiedenen Segmenten

5.2.2.3 Vorgehen zur Erstellung einer prozessorientierten Organisationsstruktur

Nachdem in Detailschritt D1 die Prozesslandschaft modelliert und die einzelnen Prozessschritte konkretisiert wurden, müssen die Prozesse in der Organisationsstruktur verankert werden. Dazu wird, neben den Ergebnissen von Detailschritt D1, auf die Ergebnisse von Detailschritt C2, der Definition organisatorischer Einheiten, zurückgegriffen. Wie in Kapitel 2.2 dargestellt, erfordert eine strikte Ausrichtung am Kundennutzen eine Prozessorientierung[651], welche sich in der Organisation eines Unternehmens widerspiegeln muss.

Die prozessorientierte Organisation erfordert eine Ausrichtung der Organisationsstruktur auf Basis der modellierten Prozesse, kombiniert mit einer Funktionsorientierung. Zur Implementierung einer prozessorientierten Organisation müssen dazu zunächst alle im Werkzeugbaubetrieb abgewickelten Prozessarten, welche in Detailschritt D1 modelliert worden sind und alle organisatorischen Einheiten, welche in Detailschritt C2 definiert wurden, gegenübergestellt werden. Hierzu eignet es sich zu prüfen, welche Prozesse, die entweder zu Segmenten zugeteilt worden sind oder aber unabhängig von den definierten Segmenten vorliegen, die Kompetenzen bzw. Funktionen welcher organisatorischen Einheiten benötigen. Abbildung 109 zeigt exemplarisch, welche Leistungserstellungsprozesse Kompetenzen oder Funktionen von den einzelnen organisatorischen Einheiten benötigen. So zeigt sich beispielsweise für den anwendendenden Werkzeugbaubetrieb, dass auf den Vertrieb mit allen seinen Funktionen, welche in Detailschritt C2 definiert wurden, lediglich im Bereich der Neuauftrags-, Wiederholauftrags- und Dienstleistungsauftragsprozesse im planbaren Segment und im Dienstleistungsauftragsprozess im unplanbaren Segment zurückgegriffen werden muss. Ebenso zeigt sich, dass z. B. im Bereich der CAM-Programmierung ein Zugriff auf diese nur von den Prozessen Neuauftragsprozess, Änderungsauftragsprozess und Reparaturauftragsprozess erfolgt. Auf diese Weise lassen sich Zusammenhänge bzw. Beziehungen zwischen den Prozessen und den Funktionen identifizieren.

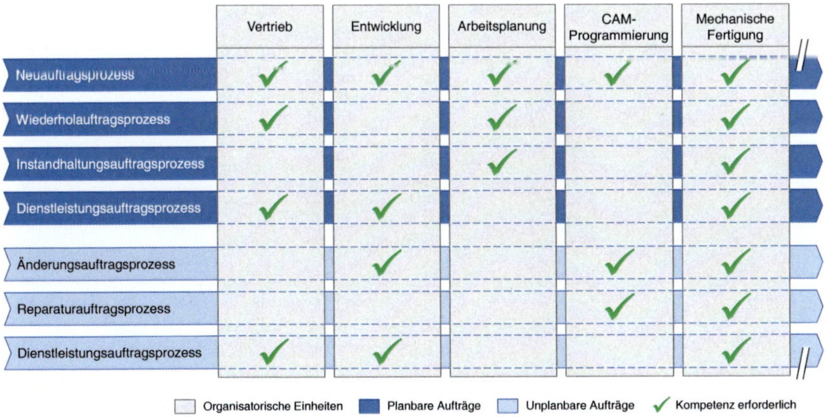

Abbildung 109: Vergleich der unterschiedlichen Auftragsarten in Bezug auf die erforderlichen Kompetenzen einzelner organisatorischer Einheiten

[651] Vgl. Höge (Organisatorische Segmentierung), 1995, S. 156

Nachdem die einzelnen Beziehungen zwischen den Prozessen und den Funktionen identifiziert worden sind, müssen in einem zweiten Schritt funktionsbezogene und prozessbezogene Verantwortlichkeiten definiert, die Koordination zwischen Prozess- und Funktionsverantwortlichen geregelt und diese Rollen in einer Organisationsstruktur integriert werden.[652] Bei einem segmentierten Werkzeugbaubetrieb muss die definierte Segmentstruktur berücksichtigt werden. Zur Visualisierung der Organisationsstruktur wird ein Organigramm gestaltet, welches „die Strukturen der Aufbauorganisation vollständig erfasst und die Beziehungen zueinander darstellt“[653]. Die Erstellung eines Organigramms erfordert zunächst eine Definition von Instanzen innerhalb der Organisationsstruktur. Für einen Werkzeugbaubetrieb, welcher als KMU bezeichnet werden kann, sollten bei einer prozessorientierten Organisation die folgenden Instanzen vorliegen:

- Geschäftsführung
- Process Chief (Segmentverantwortliche/r)
- Function Chief (Gesamtfunktionsverantwortliche/r)
- Process Owner (Prozessverantwortliche/r)
- Function Owner (Funktionsverantwortliche/r)
- Process/Function Consultant (Prozess- und Funktionsberater/in)

Mithilfe dieser Instanzen lässt sich eine grobe Struktur der Beziehungen untereinander darstellen (vgl. Abbildung 110). Je nach Größe des Werkzeugbaubetriebs können Process Chiefs auch die Aufgaben der Process Owner in Personalunion übernehmen, um die Anzahl an Instanzen zu reduzieren bzw. gering zu halten. Dies gilt ebenso für den Bereich der Funktionen.

[652] Vgl. Knuppertz; Feddern (Prozessorientierte Unternehmensführung), 2011, S. 86
[653] Vgl. Knuppertz; Feddern (Prozessorientierte Unternehmensführung), 2011, S. 6

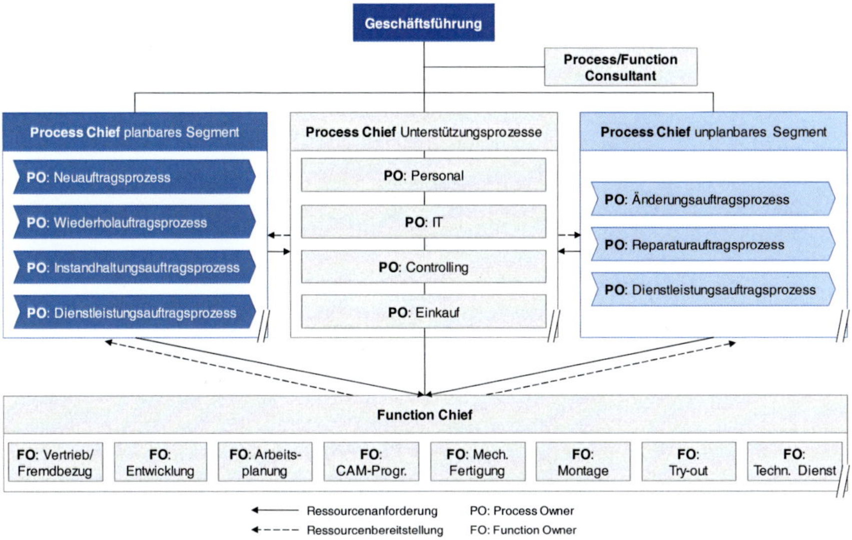

Abbildung 110: Grobstruktur der Organisation inklusive der Beziehungen zwischen den definierten Instanzen

Nachdem die grobe Struktur der Beziehungen und damit auch die Hierarchie innerhalb der Organisationsstruktur aufgebaut wurde, gilt es, die Struktur zu detaillieren, indem alle definierten organisatorischen Einheiten in der Art ihrer Stellenmehrheit (Abteilung, Gruppe, Ausschuss) beschrieben werden. Zudem müssen die Zugriffsrechte der Process Owner auf die vorhandenen Funktionen definiert werden. Hierzu müssen klare Regeln definiert werden, welche vorgeben, wie sich die einzelnen Instanzen untereinander zu verhalten haben. So ist es bspw. möglich, dass zwei Process Owner innerhalb eines Segments oder aber aus zwei Segmenten, auf ein und dieselbe Funktion zugreifen, welche ggf. nur durch eine Person o.Ä. besetzt ist. Dadurch entstehen Zielkonflikte, welche gemeinsam gelöst werden müssen. Regeln können neben der Priorisierung von Aufgaben auch den Umgang mit Fehlern und Besonderheiten beinhalten, um eine reibungslose Auftragsabwicklung für alle Instanzen zu gewährleisten. Das Ziel sollte es jedoch sein, die einzelnen Funktionen weitgehend zu segmentieren, um Konflikte zwischen Segmenten zu verhindern, da diese schwieriger zu lösen sind als zwischen unterschiedlichen Prozessen innerhalb eines Segments. In diesem Fall müssen der Process Chief und der Function Chief gemeinsam abwägen, wie die Prioritäten gesetzt werden. Die einzelnen Process Owner sind unterdessen dafür zuständig, dass die Ressourcen der Function Owner ihrer Arbeit fristgerecht und anforderungsgerecht nachkommen, wohingegen die Function Owner für die Weiterentwicklung der einzelnen Funktionen sowie für die Planung der Ressourcen verantwortlich sind. Abbildung 111 zeigt exemplarisch, wie die Zugriffsrechte innerhalb der Organisationsstruktur aussehen können.

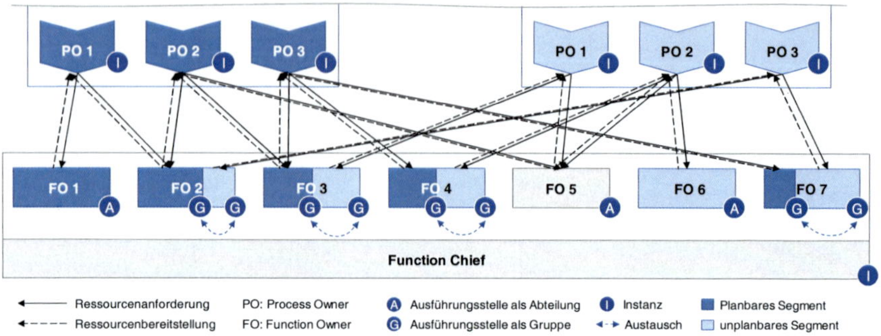

Abbildung 111: Zugriffsrechte zwischen den Prozessverantwortlichen und den Funktionsverantwortlichen

Bei der Erstellung der Organisationsstruktur ist darauf zu achten, dass, je nach Werkzeugbautyp, verschiedene Ziele verfolgt werden sollten. Im Falle eines Innovationsbefähigers sollten möglichst flache Hierarchien und funktionsübergreifende Teams vorhanden sein, um eine innovationsfördernde Organisation zu schaffen. Bei einem Schnelligkeitsbefähiger liegt der Fokus hingegen auf einer Organisationsstruktur mit wenigen Schnittstellen, da diese einen hohen Abstimmungsaufwand erfordern und einer schnellen Auftragsabwicklung im Wege stehen können. Im Fall des Kostenreduzierers sind Funktionen und die darin enthaltenen Ressourcen minimal auszulegen, damit der Overhead minimal ist, wohingegen ein Komplexitätsreduzierer ein breit aufgestelltes Funktionsspektrum benötigt, damit er Aufgaben vom Kunden übernehmen kann. Insbesondere die Kombination von Nutzenpotenzialen in Bezug auf das Produkt und die Zusammenarbeit erfordert eine individuell an das jeweilige Unternehmen angepasste Organisationsstruktur mit unterschiedlichen Schwerpunkten. Entscheidend ist jedoch die Implementierung von Prozessverantwortlichen, um die Kundenorientierung in der operativen Leistungserstellung im Unternehmen zu unterstützen.

Dem Anwender liegen nach dem Abschluss der **Erstellung einer prozessorientierten Organisationsstruktur** folgende Ergebnisse vor:

- Definierte Organisationsstruktur mit unterschiedlichen Rollen und Stellenarten
- Definierte Zugriffsrechte zwischen unterschiedlichen Instanzen durch Regelwerke
- Visualisierung der Organisationsstruktur mithilfe eines Organigramms

5.2.2.4 Vorgehen zur Berechnung der Segmentkapazitäten

Nachdem in Kapitel 5.2.1.3 die Entscheidung über eine mögliche Segmentierung getroffen und organisatorische Einheiten gebildet sowie in Kapitel 5.2.1.4 die notwendigen Ressourcen bestimmt worden sind, wird nun der genaue Kapazitätsbedarf für die Segmente und die jeweiligen Technologien ermittelt. Hierbei werden sowohl Kapazitäten für Maschinen (bspw. mechanische Fertigung, Try-out) und Mitarbeiter (bspw. Montage, Konstruktion etc.) berechnet. Das

Vorgehen zur Berechnung der Segmentkapazitäten[654] ist in vier Schritte untergliedert (vgl. Abbildung 112).

Zunächst muss das Auftragsspektrum im anwendenden Werkzeugbaubetrieb in Bezug auf die unterschiedlichen Auftragsarten über die Zeitachse analysiert werden. Ziel ist es, pro Technologie bzw. organisatorischer Einheit zu bestimmen, wie hoch die Anteile planbarer und unplanbarer Aufträge im zeitlichen Verlauf sind. Dazu muss zunächst ein Referenzzeitraum ausgewählt werden, welcher das Auftragsspektrum des Betriebs in repräsentativer Weise widerspiegelt. Hierbei sollte der Zeitraum so groß gewählt werden, dass etwaige konjunkturelle Besonderheiten nicht zu hoch gewichtet werden und so klein gewählt werden, dass der Erhebungs- und Auswertungsaufwand der erforderlichen Daten den Nutzen der Auswertung nicht übersteigt. Aus diesem Grund eignet sich als Zeitraum insbesondere die Erhebung und Auswertung von Daten innerhalb eines abgeschlossenen Geschäftsjahres, welches keine signifikanten Besonderheiten wie Kurzarbeit oder einen Konjunkturabschwung aufgewiesen hat.

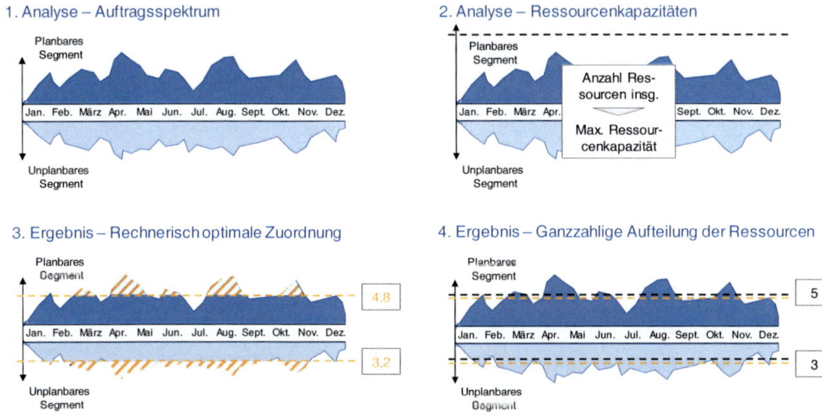

Abbildung 112: Vorgehen zur Berechnung der Segmentkapazitäten

Der Anteil der planbaren Aufträge bzw. der Anteil der unplanbaren Aufträge pro Tag wird berechnet, indem pro organisatorischer Einheit (Montage) oder auf Maschinenebene (CNC-Drehen) die an diesem Tag auf Aufträge verbuchten Stunden in planbar und unplanbar geleistete Stunden aufgetrennt werden. Anschließend werden die jeweiligen als planbar bewerteten Stunden des Tages summiert und durch die Gesamtanzahl der geleisteten Tagesstunden geteilt. Ebenso wird der Anteil unplanbarer Aufträge bestimmt. Um den zeitlichen Bezug darstellen zu können, werden die geleisteten Stunden pro Tag oder Woche in einem Balkendiagramm aufgetragen, sodass für beide Auftragsarten ein Kapazitätsgebirge entsteht, welches einen Überblick gibt, wann Auftragsspitzen in den beiden Segmenten zu verzeichnen waren und wie konstant die Auslastung war (vgl. Abbildung 112 – Schritt 1).

In einem zweiten Schritt wird, segmentunabhängig, die maximale Ressourcenkapazität bestimmt. Dazu muss im Bereich der Mitarbeiterauslegung die zur Verfügung stehende Kapazität pro Tag bestimmt werden. Bei einem einschichtigen 8 Stunden Arbeitstag mit 30 Minuten

[654] Folgend wird das Vorgehen beispielhaft für zwei Segmente vorgestellt

Pause ergibt sich pro Person eine zur Verfügung stehende Kapazität von 450 Minuten. Die Summe der Mitarbeiter ergibt die insgesamt zur Verfügung stehende Kapazität in einer organisatorischen Einheit. Im Bereich der Maschinenauslegung wird die theoretisch mögliche Maschinenlaufzeit pro Tag[655] mit einem Verfügbarkeitsfaktor verrechnet und mit der Anzahl der Maschinen multipliziert, wodurch sich die Kapazität der jeweiligen Technologie ergibt. Auf diese Weise lassen sich für alle Bereiche die Kapazitätsgrenzen bestimmen (vgl. Abbildung 112 – Schritt 2).

Anschließend wird in einem dritten Schritt die ideale Aufteilung der zur Verfügung stehenden Ressourcen berechnet. Hierzu werden die Ressourcen mithilfe der Methode der kleinsten Quadrate[656] rechnerisch so auf die beiden Segmente aufgeteilt, dass die Anzahl der Ressourcen pro Segment minimal, die Auftragsdeckung der beiden Segmente hingegen maximal ist. Auf diese Weise lässt sich eine rechnerisch optimale Anzahl an Ressourcen zu den Segmenten zuordnen und somit eine Kapazitätsgrenze über das Kapazitätsgebirge der beiden Segmente legen (vgl. Abbildung 112 – Schritt 3). Dadurch lässt sich erkennen, wie häufig die Auslastung oberhalb der Kapazitätsgrenze lag und die Aufträge somit nicht im Gesamten bearbeitet werden konnten. Dies bildet die Grundlage zum Angebot von Überkapazitäten am Markt und die Einbeziehung von Partnern bei Unterkapazitäten.

Im letzten Schritt werden die rechnerisch ermittelten Ressourcenkapazitäten ganzzahlig aufgeteilt, um die einzelnen Maschinen oder Mitarbeiter real zu den Segmenten zuordnen zu können (vgl. Abbildung 112 – Schritt 4). Nachdem die Aufteilung erfolgt ist, sind die einzelnen Ressourcen den jeweiligen Segmenten zugeordnet.

Das dargestellte Vorgehen ist für alle in Kapitel 5.2.1.3 identifizierten organisatorischen Einheiten durchzuführen, für die eine Segmentierung als geeignet eingestuft worden ist. Können Ressourcen nicht auf die beiden Segmente aufgeteilt werden, zum Beispiel, weil nur ein Mitarbeiter in diesem Bereich zur Verfügung steht, so kann auch eine zeitliche Segmentierung vorgenommen werden. Hierbei muss die zur Verfügung stehende Arbeitszeit aufgeteilt werden und es müssen mindestens zwei Zeiträume definiert werden, in welchen jeweils eines der beiden Segmente bedient wird. Eine zeitliche Segmentierung ist sowohl bei Mitarbeitern als auch bei Maschinen realisierbar. In der Praxis findet sie bei kleineren Unternehmen häufig in der Entwicklung Anwendung. Abschließend zeigt Abbildung 113 eine Beispielberechnung der Segmentkapazitäten für die Technologie CNC-Drehen.

[655] Bei einem 2-Schicht-Betrieb und einem Verfügbarkeitsfaktor von 95% ergibt sich eine zur Verfügung stehende Maschinenlaufzeit pro Maschine von 912 Minuten (2 x 8h x 0,95 x 60min = 912 min)

[656] Auch bekannt unter dem Begriff „Least Square Verfahren“; Mithilfe der Methode werden die Parameter so bestimmt, dass die Summe der quadratischen Abweichungen von den beobachteten Punkten minimiert wird; Vgl. Blobel; Lohrmann (Methoden der Datenanalyse), 1998, S. 212

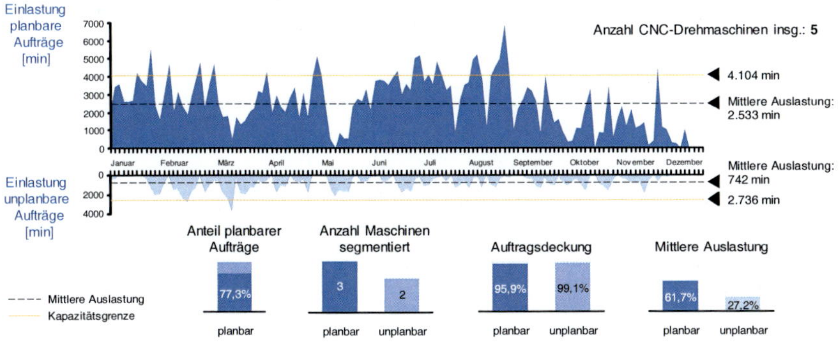

Abbildung 113: Beispielhafte Berechnung der Segmentkapazitäten für die Technologie CNC-Drehen

Bei der Berechnung der Kapazitäten ist zu berücksichtigen, dass zukünftig mehr oder weniger Leistungen angeboten und mehr oder weniger Werkzeuge hergestellt werden können. Dies hat Einfluss auf die Anzahl der Ressourcen und muss mit den strategischen Entscheidern des Unternehmens abgestimmt sein. Auch ist zu prüfen, ob anstelle von mehreren Mitarbeitern auch das Schichtmodell des Betriebs angepasst werden kann, um insbesondere im unplanbaren Segment kürzere Reaktionszeiten sicherzustellen. Die Berechnung der Kapazitäten erfolgt für alle Werkzeugbautypen analog, wobei der Fokus der Ressourcen und Segmente bei unterschiedlichen Typen verschieden sein kann.

Auf Basis der definierten organisatorischen Einheiten und der berechneten Segmentkapazitäten kann anschließend der notwendige Platzbedarf der einzelnen Segmente und der segmentunabhängigen organisatorischen Einheiten ermittelt werden, um eine Hallenfläche auszulegen. Für den Bereich der mechanischen Fertigung müssen dazu die Nettomaschinenflächen summiert und um Flächen für Wege, Abstellflächen, Werkbänke, Schränke etc. ergänzt werden. So lässt sich für jeden Bereich in der mechanischen Fertigung, aber auch in den anderen Bereichen, der notwendige Platzbedarf ermitteln. Auf dieser Grundlage sowie der Prozessstandardisierung in Kapitel 5.2.3.2 kann der anwendende Werkzeugbaubetrieb schließlich ein prozessorientiertes und materialflussoptimiertes Layout entwerfen. Die detaillierte Planung des Hallen-Layouts im Sinne einer Fabrikplanung stellt aufgrund der Komplexität ein eigenständiges Thema dar und wird im Rahmen dieser Arbeit nicht weiter betrachtet.

Dem Anwender liegen nach dem Abschluss der **Berechnung der Segmentkapazitäten** folgende Ergebnisse vor:

- Zugeordnete Ressourcen (Maschinen und Mitarbeiter) zu den unterschiedlichen Segmenten
- Identifizierte Überkapazitäten zum Angebot dieser am Markt sowie identifizierte Unterkapazitäten zur Einbindung externer Wertschöpfungspartner oder Investition in weitere Kapazitäten

5.2.3 Schritt E: Effizienzsteigernde Auslegung

Den fünften und letzten Schritt der Methodik zur strategischen Auslegung industrieller Werkzeugbaubetriebe stellt die effizienzsteigernde Auslegung dar. Dabei werden die in Schritt D auf eine Wertschöpfung ausgelegten befähigenden Faktoren Prozesse, Organisation und Ressourcen so ausgelegt, dass die Effizienz der Wertschöpfung gesteigert wird. Schritt E umfasst die drei Detailschritte Standardisierung der Prozessfolgen, Implementierung eines Wissensmanagements sowie Automatisierung und digitale Vernetzung der Ressourcen. Zudem werden einführend zunächst die relevanten theoretischen Grundlagen vorgestellt und beschrieben.

5.2.3.1 Grundlagen

Die Optimierung der Prozesse in einem Unternehmen zur Steigerung der Effizienz erfordert ein strukturiertes **Prozessmanagement**. Ziel des Prozessmanagements ist es, die Geschäftsprozesse mit geringem Aufwand zu gestalten und zu koordinieren sowie sie auf die Erfüllung der Kundenbedürfnisse auszurichten, um Wettbewerbsvorteile zu realisieren.[657] Dazu stellt das Prozessmanagement, auch Geschäftsprozessmanagement genannt, sicher, dass die Prozesse „sowohl die strategischen Ziele als auch die Kundenbedürfnisse und operativen Ziele erfüllen. Dazu dienen Prozessführung, Prozessorganisation und Prozesscontrolling."[658] In der produzierenden Industrie stehen Unternehmen vor der Herausforderung, ihre Prozesse nicht nur auf den Kundennutzen auszurichten, sondern die vier Dimensionen Kosten, Zeit, Qualität und Flexibilität in gleicher Weise zu adressieren. Jedoch führt die Optimierung eines dieser Ziele zwangsläufig zu einer negativen Beeinflussung einer anderen Zielgröße. So stellt REIJERS fest: „Improving upon one dimension may have a weakening effect on another"[659]. Abbildung 114 zeigt das Polylemma in der Produktionstechnik mit den Trad-Offs zwischen den vier Zielen.

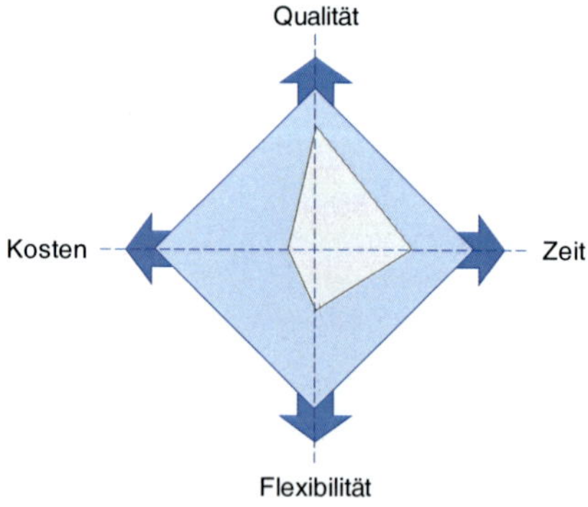

Abbildung 114: Das Polylemma der Produktionstechnik[660]

[657] Vgl. Schuh et al. (Prozessmanagement), 2011, S. 361
[658] Vgl. Schmelzer; Sesselmann (Geschäftsprozessmanagement), 2013, S. 8
[659] Vgl. Reijers (Design and Control), 2003, S. 208
[660] Vgl. Reijers (Design and Control), 2003, S. 208

In der Einzel- und Kleinserienfertigung, welcher der Werkzeugbau zugeordnet werden kann, stellt insbesondere der Unikatcharakter und die damit verbundene fehlende Wiederholhäufigkeit der Aufträge Unternehmen vor die Problematik, dass eine Prozessoptimierung, wie bspw. die Standardisierung, nur bedingt möglich ist. Dennoch bestehen auch im Werkzeugbau das Potenzial und die Möglichkeit, Prozesse zu optimieren. Grundsätzlich lassen sich verschiedene Möglichkeiten der Prozessgestaltung unterscheiden, welche zur Optimierung von Prozessen eingesetzt werden können. Abbildung 115 gibt einen Überblick der verschiedenen Möglichkeiten zur Prozessoptimierung, welche grundsätzlich verschiedenen heuristischen Regeln zugeordnet werden können.[661]

Das Eliminieren beschreibt den Verzicht auf Tätigkeiten, welche keinen Beitrag zur Wertschöpfung leisten und als Verschwendung angesehen werden können. Bei der Standardisierung werden Routinen geschaffen, die die Effizienz erhöhen und die Fehleranfälligkeit reduzieren. Das Substituieren beschreibt das Ersetzen und das Outsourcen die Auslagerung von Prozessen oder ganzen Prozessketten. Das autonome Gestalten von Prozessen ist dadurch gekennzeichnet, dass Teilbereiche unabhängig voneinander gestaltet werden, um Schnittstellen zu vermeiden. Im Gegenzug dazu stellt das Integrieren die Zusammenfassung einzelner Prozesse oder Prozesselemente dar. Die gleichzeitige Durchführung von sequenziell ablaufenden Prozessen wird als Parallelisierung bezeichnet. Die Möglichkeit, Iterationen zu vermeiden, zielt darauf ab, die Reihenfolge von Prozessen zu verändern, um Abstimmungen auszuschließen. Das Kooperieren beschreibt eine enge Abstimmung mit anderen Prozessen zur effizienten Mittelnutzung, wohingegen das Beschleunigen die Durchlaufzeit des Prozesses reduzieren soll.[662]

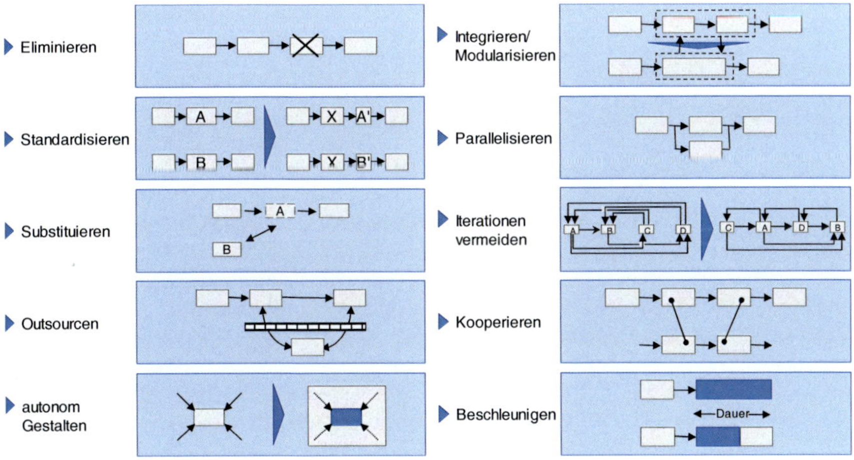

Abbildung 115: Möglichkeiten der Prozessgestaltung und -optimierung[663]

[661] Vgl. Reijers (Design and Control), 2003, S. 211

[662] Vgl. Schuh et al. (Prozessmanagement), 2011, S. 378

[663] Vgl. Schuh et al. (Prozessmanagement), 2011, S. 378; Reijers (Design and Control), 2003, S. 208

Neben der Optimierung der Geschäftsprozesse gilt es im Zuge der effizienzsteigernden Auslegung auch, die Organisation effizienter zu gestalten. Ein wesentlicher Stellhebel zur Steigerung der Effizienz der Organisation ist ein **Wissensmanagement**, welches individuelles Wissen systematisch in organisationales Wissen überführt. Insbesondere im wissensintensiven Werkzeugbau hat die Ressource Wissen in den letzten Jahren an Bedeutung gewonnen und stellt einen zentralen Wettbewerbsfaktor dar.[664] Im Kontext der Prozessorientierung kann Wissen als „wesentliche Handlungsressource für Menschen und Maschinen"[665] angesehen werden, welche zweckorientiert und dynamisch ist und in verschiedenen Arten und Formen vorliegen kann.[666] Wissen lässt sich anhand der Wissenstreppe von NORTH zwischen den beiden Stufen Informationen und Handeln einordnen und stellt die Vernetzung von notwendigen Informationen dar, welche durch das Anwenden des Wissens zum Handeln befähigt (vgl. Abbildung 116). Nutzbar wird das Wissen für eine Organisation somit erst durch das Handeln der Akteure, welches die operative Umsetzung des Wissens beschreibt. Der systematische Umgang mit Wissen ermöglicht die Schaffung einer erhöhten Wettbewerbsfähigkeit durch eine Einzigartigkeit, welche aus den Kompetenzen des Unternehmens resultiert.[667]

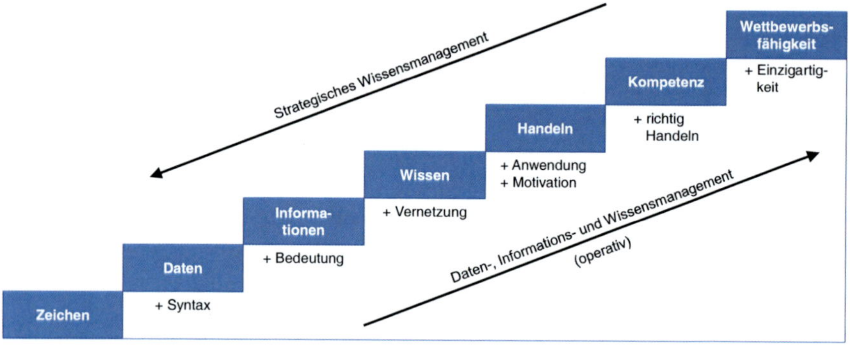

Abbildung 116: Die Wissenstreppen nach NORTH[668]

Unterschieden werden können implizites und explizites Wissen sowie individuelles und kollektives[669] Wissen. Als implizites Wissen wird jenes Wissen bezeichnet, welches aus dem Handeln von Akteuren resultiert, nicht artikulierbar ist und oftmals automatisch sowie unbewusst angewendet wird. Explizites Wissen ist hingegen mittels formaler Hilfsmittel artikulierbar und liegt somit in der Regel personenungebunden vor. Beide Formen des Wissens können auf individueller und kollektiver Ebene vorhanden sein. Basiert individuelles Wissen auf den Erfahrungen Einzelner und kann durch diese expliziert werden, ist kollektives Wissen in mehreren Köpfen verankert und nicht in der Weise personenabhängig wie individuelles Wissen.[670]

---

[664] Vgl. Probst et al. (Wissen managen), 2012, S. 3; Prange (Organisationales Lernen), 2002, S. 7

[665] Vgl. Heisig (Integration von Wissensmanagement), 2005, S. 11

[666] Vgl. Heisig (Integration von Wissensmanagement), 2005, S. 11

[667] Vgl. North (Wissensorientierte Unternehmensführung), 2011, S. 35

[668] Vgl. North (Wissensorientierte Unternehmensführung), 2011, S. 36

[669] Häufig auch als organisationales Wissen oder Organisationswissen bezeichnet

[670] Vgl. Prange (Organisationales Lernen), 2002, S. 26; für eine ausführlichere Betrachtung siehe auch Nonaka; Takeuchi (The Knowledge-creating Company), 1995; Argyris; Schön (Organizational Learning), 1978

Für den Werkzeugbau sind beide Formen des Wissens, individuelles und kollektives Wissen, welches insbesondere explizit vorliegen sollte, von besonderer Bedeutung und müssen durch ein effizientes Wissensmanagement adressiert werden.

Wissensmanagement beschreibt nach MAIER eine Managementfunktion, die für die Auswahl, Umsetzung und Kontrolle geeigneter Wissensmanagementstrategien verantwortlich ist. Dazu werden auf verschiedenen Interventionsebenen unterschiedliche Instrumente eingesetzt, um den Umgang mit Wissen zu verbessern. Übergeordnetes Ziel ist die Erreichung von Effektivitätszielen.[671] Nach HEISIG kann Wissensmanagement als Prozess verstanden werden, welcher aus den Elementen Wissen erzeugen, Wissen speichern, Wissen verteilen und Wissen anwenden besteht (vgl. Abbildung 117). Dieser Prozess muss dabei Geschlossenheit aufweisen, indem die vier Kernaktivitäten miteinander verknüpft werden.[672]

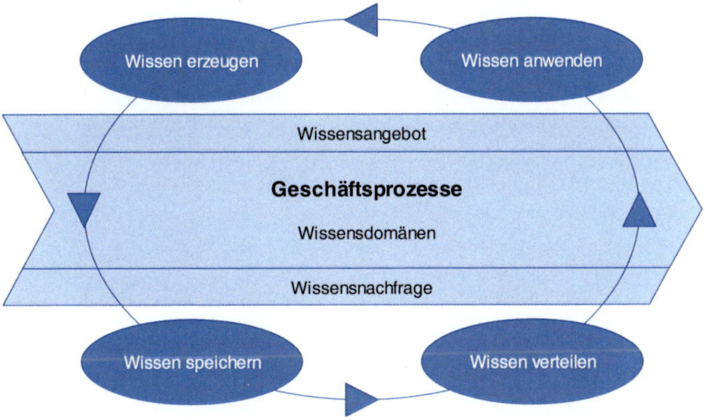

Abbildung 117: Referenzmodell des Wissensmanagements nach HEISIG[673]

Zur erfolgreichen Adressierung des Wissensmanagements identifiziert HEISIG auf Basis von Erfolgsfaktoren sechs zentrale Gestaltungsfelder. Neben der Unternehmenskultur mit den vorhandenen Werten und Einstellungen und dem Personalmanagement mit den Fähigkeiten der Mitarbeiter sowie deren Motivation stellen die Felder Führungssystem (Strategie und Führung), Prozessorganisation (Organisation und Rollen), Informationstechnologie (Infrastruktur und Anwendungen) sowie Controlling (Indikatoren und Bewertungen) die relevanten Aspekte eines systematischen Wissensmanagements dar.[674]

Ein wesentlicher Faktor zur Steigerung der Effizienz in einem Werkzeugbaubetrieb ist die Erhöhung der Produktivität auf dem Shopfloor. Hierbei stehen die **Automatisierung** und die **digitale Vernetzung** im Vordergrund. Neue Informations- und Kommunikationstechnologien (IKT), welche sich in den letzten Jahren im Zuge der Digitalisierung rasant weiterentwickelt haben, bieten Werkzeugbaubetrieben die Möglichkeit, Mitarbeiterkapazitäten für wissensintensive Tätigkeiten freizusetzen und Kosten zu reduzieren. Dies ist durch die Automatisierung

[671] Vgl. Maier (Knowledge Management Systems), 2002, S. 48; Remus (Prozessorientiertes Wissensmanagement), 2002, S. 26

[672] Vgl. Heisig (Integration von Wissensmanagement), 2005, S. 63

[673] Vgl. Heisig (Integration von Wissensmanagement), 2005, S. 65

[674] Vgl. Heisig (Integration von Wissensmanagement), 2005, S. 68

von manuellen Prozessen oder aber die Verkettung bereits automatisierter Prozesse sowie die Vernetzung von Maschinen, Systemen und Menschen im Sinne von Industrie 4.0 möglich. Eine solche digital vernetzte Werkzeugherstellung ermöglicht es Unternehmen, ihr Wissensmanagement datenbasiert und ganzheitlich zu betreiben und setzt darüber hinaus Potenziale für eine erhebliche Effizienzsteigerung frei.[675]

Die Automatisierung in der mechanischen Fertigung im Werkzeugbau kann auf unterschiedliche Weise erfolgen. Grundsätzlich beschreibt sie die interdisziplinäre Anwendung von Steuerungs-, Mess-, Regel- und Antriebstechnik mithilfe von Hardware- und Softwarelösungen.[676] In der Automatisierung unterschieden werden können die Basistechnik und die Integrationstechnik. Die Basistechnik umfasst die Kernprodukte Regelungs-, Steuerungs- und Leittechnik, Sensor- und Aktortechnik sowie Robotik. Die Integrationstechnik beinhaltet hingegen die anwendungsspezifische Ausgestaltung der Automatisierung mithilfe von Kommunikations-, Informations-, Rechner-, Struktur- und Systemtechnik.[677] Automatisierung dient zum einen der Optimierung der klassischen Fertigungsziele, zum anderen bietet sie jedoch auch die Chance, neue Herausforderungen zu bewältigen. Das übergeordnete Ziel stellt die Optimierung von Prozessen bei hoher Qualität sowie die Reduzierung der Arbeitsbelastung der Mitarbeiter dar.[678] Den Vorteilen Qualitätsverbesserung, Kostensenkung, Produktivitätssteigerung, Arbeitsplatzergonomie, Reproduzierbarkeit und Wirtschaftlichkeit stehen jedoch auch Risiken gegenüber. Hier sind insbesondere die hohe Komplexität der Systeme mit einer höheren Ausfallwahrscheinlichkeit, eine aufwendige Planung der Kapazitätsbelegung sowie eine geringere Flexibilität und erhöhte Kapitalbindungskosten zu nennen.[679]

Auch wenn Automatisierungslösungen in vielen Werkzeugbaubetrieben bereits eingesetzt werden, so beschränken sie sich häufig auf den Einsatz von CNC-Maschinen. Eine Verknüpfung von Prozessen durch verkettete Systeme oder aber eine Automatisierung manueller Prozesse, wie bspw. dem Polieren, finden hingegen nur selten Anwendung, obwohl sie ein erhebliches Potenzial für Werkzeugbaubetriebe, sowohl auf technischer als auch auf finanzieller Ebene, bieten.

Die vierte industrielle Revolution, kurz Industrie 4.0, beschreibt die „echtzeitfähige, intelligente, horizontale und vertikale Vernetzung von Menschen, Maschinen, Objekten und IKT-Systemen zur dynamischen Beherrschung komplexer Systeme“[680]. Sie setzt auf der dritten industriellen Revolution, der Automatisierung von Produktionsprozessen durch Informationstechnik und der Digitalisierung von Objekten auf.[681] Industrie 4.0 umfasst in produzierenden Unternehmen insbesondere die digitale Vernetzung intelligenter Systeme.

[675] Vgl. Hofmann (Die Fabrik der Zukunft), 2014, S. 4

[676] Vgl. Pritschow (Steuerungstechnik), 2006, S. 1

[677] Vgl. Langmann (Automatisierung), 2010, S. 19

[678] Vgl. Favre-Bulle (Automatisierung komplexer Industrieprozesse), 2004, S. 402

[679] Vgl. Hesse (Fertigungsautomatisierung), 2000, S. 2; Favre-Bulle (Automatisierung komplexer Industrieprozesse), 2004, S. 5; Pavim (Selbstoptimierende Inspektionssysteme), 2012, S. 1; Westkämper (Automatisierung in der Einzel- und Serienfertigung), 1977, S. 13

[680] Vgl. Schuh (Werkzeugbau als Smart Service), 05.11.2014

[681] Vgl. Bauernhansel et al. (Geschäftsmodell-Innovation), 2015, S. 13

Die Deutsche Akademie der Technikwissenschaften (acatech) hat in ihrer Umsetzungsempfehlung für Industrie 4.0 fünf zentrale Forschungsfelder definiert, welche von Unternehmen und der Wissenschaft adressiert werden müssen:[682]

- Vertikale Vernetzung in Wertschöpfungsnetzwerken
- Horizontale Vernetzung in Wertschöpfungsnetzwerken
- Durchgängiges Engineering über die gesamte Wertschöpfung
- Soziale Infrastruktur
- Cyber-physische Systeme (CPS)

Somit stellt die vierte industrielle Revolution produzierende Unternehmen vor vielfältige Herausforderungen, welche adressiert werden müssen, um die Potenziale von Industrie 4.0 realisieren zu können. Im Laufe der Zeit haben sich diesbezüglich Erfolgsfaktoren und Enabler herauskristallisiert. Im Fokus steht das Internet der Dinge, welches es ermöglicht, cyber-physische Systeme (CPS) miteinander, aber auch mit internetbasierten Software-Services zu vernetzen, sodass eine automatisierte Interaktion stattfinden kann.[683] In einer gemeinsamen Studie des Fraunhofer-Instituts für Produktionstechnik und Automatisierung IPA und der Unternehmensberatung Dr. Wieselhuber & Partner GmbH aus dem Jahr 2015 konnten drei zentrale Technologiefelder von Industrie 4.0 identifiziert werden:[684]

- Cloud Computing
- Embedded Systems CPS
- Smart Factory

In Werkzeugbaubetrieben bieten die neuen IKT-Systeme die Möglichkeit, die Transparenz in der Auftragsabwicklung und insbesondere auf dem Shopfloor signifikant zu erhöhen. Dadurch können Entscheidungen von Mitarbeitern fundierter getroffen werden. Die Nutzung der Potenziale von Industrie 4.0 erfordert jedoch ein umfangreiches Verständnis von diesen IKT-Systemen, eine aktive Beschäftigung mit den notwendigen Voraussetzungen wie der Einführung von smarten Objekten sowie die frühzeitige Einbindung der Mitarbeiter, da die Nutzung vielfältiger Human-Machine-Interfaces (HMI) eine deutliche Veränderung gegenüber der bisherigen Umwelt in einem Produktionsunternehmen, insbesondere im Werkzeugbau, darstellt.

5.2.3.2 Vorgehen zur Standardisierung von Prozessfolgen

Zur Optimierung der Prozesse eines Unternehmens bestehen vielfältige Möglichkeiten (vgl. Kapitel 5.2.3.1). Wurden in den vorherigen Methodikschritten C und D bereits strategische Entscheidungen wie Outsourcing von und Kooperieren bei Prozessen getroffen, so steht bei der effizienzsteigernden Auslegung die operative Auftragsabwicklung im Vordergrund. In der Unikatfertigung von hochkomplexen Werkzeugen stellt insbesondere die Standardisierung in der mechanischen Fertigung eine Möglichkeit dar, die Effizienz in besonderer Weise zu erhöhen. Durch die Vielzahl unterschiedlicher Werkzeugkomponenten, welche parallel in der me-

---

[682] Vgl. acatech – Deutsche Akademie der Technikwissenschaften (Zukunftsprojekt Industrie 4.0), 2013, S. 39

[683] Vgl. Bauernhansel et al. (Geschäftsmodell-Innovation), 2015, S. 14

[684] Vgl. Bauernhansel et al. (Geschäftsmodell-Innovation), 2015, S. 14

chanischen Fertigung und der Montage bearbeitet werden, liegt auch eine Vielzahl unterschiedlicher Fertigungsprozessfolgen vor, die die jeweilige Bearbeitungsreihenfolge der Komponenten mithilfe diverser Technologien charakterisieren. Je vielfältiger die Bauteile dabei sind, desto vielfältiger sind auch die Fertigungsprozessfolgen. So stellt die Standardisierung der Fertigungsprozessfolgen ein adäquates Mittel in der Unikatfertigung dar, die Komplexität auf dem Shopfloor zu reduzieren und eine geeignete Planungssystematik einzuführen. Durch die Standardisierung von Prozessfolgen auf dem Shopfloor des Werkzeugbaus lassen sich im Wesentlichen folgende Potenziale realisieren:

- Reduzierung der Durchlaufzeitenvarianz
- Reduzierung von Beständen
- Reduzierung der Kapitalbindungskosten
- Erhöhung der Transparenz
- Erhöhung der Auslastung
- Generierung von Skaleneffekten
- Vereinheitlichung des Materialflusses

Aufgrund der Komplexität auf dem Shopfloor einer Unikatfertigung stellt die Standardisierung der Fertigungsprozessfolgen jedoch eine komplizierte Aufgabe dar. So muss in einem ersten Schritt zunächst das gesamte Komponentenspektrum des Werkzeugbaus aufgenommen werden. Die Aufnahme des Komponentenspektrums stellt die notwendige Voraussetzung dar, um die zu den jeweiligen Komponenten zugehörigen Fertigungsprozessfolgen ableiten zu können. Der anwendende Werkzeugbaubetrieb analysiert dazu sein Werkzeugspektrum, indem die unterschiedlichen Werkzeuge, welche in einer definierten Betrachtungsperiode hergestellt worden sind, zu Werkzeugarten zusammengefasst werden. Dies kann anhand von Stücklisten erfolgen. Anschließend müssen die einzelnen Werkzeugarten in Werkzeugkomponenten zerlegt werden. Dabei müssen vorhandene Komponentengruppen jeweils soweit zerlegt werden, bis sich die einzelnen Komponenten in ihrer Fertigungsprozessfolge nicht mehr unterscheiden. Abbildung 118 zeigt exemplarisch ein aufgenommenes und bis auf die Komponentenebene heruntergebrochenes Werkzeugspektrum. Nachdem die einzelnen Komponenten, welche jeweils durch eine eigene Fertigungsprozessfolge charakterisiert sind, aufgedeckt worden sind, erfolgt eine quantitative Bewertung. Je höher der Aufwand bei der Herstellung der jeweiligen Komponente ist, desto stärker wird die Komponente im Gesamtkontext gewichtet. Der Aufwand kann dabei durch die jeweiligen Stückzahlen pro Komponente, durch die Länge der Fertigungsdauer bzw. Bearbeitungszeit oder aber durch den Umfang des zu bewegenden Materialgewichts beschrieben werden. Wie in Abbildung 118 dargestellt, muss die Summe der Anteile auf einer Ebene pro Werkzeugart 100% ergeben. Durch eine Multiplikation der Anteile mit dem Anteil der jeweils vorherigen Ebene lässt sich abschließend der Einfluss bzw. das Gewicht der Werkzeugkomponente in Bezug auf das gesamte Komponentenspektrum quantitativ darstellen. Bei der Aufnahme des Werkzeugkomponentenspektrums ist darauf zu achten, dass lediglich Komponenten in die Betrachtung mit einbezogen werden, die auf dem eigenen Shopfloor hergestellt oder aber in bestimmten Umfängen bearbeitet werden. Nicht einzubeziehen sind bspw. Zukaufteile wie Normalien und Heißkanäle, welche von Wertschöpfungspartnern bezogen werden. Die Aufnahme der Werkzeugkomponenten sollte durch Mitarbeiter aus der Entwicklung und der mechanischen Fertigung (bei Bedarf auch aus der Montage) durchgeführt werden, da diese einen ausreichend tiefen Einblick in die Fertigungsprozesse haben.

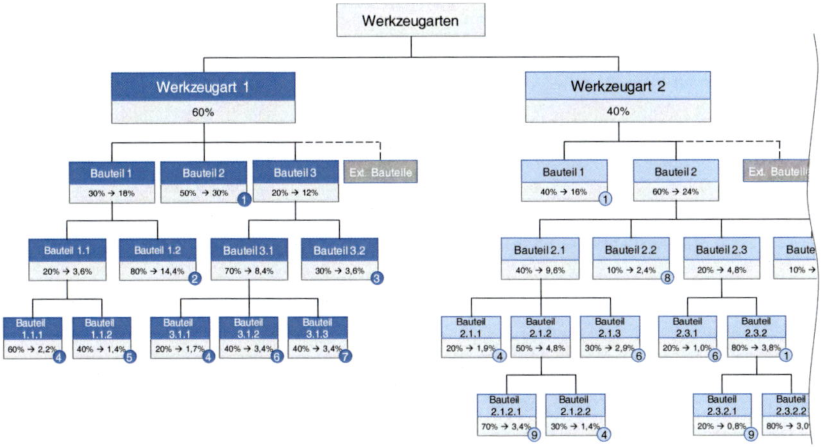

Abbildung 118: Aufnahme des Komponentenspektrums zur Ableitung von Fertigungsprozessfolgen

Nachdem die einzelnen Komponenten identifiziert worden sind, müssen die zugehörigen Fertigungsprozessfolgen abgeleitet werden. Hierzu werden die einzelnen Werkzeugkomponenten gegenübergestellt und die notwendigen Technologien sowie die Reihenfolge des Technologieeinsatzes miteinander verglichen. Auf diese Weise können die zur Fertigung der jeweiligen Komponente eingesetzten Technologien in eine Abfolge gebracht werden, wodurch sich Fertigungsprozessfolgen ergeben (vgl. Abbildung 119). Hierbei kann der jeweilige Werkzeugbaubetrieb die Granularitätsebene so wählen, dass sie für ihn geeignet ist. Benötigen Werkzeugbaubetriebe innerhalb der einzelnen Technologien unterschiedliche Maschinen, da diese bspw. das Größenspektrum der jeweiligen Werkzeugart nur auf speziellen Maschinen fertigen kann, so kann die Komponente nicht nur einer Technologie, sondern auch einem spezifischen Maschinenpark zugeordnet werden. Für die Entwicklung eines späteren Hallen-Layouts ist es zudem wichtig, neben der Aufnahme der Prozesse, welche intern durchgeführt werden, auch Prozesse bzw. Technologien aufzunehmen, die extern durchgeführt werden. Beispielhaft sind hier die Warmbehandlung oder das Beschichten zu nennen, welche häufig durch externe Wertschöpfungspartner durchgeführt werden. Bei der Aufnahme der Fertigungsprozessfolgen kann es durchaus vorkommen, dass unterschiedliche Komponenten die gleichen Fertigungsprozessfolgen aufweisen. Um dies zu berücksichtigen und gleichzeitig die Komplexität der Darstellung gering zu halten, werden die in dem vorherigen Schritt ermittelten Gewichte der einzelnen Komponenten addiert, sodass sich Fertigungsprozessfolgen-spezifische Prozentwerte ergeben (vgl. Abbildung 119). Auf diese Weise lassen sich die Prozessfolgen identifizieren, welchen die größte Bedeutung zukommt. Diese Prozessfolgen sind auch für die Gestaltung eines optimierten Hallen-Layouts von besonderer Relevanz.

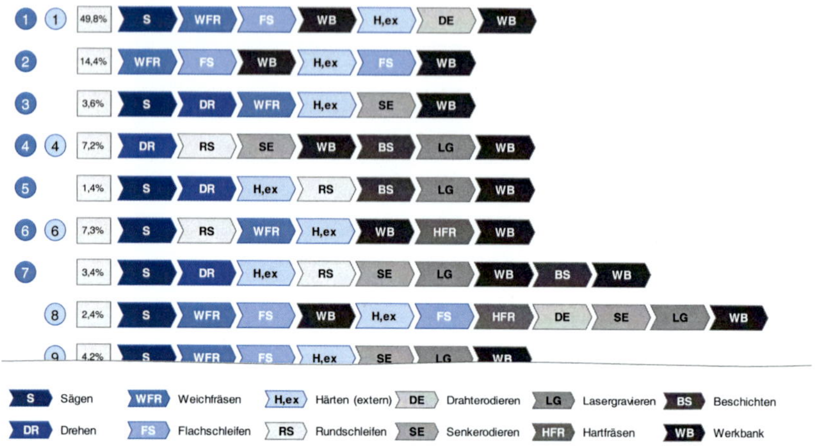

Abbildung 119: Übersicht der abgeleiteten Fertigungsprozessfolgen der identifizierten Werkzeugkomponenten

Die abgeleiteten und aggregierten Fertigungsprozessfolgen stellen den Status quo der Herstellung der einzelnen Werkzeugkomponenten dar. Die Visualisierung dieser Prozessfolgen bildet die Grundlage für die Standardisierung dieser. Die Standardisierung umfasst dabei jedoch nicht nur das Standardisieren einzelner Prozessschritte im Sinne der Prozessgestaltung (vgl. Kapitel 5.2.3.1), sondern mehrere Prozessgestaltungselemente. Im Werkzeugbau können insbesondere die folgenden Möglichkeiten zur Prozessstandardisierung durchgeführt werden:

- Veränderung der Prozessreihenfolge
- Ersetzen von Prozessen durch andere Technologien
- Ersatzloses Streichen von Prozessschritten durch den Einsatz leistungsfähigerer Technologien
- Ersatzloses Streichen von Prozessschritten durch den Einsatz von zugekauften Halbzeugen
- Ausgliederung oder Eingliederung spezifischer Technologien an/von Wertschöpfungspartner/n
- Einführung von Leertakten

Oberstes Ziel der Standardisierung ist die Erhöhung der Transparenz auf dem Shopfloor. Deshalb sollten zunächst alle Prozessfolgen untereinander aufgetragen und ähnliche Prozessfolgen gruppiert werden. Durch die Einführung von Leertakten (vgl. Abbildung 120) lassen sich so bereits einige Prozessfolgen zusammenfassen. Anschließend muss durch die Mitarbeiter der Entwicklung und der mechanischen Fertigung analysiert werden, ob der aufgenommene Status quo in der Herstellung der Komponenten auch zukünftig gilt oder aber ob technologische Entwicklungen dazu führen werden, dass Technologien ersetzt oder aber gestrichen werden können. So lässt sich bspw. das Drahterodieren in einigen Fällen durch das 5-Achs-HSC-

Fräsen in leistungsfähigen Fräszentren ersetzen. Auch das manuelle Polieren an der Werkbank kann teilweise bereits integriert in Fräsmaschinen stattfinden. Nachdem die Prozessfolgen alle kritisch überprüft und, wo möglich, angepasst worden sind, sollten die Varianz der Prozessfolgen signifikant reduziert und Hauptprozessfolgen identifiziert worden sein. Mit diesen Hauptprozessfolgen sollte folgend ein Großteil der Werkzeugkomponenten hergestellt werden. Dadurch wird die Transparenz auf dem Shopfloor erhöht, die Komplexität reduziert und die Effizienz signifikant gesteigert.

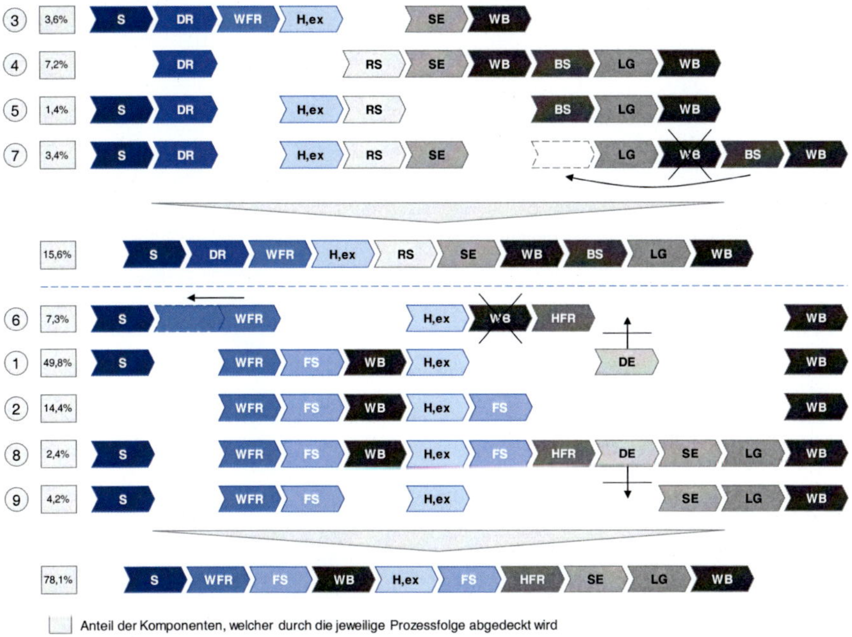

Abbildung 120: Standardisierung von Fertigungsprozessfolgen im Bereich der mechanischen Fertigung und der Montage

Die transparente Darstellung und Standardisierung der Fertigungsprozessfolgen bildet die notwendige Voraussetzung zur Einführung einer Planungssystematik, welche eine effektive Planung der unterschiedlichen Segmente des Werkzeugbaubetriebs ermöglicht. Hierbei liegt der Fokus auf den planbaren Segmenten. Die Planung im Werkzeugbau erfolgt, dem entwickelten Planungsansatz des Werkzeugmaschinenlabors WZL der RWTH Aachen folgend, anhand von drei aufeinander aufbauenden Ebenen.

In der Grobplanung wird im Zuge der Angebotserstellung der Kapazitätsbedarf mit dem Kapazitätsangebot abgeglichen, wodurch eine erste Einschätzung der Anfrage des Kunden auf Basis kalkulierter Arbeitsstunden ermöglicht wird. Die Grobplanung erfolgt auf Wochen- oder Monatsbasis und dient einer realistischen Fremdvergabeentscheidung. In der Grobplanung werden nach Abgabe eines Angebots an den Kunden Meilensteine definiert, welche die relevanten Termine der Auftragsabwicklung berücksichtigen.[685]

Nachdem die Konstruktion des Werkzeugs abgeschlossen ist, werden in der Feinplanung die einzelnen Komponenten eines Werkzeugs im Detail in die Fertigung eingeplant. Hierzu werden Arbeitspläne mit den standardisierten Fertigungsprozessfolgen und Vorgabezeiten erstellt, welche Termine für die Fertigstellung der einzelnen Prozesse und Technologien beinhalten. Die Feinplanung erfolgt auf Tagesbasis und dient der zeitlichen und kapazitiven Einlastung der Werkzeugkomponenten auf Maschinengruppen.[686]

Die dritte Eben der Planung stellt die Auftragssteuerung dar. Diese dient der Priorisierung einzelner Aufträge auf konkreten Maschinen. Die Steuerung kann anhand unterschiedlicher Steuerungsprinzipien erfolgen und ermöglicht die komponentenspezifische Rückmeldung von fertiggestellten Bearbeitungsaufträgen. Die Aufnahme der Bearbeitungsaufträge in zeitlicher Hinsicht ermöglicht eine systematische und kontinuierliche Bewertung der Auftragsabwicklung und bildet die Grundlage für eine abschließende Nachkalkulation.[687]

Die Einführung einer Planungssystematik stellt aufgrund der hohen Komplexität in der Auftragsabwicklung eine entscheidende Maßnahme zur effizienten Wertschöpfung im Werkzeugbau dar. Die Einführung der Systematik sollte mithilfe von Experten aus dem Werkzeugbau erfolgen, die nicht aus dem eigenen Werkzeugbaubetrieb kommen, um die Objektivität in der Entwicklung der Systematik sicherzustellen. Auch sollte die Einbeziehung von Softwaresystemanbietern erwogen werden, da diese in der Regel eine hohe Expertise aufweisen. Hierbei ist jedoch darauf zu achten, dass das Softwaresystem die spezifischen Anforderungen des Unternehmens abbilden kann und diesem nicht die Charakteristika des Systems auferlegt.

Die ausgeprägteste Form der Standardisierung der Fertigungsprozessfolgen und der Beplanung der Fertigung stellt die Taktung dar. Anders als in einer Serienproduktion, in der eine Taktung verhältnismäßig einfach zu realisieren ist, stellt der Unikatcharakter der Werkzeuge Werkzeugbaubetriebe vor eine große Herausforderung. Durch den Einsatz von Taktpaletten, auf denen verschiedene Komponenten von unterschiedlichen Werkzeugen kombiniert werden, kann jedoch auch im Werkzeugbau eine Taktfertigung eingeführt werden, wobei die Taktzeiten deutlich länger sind als in der Serienproduktion. Für eine detaillierte Beschreibung der Taktung im Werkzeugbau wird an dieser Stelle auf die Arbeit „Methodik zur Gestaltung und Auftragseinplanung einer getakteten Fertigung im Werkzeugbau“ von ZISKOVEN verwiesen. Die Taktfertigung zielt auf eine hohe Auslastung eines gewissen Teils des Maschinenparks ab. Diese ausgeprägte, aber auch die zuvor beschriebenen weniger ausgeprägten Formen der Standardisierung sind von den Werkzeugbautypen unterschiedlich einzusetzen. Sollten Schnelligkeitsbefähiger in erster Linie flexibel auf ihre Ressourcen zugreifen können, so eignet sich die Taktung hingegen für Kostenreduzierer, da Kostenpotenziale realisiert werden können. Unabhängig davon müssen sich jedoch an einem Hochlohnstandort wie Deutschland alle Werkzeugbautypen mit der Standardisierung in der mechanischen Fertigung beschäftigen. Sollten

[685] Vgl. Boos et al. (Erfolgreich Planen), 2015, S. 11f.; Salmen (Digital vernetzter Shopfloor), 2016, S. 161f.
[686] Vgl. Boos et al. (Erfolgreich Planen), 2015, S. 11f.; Salmen (Digital vernetzter Shopfloor), 2016, S. 162
[687] Vgl. Boos et al. (Erfolgreich Planen), 2015, S. 11f.; Salmen (Digital vernetzter Shopfloor), 2016, S. 162

die Optimierung und die damit verbundenen Veränderungen der Prozessfolgen sehr umfangreich ausfallen, kann es sein, dass einige Technologien an Bedeutung verlieren. In diesem Fall ist zu überprüfen, wie die Technologien in den vorigen Schritten C und D bewertet worden sind und ob ggf. im Bereich der Kapazitäten und der Organisationsstruktur Anpassungen vorgenommen werden müssen.

Dem Anwender liegen nach dem Abschluss der **Standardisierung der Prozessfolgen** folgende Ergebnisse vor:

- Identifiziertes und quantifiziertes Werkzeugkomponentenspektrum des Werkzeugbaubetriebs
- Standardisierte Fertigungsprozessfolgen und Hauptprozessfolgen für die zukünftige Herstellung der Werkzeugkomponenten
- Definierte Planungssystematik zur Auftragsabwicklung auf dem Shopfloor mit den drei Ebenen Grobplanung, Feinplanung und Steuerung.

5.2.3.3 Vorgehen zur Implementierung eines Wissensmanagements

Die Ressource Wissen ist in den vergangenen Jahren zunehmend in den Fokus des Managements von Unternehmen gerückt. Dies ist unter anderem darin begründet, dass der Anteil an wissensintensiven Industrien bezogen auf die gesamten Wertschöpfung durch die rasanten Entwicklungen auf den Gebieten der Informations- und Kommunikationstechnologien auf Basis des Internets kontinuierlich gewachsen ist.[688] Dadurch verliert das eigentliche, physische Produkt zunehmend an Bedeutung, wohingegen das Wissen eines Unternehmens vermehrt durch Dienstleistungen vermarktet werden kann. Jedoch kommt der Ressource Wissen auch bei der Erstellung einer Leistung eine entscheidende Rolle zu. Je wissensintensiver und Know-how trächtiger die Erstellung eines Produktes ist, desto wichtiger ist der Umgang mit dieser Ressource. Zum anforderungsgerechten Umgang mit Wissen müssen Werkzeugbaubetriebe, welche eine umfangreiche Wissensbasis zur Leistungserstellung benötigen, ein systematisches Wissensmanagement implementieren, um ihre Effizienz zu erhöhen.

Wissensmanagement beschreibt den Prozess, mit Wissen innerhalb einer Organisation systematisch umzugehen, um die Wissensbasis des Unternehmens zu verwalten.[689] Um ein erfolgreiches Wissensmanagement in einem Werkzeugbaubetrieb zu implementieren, bedarf es zunächst einer systematischen Aufnahme des vorhandenen, aber auch des für zukünftige Vorhaben notwendigen Wissens. Diese Aufnahme sollte standardisiert mithilfe einer Kategorisierung des Wissens erfolgen, indem die Wissenstiefe bewertet wird. Hierzu können im Werkzeugbau Spezialwissen, Detailwissen und Basiswissen voneinander unterschieden werden. Basiswissen beschreibt das Wissen, welches zwangsläufig notwendig ist, um einen Prozessschritt durchzuführen. Es ist einfach von einem Mitarbeiter auf einen anderen zu übertragen. Detailwissen umfasst das Wissen, welches notwendig ist, um einen Prozessschritt effizient oder einen komplexen Prozessschritt durchzuführen. Hierzu bedarf es einer besonderen Vermittlung des Wissens sowie einer Anwendung des Erlernten durch den Aufnehmenden (bspw. Demontage und Montage eines Heißkanals). Spezialwissen stellt Wissen dar, welches nur vereinzelt vorliegt und dazu führt, dass ein komplexester Prozessschritt beherrscht oder ein

[688] Vgl. Probst et al. (Wissen managen), 2012, S. 3
[689] Vgl. Probst et al. (Wissen managen), 2012, S. 30

Prozessschritt äußerst effizient durchgeführt werden kann. Dieses Wissen ist nicht ohne Weiteres übertragbar und basiert auf Erfahrungen (bspw. Polieren von konturgebenden Flächen in der Montage). Die Aufnahme des Wissens und deren Bewertung in Bezug auf die Wissenstiefe erfolgt für jeden Prozessschritt innerhalb der verschiedenen Segmente. Hierzu sollten Workshops mit allen Mitarbeitern der organisatorischen Einheiten durchgeführt werden, die für die Durchführung der einzelnen Prozessschritte zuständig sind. Insbesondere sollte eine Person im Unternehmen definiert werden, die über die analytischen Fähigkeiten verfügt, die Workshops in allen Einheiten durchzuführen, um einen einheitlichen Detaillierungsgrad der Wissensbeschreibung zu erhalten. Abbildung 121 zeigt die beispielhafte Aufnahme von Wissen sowie deren Bewertung in Bezug auf die Wissenstiefe innerhalb unterschiedlicher Prozessschritte.

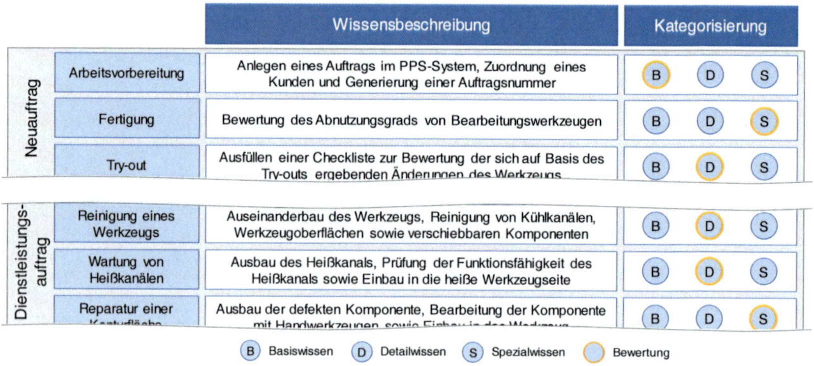

Abbildung 121: Systematische Aufnahme von Wissen für verschiedene Prozessschritte der unterschiedlichen Auftragsarten und Bewertung dieser

Nachdem das zur Durchführung eines Prozessschritts notwendige Wissen aufgenommen, charakterisiert und bewertet worden ist, besitzt der Werkzeugbaubetrieb eine Übersicht bezüglich der vorhandenen Wissensbasis der Organisation. Damit die geschaffene Transparenz über das vorhandene und notwendige Wissen genutzt werden kann, muss dieses allen Mitarbeitern in der Organisation zugänglich gemacht und anforderungsgerecht vermittelt werden. Hierzu müssen die jeweiligen Wissensträger innerhalb der drei Wissensarten und den jeweiligen organisatorischen Einheiten identifiziert werden, um weitere Mitarbeiter zu schulen. In diesem Zusammenhang ist zu beachten, dass Wissensträger auch außerhalb eines Unternehmens bei Kunden, Wertschöpfungspartnern oder bspw. sonstigen Kooperationspartnern wie Forschungsinstituten vorliegen können. Dies ist insbesondere der Fall, wenn es sich um Prozessschritte handelt, welche im Unternehmen noch nicht lange oder bisher noch gar nicht durchgeführt wurden.

Zur Generierung von neuem Wissen und zur Verteilung des vorhandenen Wissens steht Werkzeugbaubetrieben eine Vielzahl unterschiedlicher Werkzeuge und Methoden zur Verfügung. Diese gilt es zielgerichtet einzusetzen. Hierbei eignet es sich, einen Wissensmanager im Werkzeugbaubetrieb zu bestimmen[690], der die Gesamtkoordination von allen Maßnahmen

[690] Im Idealfall handelt es sich um die Person, die auch die Workshops zur Wissensaufnahme verantwortet

zum Umgang mit Wissen übernimmt und verantwortet. Folgend werden einige Methoden des Wissensmanagements und ihre Einsatzmöglichkeiten im Werkzeugbau dargestellt:[691]

- **Checklisten:** Vermittlung von Basiswissen zur Standardisierung von Abläufen und Vermeidung von Fehlern
- **Kundenworkshops:** Einholung von Erfahrungen aus der Serienproduktion zur Adaptierung dieser in Folgeprojekten
- **Best-Practice Austausch:** Teilnahme an Arbeitskreisen mit unterschiedlichen Unternehmen zur Identifizierung von Best-Practices für den eigenen Werkzeugbaubetrieb
- **Lieferanten-Innovationstage:** Gemeinsame Entwicklung von innovativen Verfahren, Produkten o.Ä. zur gemeinsamen Weiterentwicklung von Leistungssystemen
- **Kennzahlenrunden:** Regelmäßige Zusammenkunft von Abteilungs- und Teammitgliedern zum Austausch von gemachten Erfahrungen
- **Fachvorträge:** Abteilungs- und teamübergreifende Fachvorträge zur Verbreitung von Wissen innerhalb des Unternehmens (Aufbau von Basis- und Detailwissen)
- **Mentorenprogramme:** Gegenseitige Unterstützung von Mitarbeitern durch die Weitergabe von Erfahrungen (insbesondere Spezialwissen)
- **Interne Schulungen:** Lösung von während der Leistungserstellung aufgetretenen Problemen zur Erhöhung der Lösungskompetenz
- **Job Rotation:** Tausch von Arbeitsinhalten zwischen Mitarbeitern zur Erzeugung eines Verständnisses und zur Sensibilisierung für Mitarbeiter anderer Prozessschritte

Welche Methoden der anwendende Werkzeugbaubetrieb zum Wissensmanagement benutzt, ist abhängig davon, welcher Werkzeugbautyp der Betrieb ist und wie die Kommunikationskultur des Unternehmens ist. Ein Innovationsbefähiger ist darauf bedacht, möglichst viel Wissen über unterschiedliche organisatorische Einheiten zu streuen, um mithilfe interdisziplinärer Teams Innovationen leichter erzeugen zu können. Hierzu bedarf es einer kommunikationsaffinen Kultur. Für einen Kostenreduzierer steht insbesondere die Steigerung der Effizienz innerhalb eines Prozessschritts im Vordergrund. In diesem Fall eignen sich besonders Methoden, welche eine detaillierte Auseinandersetzung mit Problemen und Schwachstellen in einem Bereich fördern.

Eine entscheidende Rolle für den Erfolg des Wissensmanagements ist, neben der Einhaltung eines systematischen Prozesses, die Dokumentation von bestehendem und neu generiertem Wissen. Erst durch die Dokumentation von Wissen kann dieses langfristig der Organisation zur Verfügung stehen, da der bloße verbale Austausch von Informationen meist nur eine geringe Halbwertszeit bei Mitarbeitern hat. Zur systematischen Dokumentation von Wissen eignen sich insbesondere Wiki-Systeme, welche das in einem Unternehmen bestehende Wissen bündeln und allen Mitarbeitern zur Verfügung stellen. Hier lassen sich insbesondere das Prozesswissen darstellen sowie Dokumente für die Abwicklung von Prozessschritten hinterlegen.

---

[691] Vgl. hierzu u.a. Lehner (Wissensmanagement), 2011; Maier (Knowledge Management Systems), 2002; North (Wissensorientierte Unternehmensführung), 2011; Prange (Organisationales Lernen), 2002; Probst et al. (Wissen managen), 2012

Dadurch sind ein einheitlicher Zugriff auf die Dokumente und eine Auswertung von Daten möglich. Zudem kann der Wissensmanagementprozess mittels Workflows hinterlegt werden, um die Akzeptanz der Durchführung der Prozesse durch eine einfache Handhabung zu erhöhen.

Zusammenfassend zeigt Abbildung 122 den ganzheitlichen Einsatz von Wissensmanagementmethoden in einem Werkzeugbaubetrieb. Es wird deutlich, dass an den unterschiedlichen Schnittstellen innerhalb eines Werkzeugbaubetriebs und mit dessen externen Kunden und Partnern unterschiedliche Methoden zur Identifizierung, Entwicklung und Verteilung von Wissen eingesetzt werden müssen. Der Wissensmanager stellt für die einzelnen Schnittstellen zum Kunden, zum Lieferanten oder zum Forschungspartner, aber auch zwischen den Auftragsabwicklungsprozessen und Funktionen, den einzelnen Auftragsabwicklungsprozessen und einzelnen Funktionen selbst sowie innerhalb der Funktionen und Auftragsabwicklungsprozesse entsprechende Methoden zur Verfügung. Er ist dabei für die Pflege des Wiki-Systems verantwortlich und unterstützt die einzelnen organisatorischen Einheiten. Durch seine übergeordnete Funktion hat er einen Überblick über das gesamte Wissensmanagement und ist damit zentraler Befähiger zur Nutzung des vorhandenen Wissens und zum Aufbau neuen Wissens. Der Wissensmanager kann, je nach Größe des Werkzeugbaubetriebs, in Personalunion eine weitere Funktion/Stelle besetzen oder aber als Stabstelle die Funktion Wissensmanager in Gänze ausführen. Dazu muss er entsprechend in der Organisationsstruktur bzw. im Organigramm verortet werden.

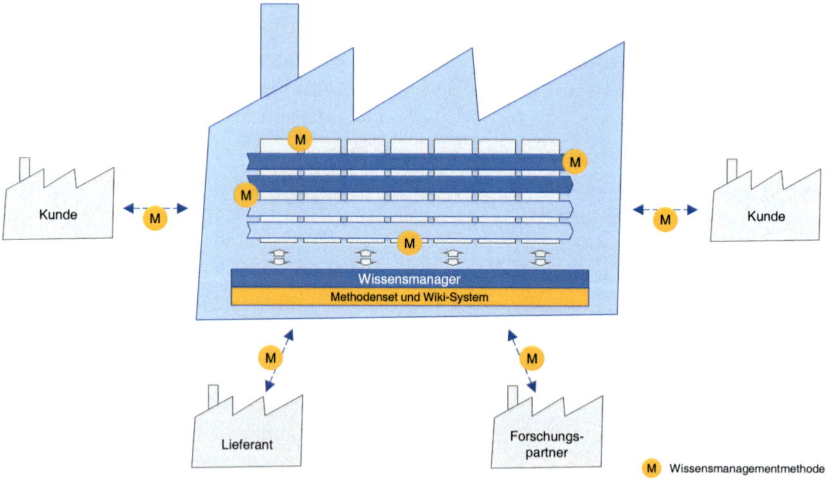

Abbildung 122: Einsatz von Wissensmanagementmethoden und Wiki-System in einem Werkzeugbaubetrieb

Die Aufgabe des Wissensmanagers ist es zudem, Wissen zu identifizieren, welches einen Wettbewerbsvorteil bringt und ggf. kommerzialisierbar ist. Darunter fallen beispielsweise Daten aus der Serienproduktion, die einen Rückschluss auf den Einsatz von Werkzeugen zulassen. Sollten kleinere Werkzeugbaubetriebe nicht in der Lage sein, eine eigene Stelle für den Wissensmanager zu implementieren, so kann die Funktion bzw. können die Aufgaben auch auf verschiedene, geeignete Mitarbeiter verteilt werden.

Dem Anwender liegen nach dem Abschluss der **Implementierung eines Wissensmanagements** folgende Ergebnisse vor:

- Identifiziertes und klassifiziertes Wissen für die einzelnen Prozessschritte innerhalb der Segmente
- Definierte Wissensträger und Wissensmanager zur Verbreitung und zum systematischen Umgang mit der Ressource Wissen
- Ausgewählte Wissensmanagementmethoden zur Generierung und Verteilung von Basis-, Detail- und Spezialwissen
- Strukturierter Prozess zum Umgang mit Wissen und zur Dokumentation des Wissens mithilfe eines geeigneten Systems

5.2.3.4 Vorgehen zur Automatisierung und digitalen Vernetzung der Ressourcen

Eine effiziente Wertschöpfung an einem Hochlohnstandort wie Deutschland erfordert neben einer ressourcenschonenden quantitativen Auslegung von Ressourcen auch eine möglichst vollständige Ausnutzung der Potenziale der eingesetzten Technologien. Dazu zählt insbesondere die Erhöhung der Auslastung der zur Verfügung stehenden Maschinenkapazität. Da eine Erhöhung der Maschinenlaufzeit in Deutschland, aufgrund der hohen Lohnkosten, durch die Einführung weiterer Mitarbeiterschichten nicht unbedingt zielführend ist, sollten geeignete technologiespezifische Automatisierungslösungen identifiziert und eingeführt werden.

Zur Identifizierung der Prozesse bzw. Technologien mit einem hohen Automatisierungspotenzial sollte zunächst eine detaillierte Betrachtung der eingesetzten Technologien erfolgen. Dazu sollten in gemeinsamen Brainstorming-Runden mit Technologieexperten der einzelnen Maschinenhersteller mögliche Lösungen identifiziert werden. Diese Identifizierung sollte sowohl einfache Lösungen, wie die Installation eines Werkzeugwechslers bei einer Fräsmaschine, als auch komplexe Lösungen wie die Verkettung von verschiedenen Technologien mithilfe eines Roboters einbeziehen (vgl. Abbildung 123).

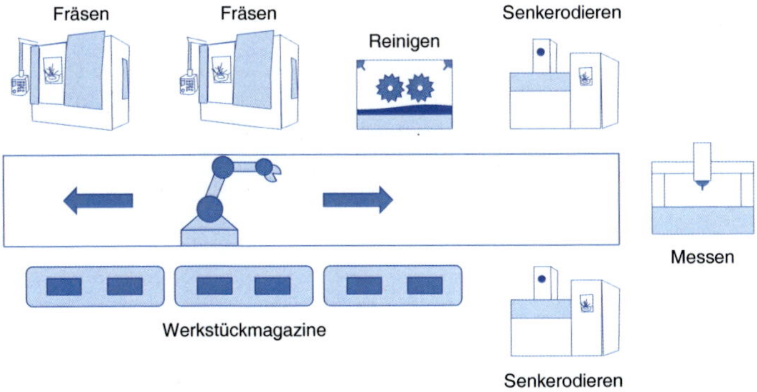

Abbildung 123: Beispielhafter Aufbau einer Automatisierungszelle im Werkzeugbau

Nach der Identifizierung der Automatisierungslösungen müssen diese anhand ihres Nutzens und ihres Aufwands bewertet werden. Hierbei ist es von großer Bedeutung, nicht nur kostenseitige Aufwände zu berücksichtigen, sondern auch den Aufbau notwendiger Kompetenzen oder eventuelle Kosten, welche mit einer Veränderung der Organisation, wie bspw. durch die Einführung einer Rufbereitschaft in der Nacht oder die Einstellung von Mitarbeitern zur Erhöhung der CAM-Programmierkapazitäten, einhergehen. Die Einführung von Automatisierungslösungen kann signifikanten Einfluss auf die Kapazitäten haben, wodurch die Berechnung dieser in Schritt D3 ggf. noch einmal überprüft und angepasst werden muss. Bei der Nutzenbewertung sind neben der Freisetzung von Mitarbeiterkapazitäten auch die sich erhöhenden Maschinenlaufzeiten und im Falle der Automatisierung manueller Prozesse reduzierte Ausschussquoten zu berücksichtigen. Nach der Bewertung der Automatisierungslösungen sind entsprechende Lastenhefte für die Maschinenhersteller zu erstellen, um eine detaillierte Übersicht über Kosten, Anforderungen an die Infrastruktur und notwendige Kompetenzen verschiedener Systeme zur erhalten. Abbildung 124 zeigt exemplarisch eine technologiespezifische Beschreibung der Automatisierungspotenziale sowie die dazugehörige Bewertung von Nutzen und Aufwand der Implementierung der definierten Lösung.

Prozess/Technologie	Potenzial zur Automatisierung	Nutzen	Aufwand
Senkerodieren	Keine maschinenspezifische Automatisierung außer Elektrodenwechsler notwendig	---	---
Elektrodenfräsen	Verkettung des Elektrodenfräsens mit dem Senkerodieren über Roboter und Werkstückmagazine		
Senkerodieren	Verkettung des Senkerodierens mit dem Elektrodenfräsen über Roboter und Werkstückmagazine		
Fräsen	Werkzeugwechsler und Palettenwechsler an den 5-Achs-HSC-Fräsmaschinen		
Schleifen	Keine weitere Automatisierung außer NC-Steuerung notwendig	---	---
Manuelles Polieren	Integriertes Polieren auf der Fräsmaschine mittels Poliersystemen		
Manuelles Polieren	Polieren mittels Roboterzelle		

Abbildung 124: Identifizierung und Bewertung von technologiespezifischen Automatisierungsmöglichkeiten

Je nachdem, welcher Werkzeugbautyp der anwendende Werkzeugbaubetrieb ist, ist die Entscheidung für eine Automatisierung anders zu treffen. So benötigen bspw. Innovationsbefähiger eine hohe Flexibilität, um innovative Anwendungen pilotieren zu können. Hierbei können starre Automatisierungslösungen problematisch sein. Kostenreduzierer müssen eine detaillierte Abwägung zwischen der Erhöhung der Produktivität und den höheren Kapitalbindungskosten vornehmen, um die Unternehmensziele zu adressieren.

Eine Automatisierung von Prozessen oder Technologien setzt eine „digitale Maschine" voraus. Unter einer „digitalen Maschine" ist in diesem Fall eine CNC-Maschine zu verstehen, welche die Maschinenparameter mithilfe von CAM-Daten anpassen und das hinterlegte Programm abspielen kann. Während des Programmablaufs ist durch Mitarbeiter maximal eine Überwachung notwendig, ein manuelles Eingreifen in den Prozess und die Anpassung von Verfahrwegen o.Ä. sollte nicht erforderlich sein. Diese Digitalisierung der Maschine bildet, neben der Grundlage für die Automatisierung, ebenfalls die Basis für die Einbindung der Maschinen in die Systemlandschaft und eine Vernetzung des Shopfloors. Sollten sich durch die Einführung von Automatisierungslösungen die Kapazitätsbedarfe ändern, so gilt es diese in Schritt D der

Methodik neu zu ermitteln. Eine Durchführung der folgenden Schritte ist jedoch nicht notwendig.

Zur vollumfänglichen Realisierung der Maschinenpotenziale und zur Beherrschung der steigenden Komplexität in der Werkzeugherstellung bedarf es einer hohen Transparenz bzgl. aller Vorgänge auf dem Shopfloor. Hierzu benötigen die verantwortlichen Mitarbeiter Informationen über Maschinenzustände, Komponentenbearbeitungsstände und Mitarbeiterverfügbarkeiten. Diese erhalten sie aus der Sammlung, Aggregation und teilweisen Interpretation von Daten. Dadurch ist nicht nur die Darstellung der Gegenwart, sondern auch der Zukunft möglich, da Szenarien der Auftragsabwicklung simuliert und bewertet werden können. Somit können Entscheidungen durch Mitarbeiter fundierter und zielgerichteter getroffen werden. Hierzu müssen Werkzeugbaubetriebe ihre digitalisierten Ressourcen sowie die eingesetzten Systeme miteinander vernetzen (vgl. Abbildung 125). Neben den Maschinen, welche neben einer CAM-Schnittstelle auch eine Anbindung an ein System zur Maschinendatenerfassung (MDE) benötigen, müssen auch Werkzeugkomponenten eine digitale Identität erhalten, damit sie mit den Systemen kommunizieren können. Die Erfassung dieser Betriebsdaten (BDE) kann manuell durch Mitarbeiter oder aber durch die Beschriftung der Komponenten mit Barcodes bzw. die Ausstattung mit RFID-Tags erfolgen. Im zweiten Fall übertragen die Komponenten durch eine Lokalisierung dieser auf dem Shopfloor ihren Standort, woraus sich ihr Bearbeitungsstatus ableiten lässt. Dies geschieht durch das Scannen der Barcodes mittels Handscanner oder das Auslesen der RFID-Tags durch Sensoren an den verschiedenen Bearbeitungsstationen. Diese mit Sensorik ausgestatteten Werkzeugkomponenten helfen Werkzeugbaubetrieben zudem bei einer effektiven Versorgung der Serienproduktion des Kunden, da das Ersatzteilmanagement durch die komponentenspezifische Transparenz optimiert werden kann.

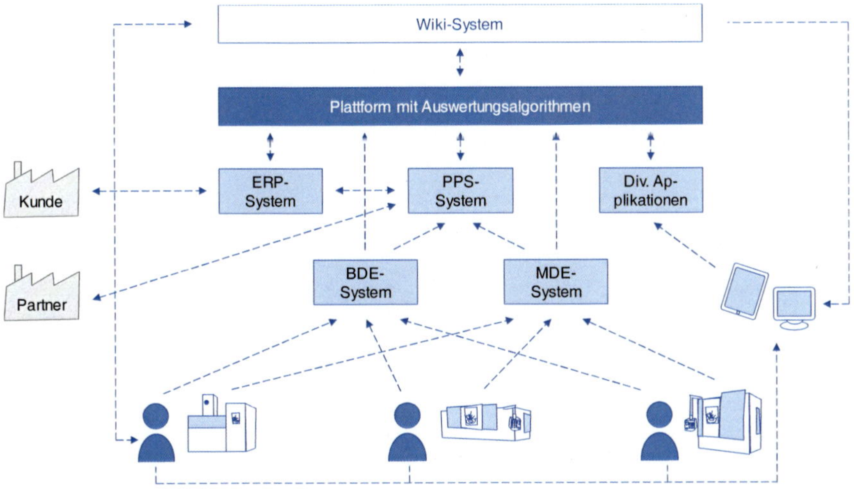

Abbildung 125: Bestandteile und Zusammenhang von vernetzten Systemen auf dem Shopfloor im Werkzeugbau

Zur Verwertung der generierten Daten sollten vom Werkzeugbaubetrieb sowohl Systeme zur Maschinendaten- als auch zur Betriebsdatenfassung eingesetzt werden. Diese Systeme sollten gründlich ausgewählt werden, damit die eingesetzten Systeme zueinander kompatibel sind (vgl. Schritt C3). Die Daten aus diesen Systemen können durch ein System zur Produktionsplanung und -steuerung (PPS) genutzt werden, um den Mitarbeitern die zur Auftragsabwicklung notwendigen Informationen zur Verfügung zu stellen. Dadurch ist eine ganzheitliche Optimierung der Abläufe auf dem Shopfloor möglich. Die Auswahl eines PPS-Systems beginnt mit der Definition einer systematischen Vorgehensweise zur Planung und Steuerung der Aufträge (vgl. Schritt E1). Hierbei sollten Mitarbeiter der Arbeitsvorbereitung sowie aus den verschiedenen angrenzenden Bereichen der Prozesskette in Workshops eine für den jeweiligen Werkzeugbaubetrieb geeignete Vorgehensweise definieren. Insbesondere ist die Beplanung der unterschiedlichen Segmente zu berücksichtigen. Da die Definition einer Planungs- und Steuerungssystematik ein tief gehendes Verständnis der Prozesse, aber auch eine übergeordnete Betrachtungsweise erfordert, sollten ein Best-Practice Austausch mit anderen Werkzeugbaubetrieben durchgeführt oder externe Experten eingebunden werden. Nach der Definition der Systematik erfolgt die Erstellung eines detaillierten Lastenhefts, welches neben den Funktionen insbesondere die Schnittstellen zu anderen Systemen beschreiben muss. Anschließend erfolgen die Kontaktaufnahme zu potenziellen Anbietern sowie die Auswahl eines geeigneten Systems mithilfe des Lastenhefts. Die Auswahl ist unbedingt auf Basis der Erfüllung des Systems bzgl. der für die Systematik erforderlichen Anforderungen zu treffen und nicht auf Basis der möglichen Funktionen des Systems, da sich dieses der Systematik und nicht die Systematik dem System unterordnen sollte.

Das PPS-System hilft Werkzeugbaubetrieben, eine hohe Transparenz über die Wertschöpfung auf dem Shopfloor zu erhalten. Verknüpft werden sollte das System insbesondere bei Komplexitätsreduzierern mit einem ERP-System (Enterprise Resource Planning) der Kunden bzw. des Mutterunternehmens, damit eine ganzheitliche Übersicht und Transparenz über die Wertschöpfungskette vorliegt. Bei der Auswahl des Systems ist, analog zu Schritt C3 (vgl. Kapitel 5.2.1.4), darauf zu achten, welche Hauptkunden welche Systeme einsetzen und wie die Schnittstellen zu anderen Systemen ausgestaltet werden können. Ergänzt werden können die Systeme durch spezifische Applikationen, welche mit mobilen Devices genutzt werden können. Hierbei wurden bereits eine Vielzahl von Applikationen entwickelt, welche speziell auf den Werkzeugbau zugeschnitten sind. So existieren Applikationen zum Fehlermanagement, welche die systematische und intuitive Erfassung, Bewertung und Weitergabe von Fehlern in der mechanischen Fertigung ermöglichen. Des Weiteren existieren Applikationen, die das CAD-Modell einer Werkzeugkomponente über ein Live-Bild oder eine Fotoaufnahme der realen Komponente legen, wodurch ein Abgleich des Ist- zum Soll-Zustand möglich ist.[692] Dies reduziert die Fehleranzahl in der Fertigung. Die gewonnenen Daten aus den Applikationen sowie dem PPS-System sollten auf einer Plattform systematisch aufgenommen und ausgewertet werden, sodass Erfahrungen in das Wiki-System des Unternehmens integriert werden können, wodurch die Informationen allen Mitarbeitern des Werkzeugbaubetriebs zugänglich gemacht werden können. Für weitere Ausführungen zur digitalen Vernetzung auf dem Shopfloor sei an dieser Stelle auf SALMENS „Gestaltungsmodell für den digital vernetzten Shopfloor im Werkzeugbau“ verwiesen.

Für die Vorbereitung, die Auswahl, die Implementierung und die Verwaltung und Wartung von Softwaresystemen, aber auch von notwendiger Hardware bedarf es einer hohen Kompetenz

[692] Siehe hierzu die App „Information Digitalization Application“ (IDA) der WBA Aachener Werkzeugbau Akademie GmbH und das jip-System der mwf-technology GmbH

auf dem Gebiet der IT-Technik. Hierzu sind entweder interne Mitarbeiter entsprechend einzustellen und auszubilden oder aber externe Firmen hinzuzuziehen. Diese sollten mit Bedacht ausgewählt und ganzheitlich in die Prozesse des Werkzeugbaubetriebs eingebunden sein, um die Anforderungen des Werkzeugbaubetriebs zielgerichtet erfüllen zu können.

Dem Anwender liegen nach dem Abschluss der **Automatisierung** und **digitale Vernetzung der Ressourcen** folgende Ergebnisse vor:

- Identifizierung und Realisierung von Automatisierungspotenzialen für relevante Technologien
- Kommunizierende Maschinen und Werkzeugkomponenten durch den Einsatz von Sensoriklösungen
- Vernetzte Systemlandschaft verschiedener Systeme auf dem Shopfloor und Verknüpfung dieser mit einem Wissensmanagementsystem
- Digital vernetzter Shopfloor mit unterschiedlichen Softwaresystemen zur systematischen Erfassung und Verwaltung von Daten und Nutzung dieser für Entscheidungen und das Wissensmanagement

5.3 Integration der Methodikbausteine

Die Ausführungen in den vorangegangenen Kapiteln 4 sowie 5.1 und 5.2 haben die Konzeption und die Detaillierung der einzelnen Bausteine der Methodik zur strategischen Auslegung industrieller Werkzeugbaubetriebe beschrieben. Die Erklärung der Zusammenhänge und Schnittstellen zwischen den einzelnen Methodikbausteinen führt zu einer integrierten Methodik, welche eine ganzheitliche und zielgerichtete Anwendung der Methodik erlaubt (vgl. Abbildung 126).

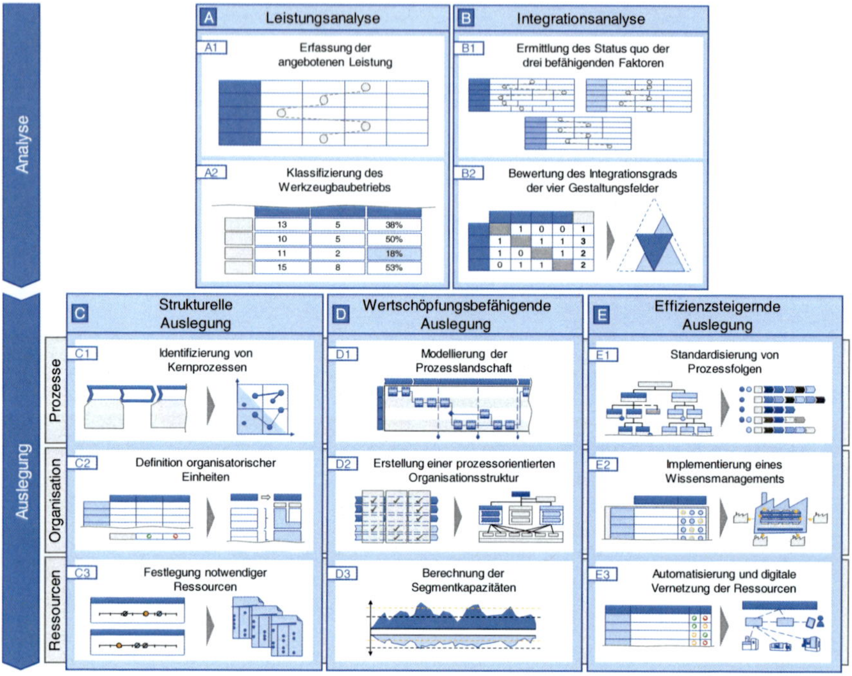

Abbildung 126: Methodik zur strategischen Auslegung industrieller Werkzeugbaubetriebe

Die Bewertung des Integrationsgrads als Ergebnis des **ersten Teils** der Methodik schafft mit den beiden Schritten Leistungsanalyse und Integrationsanalyse die Voraussetzung für eine zielgerichtete, am Kundennutzen ausgerichtete Auslegung der Prozesse, der Organisation sowie der Ressourcen. In **Schritt A** wird die angebotene Leistung eines Werkzeugbaubetriebs mithilfe von werkzeugbauspezifischen Merkmalen systematisch erfasst. Die Erfassung erfolgt auf Basis des Kundennutzens in produkt- und prozessbezogenen Dimensionen. Auf Grundlage der Bestimmung der werkzeugbauspezifischen Merkmalsausprägungen erfolgt anschließend eine Zuordnung des Werkzeugbaubetriebs zu einem generischen Werkzeugbautypen, welcher einen bestimmten Kundennutzen adressiert. Aufbauend auf der Leistungsanalyse wird in **Schritt B** der Status quo bezüglich der Integration der drei befähigenden Faktoren Prozesse, Organisation und Ressourcen zur angebotenen Leistung bestimmt. Hierzu werden, analog zu Schritt A, die Merkmalsausprägungen für die drei befähigenden Faktoren definiert. Die zwischen den Merkmalen bestehenden Wechselwirkungen stellen die Grundlage für die Bewertung des Integrationsgrads dar. Die Bewertung des Integrationsgrads stellt den Abschluss der Analyse der Methodik dar. Zur zielgerichteten und leistungsorientierten Auslegung in der zweiten Phase der Methodik muss die Analysephase der Methodik durchgeführt werden, um die angebotene Leistung des Werkzeugbaubetriebs systematisch zu erfassen, einen generischen Typen abzuleiten und den Status quo in Bezug auf den Integrationsgrad der befähigenden Faktoren zu bewerten.

Der zweite Teil der Methodik enthält die drei Schritte strukturelle Auslegung, wertschöpfungsbefähigende Auslegung und effizienzsteigernde Auslegung und nutzt als Eingangsgröße die erfasste Leistung sowie den abgeleiteten Werkzeugbautypen. In **Schritt C** werden die strukturellen Voraussetzungen für eine Wertschöpfung im Werkzeugbau geschaffen, indem typenspezifische Kernprozesse identifiziert, darauf aufbauend organisatorische Einheiten abgeleitet und diesen Einheiten notwendige Ressourcen zugeordnet werden. Diese Maßnahmen führen zu einer grundlegenden Struktur, welche die Basis für die wertschöpfungsbefähigende Auslegung darstellen. In der wertschöpfungsbefähigenden Auslegung in **Schritt D** werden die in Schritt C1 definierten Prozesse modelliert und definiert, um die Prozesse ausführen zu können. Aufbauend auf diesen Prozessen sowie den in Schritt C2 definierten organisatorischen Einheiten wird eine Organisationsstruktur erstellt, welche sowohl den leistungsspezifischen als auch den prozessspezifischen Rahmenbedingungen gerecht wird und die Kundenorientierung widerspiegelt. Abschließend werden den im Organigramm dargestellten Segmenten Ressourcen zugeteilt, welche in Schritt C3 festgelegt worden sind. Die wertschöpfungsbefähigende Auslegung ermöglicht es Werkzeugbaubetrieben, die angebotenen Leistungen zu erstellen und den Kundennutzen zu erfüllen. Damit die Leistungserstellung effizient erfolgen kann, wird in **Schritt E** eine effizienzsteigernde Auslegung durchgeführt. Die in Schritt D1 modellierten Prozesse werden zunächst standardisiert, wobei der Fokus der Standardisierung auf den Prozessfolgen in der mechanischen Fertigung liegt, da dort sehr große Potenziale zu realisieren sind. Zur Abwicklung einer Vielzahl unterschiedlicher Prozesse wird in einem folgenden Detailschritt ein Wissensmanagement implementiert, welches die in Schritt D2 aufgebaute Organisationsstruktur berücksichtigt. Um das Wissensmanagement mit entsprechenden Daten zu versorgen und das Lernen in der Organisation zu fördern, werden die in Schritt D3 bestimmten Ressourcen automatisiert und digital miteinander vernetzt, damit sie Daten austauschen können sowie diese Daten ausgewertet und in Wissen überführt werden können.

Die Zusammenhänge und die Schnittstellen zwischen den Methodikschritten und den beiden Teilen der Methodik verdeutlichen, dass eine strategische Auslegung industrieller Werkzeugbaubetriebe auf Basis der den Kunden angebotenen Leistung, zur Steigerung dessen Nutzens, durch die Anwendung der Methodik möglich ist. Daher liegt mit der vorliegenden Methodik ein geeignetes Hilfsmittel vor, damit Werkzeugbaubetriebe ihre Prozesse, die Organisation sowie die Ressourcen unter Berücksichtigung des strategischen Fits auf Basis einer angebotenen Leistung auslegen können.

6 Fallbeispiele

Nach der Detaillierung der Methodik zur strategischen Auslegung industrieller Werkzeugbaubetriebe soll die Methodik anhand von Fallbeispielen aus der Praxis validiert werden. Dadurch werden dem Forschungsprozess nach ULRICH folgend (vgl. Kapitel 1.3) die entwickelten Regeln und Modelle im Anwendungszusammenhang überprüft.[693] Die Anwendung der Methodik erfolgt in diesem Kapitel anhand von zwei Werkzeugbaubetrieben, welche repräsentativ für die Branche Werkzeugbau sind.

Zur Reduzierung der Komplexität sowie des Umfangs einer ganzheitlichen Durchführung der Methodik adressieren die beiden Fallbeispiele jeweils einen unterschiedlichen Aspekt der entwickelten Methodik. Im ersten Fallbeispiel, bei dem internen Werkzeugbau und dem internen Vorrichtungsbau der **Otto Fuchs KG**, wird die Analysephase der Methodik, bestehend aus den beiden Methodikschritten A und B beschrieben. Anhand des zweiten Fallbeispiels, dem internen Werkzeugbau der **Böllhoff Produktion GmbH**, wird schließlich die Auslegungsphase, bestehend aus den Methodikschritten C, D und E dargestellt.

6.1 Fallbeispiel: Otto Fuchs KG

Das Fallbeispiel des internen Werkzeugbaus und des internen Vorrichtungsbaus der Otto Fuchs KG stellt im Folgenden die Anwendung der Methodikschritte A und B dar. Diese umfassen die Leistungsanalyse sowie die Integrationsanalyse. Die Anwendung der Methodikschritte durch den Autor erfolgte im Rahmen eines bilateralen Industrieprojekts während der Zeit des Autors als wissenschaftlicher Mitarbeiter am Werkzeugmaschinenlabor WZL der RWTH Aachen.

6.1.1 Unternehmenssituation

Die Otto Fuchs KG mit Stammsitz im nordrhein-westfälischen Meinerzhagen ist ein mittelständisches, eigentümergeführtes Unternehmen mit ca. 8.600 Mitarbeitern. Neben dem Hauptstandort in Meinerzhagen besitzt die Otto Fuchs Gruppe Tochtergesellschaften in Viersen, Leonberg, Bielefeld, Ungarn, Südafrika, China und den USA. Seit ihrer Gründung 1910 hat sich die Otto Fuchs KG zu einem unverzichtbaren Zulieferer im Bereich der Luft- und Raumfahrt, des Automobilbaus und Transportwesens, der Bauindustrie sowie des Maschinen- und Anlagenbaus etabliert. Kerngeschäft des Unternehmens sind das Schmieden, Strangpressen und Ringwalzen unterschiedlicher Werkstoffe.[694]

Am Standort Meinerzhagen besitzt die Otto Fuchs KG einen internen Werkzeugbau sowie einen internen Vorrichtungsbau, welche die jeweiligen Produktionsbetriebe der Otto Fuchs KG mit Werkzeugen und Vorrichtungen versorgen. Beide Bereiche sind sowohl für die Herstellung von Neuwerkzeugen und Vorrichtungen als auch für die Reparatur und Optimierung bestehender Betriebsmittel zuständig. Der interne Werkzeugbau deckt mit seinen 58 Mitarbeitern die Prozesskette des Werkzeugbaus von der Arbeitsvorbereitung bis zur messtechnischen Qualitätskontrolle ab. Er erhält die Konstruktionsdaten aus der Entwicklung und fertigt insbesondere

693 Vgl. Ulrich (Management), 1984, S. 193

694 Vgl. o.V. (Otto Fuchs), 2016

Strangpresswerkzeuge, Räderwerkzeuge, Schmiedegesenke und AMP-Werkzeuge. Der interne Vorrichtungsbau mit ca. 24 Mitarbeitern deckt die gesamte Prozesskette des Vorrichtungsbaus von der Konstruktion über die Arbeitsvorbereitung bis hin zur Montage ab. Neben Vorrichtungen ist der Vorrichtungsbau auch für die Konstruktion und Fertigung von Lehren, Triebwerksscheiben, Prototypen und Leichtbauwerkzeugen zuständig.[695]

6.1.2 Anwendung der Methodik

Der interne Werkzeugbau und der interne Vorrichtungsbau von Otto Fuchs unterscheiden sich, wie bereits in Kapitel 6.1.1 aufgezeigt, hinsichtlich ihres Erzeugnisspektrums, ihrer Organisationsstruktur sowie ihrer Ressourcen und Kapazitäten. Dennoch gibt es viele Gemeinsamkeiten zwischen den beiden Bereichen, welche sich insbesondere in den gleichen, sich ändernden Kundenanforderungen, ähnlichen Problemen in der Auftragsabwicklung sowie einem steigenden Werkzeugbedarf der internen Kunden zeigen. Somit stand die Überprüfung einer möglichen Realisierung von Synergieeffekten der beiden Bereiche bei einer gemeinsamen Auslegung im Vordergrund. Hierzu wurde eine Integrationsanalyse mit einer vorherigen Leistungsanalyse durchgeführt.

Um die Leistung der beiden Bereiche zu analysieren, wurden umfangreiche Teilanalysen getätigt. Zunächst wurde gemäß des Schritts A der Methodik die von den beiden Bereichen angebotene **Leistung erfasst**. Hierzu wurden die in den letzten zwei Jahren hergestellten Werkzeuge und Vorrichtungen für jeden der beiden Bereiche aufgetragen und miteinander verglichen. Dieser Vergleich bezog sich neben der Produktunterscheidung insbesondere auf die Kompetenzen, die zur Herstellung notwendig sind. Zudem wurden Produkte in die Betrachtung einbezogen, welche seitens Otto Fuchs zukünftig vermehrt in den Fokus rücken und welche bisher extern zugekauft wurden und zukünftig teilweise intern hergestellt werden sollen. In diesem Zusammenhang wurden mit den Führungskräften der beiden Bereiche Workshops durchgeführt, in welchen die zukünftige Ausrichtung der beiden Bereiche in Bezug auf das den internen Kunden von Otto Fuchs angebotene Leistungsspektrum diskutiert wurde. Ergebnis dieser Workshops war die Identifizierung von strategischen Erfolgspositionen, welche für beide Bereiche von zentraler Bedeutung sind und aus den vier Nutzenpotenzialen Kostenreduzierung versus Innovationsbefähigung sowie Schnelligkeitsbefähigung versus Komplexitätsreduktion der Werkzeugbaubetriebe nach FRICK resultieren. Dies waren die Produktionssicherheit, die Reaktionsfähigkeit, die Kostentransparenz sowie die Entwicklung und Bindung der Mitarbeiter.

Ergänzend zu diesen Workshops wurde eine systematische Befragung der verschiedenen internen Kunden durchgeführt. Dabei wurde bestätigt, dass der interne Werkzeugbau und der interne Vorrichtungsbau hauptsächlich unterschiedliche interne Kunden bedienen, jedoch auch die gleichen Kunden mit unterschiedlichen Leistungen beliefern. Die Kundenbefragung sollte den jeweiligen Kundennutzen, welche die beiden Bereiche bisher adressiert haben und den sie zukünftig forcieren sollten, aufdecken. Hierbei haben sich die Reaktionsfähigkeit und die Flexibilität sowie die hohe Qualität und die intensive Vernetzung als besonders wichtig herauskristallisiert. Auf Basis der durchgeführten Workshops und der systematischen Kundenbefragung konnte für die beiden Bereiche jeweils ein morphologischer Kasten zur Charakterisierung der Leistung aufgebaut werden. Eine Auswertung der Abweichung der Leistung des

[695] Vgl. o.V. (Otto Fuchs), 2016

internen Werkzeugbaubetriebs in Bezug auf die vier generischen Werkzeugbautypen (vgl. Kapitel 5.1.1.1) ergab, dass der interne Werkzeugbau in erster Linie die beiden Nutzenpotenziale **Kostenreduktion** (Produkt) und **Komplexitätsreduktion** (Zusammenarbeit) adressiert. Der interne Vorrichtungsbau hingegen adressiert neben der **Komplexitätsreduktion** (Zusammenarbeit) die **Innovationsbefähigung** (Produkt). Somit konnte die Leistung der beiden Bereiche durch die Anwendung des ersten Schritts der Methodik systematisch erfasst und die beiden Bereiche in Bezug auf die vier generischen **Werkzeugbautypen klassifiziert** werden.

Im Anschluss an die Leistungsanalyse erfolgte die Integrationsanalyse. Hierzu wurde Schritt B der Methodik zur strategischen Auslegung industrieller Werkzeugbaubetriebe angewendet. Dabei stand die **Ermittlung des Status quo** in Bezug auf die drei befähigenden Faktoren Prozesse, Organisation und Ressourcen im Vordergrund. Hierzu wurden ein internes und ein externes Benchmarking durchgeführt, um die Leistungsfähigkeit des internen Werkzeugbaus und des internen Vorrichtungsbaus miteinander, aber auch mit Wettbewerbern im internationalen Marktumfeld zu vergleichen. In dem Benchmarking wurden unterschiedliche Kennzahlen wie die Anzahl der strategischen Wertschöpfungspartner, die Wertschöpfungstiefe, der Anteil der unterschiedlichen Auftragsarten, die Standardisierung der Fertigungsprozessfolgen, die Anzahl der Mitarbeiter und Maschinen sowie der Einsatzgrad der Mitarbeiter miteinander verglichen und bewertet. Hierdurch wurde die Einordnung der beiden Bereiche in die morphologischen Kästen der drei befähigenden Faktoren erleichtert. Nachdem die Einordnung erfolgte, konnte die **Bewertung des Integrationsgrads** der vier Gestaltungsfelder Leistung, Prozesse, Organisation und Ressourcen durchgeführt werden. Die Bewertung erfolgte dabei durch den Vergleich der Ausprägungen der beiden Bereiche mit den idealtypischen Ausprägungen der in Schritt A identifizierten Werkzeugbautypen. Dabei wurde identifiziert, dass im internen Werkzeugbau insbesondere die Organisation von der idealtypischen, dem Werkzeugbautyp entsprechenden Ausprägung, abweicht. Auch die Ressourcen, insbesondere aufgrund der zukünftig angepassten Leistung, müssen entsprechend angepasst werden, um die Leistung anforderungsgerecht erbringen zu können. Bei den Prozessen herrscht hingegen nur eine geringe Abweichung zum generischen Werkzeugbautypen. Der interne Vorrichtungsbau zeigt seine größte Abweichung hingegen im Bereich der Ressourcen, da diese in Bezug auf die Kapazität sowie die Verfügbarkeit der Maschinen unterrepräsentiert sind. Im Bereich der Prozesse ist der Vorrichtungsbau bereits ähnlich aufgestellt wie der generische Werkzeugbautyp, wohingegen es im Bereich der Organisation, aufgrund einer fehlenden Segmentierung sowie einer ausbaufähigen Automatisierung und digitalen Vernetzung, wiederum zu größeren Abweichungen zum Idealzustand kommt.

Im Rahmen des bilateralen Projekts mit dem internen Werkzeugbau und dem internen Vorrichtungsbau der Otto Fuchs KG wurde neben der Analysephase auch eine erste strategische Auslegung der befähigenden Faktoren durchgeführt, welche im Rahmen dieser Arbeit jedoch nicht vertieft wird.

6.1.3 Fazit

Am Beispiel des internen Werkzeugbaus und des internen Vorrichtungsbaus der Otto Fuchs KG konnte die erfolgreiche Anwendung der Analysephase der Methodik zur strategischen Auslegung industrieller Werkzeugbaubetriebe durch die Leistungsanalyse und die Integrationsanalyse aufgezeigt werden.

Das Fallbeispiel hat sich auf die Darstellung der Anwendung der Methodikschritte A und B fokussiert und diese für die beiden Bereiche abgebildet. Übergeordnetes Ziel war eine strategische Auslegung der beiden Bereiche zur Realisierung von Synergiepotenzialen. Dazu wurde zunächst die Leistung der beiden Bereiche identifiziert. Dies geschah auf Basis von Workshops zur Definition der Erfolgspositionen sowie durch eine systematische Kundenbefragung zur Identifizierung der Nutzenpotenziale für die internen Kunden. Auf dieser Basis konnten für den internen Werkzeugbau der Werkzeugbautyp **Kostenreduzierer und Komplexitätsreduzierer (Typ 2)** sowie für den internen Vorrichtungsbau der Werkzeugbautyp **Innovationsbefähiger und Komplexitätsreduzierer (Typ 4)** abgeleitet werden. Anschließend wurde mittels eines internen und externen Benchmarkings die Ermittlung des Status quo der befähigenden Faktoren Prozesse, Organisation und Ressourcen durchgeführt. Hierbei wurden die Defizite in den Bereichen systematisch erfasst und der Integrationsgrad zwischen der Leistung und den drei befähigenden Faktoren bewertet. Die Analyse befähigt die Otto Fuchs KG nunmehr zur strategischen Auslegung der beiden Bereiche zur Realisierung von Synergieeffekten. Es wurde deutlich, dass die beiden Bereiche grundsätzlich gut aufgestellt sind, durch eine gemeinsame Auslegung jedoch eine höhere Kundenorientierung erzielt werden kann.

Das Fallbeispiel hat gezeigt, dass die beiden Methodischritte A und B aufeinander aufbauen und in sich abgeschlossen sind. Zudem beinhalten sie ein praxisrelevantes Vorgehen und konnten durch die Anwendung in den beiden Bereichen der Otto Fuchs KG erfolgreich validiert werden.

6.2 Fallbeispiel: Böllhoff Produktion GmbH

Das Fallbeispiel des internen Werkzeugbaus der Böllhoff Produktion GmbH zeigt die Anwendung der Methodikschritte C, D und E, welche die strukturelle, die wertschöpfungsbefähigende und die effizienzsteigernde Auslegung des Werkzeugbaubetriebs umfassen. Dabei baut sie auf der Analysephase, bestehend aus den Schritten A und B, auf. Die Anwendung der Methodikschritte durch den Autor erfolgte im Rahmen eines bilateralen Industrieprojekts während der Zeit des Autors als wissenschaftlicher Mitarbeiter am Werkzeugmaschinenlabor WZL der RWTH Aachen.

6.2.1 Unternehmenssituation

Die Böllhoff Produktion GmbH ist ein Teil der internationalen und familiengeführten Böllhoff Unternehmensgruppe aus dem Bereich der Verbindungs- und Montagetechnik. Mit einem Netzwerk aus 45 Gesellschaften an 40 Standorten mit 12 Produktionsstätten agiert die Böllhoff Gruppe mit 2.700 Mitarbeitern in den Bereichen Transport und Verkehr, Land- und Baumaschinen, dem Maschinenbau, der Medizintechnik sowie der Öl-, Gas- und Chemieindustrie. Die Böllhoff Produktion GmbH hat ihren Hauptstandort im nordrhein-westfälischen Bielefeld, welcher u.a. eine eigene Spritzgießproduktion umfasst. Dabei wird die gesamte Wertschöpfungskette von der Bauteilentwicklung bis zur Auslieferung von Baugruppen intern abgebildet.[696]

Zentraler Bestandteil der Wertschöpfungskette ist der interne Werkzeugbau, welcher mit ca. 20 Mitarbeitern Ein- und Mehrkomponenten-Spritzgießwerkzeuge herstellt. Organisatorisch ist

[696] Vgl. o.V. (Böllhoff), 2016

der Werkzeugbau in die Spritzgießproduktion eingegliedert und bildet die Prozesskette von der Arbeitsvorbereitung bis zur Montage ab. Die Werkzeugkonstruktion und der Try-out in einem Technikum sind organisatorisch nicht dem Werkzeugbau zugeteilt. Neben der Herstellung von Neuwerkzeugen wickelt der Werkzeugbau auch Reparatur- und Instandhaltungsaufträge ab, welche die Komplexität innerhalb der Werkzeugfertigung um ein Vielfaches erhöhen. In seiner Funktion ist der Werkzugbau ein zentraler Befähiger für Innovationen im Produktentstehungsprozess und ein entscheidendes Element in Bezug auf die Flexibilität und Reaktionsfähigkeit der gesamten Spritzgießproduktion, weshalb die strategische Entscheidung für eine Stärkung des internen Werkzeugbaus getroffen wurde.[697]

Das kontinuierliche Wachstum des Bereichs Kunststofftechnik hat dazu geführt, dass der Werkzeugbau in seiner damaligen Struktur den Anforderungen des Gesamtunternehmens in Bezug auf die Leistungsfähigkeit und den Umsatz nicht mehr gerecht wurde, weshalb eine Neuauslegung beschlossen wurde.

6.2.2 Anwendung der Methodik

Die Leistungsanalyse gemäß Schritt A der Methodik zur strategischen Auslegung industrieller Werkzeugbaubetriebe hat zu dem Ergebnis geführt, dass der interne Werkzeugbau von Böllhoff dem generischen Werkzeugbautyp **Kostenreduzierer und Schnelligkeitsbefähiger (Typ 1)** zugeordnet werden kann (vgl. Kapitel 5.1.1.1). Im Vordergrund stehen dabei die Sicherstellung der angegliederten Serienproduktion durch eine hohe Reaktionsfähigkeit im Falle von Reparaturen o.ä. sowie die kostengünstige Neuanfertigung von Neuwerkzeugen. Des Weiteren wurden mit Hilfe eines Benchmarkings und einer anschließenden Integrationsanalyse die Defizite in den drei befähigenden Faktoren Prozesse, Organisation und Ressourcen identifiziert. Zusätzlich wurden durch die Durchführung von Mitarbeitergesprächen Potenziale in der Auftragsabwicklung erkannt, welche, neben den Ergebnissen aus dem Benchmarking, als Input für die strategische Auslegung des Werkzeugbaus dienten.

Im ersten Schritt, der strukturellen Auslegung, wurden die Kernprozesse des Werkzeugbaus identifiziert. Dabei wurden das Leistungsspektrum sowie das Werkzeugspektrum konkretisiert und detailliert aufgenommen, wodurch Kernprodukte in Bezug auf Werkzeuge und Dienstleistungen definiert werden konnten. Hierbei wurde auch die strategische Positionierung des Gesamtunternehmens berücksichtigt und zukünftig zu fertigende Werkzeuge in die Betrachtung mit einbezogen. Mithilfe des **Kernprozessportfolios** konnten so diejenigen Prozesse identifiziert werden, welche für den internen Werkzeugbau heute, vor allem aber in Zukunft, von strategischer Bedeutung sind. Aufgrund des Werkzeugspektrums wurde beispielsweise der Prozess der Drahterosion als relevant eingestuft, weshalb das Insourcing dieses Prozesses forciert wurde. Anschließend wurde eine Analyse in Bezug auf die in der Vergangenheit geleisteten Stunden durchgeführt. Hierzu wurden die Stunden den unterschiedlichen Auftragsarten zugeordnet, wodurch die Eignung einer Segmentierung von planbaren und unplanbaren Aufträgen überprüft werden sollte. Zudem wurden werkzeugbedingte Stillstandzeiten in der Serienproduktion analysiert. Beide Analysen führten zu dem Ergebnis, dass insbesondere in der Montage zwei Segmente gebildet werden müssen und dies entsprechend auch im Maschinenpark der mechanischen Fertigung abgebildet werden muss. Aufbauend auf den Ergebnissen konnten die zukünftigen **organisatorischen Einheiten** gebildet werden. Durch die Einführung

[697] Vgl. o.V. (Böllhoff), 2016

der Segmentierung gibt es nun einen Neuwerkzeugbau und einen Reparaturwerkzeugbau, welche jeweils unterschiedlich organisiert sind und verschiedene Prozessschritte abwickeln sowie verschiedene Maschinen vorhalten. Abschließend wurden in Schritt C der Methodik die **notwendigen Ressourcen** festgelegt. Hierbei wurden der relative Fertigungsanteil und die Leistungsfähigkeit der einzelnen Technologien gegeneinander aufgetragen. Diese Analyse führte zu der Erkenntnis, dass der interne Werkzeugbau von Böllhoff insbesondere in den beiden Technologien Fräsen und Senkerosion Kernkompetenzen besitzt und diese beiden Technologien im Vordergrund stehen. Auch wurde die Personalstruktur des Werkzeugbaus analysiert, woraufhin Kompetenzprofile erstellt werden konnten, die die zielgerichtete Einstellung neuer Mitarbeiter, u.a. im Bereich der Drahterosion ermöglichte. Abschließend wurde eine Werkzeugbau-spezifische Planungssystematik aufgesetzt, die die Implementierung einer Software zur Produktionsplanung und -steuerung notwendig machte. Hierzu wurde ein Lastenheft erstellt und durch eine systematische Bewertung das System „Moldmanager“ der Firma IK-Office ausgewählt.

Nach der strukturellen Auslegung erfolgte die wertschöpfungsbefähigende Auslegung. Hierbei stand zunächst die **Modellierung der Prozesslandschaft** im Vordergrund. Durch die Anwendung der Modellierungssprache aixperanto wurden in einem iterativen Vorgehen, unter Einbindung aller am Prozess partizipierenden Mitarbeiter, zunächst die Ist-Prozesse aufgenommen. Neben der Identifizierung von Schwachstellen stand hier insbesondere die Bewertung der einzelnen Prozessschritte in Bezug auf deren Standardisierungs- und Wertschöpfungsgrad im Fokus. Anschließend wurden aus den Ist-Prozessen Soll-Prozesse abgeleitet, welche sowohl die gebildeten organisatorischen Einheiten als auch die entwickelte Planungssystematik und die erforderlichen Dokumente berücksichtigen. Nach der Modellierung erfolgte der Aufbau einer **prozessorientierten Organisationsstruktur**. Hierzu wurden neue Prozessverantwortliche und Funktionen definiert. Der Aufbau sieht im Bereich Neuwerkzeugbau einen Prozessverantwortlichen für den Gesamtprozess mit einem Fokus auf der Montage und eine neue Funktion zur Planung der Neuaufträge vor. Hierdurch sollen die zur Verfügung stehenden Kapazitäten optimal ausgelastet werden. Auch im Bereich des Reparaturwerkzeugbaus wurde ein Prozessverantwortlicher eingeführt, der eine engere Vernetzung mit der Serienproduktion anstrebt. Zur Sicherstellung der Leistungsfähigkeit des gesamten Werkzeugbaus gibt es, wie auch bereits zuvor, einen Werkzeugbauleiter, der das Gesamtkonzept überwacht und optimiert. Abschließend wurden die in Zukunft benötigten Kapazitäten berechnet, wodurch die **Segmentkapazitäten** ermittelt werden konnten. Hierzu wurde eine Segmentierungsberechnung durchgeführt, sodass sowohl die Anzahl der Mitarbeiter als auch die Anzahl der Maschinen in den einzelnen Technologien bestimmt werden konnte. Dies geschah zum einen auf Basis vergangener Auftragswerte und zum anderen auf einer Abschätzung der aus dem zukünftigen Werkzeugbedarf abgeleiteten Mitarbeiter- und Maschinenstunden für die Zukunft. Durch die Anwendung des Methodikschritts D wurde der interne Werkzeugbau der Böllhoff Produktion GmbH befähigt, Werkzeuge unter Berücksichtigung minimaler Kapazitäten herzustellen und Reparaturen durchzuführen, ohne die Auftragsabwicklung im Neuwerkzeugbau durch unplanmäßige Ereignisse unterbrechen zu müssen.

Den Abschluss der strategischen Auslegung auf Basis der Leistung bildete die effizienzsteigernde Auslegung. Hierzu wurde in einem ersten Schritt, gemäß Schritt E der Methodik, das Komponentenspektrum der einzelnen Werkzeuge aufgenommen. Dabei wurden entsprechende **Fertigungsprozessfolgen** für intern gefertigte Komponenten definiert und quantifiziert. Die Quantifizierung diente dabei der Bewertung der Relevanz der einzelnen Fertigungsprozessfolgen. Nach einer Visualisierung der Prozessfolgen auf dem Shopfloor wurde erkannt, dass der Prozessfluss nicht effizient abläuft, sodass auf dieser Basis Maßnahmen zur Standardisierung durchgeführt werden konnten. So konnte die Vielzahl an vorliegenden Fertigungsprozessfolgen auf drei Hauptprozessfolgen reduziert werden, welche 98,8% des gesamten Komponentenspektrums abdecken. Diese bildeten den Input für die Gestaltung des Fabriklayouts. Durch die Trennung der beiden Bereiche Neuwerkzeugbau und Reparaturwerkzeugbau wurde befürchtet, dass zwei unterschiedliche „Klassen“ von Mitarbeitern entstehen. Um dem entgegenzuwirken, wurden Methoden des **Wissensmanagements** in der Organisation implementiert. Als Wissensmanager wurde der Werkzeugbauleiter eingesetzt, welcher einen Überblick über die Prozesse in den beiden Segmenten hat. Zur Förderung des Austauschs zwischen den beiden Bereichen wurde ein rollierendes Schichtsystem eingeführt, was dazu führt, dass die Mitarbeiter in regelmäßigen Abständen die Bereiche wechseln. Auch wurden für jüngere Mitarbeiter Mentoren eingeführt, die bei einem Bereichswechsel als Ansprechpartner zur Verfügung stehen und ihr Wissen weitergeben. Zusätzlich zu diesen Maßnahmen werden u.a. bspw. Checklisten zur Fertigstellung von Werkzeugen eingesetzt, um Fehler zu vermeiden. Zur kostengünstigen Herstellung von Werkzeugen wurden **Automatisierungslösungen** geprüft und **digitale Systeme** miteinander vernetzt. So wurde eine Fertigungszelle implementiert, die die beiden Technologien Elektrodenfräsen und Senkerosion mittels Linearroboter miteinander verknüpft. In einem zweiten Schritt wurde diese Zelle bereits um eine weitere Maschine ergänzt, da die Produktivität signifikant erhöht werden konnte. Zudem wurde eine CNC-Drehmaschine, obwohl diese Technologie nicht unmittelbar im Fokus steht, als Ersatz für eine konventionelle Maschine beschafft, welche nun dem Reparaturwerkzeugbau zur Verfügung steht. Neben der Automatisierung wurde auch die Systemvernetzung adressiert. Die Laufzeiten der Maschinen können mithilfe des installierten BDE-Systems aufgenommen und analysiert werden. Diese werden wiederum in das PPS-System eingelesen und die Planung der Soll-Zeiten kann dadurch auf Basis der aufgenommenen Ist-Zeiten iterativ verbessert werden, wodurch die Produktivität in der Fertigung weiter steigt.

Im Rahmen mehrerer bilateraler Projekte mit dem internen Werkzeugbau der Böllhoff Produktion GmbH am Standort Bielefeld wurde die Auslegung gemäß der Methodik zur strategischen Auslegung industrieller Werkzeugbaubetriebe in den einzelnen Schritten umgesetzt und mündete in einem Neubau für den Werkzeugbau, in dem heute eine effiziente industrielle Auftragsabwicklung möglich ist.

6.2.3 Fazit

Am Beispiel des internen Werkzeugbaus der Böllhoff Produktion GmbH konnte die erfolgreiche Anwendung der Auslegungsphase der Methodik zur strategischen Auslegung industrieller Werkzeugbaubetriebe mit den drei Schritten strukturelle Auslegung, wertschöpfungsbefähigende Auslegung und effizienzsteigernde Auslegung aufgezeigt werden.

Das Fallbeispiel hat sich auf die Darstellung der Anwendung der Methodikschritte C, D und E fokussiert und diese entsprechend abgebildet. Übergeordnetes Ziel war eine strategische Auslegung zur Adressierung der beiden Nutzenpotenziale des Kunden – Kostenreduzierung und Schnelligkeitsbefähigung. Hierzu wurden zunächst die Kernprozesse identifiziert, welche für den Werkzeugbau in Zukunft von besonderer Bedeutung sein werden. Aufbauend darauf konnten organisatorische Einheiten definiert werden, welche die identifizierten Prozesse in die

Organisation einbinden. Hierbei wurde eine Segmentierung als notwendig erachtet. Abschließend wurden in Schritt C die notwendigen physischen Ressourcen, die Humanressourcen und die IT-basierten Ressourcen festgelegt. Im zweiten Schritt, Schritt D, erfolgte die Modellierung der Prozesslandschaft sowie die Implementierung dieser in einer segmentierten und prozessorientierten Organisationsstruktur. Zur Abwicklung der Prozesse wurden die entsprechenden Segmentkapazitäten berechnet, um mit minimalem Ressourceneinsatz einen maximalen Nutzen zu erzielen. In Schritt E der Methodik wurden schließlich die Fertigungsprozessfolgen standardisiert, wodurch eine Reduzierung dieser auf drei Hauptprozessfolgen realisiert werden konnte. Durch den Einsatz von Methoden des Wissensmanagements wurde der drohende Wissensverlust bei einem Ausstieg älterer Mitarbeiter durch die organisatorische Aufteilung der Bereiche aufgefangen. Letztlich konnte durch die Installation einer Automatisierungszelle die Produktivität im Bereich des Elektrodenfräsens und der Senkerosion signifikant gesteigert werden. Auch die Auftragsabwicklung konnte durch die Einführung des PPS-Systems sowie die Rückmeldung von Maschinenlaufzeiten deutlich vereinfacht werden, sodass durch den Einsatz der verschiedenen Systeme nun eine effiziente Auftragsabwicklung möglich ist.

Das Fallbeispiel hat gezeigt, dass die drei Methodikschritte C, D und E in der Praxis anwendbar sind. Dies ist darauf zurückzuführen, dass sie aufeinander aufbauen und in sich abgeschlossen sind. Zudem weisen die einzelnen Schritte eine klare Vorgehensweise mit definierten In- und Outputs auf. Somit konnte die Anwendung im internen Werkzeugbau der Böllhoff Produktion GmbH erfolgreich nachgewiesen werden.

6.3 Kritische Reflexion

Die Methodik zur strategischen Auslegung industrieller Werkzeugbaubetriebe konnte anhand der beiden Fallbeispiele der Otto Fuchs KG sowie der Böllhoff Produktion GmbH erfolgreich angewendet werden. Die beiden Fallbeispiele haben gezeigt, dass die Anwendung der Methodik sowohl eine detaillierte Analyse des Status quo in Bezug auf den strategischen Fit zwischen den vier Gestaltungsfeldern als auch eine strategische und integrierte Auslegung der drei befähigenden Faktoren ermöglicht. Durch die Anwendung können die Effektivität durch eine höhere Kundenorientierung und die Effizienz durch eine optimierte Wertschöpfung gesteigert werden. Zudem hat die Anwendung der Methodik gezeigt, dass neben den allgemeinen und auslegungsbezogenen Anforderungen auch die branchenbezogenen Anforderungen (vgl. Kapitel 3.2) von der Methodik erfüllt werden.

Als **allgemeine Anforderungen** wurden die Praktikabilität, die Wirtschaftlichkeit und die konkrete Vorgehensweise an die Methodik gestellt. Die Fallbeispiele haben gezeigt, dass die Praktikabilität durch eine einfache Handhabung der einzelnen Methodikschritte sowie eine klare Struktur gegeben ist. Zudem werden die für die Anwendung der einzelnen Methodikschritte erforderlichen Daten und Informationen definiert und deren Zugänglichkeit erläutert. In beiden Fallbeispielen konnten die bereits im Werkzeugbaubetrieb vorliegenden Daten genutzt werden. Des Weiteren wurden notwendige Daten erhoben. Auch die Anforderung an die Wirtschaftlichkeit wird von der Methodik adressiert. Der Aufwand zur Erfassung der Leistung konnte durch eine definierte Anzahl an Workshops mit Führungskräften und Kunden gering gehalten werden. Auch die Bewertung des Status quo der drei befähigenden Faktoren konnte anhand einer einfachen Datenerhebung und -analyse erfolgen. Demgegenüber ist der Nutzen der strategischen Auslegung als sehr hoch zu bewerten. Bei der Böllhoff Produktion GmbH konnten eine erhebliche Effizienzsteigerung sowie eine Erhöhung der Transparenz erzielt werden. Außerdem konnte durch die Implementierung der Kundenorientierung in der gesamten Organisationsstruktur mit einem klaren Fokus auf den Kundennutzen die Effektivität erhöht werden. Letztlich haben die Fallbeispiele gezeigt, dass die Methodikschritte logisch aufeinander aufbauen und in sich geschlossen sind, weshalb der Einstig in die Methodik auch nach der Analysephase möglich ist. Die klare Definition von Eingangs- und Ausgangsgrößen der einzelnen Schritte erleichterte die Handhabung innerhalb der Fallbeispiele.

Die **auslegungsbezogenen Anforderungen** umfassen die Berücksichtigung der Leistung sowie die integrierte Auslegung der Prozesse, der Organisation und der Ressourcen. In beiden Fallbeispielen ist deutlich geworden, dass alle drei befähigenden Faktoren in gleicher Weise adressiert worden sind. Im Fallbeispiel der Otto Fuchs KG wurde die Definition der Leistung anhand des aus dem Produkt und der Zusammenarbeit resultierenden Kundennutzens beschrieben. Anschließend erfolgte eine Bewertung des strategischen Fits zwischen der Leistung und den drei befähigenden Faktoren. Das Fallbeispiel der Böllhoff Produktion GmbH machte deutlich, dass durch das iterative Vorgehen bei der Auslegung in Form einer strukturellen, einer wertschöpfungsbefähigenden und einer effizienzsteigernden Auslegung die Auslegung integriert durchgeführt werden konnte. Dies hat dazu geführt, dass die Kundenorientierung durch eine prozessorientierte Organisationsauslegung in der Unternehmensstruktur verankert wurde. Somit werden alle auslegungsbezogenen Anforderungen an die Methodik von dieser in vollem Maße erfüllt.

Die **branchenbezogenen Anforderungen** sind gekennzeichnet durch den Werkzeugbaubezug und die Berücksichtigung unternehmensspezifischer Randbedingungen. In diesem Zusammenhang haben die beiden Fallbeispiele gezeigt, dass unterschiedliche Betriebe der heterogenen Branche Werkzeugbau die Methodik anwenden können. Dies zeigt sich u.a. in der unterschiedlichen Anzahl der Mitarbeiter, dem differenzierten Erzeugnisspektrum sowie der unterschiedlichen Einbindung der Betriebe in das Mutterunternehmen. So funktioniert die Methodik sowohl in einem Vorrichtungsbau, welcher Vorrichtungen und Betriebsmittel herstellt und gemeinsam mit dem Werkzeugbau, welcher Werkzeuge zur Warmmassivumformung herstellt, eine Mitarbeiteranzahl von 82 aufweist, als auch in einem Spritzgießformenbau, welcher lediglich 20 Mitarbeiter beschäftigt. Auch wenn beide Fallbeispiele Betriebe darstellen, welche einen internen Marktzugang haben, so besitzen sie jeweils jedoch eine unterschiedliche Kostenverantwortung und fokussieren verschiedene Schritte der Prozesskette.

Die beiden Fallbeispiele haben somit gezeigt, dass die Methodik zur strategischen Auslegung industrieller Werkzeugbaubetriebe erfolgreich angewendet werden kann. Die Heterogenität des Erzeugnisspektrums sowie der Unternehmensstruktur zeigen, dass die Methodik in der gesamten Branche des Werkzeugbaus Anwendung finden und ggf. auch auf andere Branchen der Einzel- und Kleinserienfertigung ausgeweitet werden kann. Dies ist insbesondere darin begründet, dass alle an die Methodik gestellten Anforderungen erfolgreich adressiert werden. Die Methodik wurde damit als Lösungsansatz zur strategischen Auslegung industrieller Werkzeugbaubetriebe verifiziert, wodurch das übergeordnete Ziel dieser Arbeit erreicht werden konnte.

7 Zusammenfassung und Ausblick

Durch seine besondere Position innerhalb des Produktentstehungsprozesses zwischen Produktentwicklung und Serienproduktion ist der Werkzeugbau der zentrale Befähiger einer leistungsstarken produzierenden Industrie und trägt signifikant zur wirtschaftlichen Leistungsfähigkeit Deutschlands bei.[698] Aufgrund sich weltweit angleichender Qualitätsstandards von Werkzeugen sowie einer zunehmenden Kompetenz ausländischer Wettbewerber hat sich der Werkzeugbau am Hochlohnstandort in den letzten Jahren auf die Steigerung der Effizienz in der Wertschöpfung konzentriert. In diesem Zuge hat eine Vielzahl von Werkzeugbaubetrieben einen Paradigmenwechsel vom handwerklich geprägten hin zum industriellen Werkzeugbau vollzogen. Zudem ist der Werkzeugbau in den letzten Jahren dazu übergegangen, sein Leistungsangebot um Dienstleistungen zu ergänzen, um die bestehenden Kundenbedürfnisse anforderungsgerechter befriedigen zu können.

Werkzeugbaubetriebe haben es bei diesen Entwicklungen häufig jedoch verpasst, eine strategische Sicht in Bezug auf getätigte Verbesserungsmaßnahmen einzunehmen, wodurch Verbesserungen nur zur Optimierung einzelner Bereiche des Unternehmens geführt haben. Die integrierte Auslegung der drei befähigenden Faktoren Prozesse, Organisation sowie Ressourcen im Sinne eines strategischen Fits bietet jedoch die Möglichkeit, die sich in der Leistung widerspiegelnde Kundenorientierung im gesamten Unternehmen zu verankern. Dadurch können Werkzeugbaubetriebe die von Kunden geforderten Leistungen zielgerichteter erstellen und damit die Effektivität steigern. Gleichzeit befähigt eine strategische Auslegung von Prozessen, Organisation und Ressourcen dazu, Wertschöpfung effizient zu betrieben und Kunden ein wettbewerbsüberlegenes Preis-Leistungs-Verhältnis anzubieten.

Zur erfolgreichen Kundenorientierung bedarf es eines Lösungsansatzes, mithilfe dessen Werkzeugbaubetriebe ihre befähigenden Faktoren unter Berücksichtigung des strategischen Fits auslegen und diese am Kundennutzen ausrichten können. Bisherige Ansätze zur strategischen Unternehmensauslegung adressieren die ganzheitliche und integrierte Auslegung der befähigenden Faktoren Prozesse, Organisation und Ressourcen nur unzureichend. Zudem werden werkzeugbauspezifische Rahmenbedingungen, welche für die Anwendung eines Ansatzes in der Branche notwendig sind, nicht hinreichend berücksichtigt. Somit ließ sich die leitende Forschungsfrage „Wie muss eine Methodik zur strategischen Auslegung der Prozesse, der Organisation und der Ressourcen unter Berücksichtigung des definierten Leistungsangebots im industriellen Werkzeugbau gestaltet sein?“ als Zielstellung dieser Arbeit formulieren.

Der Aufbau der Methodik orientiert sich am hergeleiteten Ordnungsrahmen mit den vier generischen Phasen Strategie- und Leistungsdefinition, Prozessauslegung, Organisationsauslegung sowie Ressourcenauslegung. Nach einer detaillierten Analyse der angebotenen Leistung und einer Typisierung des Werkzeugbaubetriebs erfolgt eine Bewertung des Integrationsgrads der drei befähigenden Faktoren Prozess, Organisation sowie Ressourcen in Bezug auf die Leistung. Auf Basis der erfassten Leistung sowie des Werkzeugbautypen werden in drei, in ihrem Detaillierungsgrad konkreter werdenden Auslegungsschritten die Prozesse, die Organisation und die Ressourcen strategisch zur Leistung des Werkzeugbaubetriebs ausgelegt.

[698] Vgl. Kühn (Leistungssysteme für den Werkzeugbau), 2016, S. 183

Der erste Teil der Methodik, die Analyse, schafft mit den zwei Schritten Leistungsanalyse und Integrationsanalyse die Voraussetzungen für eine integrierte Auslegung der drei befähigenden Faktoren. In Schritt A erfolgt die Erfassung der Leistung, indem mithilfe von werkzeugbauspezifischen Leistungsmerkmalen ein generischer Werkzeugbautyp[699] abgeleitet wird. Dieser Werkzeugbautyp repräsentiert die Leistung des anwendenden Werkzeugbaubetriebs und bildet die Grundlage zur Bewertung des Integrationsgrads der drei befähigenden Faktoren in Schritt B. In diesem Schritt werden die sich am Kundennutzen orientierenden Merkmalsausprägungen innerhalb der Prozesse, der Organisation sowie der Ressourcen bestimmt. Unter Einbeziehung der Wechselwirkungen zwischen den Merkmalen der drei befähigenden Faktoren kann abschließend der Integrationsgrad zwischen den jeweiligen befähigenden Faktoren und der Leistung bewertet werden.

Im zweiten Teil der Methodik, der Auslegung, erfolgt auf Basis des jeweiligen Werkzeugbautypen die Auslegung des Werkzeugbaubetriebs in drei aufeinander aufbauenden Detaillierungsgraden. Die in Schritt C durchgeführte strukturelle Auslegung umfasst die Schaffung der grundlegenden Voraussetzungen zur Wertschöpfung im Werkzeugbau. Hierzu werden Kernprozesse und Unterstützungsprozesse identifiziert, organisatorische Einheiten gebildet und notwendige Ressourcen festgelegt. In Schritt D wird darauf aufbauend die wertschöpfungsbefähigende Auslegung vollzogen. Dazu werden die identifizierten Prozesse modelliert und ausgestaltet, die Organisationsstruktur aufgebaut, diese durch ein Organigramm visualisiert und die Ressourcen den organisatorischen Einheiten zugeordnet und quantitativ ausgelegt. Abschließend erfolgt die effizienzsteigernde Auslegung, welche die Effizienz der Wertschöpfung signifikant erhöhen soll (Schritt E). In diesem Zusammenhang werden Fertigungsprozessfolgen standardisiert, um Synergieeffekte zu realisieren, eine zielgerichtete Planungssystematik eingeführt und ein systematisches Wissensmanagement implementiert. Zudem werden Automatisierungspotenziale bewertet und die Ressourcen mithilfe moderner Informations- und Kommunikationstechnologien (IKT) digital miteinander vernetzt, wodurch eine effiziente, zukunftsgerichtete und flexible Wertschöpfung ermöglicht wird.

Im Rahmen der Validierung der Methodik zur strategischen Auslegung industrieller Werkzeugbaubetriebe konnten zwei Fallbeispiele dargestellt werden. Die Fallbeispiele stellen der interne Werkzeugbau und der interne Vorrichtungsbau der Otto Fuchs KG sowie der interne Werkzeugbau der Böllhoff Produktion GmbH dar. Es wurde gezeigt, dass die Methodik sowohl die allgemeinen und auslegungsbezogenen als auch die branchenbezogenen Anforderungen erfüllt und sich die Methodik für die Anwendung in der Praxis eignet.

Durch die Entwicklung der Methodik haben Werkzeugbaubetriebe einen Lösungsansatz zur Verfügung, der es ihnen ermöglicht, ihre befähigenden Faktoren in Form ihrer Prozesse, ihrer Organisation sowie ihrer Ressourcen strategisch bzgl. der angebotenen Leistung auszulegen und einen strategischen Fit zwischen diesen vier Gestaltungsfeldern zu erzielen. Dadurch haben Werkzeugbaubetriebe die Möglichkeit, die geforderte Kundenorientierung im gesamten Unternehmen zu verankern und dadurch den Kundennutzen zielgerichtet sowie durch eine effiziente Wertschöpfung zu adressieren.

---

[699] Die vier leistungsbezogenen Werkzeugbautypen nach FRICK sind: Kostenreduzierer und Schnelligkeitsbefähiger, Kostenreduzierer und Komplexitätsreduzierer, Innovationsbefähiger und Schnelligkeitsbefähiger sowie Innovationsbefähiger und Komplexiätsreduzierer

Der wissenschaftliche Beitrag der vorliegenden Arbeit liegt in der Entwicklung eines Lösungsansatzes zur strategischen Auslegung industrieller Werkzeugbaubetriebe, wodurch eine Verankerung der Kundenorientierung in der Organisationsstruktur ermöglicht wird. Die Auslegung basiert dabei auf der den Kunden angebotenen Leistung, welche deren Nutzen maximiert. Hierbei stehen die Prozesse, die Organisation und die Ressourcen als die drei befähigenden Faktoren eines Werkzeugbaubetriebs im Fokus der Auslegung und werden unter Berücksichtigung des strategischen Fits ausgelegt. In weitergehenden wissenschaftlichen Untersuchungen sollte insbesondere die Auslegung von Wertschöpfungsnetzwerken systematisch erforscht werden, um die Effektivität in der Leistungserstellung durch das Agieren in einem Netzwerk zu erhöhen. Zudem gilt es die Einflüsse der zukünftigen Digitalisierung von Produkten zu analysieren und deren Auswirkungen auf die Leistungen des Werkzeugbaus und damit auf eine strategische Auslegung im industriellen Werkzeugbau zu erforschen.

8 Literaturverzeichnis

acatech – Deutsche Akademie der Technikwissenschaften (Zukunftsprojekt Industrie 4.0):
Umsetzungsempfehlungen für das Zukunftsprojekt Industrie 4.0. Berlin: Forschungsunion; Geschäftsstelle der Plattform Industrie 4.0, 2013.

Ahlrichs, F.; Knuppertz, T. (Prozessorientierte Unternehmenssteuerung):
Controlling von Geschäftsprozessen. Prozessorientierte Unternehmenssteuerung umsetzen. Stuttgart: Schäffer-Poeschel, 2006.

Albert, H. (Marktsoziologie und Entscheidungslogik):
Marktsoziologie und Entscheidungslogik. Zur Kritik der reinen Ökonomik. Tübingen: Mohr Siebeck, 1998.

Andrews, K. R. (The Concept of Corporate Strategy):
The Concept of Corporate Strategy. Homewood: Dow Jones-Irwin, 1971.

Ansoff, H. I. (Corporate Strategy):
Corporate Strategy. An Analytic Approach to Business Policy for Growth and Expansion. New York [u.a.]: McGraw-Hill, 1965.

Argyris, C.; Schön, D. A. (Organizational Learning):
Organizational Learning. Reading, Mass.: Addison-Wesley, 1978.

Bachthaler, M. (Systemtechnik):
Entwicklung und Anwendung der Systemtechnik bei komplexen innovativen Vorhaben sowie bei Mensch-Maschine-Systemen. Eine Systemmethodik für das Technische Management. Düsseldorf: VDI-Verlag, 2000.

Bain, J. S. (Industrial Organization):
Industrial Organization. 2. Aufl., New York: Wiley, 1968.

Bandte, H. (Komplexität in Organisationen):
Komplexität in Organisationen. 1. Aufl., Wiesbaden: DUV Deutscher Universitäts-Verlag, 2007.

Bauernhansel, T.; Paulus-Rohmer, D.; Schatz, A.; Weskamp, M.; Emmerich, V.; Döbele, M. (Geschäftsmodell-Innovation):
Geschäftsmodell-Innovation durch Industrie 4.0. Chancen und Risiken für den Maschinen- und Anlagenbau. München: Eigendruck Dr. Wieselhuber & Partner GmbH, 2015.

Bea, F. X.; Göbel, E. (Theorie und Gestaltung):
Organisation. Theorie und Gestaltung. 3. Aufl., Stuttgart: Lucius & Lucius, 2006.

Bea, F. X.; Haas, J. (Strategisches Management):
Strategisches Management. 4. Aufl., Stuttgart: Lucius & Lucius, 2005.

Belz, C. (Erfolgreiche Leistungssysteme):
Erfolgreiche Leistungssysteme. Anleitung und Beispiele. Stuttgart: Schäffer-Poeschel, 1991.

Berens, W.; Delfmann, W.; Schmitting, W. (Quantitative Planung):
Quantitative Planung. Grundlagen, Fallstudien, Lösungen. 4. Aufl., Stuttgart: Schäffer-Poeschel, 2004.

Bergsmann, S. (End-to-End Geschäftsprozessmanagement):
End-to-End Geschäftsprozessmanagement. Organisationselement, Integrationsinstrument, Managementansatz. Wien [u.a.]: Springer, 2012.

Bilsing, A. (Leistungsfähigkeit):
Kennzahlengestützte Bewertung der technologischen Leistungsfähigkeit der Fertigung im Werkzeug- und Formenbau. Aachen: Shaker, 2007.

Binder, V. A.; Kantowsky, J. (Technologiepotentiale):
Technologiepotentiale. Neuausrichtung der Gestaltungsfelder des strategischen Technologiemanagements. Wiesbaden: DUV Deutscher Universitäts-Verlag, 1996.

Bleicher, K. (Integriertes Management):
Das Konzept Integriertes Management. 7. Aufl., Frankfurt am Main: Campus, 2011.

Blobel, V.; Lohrmann, E. (Methoden der Datenanalyse):
Statistische und numerische Methoden der Datenanalyse. Stuttgart: Teubner, 1998.

Bogensperger, H. (Werkzeuge für die Kunststoffverarbeitung):
Werkzeuge für die Kunststoffverarbeitung. Bauarten, Herstellung, Betrieb. 4. Aufl., München [u.a.]: Hanser, 1995.

Boos, W. (Modulare Werkzeuge):
Methodik zur Gestaltung und Bewertung von modularen Werkzeugen. Aachen: Apprimus, 2008.

Boos, W.; Kuhlmann, K.; Komorek, N.; Hensen, T. (Wertschöpfung im Betriebsmittelbau):
Beherrschung der Wertschöpfung im Betriebsmittelbau. In: Schuh, G.; Kampker, A.; Stich, V. (Hrsg.): 10. Aachener Management Tage. Navigation für Führungskräfte. Aachen: Apprimus, 2013, S. 123-134.

Boos, W.; Pitsch, M.; Hensen, T.; Heeschen, D.; Johannsen, L. (Tooling in China):
Tooling in China. Großblech- und Massivumformung. 1. Aufl., Aachen: Eigendruck des Werkzeugmaschinenlabors WZL der RWTH Aachen und der WBA Aachener Werkzeugbau Akademie GmbH, 2015.

Boos, W.; Pitsch, M.; Kuhlmann, T.; Kelzenberg, C. (Schwer imitierbarer Kundennutzen):
Schwer imitierbarer Kundennutzen. Der Werkzeugbau als Smart Service für die kunststoffverabeitende Industrie. In: Kunststoffe, 10. Jg., 2015, S. 38-41.

Boos, W.; Pitsch, M.; Kuhlmann, T.; Schippers, M.; Stark, M. (World of Tooling):
World of Tooling 2015. 1. Aufl., Aachen: Eigendruck des Werkzeugmaschinenlabors WZL der RWTH Aachen und der WBA Aachener Werkzeugbau Akademie GmbH, 2015.

Boos, W.; Pitsch, M.; Kühn, T.; Stark, M. (Effiziente Werkzeugherstellung):
Industrialisierung im Werkzeugbau. Effiziente Werkzeugherstellung. In: Form+Werkzeug, 23. Jg., Nr. 4, 2014, S. 16-17.

Boos, W.; Pitsch, M.; Salmen, M.; Begovic, A.; Kuhlmann, T. (Erfolgreich Planen):
Erfolgreich Planen im Werkzeugbau. 1. Aufl., Aachen: Eigendruck des Werkzeugmaschinenlabors WZL der RWTH Aachen und der WBA Aachener Werkzeugbau Akademie GmbH, 2015.

Boos, W.; Pitsch, M.; Salmen, M.; Wiese, J.; Kelzenberg, C.; de Lange, J. (Erflogreich Kalkulieren):
Erfolgreich Kalkulieren im Werkzeugbau. 1. Aufl., Aachen: Eigendruck des Werkzeugmaschinenlabors WZL der RWTH Aachen und der WBA Aachener Werkzeugbau Akademie GmbH, 2015.

Boos, W.; Salmen, M.; Hensen, T.; Johannsen, L.; Kelzenberg, C.; Schippers, M. (Tooling in Germany):
Tooling in Germany. 1. Aufl., Aachen: Eigendruck des Werkzeugmaschinenlabors WZL der RWTH Aachen und des Fraunhofer-Instituts für Produktionstechnologie IPT, 2016.

Boos, W.; Salmen, M.; Hensen, T.; Wiese, J.; de Lange, J.; Goertz, D. (Erfolgreich digital Vernetzen):
Erfolgreich digital Vernetzen auf dem Shopfloor im Werkzeugbau. 1. Aufl., Aachen: Eigendruck des Werkzeugmaschinenlabors WZL der RWTH Aachen und der WBA Aachener Werkzeugbau Akademie GmbH, 2016.

Boos, W.; Salmen, M.; Kuhlmann, T.; Rittstieg, F.; de Lange, J. (Tooling in Turkey):
Tooling in Turkey. Aachen: Eigendruck des Werkzeugmaschinenlabors WZL der RWTH Aachen und der WBA Aachener Werkzeugbau Akademie GmbH, 2016.

Brandenburg, F. (Methodik zur Planung technologischer Produktinnovationen):
Methodik zur Planung technologischer Produktinnovationen. Aachen: Shaker, 2002.

Brankamp, K. (Wettbewerbsfaktor Werkzeug- und Betriebsmittelbau):
Wettbewerbsfaktor Werkzeug- und Betriebsmittelbau. Zürich: Verlag Industrielle Organisation, 1991.

Brühl, V. (Restrukturierung):
Restrukturierung. Ursachen, Verlauf und Management von Unternehmenskrisen. In: Brühl, V.; Göpfert, B. (Hrsg.): Unternehmensrestrukturierung. Strategien und Konzepte. Stuttgart: Schäffer-Poeschel, 2004, S. 3-31.

Bruhn, M. (Kundenorientierung):
Kundenorientierung. Bausteine eines exzellenten Unternehmens. 2 Aufl., München: Deutscher Taschenbuch Verlag, 1999.

Brunhuber, E. (Druckgußfertigung):
Praxis der Druckgußfertigung. 4. Aufl., Berlin: Schiele & Schön, 1991.

Bruns, M. (Systemtechnik):
Systemtechnik. Ingenieurwissenschaftliche Methodik zur interdisziplinären Systementwicklung. Berlin [u.a.]: Springer, 1991.

Bullinger, H.-J. (Dienstleistungen):
Dienstleistungen für das 21. Jahrhundert. Gestaltung des Wandels und Aufbruch in die Zukunft. Stuttgart: Schäffer-Poeschel, 1997.

Burges, T. F. (Making the Leap to Agility):
Making the Leap to Agility: Defining and Achieving Agile Manufacturing through Business Process Redesign and Business Network Redesign. In: International Journal of Operations & Production Management, 14. Jg., 1980, S. 23-34.

Camp, R. C. (Benchmarking):
Benchmarking. München [u.a.]: Hanser, 1994.

Chakravarty, A. K. (Supply Chain Transformation):
Supply Chain Transformation. Evolving with emerging Business Paradigms. Berlin [u.a.]: Springer, 2014.

Chandler, A. D. (Strategy and Structure):
Strategy and Structure. Chapters in the History of the American Industrial Enterprise. Cambridge [u.a.]: The M.I.T. Press, 1962.

Clausewitz, C. v. (Vom Kriege):
Vom Kriege. Hinterlassenes Werk. 16. Aufl., Bonn: Dümmler, 1952.

Cleveland, J. (Facing Fundamental Restructuring):
Tooling Industries Facing Fundamental Restructuring. In: manufactLINE, 2003, S. 1-3.

Cole, G. A. (Strategic Management):
Strategic Management. Theory and Practice. London: DP Publications, 1994.

Cooper, R. G. (Winning at new Products):
Winning at new Products. Accelerating the Process from Idea to Launch. 3. Aufl., Cambridge: Perseus, 2001.

Corsten, H. (Produktionswirtschaft):
Produktionswirtschaft. Einführung in das industrielle Produktionsmanagement. 9. Aufl., München: Oldenbourg, 2000.

Cummings, T. G.; Worley, C. G. (Organization Development):
Organization Development and Change. 9. Aufl., Mason Ohio: South-Western, 2009.

Dambon, O.; Kretschmer, A. (Automatisierte Feinbearbeitung):
Automatisierte Feinbearbeitung. Aachen: Fraunhofer-Institut für Produktionstechnologie IPT, 2015.

Davenport, T. H. (Process Innovation):
Process Innovation. Reengineering Work through Information Technology. Boston, Mass.: Harvard Business School Press, 1993.

Davenport, T. H.; Short, J. E. (The New Industrial Engineering):
The New Industrial Engineering. Information Technology and Business Process Redesign. In: Sloan Management Review, 31. Jg., Nr. 4, 1990, S. 11-27.

Dawes, J. (Number of Scale Points):
Do Data Characteristics Change according to the Number of Scale Points used. An Experiment using 5-point, 7-point and 10-point Scales. In: JMRS – International Journal of Market Research Society, 50. Jg., Nr. 1, 2008, S. 61-77.

Döring, S. T. (Konfliktmanagement):
Konfliktmanagement in der technischen Auftragsabwicklung im Werkzeugbau. 1. Aufl., Aachen: Apprimus, 2010.

Dombrowski, U.; Mielke, T. (Lösung des Demografieproblems):
Entwicklungspfade zur Lösung des Demografieproblems in Deutschland. In: Müller, E. (Hrsg.): Demographischer Wandel: Herausforderung für die Arbeits- und Betriebsorganisation der Zukunft. Berlin: Gito, 2012, S. 55-80.

Drews, G.; Hillebrand, N. (Projektmanagement-Methoden):
Lexikon der Projektmanagement-Methoden. 2. Aufl., Freiburg [u.a.]: Haufe, 2010.

Edwards, J. E.; Thomas, M.; Rosenfeld, P.; Booth-Kewley, S. (Organizational Surveys):
How to Conduct Organizational Surveys. A Step-by-step Guide. Thousand Oaks, Calif.: Sage Publications, 1997.

Ehrmann, H. (Unternehmensplanung):
Unternehmensplanung. 5. Aufl., Ludwigshafen am Rhein: Kiehl, 2007.

Eversheim, W. (Organisation in der Produktionstechnik):
Organisation in der Produktionstechnik. 3. Aufl., Düsseldorf: VDI-Verlag, 1996.

Eversheim, W.; Klocke, F. (Werkzeugbau mit Zukunft):
Werkzeugbau mit Zukunft. Strategie und Technologie. Berlin [u.a.]: Springer, 1998.

Eversheim, W.; Krah, O. (Das MOTION-Konzept):
Das MOTION-Konzept. In: Schuh, G. (Hrsg.): MOTION-Change Management. Aachen: Shaker, 1998, S. 21-42.

Eversheim, W.; Schuh, G. (Gestaltung von Produktionssystemen):
Produktion und Management 3. Gestaltung von Produktionssystemen. Berlin [u.a.]: Springer, 1999.

Favre-Bulle, B. (Automatisierung komplexer Industrieprozesse):
Automatisierung komplexer Industrieprozesse. Systeme, Verfahren und Informationsmanagement. Wien [u.a.]: Springer, 2004.

Ferstl, O. K.; Sinz, E. J. (SOM):
Objektmodellierung betrieblicher Informationssysteme im Semantischen Objektmodell (SOM). In: Wirtschaftsinformatik, 32. Jg., Nr. 6, 1993, S. 566-581.

Fox, M.; Gruninger, M. (Enterprise Modeling):
Enterprise Modeling. In: AI Magazine, 19. Jg., Nr. 3, 1998, S. 109-121.

Frank, U. (Multiperspektivische Unternehmensmodellierung):
Multiperspektivische Unternehmensmodellierung. Theoretischer Hintergrund und Entwurf einer objektorientierten Entwicklungsumgebung. München: Oldenbourg, 1994.

Frese, E. (Grundlagen der Organisation):
Grundlagen der Organisation. Konzept – Prinzipien – Strukturen. 8. Aufl., Wiesbaden: Gabler, 2000.

Frick, L. (Geschäftsmodelle im Werkzeugbau):
Geschäftsmodelle im Werkzeugbau. Aachen: Shaker, 2006.

Fricker, I. C. (Strategische Stringenz):
Strategische Stringenz im Werkzeug- und Formenbau. Aachen: Shaker, 2005.

Friedli, T.; Schuh, G. (Wettbewerbsfähigkeit der Produktion):
Wettbewerbsfähigkeit der Produktion an Hochlohnstandorten. 2. Aufl., Berlin: Springer Vieweg, 2012.

Gälweiler, A.; Schwaninger, M. (Strategische Unternehmensführung):
Strategische Unternehmensführung. Frankfurt am Main: Campus, 1987.

Gaitanides (Business Reengineering):
Business Reengineering/Prozeßmanagement. Von der Managementtechnik zur Theorie der Unternehmung. In: DBW – Die Betriebswirtschaft, 58. Jg., Nr. 3, 1998, S. 369-381.

Garbe, B. (Industrielle Dienstleistungen):
Industrielle Dienstleistungen. Einfluß und Erfolgsfaktoren. Wiesbaden: Gabler, 1998.

Garland, R. (Rating Scale):
The Mid-Point on a Rating Scale. In: Marketing Bulletin, 2. Jg., Nr. 3, 1991, S. 66-70.

Gattermeyer, W.; Neubauer, R. M. (Umsetzung von Strategien):
Change Management zur Umsetzung von Strategien. In: Hinterhuber, H. H. (Hrsg.): Das neue strategische Management. Perspektiven und Elemente einer zeitgemäßen Unternehmensführung. 2. Aufl., Wiesbaden: Gabler, 2000, S. 241-260.

Gaus, F. (Logik eines Geschäftsmodells):
Methodik zur Überprüfung der Logik eines Geschäftsmodells im Werkzeugbau. Aachen: Apprimus, 2010.

Gaus, F.; Ziskoven, H. (Geschäftsmodelle für intelligente Werkzeuge):
Geschäftsmodelle für intelligente Werkzeuge. In: Schuh, G.; Schmitt, R. (Hrsg.): TecPro - Geschäftsmodelle für technologieunterstützte, produktionsnahe Dienstleistungen des Werkzeug- und Formenbaus. Abschlussbericht zum Forschungsprojekt. 1. Aufl., Aachen: Apprimus, 2010, S. 1-30.

Gausemeier, J.; Plass, C. (Unternehmensgestaltung):
Zukunftsorientierte Unternehmensgestaltung. Strategien, Geschäftsprozesse und IT-Systeme für die Produktion von morgen. 2. Aufl., München [u.a.]: Hanser, 2014.

Gebeshuber, R. (Der Formen- und Werkzeugbau):
Der Formen- und Werkzeugbau im Wandel der Zeit. Entwicklung und Innovationen, inklusive Praxis-Fallbeispiel: „Vom Einzelfertiger zum Weltmarktführer“ . Saarbrücken: VDM Verlag Dr. Müller, 2008.

Giehler, F. (Erhöhung der Planungsproduktivität):
Erhöhung der Planungsproduktivität am Beispiel der Auftragsabwicklung im Werkzeugbau. 1. Aufl., Aachen: Apprimus, 2010.

Gienke, H.; Kämpf, R. (Handbuch Produktion):
Handbuch Produktion. Innovatives Produktionsmanagement: Organisation, Konzepte, Controlling. München: Hanser, 2007.

Gierhake, O. (Integriertes Geschäftsprozessmanagement):
Integriertes Geschäftsprozessmanagement. Effektive Organisationsgestaltung mit Workflow-, Workgroup- und Dokumentenmanagement-Systemen. 3. Aufl., Wiesbaden: Vieweg + Teubner Verlag, 2000.

Greiss, R. (Anforderungsprofil an Werkzeugbaubetriebe):
Strategisches Anforderungsprofil an Werkzeugbaubetriebe Europas. 4. Internationales Kolloquiums „Werkzeugbau mit Zukunft". Vortrag am 26.10.2004 in Aachen.

Gronau, N. (Enterprise Resource Planning):
Enterprise Resource Planning und Supply Chain Management. Architektur und Funktionen. München: Oldenbourg, 2004.

Guba, E. G.; Lincoln, Y. S. (Competing Paradigms):
Competing Paradigms in Qualitative Research. London [u.a.]: Sage, 1994.

Gudehus, T. (Auslegung und Dimensionierung):
Logistik 1. Grundlagen, Verfahren und Strategien. 4. Aufl., Berlin [u.a.]: Springer, 2012.

Gutenberg, E. (Grundlagen der Betriebswirtschaftslehre):
Grundlagen der Betriebswirtschaftslehre: Der Absatz. Berlin [u.a.]: Springer, 1970.

Haasler, B. (Hochtechnologie und Handarbeit):
Hochtechnologie und Handarbeit. Eine Studie zur Facharbeit im Werkzeugbau der Automobilindustrie. Bielefeld: wbv, 2004.

Haberberg, A.; Rieple, A. (Theory and Application):
Strategic Management. Theory and Application. Oxford [u.a.]: Oxford University Press, 2008.

Haberfellner, R.; Weck, O. d. (Systems Engineering):
Systems Engineering. Grundlagen und Anwendung. 12. Aufl., Zürich: Orell Füssli, 2012.

Hammer, M.; Champy, J. (Business Reengineering):
Business Reengineering. Die Radikalkur für das Unternehmen. 3. Aufl., Frankfurt am Main: Campus, 1994.

Heeschen, D. (Auswahl der Fertigungstechnologien):
Kennzahlenbasierte Auswahl der Fertigungstechnologien und -ressourcen im industriellen Werkzeugbau. Aachen: Apprimus, 2015.

Heisig, P. (Integration von Wissensmanagement):
Integration von Wissensmanagement in Geschäftsprozesse. Berlin: Produktionstechnisches Zentrum Berlin, 2005.

Hesse, S. (Fertigungsautomatisierung):
Fertigungsautomatisierung. Automatisierungsmittel, Gestaltung und Funktion. 1. Aufl., Braunschweig: Springer Vieweg, 2000.

Hinterhuber, H. H. (Strategische Unternehmungsführung):
Strategische Unternehmungsführung. Strategisches Denken. Berlin [u.a.]: de Gruyter, 2004.

Hofer, C. W.; Schendel, D. (Strategy Formulation):
Strategy Formulation. Analytical Concepts. St. Paul: West Publication, 1978.

Hoffmann, H.; Neugebauer, R.; Spur, G. (Handbuch Umformen):
Handbuch Umformen. Edition Handbuch der Fertigungstechnik. 2. Aufl., München: Hanser, 2012.

Hofmann, R. (Die Fabrik der Zukunft):
Industrie 4.0 - Die Fabrik der Zukunft. In: FutureNews, Nr. 03, 2014, S. 4-6.

Höge, R. (Organisatorische Segmentierung):
Organisatorische Segmentierung. Ein Instrument zur Komplexitätshandhabung. Wiesbaden: DUV Deutscher Universitäts-Verlag, 1995.

Holmes, J.; Rutherford, T.; Fitzgibbon, S. (Die and Mould Industry):
Innovation Systems Research Network. In: Tagungsband: National Conference of the Innovation Systems Research Network. 13.-15.05.2004, 2004, S. 119-153.

Homp, C. (Aufbau von Kernkompetenzen):
Entwicklung und Aufbau von Kernkompetenzen. Wiesbaden: DUV Deutscher Universitäts-Verlag, 2000.

Hoogervorst, J. (Enterprise Governance):
Enterprise Governance and Enterprise Engineering. Diemen: Springer, 2009.

Hungenberg, H. (Strategisches Management im Unternehmen):
Strategisches Management in Unternehmen. Ziele – Prozesse – Verfahren. 3. Aufl., Wiesbaden: Gabler, 2004.

Johnson, B.; Christensen, L. B. (Educational Research):
Educational Research. Quantitative, Qualitative, and Mixed Approaches. 4. Aufl., Thousand Oaks, Calif.: Sage, 2012.

Kahlert, T. (Einsatz von PDM/EDM-Systemen):
Einsatz von PDM/EDM-Systemen. Bei der Zusammenarbeit von Herstellern und Zulieferern. In: ZWF - Zeitschrift für wirtschaftlichen Fabrikbetrieb, Nr. 11, 2003, S. 627-629.

Kampker, A. (Kompetenzbasierte Geschäftsausweitung):
Kompetenzbasierte Geschäftsausweitung von produzierenden Unternehmen. Aachen: Shaker, 2004.

Kett, I.; Schewe, G. (Management Skills):
Management Skills. Beziehungen nutzen, Probleme lösen, effektiv kommunizieren. 1. Aufl., Wiesbaden: Gabler, 2010.

Kirsch, W. (Die geplante Evolution):
Strategisches Management. Die geplante Evolution von Unternehmen. Herrsching: Kirsch, 1997.

Kleinaltenkamp, M. (Markt- und Produktmanagement):
Markt- und Produktmanagement. Die Instrumente des Business-to-Business-Marketing. 2. Aufl., Wiesbaden: Gabler, 2006.

Klocke, F.; Arntz, K. (Technologien von morgen):
Technologien für den Werkzeug- und Formenbau von morgen. In: Klocke, F.; Eversheim, W. (Hrsg.): 4. Internationales Kolloquium „Werkzeugbau mit Zukunft". Aachen: Eigendruck des Werkzeugmaschinenlabors WZL der RWTH Aachen und des Fraunhofer-Instituts für Produktionstechnologie IPT, 2004, S. 10.

Klocke, F.; Schuh, G. (Zukunftsstudie Werkzeugbau):
Zukunftsstudie Werkzeug- und Formenbau. Aachen: Eigendruck des Werkzeugmaschinenlabors WZL der RWTH Aachen und des Fraunhofer-Instituts für Produktionstechnologie IPT, 2005.

Klotzbach, C. (Industrieller Werkzeugbau):
Gestaltungsmodell für den industriellen Werkzeugbau. Aachen: Shaker, 2006.

Knuppertz, T.; Feddern, U. (Prozessorientierte Unternehmensführung):
Prozessorientierte Unternehmensführung. Prozessmanagement ganzheitlich einführen und verankern. Stuttgart: Schäffer-Poeschel, 2011.

Knyphausen-Aufseß, D. z. (Theorie der strategischen Unternehmensführung):
Theorie der strategischen Unternehmensführung. State of the art und neue Perspektiven. Wiesbaden: Gabler, 1996.

Koch, H. (Integrierte Unternehmensplanung):
Integrierte Unternehmensplanung. Wiesbaden: Gabler, 1982.

Koch, S. (Steigerung der Wandlungsfähigkeit):
Methodik zur Steigerung der Wandlungsfähigkeit von Fabriken im Maschinen- und Anlagenbau. 1. Aufl., Aachen: Apprimus, 2011.

Komorek, N. J. (Kollaborative Wertschöpfung):
Gestaltungsmodell für kollaborative Wertschöpfung im industriellen Werkzeugbau. 1. Aufl., Aachen: Apprimus, 2014.

Kozielski, S. A. (Kennzahlensystem für den Werkzeugbau):
Integratives Kennzahlensystem für den Werkzeugbau. 1. Aufl., Aachen: Apprimus, 2010.

Krah, O. (Prozessmodell):
Prozeßmodell zur Unterstützung umfassender Veränderungsprojekte. Aachen: Shaker, 1999.

Krüger, W.; Homp, C. (Kernkompetenz-Management):
Kernkompetenz-Management. Steigerung von Flexibilität und Schlagkraft im Wettbewerb. Wiesbaden: Gabler, 1997.

Krystek, U. (Integrierter Sanierungs-/Restrukturierungsprozess):
Die Rolle des Controllings in Restrukturierung und Sanierung. In: Evertz, D.; Krystek, U. (Hrsg.): Restrukturierung und Sanierung von Unternehmen. Grundlagen, Fallstudien und Instrumente für die Praxis. Stuttgart: Schäffer-Poeschel, 2010, S. 41-61.

Kubicek, H. (Heuristische Bezugsrahmen):
Heuristische Bezugsrahmen und heurisitsch angelegte Forschungsdesigns als Elemente einer Konstruktionsstrategie empirischer Forschung. In: Köhler, R. (Hrsg.): Empirische und handlungstheoretische Forschungskonzeptionen in der Betriebswirtschaftslehre. Stuttgart: Schäffer-Poeschel, 1977, S. 3-36.

Kugeler, M. (Informationsmodellbasierte Organisationsgestaltung):
Informationsmodellbasierte Organisationsgestaltung. Modellierungskonventionen und Referenzvorgehensmodell zur prozessorientierten Reorganisation. Berlin: Logos, 2000.

Kugeler, M.; Vieting, M. (Prozessorientierte Aufbauorganisation):
Gestaltung einer prozessorientiert(er)en Aufbauorganisation. In: Becker, J.; Kugeler, M.; Rosemann, M. (Hrsg.): Prozessmanagement. Ein Leitfaden zur prozessorientierten Organisationsgestaltung. 6. Aufl., Berlin [u.a.]: Springer, 2008, S. 221-267.

Kühn, F.; Grandke, R. (Kundennutzen):
Kundennutzen in der Leistungserstellung verankern. In: Hirzel Leder und Partner (Hrsg.): Fokussiertes Business Design. Wie Sie Ihr Geschäftssystem konsequent auf Kundennutzen trimmen. Wiesbaden: Gabler, 1997, S. 133-148.

Kühn, T. (Leistungssysteme für den Werkzeugbau):
Lebenszyklusorientierte Leistungssysteme für den Werkzeugbau. 1. Aufl., Aachen: Apprimus, 2016.

Kuhlmann, K. K. (Geschäftsprozesse im industriellen Werkzeugbau):
Methodik zur Gestaltung von Geschäftsprozessen im industriellen Werkzeugbau. 1. Aufl., Aachen: Apprimus, 2011.

Kuhn, T. S. (Struktur wissenschaftlicher Revolutionen):
Die Struktur wissenschaftlicher Revolutionen. 2. Aufl., Frankfurt am Main: Suhrkamp, 2001.

Lakatos, I. (Wissenschaftliche Forschungsprogramme):
Falsifikation und die Methodologie wissenschaftlicher Forschungsprogramme. In: Lakatos, I.; Musgrave, A. (Hrsg.): Kritik und Erkenntnisfortschritt. Braunschweig: Springer Vieweg, 1974, S. 89-189.

Langmann, R. (Automatisierung):
Taschenbuch der Automatisierung. Einleitung. In: Langmann, R. (Hrsg.): Taschenbuch der Automatisierung. 2. Aufl., München [u.a.]: Hanser, 2010, S. 19-21.

Laufenberg, L. (Integrierte Projektgestaltung):
Methodik zur integrierten Projektgestaltung für die situative Umsetzung des simultaneous engineering. Aachen: Shaker, 1996.

Lehner, F. (Wissensmanagement):
Wissensmanagement. Grundlagen, Methoden und technische Unterstützung. 4. Aufl., München [u.a.]: Hanser, 2011.

Lehner, F.; Wildner, S.; Scholz, M. (Wirtschaftsinformatik):
Wirtschaftsinformatik. Eine Einführung. 2. Aufl., München [u.a.]: Hanser, 2008.

Leipold, D.; Zwicker, R. (Das 3-Phasen Modell):
Das 3-Phasen Modell der Planung. Von der Kalkulation zu belastbaren Planstunden. In: Der Stahlformenbauer, Nr. 1, 2013, S. 20-22.

Likert, R. (Measurement of Attitudes):
A Technique for the Measurement of Attitudes. New York: Archives of Psychology, 1932.

Linacre, J. (Optimizing Rating Scale):
Optimizing Rating Scale Category Effectiveness. In: Journal of Applied Measurement, 3. Jg., Nr. 1, 2002, S. 85-106.

Ludewig, J. (Modelle im Software Engineering):
Modelle im Software Engineering – eine Einführung und Kritik. Stuttgart: Eigendruck des Instituts für Informatik der Universität Stuttgart, 2002.

Maier, R. (Knowledge Management Systems):
Knowledge Management Systems. Information and Communication Technologies for Knowledge Management. Berlin [u.a.]: Springer, 2002.

Makhija, M. (Resource-based and Market-based View):
Comparing the Resource-based and Market-based Views of the Firm. Empirical Evidence from Czesh Privatization. In: Strategic Management Journal, 24. Jg., 2003, S. 433-451.

Martin, J. (The Great Transition):
The Great Transition. Using the Seven Disciplines of Enterprise Engineering to Align People, Technology, and Strategy. New York: Amacom, 1995.

McLeavey, D. W.; Narasimhan, S. L. (Production Planning):
Production Planning and Inventory Control. Boston: Allyn and Bacon, 1985.

Meise, V. (Prozessorientierte Organisationsgestaltung):
Ordnungsrahmen zur prozessorientierten Organisationsgestaltung. Modelle für das Management komplexer Reorganisationsprojekte. Hamburg: Kovac, 2001.

Menges, G.; Michaeli, W.; Mohren, P.; Bussmann, M. (Spritzgießwerkzeuge):
Spritzgießwerkzeuge. Auslegung, Bau, Anwendung. 6. Aufl., München [u.a.]: Hanser, 2007.

Mentzel, W.; Neef-Cramer, R. (Innovationsorientierte Personalentwicklung):
Innovationsorientierte Personalentwicklung. In: Dold, E.; Gentsch, P. (Hrsg.): Innovation möglich machen. Handbuch für effizientes Innovationsmanagement. 2. Aufl., Düsseldorf: Symposion, 2007, S. 59-87.

Miles, R. E.; Snow, C. C. (How Companies Succeed or Fail):
Fit, Failure, and the Hall of Fame. How Companies Succeed or Fail. New York [u.a.]: Free Press, 1994.

Mintzberg, H.; Ahlstrand, B.; Lampel, J. (Strategy Safari):
Strategy Safari. Eine Reise durch die Wildnis des strategischen Managements. 2. Aufl., Wien [u.a.]: Ueberreuter, 1999.

Mintzberg, H.; Lampel, J.; Quinn, J. B.; Ghoshal, S. (The Strategy Process):
The Strategy Process. Concepts, Contexts, Cases. 4. Aufl., Upper Saddle River: Prentice Hall, 2003.

Mirow, M. (Globalisierung der Wertschöpfung):
Globalisierung der Wertschöpfung. In: Krystek, U. (Hrsg.): Handbuch Internationalisierung. Globalisierung – eine Herausforderung für die Unternehmensführung. 2 Aufl., Berlin [u.a.]: Springer, 2002, S. 110-124.

Mittelmann, A. (Werkzeugkasten Wissensmanagement):
Werkzeugkasten Wissensmanagement. Norderstedt: Books on Demand, 2011.

Müller, M. (Prozeßorientierte Veränderungsprojekte):
Prozeßorientierte Veränderungsprojekte. Fallbeispiele des Unternehmenswandels. Bamberg: Difo-Druck OHG, 1999.

Müller-Stewens, G.; Lechner, C. (Strategisches Management):
Strategisches Management. Wie strategische Initiativen zum Wandel führen; Der St. Galler General Management Navigator. 3. Aufl., Stuttgart: Schäffer-Poeschel, 2005.

Müller-Stewens, G.; Lechner, C. (Unternehmerische Einheiten):
Die Gestaltung unternehmerischer Einheiten: Der General Management Navigator als ein Konzept zur integrierten Strategie- und Wandelarbeit. In: Die Organisationsentwicklung, 18. Jg., Nr. 2, 1999, S. 24-43.

Neemann, C. W. (Schutz gegen Produktimitationen):
Methodik zum Schutz gegen Produktimitationen. Aachen: Shaker, 2007.

Neuhausen, J. (Gestaltung modularer Produktionssysteme):
Methodik zur Gestaltung modularer Produktionssysteme für Unternehmen der Serienproduktion. Aachen: Shaker, 2001.

Neumann, J.; Morgenstern, O. (Spieltheorie):
Spieltheorie und wirtschaftliches Verhalten. Würzburg: Physica, 1961.

Nonaka, I.; Takeuchi, H. (The Knowledge-creating Company):
The Knowledge-creating Company. How Japanese Companies Create the Dynamics of Innovation. New York: Oxford University Press, 1995.

North, K. (Wissensorientierte Unternehmensführung):
Wissensorientierte Unternehmensführung. Wertschöpfung durch Wissen. 5. Aufl., Wiesbaden: Gabler, 2011.

o.V. (aixperanto):
aixperanto – Partizipativ Prozesse gestalten. http://www.aixperanto.de. Seitenaufruf: 13.08.2016.

o.V. (Analyse Arbeitsmarkt):
IAB-Kurzbericht 19/2011. Aktuelle Analysen aus dem Institut für Arbeitsmarkt- und Berufsforschung. Bielefeld: Bertelsmann, 2011.

o.V. (Aneil der Industrie am BIP):
Anteil der Industrie am BIP. http://www.destatis.de. Seitenaufruf: 13.08.2016.

o.V. (Begriffsverständnis Auslegung):
Begriffsverständnis Auslegung. http://www.duden.de. Seitenaufruf: 04.10.2016.

o.V. (Begriffsverständnis Modell):
Begriffsverständnis Modell. http://www.duden.de. Seitenaufruf: 04.10.2016.

o.V. (Begriffsverständnis Plan):
Begriffsverständnis Plan. http://www.duden.de. Seitenaufruf: 04.10.2016.

o.V. (Bevölkerung in Deutschland):
Bevölkerung in Deutschland. http://www.destatis.de. Seitenaufruf: 13.08.2016.

o.V. (Böllhoff):
Unternehmensinformationen der Böllhoff Produktion GmbH. http://www.boellhoff.de. Seitenaufruf: 26.09.2016.

o.V. (EFQM Excellence Model):
The EFQM Excellence Model. http://www.efqm.org. Seitenaufruf: 13.08.2016.

o.V. (Exportüberschuss):
Exportüberschuss. http://www.n-tv.de. Seitenaufruf: 13.08.2016.

o.V. (Foreign Trade):
Foreign Trade. http://www.destatis.de. Seitenaufruf: 13.08.2016.

o.V. (Geographical Regions):
Composition of Macro Geographical (Continental) Regions, Geographical Sub-regions, and selected Economic and other Groupings. http://www.unstats.un.org. Seitenaufruf: 13.08.2016.

o.V. (KfW-Mittelstandspanel):
KfW-Mittelstandspanel 2014. Jährliche Analyse zur Struktur und Entwicklung des Mittelstands in Deutschland. Frankfurt am Main: Eigendruck der KFW Bankengruppe, 2014.

o.V. (Made in Germany):
Made in Germany. http://www.br.de. Seitenaufruf: 13.08.2016.

o.V. (Otto Fuchs):
Unternehmensinformationen der Otto Fuchs KG. http://www.otto-fuchs.com. Seitenaufruf: 26.09.2016.

o.V. (The 7-S Framework):
Enduring Ideas: The 7-S Framework. http://www.mckinsey.com. Seitenaufruf: 13.08.2016.

o.V. (The EU in the World):
The EU in the World - A Statistical Portrait. http://www.ec.europa.eu. Seitenaufruf: 13.08.2016.

o.V. (Weltbevölkerung):
Weltbevölkerung. http://www.weltbevoelkerung.de. Seitenaufruf: 13.08.2016.

o.V. (Werkstatt der Welt):
Chinas Aufstieg zur Werkstatt der Welt. http://www.de.statista.com. Seitenaufruf: 13.08.2016.

o.V. (Wissensbegriff Leistung):
Wissensbegriff Leistung. Brockhaus Wissensservice, 2012.

Österle, H.; Blessing, D. (Ansätze des Business Engineering):
Ansätze des Business Engineering. In: HMD – Praxis der Wirtschaftsinformatik, 42. Jg., Nr. 241, 2005, S. 7-17.

Ohno, T. (Toyota Production System):
Toyota Production System. Beyond Large-scale Production. Cambridge [u.a.]: Productivity Press, 1988.

Osterloh, M.; Frost, J. (Prozessmanagement als Kernkompetenz):
Prozessmanagement als Kernkompetenz. Wie Sie Business Reengineering strategisch nutzen können. 5. Aufl., Wiesbaden: Gabler, 2006.

Patzak, G. (Systemtechnik):
Systemtechnik – Planung komplexer innovativer Systeme. Grundlagen, Methoden, Techniken. Berlin [u.a.]: Springer, 1982.

Paulukuhn, L. (Typologisierung von Entwicklungsprojekten):
Typologisierung von Entwicklungsprojekten im Maschinenbau. Aachen: Shaker, 2005.

Pavim, A. X. (Selbstoptimierende Inspektionssysteme):
Selbstoptimierende Inspektionssysteme in der wandlungsfähigen Kleinserienfertigung. Aachen: Shaker, 2012.

Pawellek, G. (Ganzheitliche Fabrikplanung):
Ganzheitliche Fabrikplanung. Grundlagen, Vorgehensweise, EDV-Unterstützung. Berlin [u.a.]: Springer, 2008.

Penrose, E. T. (The Theory of the Growth):
The Theory of the Growth in the Firm. Oxford: Blackwell, 1959.

Peters, T. J.; Waterman, R. H. (Spitzenleistungen):
Auf der Suche nach Spitzenleistungen. 10. Aufl., Landsberg: Verlag Moderne Industrie, 1984.

Pitsch, M. (Kompetenzfeldbasierte Vernetzung):
Kompetenzfeldbasierte Vernetzung von Werkzeugbaustandorten. 1. Aufl., Aachen: Apprimus, 2014.

Popper, K. (Logik der Sozialwissenschaften):
Die Logik der Sozialwissenschaften. In: Adorno, T. W.; Dahrendorf, R. (Hrsg.): Der Positivismusstreit in der deutschen Soziologie. 4. Aufl., Darmstadt: Luchterhand, 1975.

Porter, M. E. (Competitive Advantages):
Competitive Advantages. Creating and Sustaining Superior Performance. New York: Free Press, 1985.

Prahalad, C. K.; Hamel, G. (Core Competence):
The Core Competence of the Corporation. In: Harvard business review, 1990, S. 79-91.

Prahalad, C. K.; Hamel, G. (Kernkompetenzen sichern das Überleben):
Nur Kernkompetenzen sichern das Überleben. In: Harvard manager, 13. Jg., Nr. 2, 1991, S. 66-78.

Prange, C. (Organisationales Lernen):
Organisationales Lernen und Wissensmanagement. Fallbeispiele aus der Unternehmenspraxis. 1. Aufl., Wiesbaden: Gabler, 2002.

Pritschow, G. (Steuerungstechnik):
Einführung in die Steuerungstechnik. München [u.a.]: Hanser, 2006.

Probst, G.; Raub, S.; Romhardt, K. (Wissen managen):
Wissen managen. Wie Unternehmen ihre wertvollste Ressource optimal nutzen. 7. Aufl., Wiesbaden: Gabler, 2012.

Pümpin, C. (Strategische Erfolgspositionen):
Strategische Erfolgspositionen. Methodik der dynamischen strategischen Unternehmensführung. Bern [u.a.]: Haupt, 1992.

Reichwald, R.; Möslein, K. (Strukturen und Gestaltung):
Organisation: Strukturen und Gestaltung. München: Eigendruck des Lehrstuhls für Allgemeine und Industrielle Betriebswirtschaftslehre an der TUM, 1997.

Reijers, H. A. (Design and Control):
Design and Control of Workflow Processes. Business Process Management for the Service Industry. Berlin [u.a.]: Springer, 2003.

Reisinger, S.; Gattringer, R.; Strehl, F. (Strategisches Management in Theorie und Praxis):
Strategisches Management. Grundlagen für Studium und Praxis. München: Pearson Higher Education, 2013.

Reiß, M. (In Prozessen denken):
In Prozessen denken. Schlankes Management ist prozeßbasiertes Management. In: Gablers Magazin, 6/7, 1993, S. 49-54.

Remus, U. (Prozessorientiertes Wissensmanagement):
Prozessorientiertes Wissensmanagement. Konzepte und Modellierung. Regensburg: Eigendruck der Universität Regensburg, 2002.

Rinza, P. (Projektmanagement):
Projektmanagement. Planung, Überwachung und Steuerung von technischen und nichttechnischen Vorhaben. 4 Aufl., Berlin [u.a.]: Springer, 1998.

Rohloff, M. (Integrierte Gestaltung):
Integrierte Gestaltung von Unternehmensorganisation und IT. Berlin: Gito, 2009.

Rüegg-Stürm, J. (St. Galler Management-Modell):
Das neue St. Galler Management-Modell. Grundkategorien einer modernen Managementlehre – der HSG-Ansatz. Bern [u.a.]: Haupt, 2002.

Sadler, P. (Strategic Management):
Strategic Management. 2. Aufl., London: Kogan Page, 2003.

Salmen, M. (Digital vernetzter Shopfloor):
Gestaltungsmodell für den digital vernetzten Shopfloor im Werkzeugbau. Aachen: Apprimus, 2016.

Sandkuhl, K.; Wißotzki, M.; Stirna, J. (Unternehmensmodellierung):
Unternehmensmodellierung. Grundlagen, Methode und Praktiken. Berlin [u.a.]: Springer Vieweg, 2013.

Schanz, G. (Führungsforschung):
Wissenschaftstheoretische Grundfragen der Führungsforschung. In: Kieser, A. (Hrsg.): Handwörterbuch der Führung. 2 Aufl., Stuttgart: Schäffer-Poeschel, 1987, S. 2039-2047.

Scheer, A.-W. (ARIS):
ARIS – Vom Geschäftsprozess zum Anwendungssystem. 4. Aufl., Berlin [u.a.]: Springer, 1999.

Schenk, M.; Wirth, S.; Müller, E. (Fabrikplanung und Fabrikbetrieb):
Fabrikplanung und Fabrikbetrieb. Methoden für die wandlungsfähige, vernetzte und ressourceneffiziente Fabrik. 2. Aufl., Berlin [u.a.]: Springer Vieweg, 2014.

Scherer, J. (Kreativitätstechniken):
Kreativitätstechniken. In 10 Schritten Ideen finden, bewerten, umsetzen. Offenbach: Gabal, 2007.

Schittny, B. S. (Wertschöpfungstiefengestaltung im Werkzeugbau):
Methodik zur Wertschöpfungstiefengestaltung im Werkzeugbau. 1. Aufl., Aachen: Apprimus, 2015.

Schleyer, C. (Kooperationsmanagement im Werkzeugbau):
Erfolgreiches Kooperationsmanagement im Werkzeugbau. Aachen: Shaker, 2006.

Schlüter, H. (Vorkalkulationsmethoden):
Vorkalkulationsmethoden von Spritzgießwerkzeugen. DIF – Deutsches Industrie Forum. Vortrag am 23.04.2006 in Frankfurt am Main.

Schmelzer, H. J.; Sesselmann, W. (Geschäftsprozessmanagement):
Geschäftsprozessmanagement in der Praxis. Kunden zufriedenstellen, Produktivität steigern, Wert erhöhen. 8. Aufl., München [u.a.]: Hanser, 2013.

Schmidt, C.; Schoth, A.; Brandenburg, U.; Brosze, T.; Kompa, S.; Meier, C. (Produktionssysteme des Maschinen- und Anlagenbaus):
WinD: Produktionssysteme des Maschinen- und Anlagenbaus zukunftsfähig gestalten. Wandlungsfähigkeit zum Anfassen im ERP-Innovation-Lab des FIR. In: UdZ – Unternehmen der Zukunft, 13. Jg., Nr. 1, 2012, S. 19-21.

Scholl, A. (Robuste Planung und Optimierung):
Robuste Planung und Optimierung. Grundlagen - Konzepte und Methoden – experimentelle Untersuchungen. Heidelberg: Physica, 2001.

Schreyögg, G. (Grundlagen moderner Organisationsgestaltung):
Organisation. Grundlagen moderner Organisationsgestaltung; mit Fallstudien. Wiesbaden: Gabler, 1996.

Schroeter, B. (Operatives Controlling):
Operatives Controlling. Aufgaben, Objekte, Instrumente. 1. Aufl, Wiesbaden: Gabler, 2002.

Schuh, G. (Change Management):
Change Management – Prozesse strategiekonform gestalten. Berlin [u.a.]: Springer, 2006.

Schuh, G. (Erfolg durch Einzigartigkeit):
Erfolg durch Einzigartigkeit. Wohin geht der Werkzeugbau. In: FORMWERK – VDWF aktuell, Nr. 4, 2004, S. 16-19.

Schuh, G. (Lean Innovation):
Lean Innovation. Berlin [u.a.]: Springer, 2013.

Schuh, G. (Service im Werkzeugbau):
Service im Werkzeugbau. 7. Internationales Kolloquium „Werkzeugbau mit Zukunft". Vortrag am 04.12.2007 in Aachen.

Schuh, G. (Toolmaking for the Future):
Toolmaking for the Future. A Global Study of today's Situation and future Trends in the Tooling Industry. Aachen: Eigendruck des Werkzeugmaschinenlabors WZL der RWTH Aachen, 2009.

Schuh, G. (Werkzeugbau als Smart Service):
Werkzeugbau als Smart Service. 14. Internationales Kolloquium „Werkzeugbau mit Zukunft". Vortrag am 05.11.2014 in Aachen.

Schuh, G.; Boos, W.; Eßmann, V.; Fuchs, R.; Gärtner, R.; Hensen, T.; Hill, A.; Johann, H.; Komorek, N.; Pitsch, M.; Siebenwurst, C. (Globaler industrieller Werkzeugbau):
Globaler industrieller Werkzeugbau. Vernetzte Wertschöpfung als Erfolgsfaktor. In: Brecher, C.; Klocke, F.; Schmitt, R.; Schuh, G. (Hrsg.): Integrative Produktion. Industrie 4.0 – Aachener Perspektiven. Aachen: Eigendruck des Werkzeugmaschinenlabors WZL der RWTH Aachen und des Fraunhofer-Instituts für Produktionstechnologie IPT, 2014, S. 221-243.

Schuh, G.; Boos, W.; Gaus, F.; Kozielski, S. (Dienstleistungsqualität im Werkzeugbau):
Beurteilung der Dienstleistungsqualität im Werkzeugbau. Kennzahlbasiertes Bewertungskonzept für den Service in Werkzeugbaubetrieben. In: wt – Werkstatttechnik, 2009, S. 539-543.

Schuh, G.; Boos, W.; Kuhlmann, K. (Modelling Business Processes):
Management and Service Science (MASS). In: Tagungsband: International Conference on Management and Service Science. 24.-26.08.2010. IEEE eXpress Conference Publishing, 2010, S. 1-4.

Schuh, G.; Boos, W.; Kuhlmann, K.; Pitsch, M. (Operative Exzellenz):
Operative Exzellenz im Werkzeug- und Formenbau. 1. Aufl., Aachen: Apprimus, 2010.

Schuh, G.; Boos, W.; Kuhlmann, K.; Rittstieg, M. (Wissen ist Macht):
Wissen ist Macht. Ingenieurisierung und Wissensmanagement. In: Form+Werkzeug, 19. Jg., Nr. 5, 2011, S. 14-15.

Schuh, G.; Boos, W.; Kuhlmann, K.; Schippers, M. (Der Werkzeugbau im Wandel):
Der Werkzeugbau im Wandel. In: Kunststoffe, 102. Jg., Nr. 10, 2012, S. 72-78.

Schuh, G.; Boos, W.; Pitsch, M.; Salmen, M.; Hensen, T.; Kuhlmann, T.; Rittstieg, F. (Fast Forward Tooling):
Fast Forward Tooling. 1. Aufl., Aachen: Eigendruck des Werkzeugmaschinenlabors WZL der RWTH Aachen und der WBA Aachener Werkzeugbau Akademie GmbH, 2015.

Schuh, G.; Boos, W.; Salmen, M.; Hensen, T. (Marketing):
Marketing. Fluch oder Segen. In: werkzeug&formenbau, 26. Jg., Nr. 1, 2016, S. 54-57.

Schuh, G.; Friedli, T.; Gebauer, H. (Fit for Service):
Fit for Service. Industrie als Dienstleister. München [u.a.]: Hanser, 2004.

Schuh, G.; Kampker, A.; Stich, V.; Kuhlmann, K. (Prozessmanagement):
Prozessmanagement. In: Schuh, G.; Kampker, A. (Hrsg.): Strategie und Management produzierender Unternehmen. 2. Aufl., Berlin [u.a.]: Springer, 2011, S. 327-382.

Schuh, G.; Kuhlmann K.; Pitsch M.; Schippers M. (Der ideale Werkzeugbau):
Der ideale Werkzeugbau. Vernetzung statt statischer Positionierung. In: Form+Werkzeug, 21. Jg., Nr. 1, 2013, S. 14-15.

Schuh, G.; Kuhlmann, K.; Pitsch, M. (Further Education):
Technology Management for Emerging Technologies. In: Tagungsband: Portland International Center for Technology Management for Emerging Technologies (PICMET). 29.07-02.08.2012, 2012, S. 1868-1875.

Schuh, G.; Pitsch, M.; Komorek, N.; Rittstieg, F.; Kuhlmann, T. (Systematische Mitarbeiterentwicklung):
Systematische Mitarbeiterentwicklung. In: werkzeug&formenbau, 24. Jg., Nr. 4, 2014, S. 86-89.

Schuh, G.; Pitsch, M.; Kuhlmann, K.; Schippers, M.; Kelzenberg, C. (Kundenbindung stärken):
Vor- und nachgelagerte Kundenvernetzung. Kundenbindung stärken. In: Form+Werkzeug, 23. Jg., Nr. 6, 2015, S. 38-39.

Schuh, G.; Pitsch, M.; Ziskoven, H.; Lieb, H.; Kelzenberg, C. (Getaktete Fertigung):
Getaktete Fertigung im Werkzeugbau. Aachen: Eigendruck des Werkzeugmaschinenlabors WZL der RWTH Aachen, 2015.

Schuh, G.; Potente, T.; Thomas, C.; Hauptvogel, A. (Steigerung der Kollaborationsproduktivität):
Steigerung der Kollaborationsproduktivität durch cyber-physische Systeme. In: Bauernhansl, T.; Hompel, M. ten; Vogel-Heuser, B. (Hrsg.): Industrie 4.0 in Produktion, Automatisierung und Logistik. Anwendung – Technologien – Migration. Berlin [u.a.]: Springer, 2014, S. 277-295.

Schuh, G.; Stich, V. (Grundlagen der PPS):
Produktionsplanung und -steuerung 1. Grundlagen der PPS. 4. Aufl., Berlin [u.a.]: Springer, 2012.

Schuh, G.; Stich, V. (Logistikmanagement):
Logistikmanagement. 2. Aufl., Berlin: Springer Vieweg, 2013.

Schuler GmbH (Handbuch der Umformtechnik):
Handbuch der Umformtechnik. Berlin [u.a.]: Springer, 1996.

Schulte, H. (Strukturplanung von Fabriken):
Die Strukturplanung von Fabriken. In: Engel, K. H. (Hrsg.): Handbuch der Techniken des Industrial Engineering. 4. Aufl., Landsberg am Lech: Moderne Industrie, 1984, S. 1201-1254.

Schulte-Zurhausen, M. (Organisation):
Organisation. 5. Aufl., München: Vahlen, 2010.

Scott Morton, M. (The Corporation of the 1990s):
The Corporation of the 1990s. Information Technology and Organizational Transformation. New York: Oxford University Press, 1991.

Shelby, J. E. (Glass Science and Technology):
Introduction to Glass Science and Technology. 2. Aufl., Cambridge: Royal Society of Chemistry, 2005.

Siegwart, H.; Reinecke, S.; Sander, S. (Kennzahlen):
Kennzahlen für die Unternehmensführung. 7. Aufl., Bern [u.a.]: Haupt, 2010.

Spennemann, F. (Organisationsstrukturen):
Gestaltung von Organisationsstrukturen im Werkzeugbau. Aachen: Shaker, 2001.

Stachowiak, H. (Allgemeine Modelltheorie):
Allgemeine Modelltheorie. Wien [u.a.]: Springer, 1973.

Staudt, E.; Groeters, U.; Hafkesbrink, J.; Treichel, H.-R. (Kennzahlen und Kennzahlensysteme):
Kennzahlen und Kennzahlensysteme. Grundlagen zur Entwicklung und Anwendung; Bibliographie deutschsprachiger Veröffentlichungen; Praxisorientierte Literaturauswertung. Berlin: E. Schmidt, 1985.

Tomczak, T. (Forschungsmethoden):
Forschungsmethoden in der Marketingwissenschaft – Ein Plädoyer für den qualitativen Forschungsansatz. In: Marketing ZFP, Nr. 2, 1992, S. 77-87.

Treacy, M.; Wiersema, F. (Marktführerschaft):
Marktführerschaft. Wege zur Spitze. Frankfurt am Main: Campus, 1995.

Ulrich, H. (Management):
Management. Bern [u.a.]: Haupt, 1984.

Ulrich, H. (Systemorientierte Betriebswirtschaftslehre):
Der systemorientierte Ansatz in der Betriebswirtschaftslehre. In: v. Kortzfleisch, G. (Hrsg.): Wissenschaftsprogramm und Ausbildungsziele der Betriebswirtschaftslehre. Bericht von der wissenschaftlichen Tagung in St. Gallen vom 02.-05.06.1971. Berlin: Duncker & Humblot, 1971, S. 43.

Ulrich, H.; Krieg, W. (St. Galler Management-Modell):
St. Galler Management-Modell. 3. Aufl., Berlin [u.a.]: Haupt, 1974.

Ulrich, P.; Hill, W. (Betriebswirtschaftslehre):
Wissenschaftstheoretische Grundlagen der Betriebswirtschaftslehre. In: Wirtschaftswissenschaftliches Studium: Wist; Zeitschrift für Ausbildung und Hochschulkontakt, 5. Jg., Nr. 7, 1976, S. 304-309.

VDI (VDI-Richtlinie 2815):
VDI-Richtlinie 2815: Begriffe für die Produktionsplanung und -steuerung, ausgemusterte und nicht ersetzte Richtlinie, dennoch weiterhin benutzt und anerkannt. Düsseldorf: VDI-Verlag, 1978.

VDI (VDI-Richtlinie 5200):
VDI-Richtlinie 5200 – Fabrikplanung – Planungsvorgehen. Düsseldorf: VDI-Verlag, 2011.

VDMA (Präzisionswerkzeugbranche in Zahl und Bild):
VDMA Präzisionswerkzeugbranche in Zahl und Bild, 2015.

VDMA (Präzisionswerkzeugbranche in Zahl und Bild):
VDMA Präzisionswerkzeugbranche in Zahl und Bild, 2016.

VDMA (Präzisionswerkzeuge: Jahreswechsel auf Rekordniveau):
Präzisionswerkzeuge: Jahreswechsel auf Rekordniveau. Statement zur Jahrespressekonferenz des Fachverbandes Präzisionswerkzeuge im VDMA. Frankfurt am Main, 2012.

VDMA (Präzisionswerkzeuge: Wachstum insgesamt):
VDMA Präzisionswerkzeuge – Wachstum insgesamt, Teilbranchen laufen unterschiedlich. Statement zur Jahrespressekonferenz des Fachverbandes Präzisionswerkzeuge im VDMA, 2016.

Venkatraman, N. (The Concept of Fit in Strategy):
The Concept of Fit in Strategy Research. Towards Verbal and Statistical Correspondence. In: Academy of Management Review, 14. Jg., Nr. 3, 1989, S. 423-444.

Vernadat, F. B. (Enterprise Modeling and Integration):
Enterprise Modeling and Integration. Principles and Applications. 1. Aufl., London [u.a.]: Chapman & Hall, 1996.

Weber, J.; Schäffer, U. (Einführung in das Controlling):
Einführung in das Controlling. 13. Aufl., Stuttgart: Schäffer-Poeschel, 2011.

Welge, M. K.; Al-Laham, A. (Grundlagen – Prozess – Implementierung):
Strategisches Management. Grundlagen – Prozess – Implementierung. 5. Aufl., Wiesbaden: Gabler, 2008.

Wernerfelt, B. (A Resource-based View):
A resource-based View of the Firm. In: Strategic Management Journal, 5. Jg., Nr. 2, 1984, S. 171-180.

Westekemper, M. (Angebotspreisbildung):
Methodik zur Angebotspreisbildung. Am Beispiel des Werkzeug- und Formenbaus. Aachen: Shaker, 2002.

Westkämper, E. (Automatisierung in der Einzel- und Serienfertigung):
Automatisierung in der Einzel- und Serienfertigung. Ein Beitrag zur Planung, Entwicklung und Realisierung neuer Fertigungskonzepte. Aachen: Eigendruck des Werkzeugmaschinenlabors WZL der RWTH Aachen, 1977.

Wiendahl, H.-P.; Reichardt, J.; Nyhuis, P. (Handbuch Fabrikplanung):
Handbuch Fabrikplanung. Konzept, Gestaltung und Umsetzung wandlungsfähiger Produktionsstätten. München [u.a.]: Hanser, 2009.

Will, M. (Strategische Unternehmensentwicklung in KMU):
Strategische Unternehmensentwicklung auf Basis immaterieller Werte in KMU. Eine Methode zur Integration der ressourcen- und marktbasierten Perspektive im Strategieprozess. Stuttgart: Fraunhofer-Verlag, 2012.

Wöhe, G. (Allgemeine Betriebswirtschaftslehre):
Einführung in die allgemeine Betriebswirtschaftslehre. 11. Aufl., München: Vahlen, 1973.

Wöhe, G.; Kaiser, H.; Döring, U. (Betriebswirtschaftslehre):
Übungsbuch zur Einführung in die allgemeine Betriebswirtschaftslehre. 12. Aufl., München: Vahlen, 2008.

Ziskoven, H. (Fertigung im Werkzeugbau):
Methodik zur Gestaltung und Auftragseinplanung einer getakteten Fertigung im Werkzeugbau. 1. Aufl., Aachen: Apprimus, 2013.

Zohm, F. (Management von Diskontinuitäten):
Management von Diskontinuitäten. Das Beispiel der Mechatronik in der Automobilzulieferindustrie. 1. Aufl., Wiesbaden: DUV Deutscher Universitäts-Verlag, 2003.

Zwanzig, F. (Taktung der Unikatfertigung):
Taktung der Unikatfertigung am Beispiel des Werkzeugbaus. 1. Aufl., Aachen: Apprimus, 2010.

Zwicker, R. (Der interne Werkzeugbau als Erfolgsfaktor):
Der interne Werkzeugbau als Erfolgsfaktor im Wettbewerb. In: Der Stahlformenbauer, Nr. 6, 2014, S. 100-102.

Zwicker, R. (Kostenfaktor oder Erfolgsgeheimnis):
Kostenfaktor oder Erfolgsgeheimnis – Der interne Werkzeugbau als Keimzelle des Unternehmenserfolgs. In: Plastverarbeiter, 60. Jg., 2009, S. 12-14.

Zwicky, F. (Forschen im morphologischen Weltbild):
Entdecken, Erfinden, Forschen im morphologischen Weltbild. München [u.a.]: Droemer/Knaur, 1966.

Zwicky, F. (Morphologische Forschung):
Morphologische Forschung. Wesen und Wandel materieller und geistiger struktureller Zusammenhänge. Winterthur: Baeschlin, 1959.

Anhang

Im Folgenden werden der Aufbau der morphologischen Kästen für die befähigenden Faktoren Prozesse, Organisation und Ressourcen sowie die Wirkzusammenhänge zwischen den Merkmalen in diesen drei Dimensionen aus Schritt B erläutert. Der Aufbau der morphologischen Kästen erfolgt analog zum Aufbau des morphologischen Kastens zur Beschreibung der Leistung in Schritt A. Die morphologischen Kästen für die befähigenden Faktoren Prozesse, Organisation und Ressourcen dienen dem anwendenden Werkzeugbaubetrieb dazu, sich in die unterschiedlichen Ausprägungen der einzelnen Merkmale einzuordnen und die Abweichung zur optimalen Merkmalsausprägung, welche dem in Schritt A identifizierten Werkzeugbautypen entspricht, zu bestimmen. Dies dient daraufhin als Grundlage für die spätere Auslegung der befähigenden Faktoren. Die Darstellung der Wirkzusammenhänge begründet die Inhalte von Abbildung 87, in welcher diese Wirkzusammenhänge zusammengefasst dargestellt sind.

A.1. Prozesse

Auftragsspektrum

Das Auftragsspektrum im Werkzeugbau macht deutlich, welche Auftragsarten von einem Werkzeugbaubetrieb durchgeführt bzw. angeboten werden (vgl. Kapitel 2.3.2.3). Die Auftragsarten im Werkzeugbau können grundsätzlich in planbare und unplanbare Aufträge unterteilt werden. Planbare Aufträge stellen dabei Neuaufträge, Wiederholaufträge, Instandhaltungsaufträge und ggf. Dienstleistungsaufträge, unplanbare Aufträge hingegen besonders zeitkritische und kurzfristige Aufträge wie Änderungsaufträge, Reparaturaufträge oder aber auch manche Dienstleistungsaufträge dar. In diesem Zusammenhang zeigt sich, dass insbesondere interne Werkzeugbaubetriebe, zur Sicherstellung der Serienproduktion, einen höheren Anteil an unplanbaren Aufträgen bearbeiten müssen.[700] Unplanbare Aufträge stellen für Werkzeugbaubetriebe eine große Herausforderung dar, da sie die Komplexität in der Kapazitätsbelegung signifikant erhöhen, planbare Aufträge verzögern und damit deren Durchlaufzeiten verlängern.

Mögliche Ausprägungen für das Merkmal Auftragsspektrum sind (vgl. auch Abbildung 127):

- **Nur planbare Aufträge:** Es werden lediglich Aufträge durchgeführt, welche im Vorhinein planbar sind. Demnach werden Eilaufträge, welche einen unplanbaren Charakter aufweisen, nicht bearbeitet. Dies führt dazu, dass die Durchlaufzeit der planbaren Aufträge zeitlich exakt geplant und das Fertigstellungsdatum genau definiert werden können. Gleichzeitig ist dadurch ein hoher Auslastungsgrad der Maschinen möglich, da grundsätzlich kein flexibler Zugriff auf die Maschinen notwendig ist.
- **Fokus auf planbaren, nur geringfügig unplanbaren Aufträgen:** Der Fokus in der Werkzeugherstellung liegt auf der Durchführung von planbaren Neuaufträgen. Ziel sind geringe und planbare Durchlaufzeiten sowie eine hohe Auslastung von Maschinen. Unplanbare Aufträge werden nur in Form von Änderungen des Kunden durchgeführt und sind nur für eine geringe Anzahl von Aufträgen verantwortlich.

[700] Vgl. Boos et al. (Effiziente Werkzeugherstellung), 2014, S. 17

- **Gleichermaßen planbare und unplanbare Aufträge:** Der Werkzeugbaubetrieb führt sowohl planbare Neuaufträge als auch unplanbare Aufträge wie Reparaturen, Änderungen etc. durch. Es liegt kein Fokus auf einer der beiden Auftragsarten, wodurch die Komplexität in allen Schritten der Prozesskette sehr hoch ist.

Auftragsspektrum	Ausschließlich planbare Aufträge werden angeboten und durchgeführt	Fokus liegt auf planbaren Aufträgen, unplanbare Aufträge werden nur in Form von späten Änderungen von Kunden durchgeführt	Planbare und unplanbare Aufträge werden in gleichem bzw. ähnlichem Maße angeboten und durchgeführt

Abbildung 127: Ausprägungen des Merkmals Auftragsspektrum

Wertschöpfungstiefe

Die Wertschöpfungstiefe eines Werkzeugbaubetriebs gibt an, wie hoch der Anteil der eigenen Wertschöpfung im Verhältnis zur gesamten Wertschöpfung bei der Herstellung eines Werkzeugs ist. Dabei können alle Prozesse von der Entwicklung bis zur Entsorgung betrachtet werden.[701] Einer Auswertung der gemeinsamen Datenbank des Werkzeugmaschinenlabors WZL der RWTH Aachen und des Fraunhofer-Instituts für Produktionstechnologie IPT zufolge zeigt sich, dass die Wertschöpfungstiefe bei Werkzeugbaubetrieben im deutschsprachigen Raum seit 2007 um ca. 10pp auf ca. 70% gesunken ist[702], wohingegen die Top-Werkzeugbaubetriebe aus dem Jahr 2015 lediglich eine Tiefe von 65,5% aufweisen.[703] Diese Entwicklung macht deutlich, dass Werkzeugbaubetriebe vermehrt mit Wertschöpfungspartnern zusammenarbeiten und sich auf ihre eigenen Kernkompetenzen fokussieren.

Mögliche Ausprägungen für das Merkmal Wertschöpfungstiefe sind (vgl. auch Abbildung 128):

- **Gering:** Die Wertschöpfungstiefe ist gering. Eine Vielzahl von Prozessschritten wird nicht intern durchgeführt. Durch den Zukauf von Bearbeitungsumfängen können Werkzeuge kostengünstig angeboten werden. Alle Umfänge, die kostengünstiger oder aufgrund fehlender Kompetenzen extern beschafft werden können und müssen, werden von Wertschöpfungspartnern bezogen. Geringen Kapitalbindungskosten stehen ein geringer Know-how Schutz und Know-how Aufbau gegenüber. Eine geringe Wertschöpfungstiefe ermöglicht zudem eine Synchronisierung von Prozessen und führt zu kurzen Durchlaufzeiten.
- **Mittel:** Die Wertschöpfungstiefe variiert stark. Entlang der gesamten Prozesskette werden Umfänge, welche kein eigenes Know-how beinhalten, fremd vergeben. Nur Umfänge, welche ein differenzierungsrelevantes Know-how beinhalten, werden an strategische Partner vergeben. Der Fokus liegt, je nach Auftrag, auf einer kostengetriebenen oder einer innovationsgetriebenen externen Wertschöpfung. Der Zeitvorteil einer Fremdvergabe steht nur bei besonders kritischen Aufträgen im Vordergrund.
- **Hoch:** Die Wertschöpfungstiefe ist hoch. Um Innovationen generieren zu können, werden viele Technologien beherrscht und zur Differenzierung gegenüber dem Markt

[701] Vgl. Schittny (Wertschöpfungstiefengestaltung im Werkzeugbau), 2015, S. 48

[702] Vgl. Gemeinsame Datenbank des Werkzeugmaschinenlabors WZL der RWTH Aachen und des Fraunhofer-Instituts für Produktionstechnologie IPT, Stand Mai 2016

[703] Basierend auf einer Analyse der Teilnehmer des Wettbewerbs „Excellence in Production" (EiP) zum Werkzeugbau des Jahres, welcher jährlich vom Werkzeugmaschinenlabor WZL der RWTH Aachen und dem Fraunhofer-Institut für Produktionstechnologie IPT ausgerichtet wird

intern vorgehalten. Die Kapitalbindungskosten sind sehr hoch, wobei das Know-how im eigenen Werkzeugbaubetrieb verbleibt und weiter aufgebaut werden kann. Nur unkritische Umfänge und Standardkomponenten werden nicht selber hergestellt. Dies gilt sowohl für Produktionsumfänge als auch für Dienstleistungen.

Wertschöpfungstiefe	Geringe Wertschöpfungstiefe. Zukauf von Umfängen erfolgt durch unterschiedliche kostengünstige und kompetente Wertschöpfungspartner	Wertschöpfungstiefe variiert je nach Auftrag stark. Die Wertschöpfungstiefe ist entweder kosten- oder innovationsgetrieben	Hohe Wertschöpfungstiefe. Vorhaltung vieler Technologien zur Generierung von Innovationen und Aufbau von Kompetenzen zur Differenzierung

Abbildung 128: Ausprägungen des Merkmals Wertschöpfungstiefe

Anzahl strategischer Wertschöpfungspartner

Wertschöpfungspartner sind Lieferanten, welche einen Werkzeugbaubetrieb bei der Herstellung von Werkzeugen oder bei der Abwicklung von Dienstleistungen unterstützen. Wertschöpfungspartner können Werkzeugbaubetriebe sein, die bspw. vollständige, serienreife Werkzeuge für einen Werkzeugbaubetrieb herstellen, aber auch Normalienlieferanten oder Unternehmen, welche sich auf eine Technologie, wie bspw. die Warmbehandlung (Glühen oder Härten) konzentrieren. Dabei haben Werkzeugbaubetriebe im Durchschnitt 16 Hauptlieferanten, wobei Hauptlieferanten die Lieferanten sind, die mehr als 75% aller vergebenen Umfänge ableisten.[704] Die Anzahl der Wertschöpfungspartner ist maßgeblich abhängig von der kostenseitigen Zuverlässigkeit, der Qualität, der Geschwindigkeit und dem Vertrauensverhältnis.

Mögliche Ausprägungen für das Merkmal Anzahl strategischer Wertschöpfungspartner sind (vgl. auch Abbildung 129):

- **Gering:** Die Anzahl strategischer Wertschöpfungspartner ist gering. Der Werkzeugbaubetrieb arbeitet mit einer Vielzahl unterschiedlicher Wertschöpfungspartner zusammen, wobei er den Fokus der Zusammenarbeit auf die Reduzierung der Kosten legt. Eine enge Prozessverknüpfung liegt in der Regel nicht vor.
- **Mittel:** Der Werkzeugbau arbeitet nur mit wenigen strategischen Wertschöpfungspartnern zusammen. Diese nutzt er zur kompetenzbasierten Vergabe von Umfängen. Kapazitätsbasierte Vergaben erfolgen an eine Vielzahl von nicht strategischen Lieferanten.
- **Hoch:** Die Anzahl strategischer Wertschöpfungspartner ist hoch. Der Werkzeugbaubetrieb arbeitet mit einer definierten Anzahl von Wertschöpfungspartnern zusammen, mit denen er innovative Produkte und Prozesse entwickelt. Der Fokus liegt auf der Generierung von Innovationen. Jedoch werden auch strategische Partner für die kapazitätsbasierte Vergabe von Umfängen genutzt.

Anzahl strategischer Wertschöpfungspartner	Geringe Anzahl an strategischen Partnern. Vielzahl der unterschiedlichen Partner wird zur Realisierung von Kostenpotenzialen genutzt	Mittlere Anzahl an strategischen Partnern zur kompetenzbasierten Vergabe. Kapazitätsbasierte Vergaben erfolgen bei nicht strategischen Partnern	Hohe Anzahl an strategischen Partnern. Zusammenarbeit erfolgt kompetenz- und kapazitätsbezogen mit dem Fokus auf Innovationen und Geschwindigkeit

Abbildung 129: Ausprägungen des Merkmals Anzahl strategischer Wertschöpfungspartner

[704] Vgl. Gemeinsame Datenbank des Werkzeugmaschinenlabors WZL der RWTH Aachen und des Fraunhofer-Instituts für Produktionstechnologie IPT, Stand Mai 2016

Vernetzungsgrad mit Wertschöpfungspartnern

Der Vernetzungsgrad mit Wertschöpfungspartnern gibt an, wie intensiv und systematisch die Zusammenarbeit mit Wertschöpfungspartnern erfolgt. Diese Zusammenarbeit basiert sowohl auf der Vergabe von kompetenzbasiert vergebenen als auch kapazitätsbasiert vergebenen Umfängen. Die Vernetzung mit Wertschöpfungspartnern zur kapazitätsbasierten Vergabe gründet darauf, dass interne Kapazitäten ausgelastet sind und die Umfänge extern bearbeitet werden müssen. Hier liegt der Fokus häufig auf einer schnellen und kurzfristigen Einbindung der Partner. Eine kompetenzbasierte Vergabe hat einen langfristigeren Charakter, da ein Werkzeugbaubetrieb extern Kompetenzen, Lösungen o.Ä. mit einbezieht, die er intern selber nicht vorhält. Hierbei bedarf es einer intensiven Abstimmung mit den Partnern und einer möglichst systematischen Vernetzung der Prozesse. Im Werkzeugbau erfolgt eine Fremdvergabe sowohl kompetenz- als auch kapazitätsbasiert entlang der gesamten Prozesskette, wobei die größten Anteile auf die Entwicklung (ø 29%) und die mechanische Fertigung (ø 18%) entfallen.[705]

Mögliche Ausprägungen für das Merkmal Vernetzungsgrad mit Wertschöpfungspartnern sind (vgl. auch Abbildung 130):

- **Gering:** Der Vernetzungsgrad mit Wertschöpfungspartnern ist entlang der gesamten Prozesskette gering. Die Herstellung von Werkzeugen und ihren Komponenten erfolgt weitestgehend autark. Nur in wenigen Bereichen der Prozesskette, wie bspw. der Warmbehandlung, werden zur Reduzierung von Kosten Wertschöpfungspartner eingebunden. Eine systemische Vernetzung besteht nicht.
- **Eher gering:** Der Vernetzungsgrad basiert auf einer umfangreichen Zusammenarbeit mit Wertschöpfungspartnern in mehreren Bereichen der Prozesskette. Dies können die Übernahme der Konstruktion durch externe Konstruktionsbüros, die Herstellung von Werkzeugkomponenten durch externe Partner sowie die kapazitätsabhängige, situative Vergabe von einzelnen Prozessschritten sein. Ziel ist die unabhängige Herstellung von Werkzeugen, wobei situativ auf unterschiedliche Partner zurückgegriffen wird.
- **Eher hoch:** Der Werkzeugbau ist systematisch mit strategischen Wertschöpfungspartnern entlang der gesamten Prozesskette vernetzt. Dabei vergibt er sowohl kompetenz- als auch kapazitätsbasiert Umfänge an seine Wertschöpfungspartner. Insbesondere die kompetenzbasierten Umfänge werden an strategische Partner vergeben, um deren Know-how in den Erstellungsprozess mit einzubeziehen und Innovationen zu ermöglichen, welche durch interne Herstellung nicht möglich wären.
- **Hoch:** Der Vernetzungsgrad mit Wertschöpfungspartnern ist sehr hoch. Strategische Partner werden in Entwicklungsprojekte eingebunden, um Innovationen einführen zu können. Die kurz- sowie langfristige kompetenz- und kapazitätsbasierte Vergabe von Umfängen erfolgt hochgradig systematisch, indem Wertschöpfungspartner systemisch in die Prozesse des Werkzeugbaubetriebs eingebunden sind. Kapazitäten können frühzeitig automatisiert reserviert und situativ abgerufen werden.

[705] Vgl. Gemeinsame Datenbank des Werkzeugmaschinenlabors WZL der RWTH Aachen und des Fraunhofer-Instituts für Produktionstechnologie IPT, Stand Mai 2016

Vernetzungsgrad mit Wertschöpfungspartnern	Geringe Vernetzung entlang der gesamten Prozesskette. Partnereinbindung erfolgt unsystematisch und situativ	Vernetzung erfolgt mit strat. Partnern systematisch, mit anderen Partnern jedoch unsystematisch und situativ	Systematische Einbindung strategischer und weiterer Partner durch eine Planung und intensive Kommunikation	Vernetzung erfolgt mit nahezu allen Partnern mithilfe von Systemen und ist systematisch geplant

Abbildung 130: Ausprägungen des Merkmals Vernetzungsgrad mit Wertschöpfungspartnern

Vernetzungsgrad mit Kunden

Der Vernetzungsgrad mit Kunden stellt ein Maß für die Intensität und Systematik der Zusammenarbeit mit den Kunden dar. An der Schnittstelle zwischen Produktentwicklung und Serienproduktion ist der Werkzeugbau in der Regel mit zwei Abteilungen eines produzierenden Unternehmens in Kontakt (vgl. Kapitel 2.3.3). Die der Werkzeugherstellung vorgelagerte Produktentwicklung konzipiert das durch das Werkzeug herzustellende Bauteil. Dabei kann die Entwicklung durch den Werkzeugbau unterstützt werden, um ein anforderungsgerechtes Produktdesign zu gewährleisten und die Herstellbarkeit durch ein Werkzeug sicherzustellen. Aufseiten der Serienproduktion, dem der Werkzeugherstellung nachgelagerten Prozess, kann der Werkzeugbau die Kunden sowohl bei dem Anlauf des Werkzeugs als auch während des Produktionsprozesses durch Reparaturen, Ersatzteile etc. unterstützen.[706]

Mögliche Ausprägungen für das Merkmal Vernetzungsgrad mit Kunden sind (vgl. auch Abbildung 131):

- **Gering:** Der Vernetzungsgrad mit Kunden ist sowohl in den der Werkzeugherstellung vorgelagerten als auch den nachgelagerten Prozessschritten gering. Die Werkzeugherstellung erfolgt weitestgehend autark, ohne eine umfangreiche Kommunikation mit dem Kunden. Die wenigen undefinierten Kundenschnittstellen werden nicht systemisch abgebildet. Die Priorität liegt auf einer schnellen Herstellung des Werkzeugs.
- **Eher gering:** Es besteht eine Vernetzung mit dem Kunden an den Schnittstellen zur Produktentwicklung und zur Serienproduktion. Hierbei unterstützt der Werkzeugbau den Kunden, jedoch ist die Vernetzung weder bei allen Kunden noch bei allen Aufträgen im gleichen Maße ausgeprägt. Die Übernahme der Komplexität ist einer schnellen Werkzeugherstellung untergeordnet.
- **Eher hoch:** Im Fokus steht die Übernahme von Komplexität in der Produktentstehung durch den Werkzeugbau. Hierzu ist der Werkzeugbau systematisch in die Kundenprozesse eingegliedert. Die Einbindung bzw. die Kommunikation erfolgt im Wesentlichen ohne Systemeinsatz. Der Werkzeugbau ist wichtiger Entwicklungspartner des Kunden.
- **Hoch:** Der Vernetzungsgrad mit dem Kunden ist entlang der gesamten Wertschöpfungskette hoch. Durch eine frühe Einbindung des Werkzeugbaus in den Entwicklungsprozess sowie die intensive Kooperation im Bereich der Serienproduktion werden definierte Schnittstellen systematisch ausgestaltet und systemisch ausgestattet. Dabei können Dienstleistungen automatisiert abgerufen oder proaktiv vom Werkzeugbau angeboten werden.

[706] Vgl. Boos et al. (Wertschöpfung im Betriebsmittelbau), 2013, S. 123; Schuh et al. (Kundenbindung stärken), 2015, S. 38

Vernetzungsgrad mit Kunden	Keine Vernetzung mit dem Kunden, die über die Kommunikation hinausgeht. Fokus auf schneller WZ-Produktion	Vernetzung erfolgt unregelmäßig an den Schnittstellen zur Produktentwicklung und Serienproduktion	Systematische Vernetzung entlang der gesamten Prozesskette	Systematische Vernetzung entlang der gesamten Prozesskette wird digital unterstützt (automatisiert)

Abbildung 131: Ausprägungen des Merkmals Vernetzungsgrad mit Kunden

Flexibilisierungsgrad der Fertigungsprozessfolgen

Die Unikatfertigung im Werkzeugbau führt zu einer sehr hohen Prozessvarianz, durch die Standardisierungspotenziale nur unter großen Anstrengungen realisiert werden können.[707] Insbesondere in der mechanischen Fertigung gibt es eine Vielzahl unterschiedlicher Werkzeugkomponenten von verschiedenen Werkzeugen, welche sich gleichzeitig auf dem Shopfloor befinden. Durch diese Vielzahl unterschiedlicher Komponenten mit unterschiedlichen Fertigungsprozessfolgen, in Bezug auf die vorhandenen Technologien bzw. Maschinen, ist die Komplexität in der Planung und Steuerung der Komponenten sehr hoch.[708] Abhilfe können Standardisierungsmaßnahmen in der Geometrie und Beschaffenheit der Werkzeugkomponenten, aber auch in den Fertigungsprozessfolgen selbst schaffen (vgl. Kapitel 5.2.3.2). Dabei stellt die getaktete Fließfertigung die ausgeprägteste Form der Standardisierung der Fertigungsprozessfolgen, welche nahezu keinerlei Flexibilität erlaubt, dar. Im Gegensatz dazu stellt eine personengebundene Steuerung der Fertigung eine maximale Flexibilisierung dar und existiert insbesondere bei dem Angebot unterschiedlicher Auftragsarten.

Mögliche Ausprägungen für das Merkmal Flexibilisierungsgrad der Fertigungsprozessfolgen sind (vgl. auch Abbildung 132):

- **Gering:** Die mechanische Fertigung des Werkzeugbaus ist hochgradig standardisiert. Die Herstellung der Werkzeugkomponenten erfolgt in einer Taktfertigung, wobei eine definierte Fertigungsprozessfolge und Prozesszeit für jede Komponente bzw. jede Palette (siehe Kapitel 5.2.3.2) vorgegeben ist. Eine Unterbrechung des Takts ist nicht ohne erhebliche Beeinträchtigung sämtlicher Fertigungsprozessschritte möglich. Der Planungsaufwand der Taktung ist sehr hoch, der Steuerungsaufwand hingegen sehr gering. Der Maschinenauslastungsgrad ist sehr hoch.
- **Eher gering:** Die mechanische Fertigung ist in Fertigungslinien unterteilt. Jede Werkzeugkomponente aller Werkzeuge kann durch eine der definierten Fertigungslinien hergestellt werden. Die Planung der Prozessschritte erfolgt lediglich in Bezug auf die zeitliche Komponente. Vorherige und nachfolgende Prozessschritte sind klar definiert und können nur unter Aufwand verändert werden. Der Planungsaufwand ist hoch, der Steuerungsaufwand gering.
- **Eher hoch:** Die Herstellung der Werkzeugkomponenten erfolgt durch standardisierte Fertigungsprozessfolgen, anhand derer ein Großteil der Werkzeugkomponenten hergestellt werden kann. Ein bedeutender Anteil der Komponenten kann jedoch nicht mithilfe dieser wenigen standardisierten Fertigungsprozessfolgen gefertigt werden. Planungs- und Steuerungsaufwand sind ausgeglichen.
- **Hoch:** Aufgrund einer Vielzahl unplanbarer Aufträge erfolgt die Planung mit einem kurzen Zeithorizont und muss häufig durch eine aufwendige Steuerung angepasst

[707] Vgl. Klotzbach (Industrieller Werkzeugbau), 2006, S. 69
[708] Vgl. Boos et al. (Erfolgreich Planen), 2015, S. 9

werden. Die Potenziale des angestrebten Standardisierungsgrads können nicht gehoben werden. Eine vorausschauende zeitliche und fertigungstechnische Planung ist nur bedingt möglich, wodurch der Steuerungsaufwand sehr hoch ist. Dies führt zu häufigen Umpriorisierungen und zu einem, im Vergleich zu den höher standardisierten Alternativen, geringen Maschinenauslastungsgrad.

Flexibilisierungsgrad der Fertigungsprozessfolgen	Herstellung einer Vielzahl von Komponenten erfolgt durch eine getaktete Fließfertigung	Herstellung aller Komponenten erfolgt durch Fertigungslinien	Herstellung vieler Komponenten erfolgt durch definierte Fertigungsprozessfolgen	Herstellung der Komponenten erfolgt durch eine umfangreiche Steuerung auf dem Shopfloor

Abbildung 132: Ausprägungen des Merkmals Flexibilisierungsgrad der Fertigungsprozessfolgen

Abschließend ist in Abbildung 133 der morphologische Kasten zur Charakterisierung der Prozesse im Werkzeugbau dargestellt. Dieser enthält die relevanten Merkmale zur Charakterisierung der Prozesse eines Unternehmens im Kontext einer späteren Auslegung dieser. Dabei haben die jeweiligen Ausprägungen in den Merkmalen sowohl Einfluss auf die Differenzierung über das Produkt als auch auf die Differenzierung über die Zusammenarbeit und können beide damit verbundenen Spannungsfelder beeinflussen.

Auftragsspektrum	Ausschließlich planbare Aufträge werden angeboten und durchgeführt	Fokus liegt auf planbaren Aufträgen, unplanbare Aufträge werden nur in Form von späten Änderungen von Kunden durchgeführt	Planbare und unplanbare Aufträge werden in gleichem bzw. ähnlichem Maße angeboten und durchgeführt	
Wertschöpfungstiefe	Geringe Wertschöpfungstiefe. Zukauf von Umfängen erfolgt durch unterschiedliche kostengünstige und kompetente Wertschöpfungspartner	Wertschöpfungstiefe variiert je nach Auftrag stark. Die Wertschöpfungstiefe ist entweder kosten- oder innovationsgetrieben	Hohe Wertschöpfungstiefe. Vorhaltung vieler Technologien zur Generierung von Innovationen und Aufbau von Kompetenzen zur Differenzierung	
Anzahl strategischer Wertschöpfungspartner	Geringe Anzahl an strategischen Partnern. Vielzahl der unterschiedlichen Partner wird zur Realisierung von Kostenpotenzialen genutzt	Mittlere Anzahl an strategischen Partnern zur kompetenzbasierten Vergabe. Kapazitätsbasierte Vergaben erfolgen bei nicht strategischen Partnern	Hohe Anzahl an strategischen Partnern. Zusammenarbeit erfolgt kompetenz- und kapazitätsbezogen mit dem Fokus auf Innovationen und Geschwindigkeit	
Vernetzungsgrad mit Wertschöpfungspartnern	Geringe Vernetzung entlang der gesamten Prozesskette. Partnereinbindung erfolgt unsystematisch und situativ	Vernetzung erfolgt mit strat. Partnern systematisch, mit anderen Partnern jedoch unsystematisch und situativ	Systematische Einbindung strategischer und weiterer Partner durch eine Planung und intensive Kommunikation	Vernetzung erfolgt mit nahezu allen Partnern mithilfe von Systemen und ist systematisch geplant
Vernetzungsgrad mit Kunden	Keine Vernetzung mit dem Kunden, die über die Kommunikation hinausgeht. Fokus auf schneller WZ-Produktion	Vernetzung erfolgt unregelmäßig an den Schnittstellen zur Produktentwicklung und Serienproduktion	Systematische Vernetzung entlang der gesamten Prozesskette	Systematische Vernetzung entlang der gesamten Prozesskette wird digital unterstützt (automatisiert)
Flexibilisierungsgrad der Fertigungsprozessfolgen	Herstellung einer Vielzahl von Komponenten erfolgt durch eine getaktete Fließfertigung	Herstellung aller Komponenten erfolgt durch Fertigungslinien	Herstellung vieler Komponenten erfolgt durch definierte Fertigungsprozessfolgen	Herstellung der Komponenten erfolgt durch eine umfangreiche Steuerung auf dem Shopfloor

Abbildung 133: Morphologischer Kasten zur auslegungsbezogenen Beschreibung der Prozesse im Werkzeugbau

A.2. Organisation

Strukturierungsgrad der Organisation

Die Organisationsstruktur im Werkzeugbau ist in der Regel verrichtungsorientiert. Dies zeigt eine Auswertung der gemeinsamen Datenbank des Werkzeugmaschinenlabors WZL der RWTH Aachen und des Fraunhofer-Instituts für Produktionstechnologie IPT. Besitzen lediglich 84% der Werkzeugbaubetriebe im deutschsprachigen Raum eine eigene Abteilung für ein übergeordnetes, prozessbegleitendes Projektmanagement und nur 76% eine Abteilung für eine übergeordnete Qualitätssicherung, so besitzen hingegen nahezu alle Werkzeugbaubetriebe eine direkt zur Wertschöpfung beitragende Abteilung zur Arbeitsplanung (92%), zur mechanischen Fertigung (98%) sowie zur Montage (99%). Lediglich die Tätigkeiten einer Werkzeugentwicklung (88%) und eines Try-outs (83%) sind bei internen Werkzeugbaubetrieben oftmals der Produktentwicklung oder der Serienproduktion zugeordnet, weshalb das Vorhandensein dieser Abteilung wiederum geringer ist. Durch diese an der Prozesskette orientierte Strukturierung ist auch die Anzahl an Hierarchiestufen sehr gering und endet in der Regel bereits nach drei Stufen. Produktbezogene, regionale oder kundenbezogene Organisationsstrukturen liegen hingegen nur vereinzelt vor, weshalb die Anzahl der Hierarchiestufen, der administrative Auftragsabwicklungsaufwand sowie die Anzahl der Abteilungen als Indikatoren für die Ausprägungen des Strukturierungsgrads der Organisation im Werkzeugbau herangezogen werden können.[709]

Mögliche Ausprägungen für das Merkmal Strukturierungsgrad der Organisation sind (siehe auch Abbildung 134):

- **Gering:** Der Strukturierungsgrad der Organisation ist gering. Der Fokus liegt auf einer schnellen Herstellung von Werkzeugen ohne einen hohen administrativen Aufwand. Durch das Angebot nur weniger Leistungen und eine geringe Anzahl an Mitarbeitern und Abteilungen im Werkzeugbaubetrieb ist die Auftragsabwicklung stark personengebunden und basiert auf flachen Hierarchien.
- **Hoch:** Der Strukturierungsgrad der Organisation ist hoch. Durch das Angebot unterschiedlicher Werkzeuge und Dienstleistungen bedarf es einer umfangreichen Strukturierung zur effizienten Auftragsabwicklung. Eine Vielzahl von Abteilungen erfordert eine effiziente Organisation mit einer mittleren bis hohen Hierarchietiefe und klar definierten Zuständigkeiten und Verantwortlichkeiten.

Strukturierungsgrad der Organisation	Geringer Strukturierungsgrad der Organisation. Fokus liegt auf einer schnellen Herstellung von Werkzeugen durch flache Hierarchien und eine personengebundene Auftragsabwicklung	Hoher Strukturierungsgrad der Organisation. Fokus liegt auf dem Angebot einer Vielzahl unterschiedlicher Leistungen, welche durch viele Mitarbeiter und Abteilungen administrativ koordiniert werden müssen

Abbildung 134: Ausprägungen des Merkmals Strukturierungsgrad der Organisation

Anzahl Abteilungen

Die Anzahl der Abteilungen im Werkzeugbau wird ebenso wie die Organisationsstruktur durch die Prozesskette bestimmt. So gibt es in der Regel für jeden Prozessschritt eine eigene Abteilung, wobei insbesondere in den Bereichen der Werkzeugentwicklung, der mechanischen Fertigung und der Montage häufig Unterabteilungen vorkommen. Diese resultieren aus einer Spezialisierung der Unterabteilungen auf eine bestimmte Technologie oder aber einen bestimmten Werkzeugtypen. Häufig werden aber auch Abteilungen wie die Montage und die mechanische Fertigung oder aber die mechanische Fertigung und die Arbeitsvorbereitung zu einer Abteilung zusammengefasst, um Schnittstellen zu reduzieren. Die Anzahl der Abteilungen wird dabei nicht nur von der Anzahl der Prozessschritte, sondern auch von der Anzahl der Mitarbeiter bestimmt, da sowohl zu kleine als auch zu große Abteilungen in ihrer Flexibilität oftmals eingeschränkt sind, was insbesondere bei dem Angebot unterschiedlicher Auftragsarten problematisch ist.

Mögliche Ausprägungen für das Merkmal Anzahl Abteilungen sind (vgl. auch Abbildung 135):

[709] Vgl. Gemeinsame Datenbank des Werkzeugmaschinenlabors WZL der RWTH Aachen und des Fraunhofer-Instituts für Produktionstechnologie IPT, Stand Mai 2016

- **Gering:** Die Anzahl Abteilungen ist gering. Der Fokus liegt auf einer kostengünstigen Herstellung von Werkzeugen mit wenigen Mitarbeitern. Weder die Bildung interdisziplinärer Teams zur Generierung von Innovationen noch ein klarer Kommunikationsfluss stehen im Fokus des Werkzeugbaubetriebs. Die Anzahl der Abteilungen ist deutlich geringer als die Anzahl der Prozessschritte, um Schnittstellen zu reduzieren.
- **Mittel:** Die Anzahl Abteilungen entspricht ungefähr der Anzahl der Prozessschritte. Der Fokus liegt weder auf der Reduzierung von Kosten noch auf der Generierung von Innovationen. Ziel ist eine einfache und strukturierte Kommunikation während der Werkzeugherstellung.
- **Hoch:** Eine hohe Anzahl sowie ein hoher Spezialisierungsgrad der Mitarbeiter erfordern einen hohen Strukturierungsgrad der Organisation. Durch den Aufbau von unterschiedlichen Abteilungen werden Schnittstellen definiert und Aufgaben strukturiert. Die Fokussierung der einzelnen Abteilung sowie die übergreifende Zusammenarbeit in Teams fördert Innovationen und stellt diese sicher. Die Anzahl der Abteilungen übersteigt die Anzahl der Prozessschritte.

Anzahl Abteilungen	Geringe Anzahl an Abteilungen. Fokus liegt auf kostengünstiger Herstellung der Werkzeuge mit wenigen Schnittstellen	Anzahl Abteilungen entspricht ungefähr den Prozessschritten. Ziel ist eine einfache, strukturierte Kommunikation	Hohe Anzahl an Abteilungen. Fokus liegt auf einer Spezialisierung und interdisziplinären Zusammenarbeit entlang der Prozesskette

Abbildung 135: Ausprägungen des Merkmals Anzahl Abteilungen

Innovationskultur

Werkzeugbaubetriebe am Hochlohnstandort Deutschland zeichnen sich gegenüber Wettbewerbern aus Niedriglohnländern durch eine höhere Werkzeugqualität und einen höheren Innovationsgrad der Werkzeuge aus.[710] Der Innovationsprozess wurde dabei von vielen produzierenden Unternehmen und auch von Werkzeugbaubetrieben standardisiert und folgt seither einer klar definierten Prozessbeschreibung. Dieser Prozess ermöglicht eine hohe Produktivität in der Methodenplanung und in der Konstruktion von Werkzeugen, begrenzt den Innovationscharakter jedoch aufgrund des statischen Prozesses und der Vielzahl an Restriktionen zur Einhaltung von Standards. Eine ausgeprägte Innovationskultur ermöglicht Mitarbeitern die Generierung von Innovationen durch die Schaffung von Freiräumen und setzt lediglich niedrige Leitplanken als Restriktionen in Bezug auf definierte Standards.

Mögliche Ausprägungen für das Merkmal Innovationskultur sind (vgl. auch Abbildung 136):

- **Konservativ:** Sowohl die Innovationskultur als auch die Innovationsprozesse sind konservativ ausgeprägt. Kostengünstige Werkzeuge stehen im Fokus, für Innovationen werden keine zusätzlichen Kapazitäten bereitgestellt. Die Mitarbeiter sind in erster Linie für die Produktivität, nicht für Kreativität zuständig.
- **Konservativ innovativ:** Je nach Werkzeug ist die Innovationskultur unterschiedlich ausgeprägt. Für einzelne Werkzeuge werden Mitarbeitern Freiräume für Kreativität eingeräumt, um innovative Lösungen zu schaffen. In der Regel ist der Innovationsprozess jedoch standardisiert und basiert auf der Realisierung von Produktivitätspotenzialen.

[710] Vgl. Schuh (Erfolg durch Einzigartigkeit), 2004, S. 17

- **Innovativ:** Sowohl die Innovationskultur als auch die Innovationsprozesse sind sehr ausgeprägt. Demnach werden Innovationen gefördert, indem Mitarbeitern Kapazitäten für die Generierung neuer Innovationen eingeräumt werden. Von den Mitarbeitern werden sowohl Produktivität, vor allem aber Kreativität gefordert.

Innovationskultur	Konservative Innovationskultur. Mitarbeiter sind für Produktivität, nicht für Kreativität zuständig. Innovative Werkzeuge stehen nicht im Fokus	Konservative Innovationskultur mit Fokus auf Produktivität. Bei einzelnen Werkzeugen werden Freiräume zur Generierung spezieller Innovationen geschaffen	Ausgeprägte Innovationskultur. Mitarbeiter sind für Produktivität und für Kreativität zuständig. Innovative Werkzeuge stehen im Fokus des täglichen Geschäfts

Abbildung 136: Ausprägungen des Merkmals Innovationskultur

Kollaborationsgrad

Die Kollaboration beschreibt die Zusammenarbeit von einzelnen Personen oder Personengruppen. Durch eine umfangreiche und systematische Kollaboration innerhalb eines Unternehmens lässt sich die Produktivität signifikant steigern. Insbesondere durch den Einsatz und die Vernetzung cyber-physischer Systeme kann die Kollaborationsproduktivität maßgeblich gesteigert werden.[711] Die Kollaboration hat sich entlang der industriellen Revolutionen der vergangenen Jahrhunderte verändert und ist durch die vierte industrielle Revolution, Industrie 4.0, auf ein neues Maß gehoben worden. Die Erhebung und Auswertung von umfangreichen Datenmengen ermöglicht eine gezielte Kommunikation und hochauflösende Planung, wodurch die Effizienz in der Wertschöpfung erhöht werden kann.[712] So eignet sich die digitale Vernetzung cyber-physischer Systeme zur effizienten Auftragsabwicklung, zur anforderungsgerechten Mitarbeiterführung sowie zum organisationalen Lernen.[713] Für eine hohe Kollaborationsproduktivität bedarf es daher einer zielorientierten Systematik der Kollaboration sowie einer Unterstützung dieser durch cyber-physische Systeme.

Mögliche Ausprägungen für das Merkmal Kollaborationsgrad sind (vgl. auch Abbildung 137):

- **Gering:** Die Kollaboration innerhalb des Unternehmens erfolgt unsystematisch und beschränkt sich überwiegend auf die geregelte Zusammenarbeit in Abteilungen. Einen gezielten Austausch von Informationen und Daten zwischen Abteilungen gibt es nur auftragsbezogen. Im Fokus steht die Erbringung einer spezifischen Leistung innerhalb bestimmter Bereiche der Prozesskette.
- **Mittel:** Die Kollaboration innerhalb des Unternehmens erfolgt systematisch über Abteilungsgrenzen hinweg. Informations- und Datenflüsse sind definiert und Schnittstellenverluste werden durch einen regelmäßigen und auftragsübergreifenden Austausch reduziert. Der Einsatz von Softwaresystemen zur Kollaboration ist rudimentär und beschränkt sich auf die zur Auftragsabwicklung notwendigen Systeme. Im Fokus steht ein abteilungsübergreifender informeller Austausch.
- **Hoch:** Die Kollaboration innerhalb des Unternehmens erfolgt systematisch, auftragsspezifisch und -unspezifisch. Durch den Einsatz und die Vernetzung einer Vielzahl digitaler Systeme werden Daten- und Informationsflüsse zielgerichtet gesteuert und

[711] Vgl. Schuh et al. (Steigerung der Kollaborationsproduktivität), 2014, S. 280ff.
[712] Vgl. Schuh et al. (Steigerung der Kollaborationsproduktivität), 2014, S. 281ff.
[713] Vgl. Boos et al. (Erfolgreich digital Vernetzen), 2016, S. 11

zur Steigerung der Effizienz herangezogen. Im Fokus steht die Steigerung der Produktivität durch eine systematische und systemisch unterstützte Kollaboration entlang der gesamten Prozesskette.

Kollaborationsgrad	Kollaboration innerhalb des Unternehmens erfolgt unsystematisch und nur selten abteilungsübergreifend	Kollaboration innerhalb des Unternehmens erfolgt systematisch in und zwischen Abteilungen; eine systemische Unterstützung erfolgt nicht	Kollaboration innerhalb des Unternehmens erfolgt systematisch über alle Abteilungen hinweg und wird durch digitale Systeme unterstützt

Abbildung 137: Ausprägungen des Merkmals Kollaborationsgrad

Wissensmanagement

Der Werkzeugbau ist im Vergleich zu anderen produzierenden Branchen sehr wissensintensiv, weshalb der Umgang mit vorhandenem Wissen, insbesondere vor dem Hintergrund des demografischen Wandels, von entscheidender Bedeutung für Werkzeugbaubetriebe ist (vgl. Kapitel 2.4). So zeigt sich, dass eine Veralterung der Mitarbeiter im Werkzeugbau von 2004 bis 2015 um ca. 3 Jahre und eine Reduzierung der Auszubildendenquote von 15,7% auf 8,9% einen systematischen Umgang mit bestehendem Wissen erfordern.[714] Die Überführung von individuellem Wissen, welches mit dem Ausscheiden eines Mitarbeiters aus dem Unternehmen verloren geht, in organisationales Wissen („organisationales Lernen"[715]) ist deshalb für die zukünftige Wettbewerbsfähigkeit von deutschen Werkzeugbaubetrieben von strategischer Bedeutung.

Mögliche Ausprägungen für das Merkmal Wissensmanagement sind (vgl. auch Abbildung 138):

- **Unsystematische Aufnahme:** Wissen wird nicht systematisch und nur punktuell aufgenommen und dokumentiert. Ein Standard zur Wissensaufnahme ist nicht definiert, sodass individuelles Wissen nicht ohne Weiteres in organisationales Wissen überführt werden kann.
- **Systematische Aufnahme:** Die Aufnahme von Wissen erfolgt systematisch. Individualwissen wird systematisch in organisationales Wissen überführt und allen Mitarbeitern zugänglich gemacht. Die Nutzung aufgenommener Daten erfolgt jedoch nicht zur Kommerzialisierung dieser, sondern nur zur internen Verbesserung.
- **Systematische Aufnahme und Nutzung:** Die Aufnahme von Wissen erfolgt systematisch, sodass individuelles einfach in organisationales Wissen überführt werden kann. Durch die Aufnahme von Daten in der Werkzeugherstellung und der Werkzeugnutzung kann Wissen aufgebaut und durch das Angebot von wissensbasierten Dienstleistungen kommerzialisiert werden. Der Umgang mit Wissen wird systemisch unterstützt.

Wissensmanagement	Keine systematische Aufnahme von Wissen. Der Fokus liegt auf einer einmaligen und schnellen Herstellung von Werkzeugen	Systematische Aufnahme von Wissen zur Überführung von individuellem in organisationales Wissen	Systematische Aufnahme von Wissen zur Überführung von individuellem in organisationales Wissen sowie Kommerzialisierung des Wissens

Abbildung 138: Ausprägungen des Merkmals Wissensmanagement

[714] Vgl. Boos et al. (Tooling in Germany), 2016, S. 31

[715] Vgl. Prange (Organisationales Lernen), 2002

Segmentierung

Die Segmentierung stellt im Werkzeugbau eine Möglichkeit dar, die Auftragsabwicklung eines umfangreichen Auftragsspektrums effizient und effektiv durchzuführen. So eignet sich insbesondere die Bildung von Segmenten zur Trennung von planbaren und unplanbaren Aufträgen. Eine solche Segmentierung ermöglicht es, auf der einen Seite das Ziel einer hohen Auslastung für planbare Aufträge und auf der anderen Seite das Ziel einer hohen Verfügbarkeit für unplanbare Aufträge gleichzeitig in einem Unternehmen zu adressieren. Diese Segmentierung kann sowohl physisch als auch in zeitlicher Hinsicht erfolgen. Eine physische Zuordnung zu einem Segment erfordert das Vorhandensein einer ausreichenden Anzahl an Maschinen oder Mitarbeitern, wohingegen die zeitliche Segmentierung auch bereits bei lediglich einer Maschine oder einem Mitarbeiter möglich ist. Die Segmentierung ist im Werkzeugbau insbesondere im Bereich der Werkzeugentwicklung, der mechanischen Fertigung und der Montage hilfreich, wobei insbesondere in der mechanischen Fertigung eine physische Trennung anzustreben ist.[716]

Mögliche Ausprägungen für das Merkmal Segmentierung sind (vgl. auch Abbildung 139):

- **Keine Segmentierung:** Weder Maschinen noch Mitarbeiter sind speziellen Bereichen zugeordnet, welche ein unterschiedliches Auftragsspektrum bearbeiten. Ziel ist der flexible Zugriff auf alle zur Verfügung stehenden Human- und Maschinenkapazitäten, um so kurze Durchlaufzeiten von Werkzeugen zu gewährleisten.
- **Zeitliche Segmentierung:** Maschinen und/oder Mitarbeiter segmentieren ihre Arbeit in zeitlicher Hinsicht. Demnach werden Kapazitäten nur zu einem gewissen Prozentsatz (bsp. 70% der Tageskapazität) eingeplant, sodass in der restlichen Zeit Eilaufträge, Änderungen oder sonstige unplanbare Tätigkeiten durchgeführt werden können.
- **Physische Segmentierung:** Sowohl Maschinen als auch Mitarbeiter sind jeweils einem definierten Segment zugeordnet, welches für ein spezielles Auftragsspektrum herangezogen wird. Eine Vermischung von planbaren und unplanbaren Auftragsarten findet somit nicht statt. Die unterschiedlichen Segmente verfolgen unterschiedliche Zielsysteme.

Segmentierung	Weder zeitliche, noch physische Trennung von Auftragsarten in Segmenten	Zur Trennung von Auftragsarten werden Kapazitäten von Maschinen und Mitarbeitern zeitlich segmentiert	Physische Trennung von planbaren und unplanbaren Auftragsarten durch die Bildung unterschiedlicher Segmente mit unterschiedlichen Zielsystemen

Abbildung 139: Ausprägungen des Merkmals Segmentierung

Der morphologische Kasten zur Charakterisierung der Organisation im Werkzeugbau ist abschließend in Abbildung 140 dargestellt. Die Merkmale haben einen unterschiedlichen Fokus auf eine produkt- und zusammenarbeitsbezogene Differenzierung, wobei die Merkmale im Gestaltungsfeld der Organisation immer auch Einfluss auf beide Spannungsfelder haben.

[716] Vgl. Boos et al. (Effiziente Werkzeugherstellung), 2014, S. 17; Schuh et al. (Getaktete Fertigung), 2015, S. 47; Kuhlmann (Geschäftsprozesse im industriellen Werkzeugbau), 2011, S. 118

Strukturierungsgrad der Organisation	Geringer Strukturierungsgrad der Organisation. Fokus liegt auf einer schnellen Herstellung von Werkzeugen durch flache Hierarchien und eine personengebundene Auftragsabwicklung		Hoher Strukturierungsgrad der Organisation. Fokus liegt auf dem Angebot einer Vielzahl unterschiedlicher Leistungen, welche durch viele Mitarbeiter und Abteilungen administrativ koordiniert werden müssen
Anzahl Abteilungen	Geringe Anzahl an Abteilungen. Fokus liegt auf kostengünstiger Herstellung der Werkzeuge mit wenigen Schnittstellen	Anzahl Abteilungen entspricht ungefähr den Prozessschritten. Ziel ist eine einfache, strukturierte Kommunikation	Hohe Anzahl an Abteilungen. Fokus liegt auf einer Spezialisierung und interdisziplinären Zusammenarbeit entlang der Prozesskette
Innovationskultur	Konservative Innovationskultur. Mitarbeiter sind für Produktivität, nicht für Kreativität zuständig. Innovative Werkzeuge stehen nicht im Fokus	Konservative Innovationskultur mit Fokus auf Produktivität. Bei einzelnen Werkzeugen werden Freiräume zur Generierung spezieller Innovationen geschaffen	Ausgeprägte Innovationskultur. Mitarbeiter sind für Produktivität und für Kreativität zuständig. Innovative Werkzeuge stehen im Fokus des täglichen Geschäfts
Kollaborationsgrad	Kollaboration innerhalb des Unternehmens erfolgt unsystematisch und nur selten abteilungsübergreifend	Kollaboration innerhalb des Unternehmens erfolgt systematisch in und zwischen Abteilungen; eine systemische Unterstützung erfolgt nicht	Kollaboration innerhalb des Unternehmens erfolgt systematisch über alle Abteilungen hinweg und wird durch digitale Systeme unterstützt
Wissensmanagement	Keine systematische Aufnahme von Wissen. Der Fokus liegt auf einer einmaligen und schnellen Herstellung von Werkzeugen	Systematische Aufnahme von Wissen zur Überführung von individuellem in organisationales Wissen	Systematische Aufnahme von Wissen zur Überführung von individuellem in organisationales Wissen sowie Kommerzialisierung des Wissens
Segmentierung	Weder zeitliche, noch physische Trennung von Auftragsarten in Segmenten	Zur Trennung von Auftragsarten werden Kapazitäten von Maschinen und Mitarbeitern zeitlich segmentiert	Physische Trennung von planbaren und unplanbaren Auftragsarten durch die Bildung unterschiedlicher Segmente mit unterschiedlichen Zielsystemen

Abbildung 140: Morphologischer Kasten zur auslegungsbezogenen Beschreibung der Organisation im Werkzeugbau

A.3. Ressourcen

Anzahl Mitarbeiter

Die Anzahl der Mitarbeiter in deutschen Werkzeugbaubetrieben lag 2015 bei durchschnittlich 59 Mitarbeitern, wobei eine Vielzahl von Werkzeugbaubetrieben mit weniger als 20 Mitarbeitern einigen wenigen sehr großen, insbesondere internen Werkzeugbaubetrieben gegenübersteht (vgl. Kapitel 2.3.4). Die Anzahl der Mitarbeiter ermöglicht Werkzeugbaubetrieben eine schnelle Abwicklung von unterschiedlichen Auftragsarten, wobei je größer die Anzahl an Mitarbeitern ist, desto größer ist auch die Anzahl an abgewickelten Aufträgen. So lag die durchschnittliche Wertschöpfung pro Mitarbeiter 2015 bei den Top-Werkzeugbaubetrieben bei 105.248€/Mitarbeiter, der Umsatz pro Mitarbeiter sogar bei 184.567 €/Mitarbeiter.[717] Eine hohe Anzahl an Mitarbeitern führt zu einer höheren Flexibilität, da Mitarbeiter leichter ausgetauscht werden können, aber auch zu einer höheren Spezialisierung pro Mitarbeiter, da das Tätigkeitsfeld in aller Regel deutlich reduziert ist. Mit 60% ist der durchschnittlich größte Anteil der Mitarbeiter auf dem Shopfloor im Bereich der mechanischen Fertigung und Montage beschäftigt (vgl. Abbildung 84).[718]

Mögliche Ausprägungen für das Merkmal Anzahl Mitarbeiter sind (vgl. auch Abbildung 141):

- **Gering:** Die Anzahl der Mitarbeiter ist gering. Ziel ist es, mit wenigen Mitarbeitern möglichst viele Werkzeuge herstellen zu können. Dadurch sollen die Kosten in der Werkzeugherstellung gering gehalten werden. Die Mitarbeiter müssen flexibel und in mehreren Bereichen der Prozesskette einsetzbar sein.
- **Mittel:** Die Anzahl der Mitarbeiter ist ausgewogen. In einigen Bereichen der Prozesskette, wie der mechanischen Fertigung und der Montage, sind die Mitarbeiter sehr flexibel einsetzbar. In wissensintensiven Bereichen wie der Konstruktion oder dem Try-Out sind die Mitarbeiter hingegen spezialisiert, weshalb die Anzahl dort höher ist.

[717] Vgl. Gemeinsame Datenbank des Werkzeugmaschinenlabors WZL der RWTH Aachen und des Fraunhofer-Instituts für Produktionstechnologie IPT, Stand Mai 2016

[718] Vgl. Salmen (Digital vernetzter Shopfloor), 2016, S. 54

- **Hoch:** Die Anzahl der Mitarbeiter ist hoch. Durch den bewussten Einsatz vieler Mitarbeiter können Mitarbeiter mit unterschiedlichen Fachkenntnissen in interdisziplinären Teams an innovativen Lösungen arbeiten. Zudem ist eine Spezialisierung der Mitarbeiter auf einen speziellen Bereich der Prozesskette oder eine Technologie sowie der Einsatz von Mitarbeitern in Entwicklungsprojekten möglich.

Anzahl Mitarbeiter	Geringe Anzahl von flexibel einsetzbaren Mitarbeitern entlang der gesamten Prozesskette	Anzahl der Mitarbeiter variiert in den unterschiedlichen Bereichen der Prozesskette teilweise stark	Hohe Anzahl sehr spezialisierter Mitarbeiter entlang der gesamten Prozesskette. Einsatz von Mitarbeitern zur Technologie- oder Prozessentwicklung

Abbildung 141: Ausprägungen des Merkmals Anzahl Mitarbeiter

Anzahl Maschinen

Die Anzahl der Maschinen ist in Werkzeugbaubetrieben sehr unterschiedlich. Besitzen einige Werkzeugbaubetriebe in ihrer Kerntechnologie Fräsen lediglich eine Fräsmaschine, auf der alle Auftragsarten abgewickelt werden müssen, so besitzen Werkzeugbaubetriebe im deutschsprachigen Raum im Durchschnitt 7,8 Fräsmaschinen, wobei das Maximum bei mehr als 35 Maschinen liegt.[719] Eine hohe Anzahl an unterschiedlichen Maschinen ermöglicht einen flexiblen Zugriff auf diese und eine hohe Abdeckung der zu fertigenden Werkzeugkomponentengeometrien. Je nachdem welche Werkzeugtypen von einem Werkzeugbaubetrieb primär gefertigt werden, desto mehr Maschinenkapazität benötigen Betriebe in den jeweiligen Technologien (vgl. Kapitel 2.3.2.1). Insbesondere wenn nur eine geringe Anzahl an strategischen Wertschöpfungspartnern im Bereich der mechanischen Fertigung zur Verfügung steht, bedarf es einer entsprechenden Anzahl an Maschinen, um den geforderten Bedarf abdecken zu können.

Mögliche Ausprägungen für das Merkmal Anzahl Maschinen sind (vgl. auch Abbildung 142):

- **Gering:** Die Anzahl Maschinen ist gering. Die wenigen zur Verfügung stehenden Maschinen werden detailliert beplant und möglichst hoch ausgelastet. Die geringen Kapitalbindungskosten führen zu Kostenvorteilen, welche an den Kunden weitergegeben werden können.
- **Mittel:** Die Anzahl Maschinen ist, je nach Technologie, unterschiedlich. Technologien, bei denen Produktinnovationen einfach zu realisieren sind, werden in einer höheren Anzahl vorgehalten (bspw. Fräszentren) als Maschinen einer Technologie, mit der nur wenig auf das Produkt Einfluss genommen werden kann (bspw. Schleifmaschinen). Es wird gezielt auf strategische Wertschöpfungspartner zurückgegriffen.
- **Hoch:** Die Anzahl Maschinen ist hoch. Es werden viele Maschinen vorgehalten, um flexibel auf diese zugreifen zu können. Die Auslastung steht nicht bei allen Technologien im Vordergrund. Dies ist insbesondere vor der Zielsetzung einer Herstellung innovativer Werkzeuge von Bedeutung, da so Maschinen für Pilotierungen und Erprobungen genutzt werden können.

---

[719] Vgl. Gemeinsame Datenbank des Werkzeugmaschinenlabors WZL der RWTH Aachen und des Fraunhofer-Instituts für Produktionstechnologie IPT, Stand Mai 2016

Anzahl Maschinen	Geringe Anzahl Maschinen in allen Technologien. Ziel ist die Hebung von Kostenvorteilen durch geringe Kapitalbindungskosten	Anzahl Maschinen technologieabhängig. Nur in Technologien mit einem starken Einfluss auf Innovationen werden Kapazitäten vorgehalten	Hohe Anzahl Maschinen in vielen Technologien zur flexiblen Nutzung bei Versuchen und Pilotierungen innovativer Verfahren oder Produkte

Abbildung 142: Ausprägungen des Merkmals Anzahl Maschinen

Breite des Technologiespektrums

Das mögliche Technologiespektrum im Werkzeugbau ist sehr umfangreich. Neben dem Einsatz der Haupttechnologien des Werkzeugbaus wie Fräsen, Drehen, Schleifen, Draht- und Senkerodieren, welche vom Produktspektrum abhängig sind, werden zur Herstellung von Werkzeugen auch eine Vielzahl von Bedarfstechnologien benötigt. Diese können in konventionelle, generative und Endbearbeitungsverfahren unterteilt werden. Hierzu zählen unter anderem Tieflochbohren, Warmbehandlung, Laserauftragsschweißen, Sandstrahlen oder Ätzen.[720] Je mehr Technologien in einem Werkzeugbaubetrieb eingesetzt werden, desto breiter ist das Technologiespektrum. Hierbei haben in den letzten Jahren vermehrt Universalmaschinen an Bedeutung gewonnen, da sie verschiedene Verfahren durch neuartige Technologien abdecken.[721]

Mögliche Ausprägungen für das Merkmal Breite des Technologiespektrums sind (vgl. auch Abbildung 143):

- **Schmal:** Das Technologiespektrum des Werkzeugbaubetriebs ist schmal. Es werden nur wenige Technologien eingesetzt, wodurch eine starke Fokussierung des Unternehmens auf eine gute Beherrschung der Technologien möglich wird. Dadurch bedarf es einer engen Zusammenarbeit mit Wertschöpfungspartnern, um die nicht intern vorgehaltenen Technologien nutzen zu können. Die Flexibilität des Unternehmens ist eingeschränkt.
- **Breit:** Das Technologiespektrum des Werkzeugbaubetriebs ist breit. Durch den Einsatz einer Vielzahl unterschiedlicher Technologien kann die gesamte Prozesskette des Werkzeugbaus abgedeckt werden. Hierdurch entsteht ein hoher Grad an Flexibilität, wobei die Beherrschung der einzelnen Technologien durch den geringen Fokussierungsgrad eingeschränkt ist. Das Ziel ist die Abdeckung möglichst vieler Technologien im eigenen Unternehmen.

Breite des Technologiespektrums	Schmales Technologiespektrum. Einsatz von nur wenigen Technologien, wodurch ein starker Fokus auf der Beherrschung einiger weniger Prozesse liegt	Breites Technologiespektrum. Einsatz von vielen unterschiedlichen Technologien zur Abdeckung einer Vielzahl von Prozessen im eigenen Betrieb

Abbildung 143: Ausprägungen des Merkmals Breite des Technologiespektrums

Innovationsgrad der Technologien

Die Haupttechnologien im Werkzeugbau sind das Fräsen, das Drehen, das Schleifen sowie das Draht- und Senkerodieren (vgl. Kapitel 2.3.2.1). Je nach herzustellendem Werkzeugtypen unterscheidet sich die Bedeutung der einzelnen Technologien.[722] Die wichtigste Technologie stellt jedoch bei nahezu allen Werkzeugbaubetrieben das Fräsen dar. Dieses hat sich in den letzten Jahren deutlich weiterentwickelt und die Maschinen sind kostengünstiger geworden,

---

720 Vgl. Heeschen (Auswahl der Fertigungstechnologien), 2015, S. 18f.

721 Vgl. Eversheim; Schuh (Gestaltung von Produktionssystemen), 1999, S. 10

722 Vgl. Heeschen (Auswahl der Fertigungstechnologien), 2015, S. 19

sodass viele Werkzeugbaubetriebe bereits 5-Achs-HSC-Fräszentren einsetzen. Dies erübrigt, teilweise, aufgrund der Genauigkeit und der Geschwindigkeit, das Vorhalten anderer Technologien wie bspw. das Schleifen. Auch werden bereits generative Fertigungsverfahren im Werkzeugbau eingesetzt. Insbesondere im Bereich des Rapid Prototyping und beim Laserauftragschweißen ermöglichen diese Technologien eine hohe Flexibilität und die Herstellung innovativer Werkzeuge.[723]

Mögliche Ausprägungen für das Merkmal Innovationsgrad der Technologien sind (vgl. auch Abbildung 144):

- **Gering:** Der Innovationsgrad der eingesetzten Technologien ist gering. Im Wesentlichen werden im Werkzeugbaubetrieb bekannte und etablierte Verfahren wie Fräsen, Drehen, Schleifen sowie Senk- und Drahterodieren (vgl. Kapitel 2.3.2.1) eingesetzt. Ziel ist die kostengünstige Herstellung der Werkzeuge mit beherrschten und etablierten Technologien.
- **Mittel:** Der Innovationsgrad der eingesetzten Technologien beschränkt sich auf ein oder wenige innovative Verfahren. Sie ergänzen die Haupttechnologien punktuell und dienen der Flexibilisierung in der mechanischen Fertigung. Ein systematischer Einsatz, im Sinne einer Integration in die Prozesskette, findet noch nicht statt. Ziel sind die Auseinandersetzung mit der Technologie und der Aufbau von Know-how.
- **Hoch:** Der Innovationsgrad der eingesetzten Technologien ist hoch. Generative Fertigungsverfahren gehören ebenso zum Portfolio wie Roboter-Schweißanlagen oder Virtual Reality-Systeme, welche bei der Auftragsabwicklung unterstützen. Etablierte Haupttechnologien werden teilweise substituiert. Ziel ist es, Vorreiter zu sein und dem Kunden durch den Einsatz neuester Verfahren und Technologien einen einzigartigen Mehrwert zu liefern.

Innovationsgrad der Technologien	Geringer Innovationsgrad. Es werden lediglich die etablierten Haupttechnologien eingesetzt	Es werden wenige innovative Technologien in der mechanischen Fertigung eingesetzt. Der Einsatz erfolgt punktuell	Hoher Innovationsgrad. Eine Vielzahl von neuen und innovativen Verfahren wird systematisch in die Prozesskette eingebunden

Abbildung 144: Ausprägungen des Merkmals Innovationsgrad der Technologien

Verfügbarkeitsgrad der Maschinen

Im Werkzeugbau können Produktivmaschinen von Bedarfsmaschinen unterschieden werden. Produktivmaschinen stellen dabei Maschinen dar, die eine Jahreslaufzeit von 750 Stunden pro Jahr übersteigen, Bedarfsmaschinen solche, die eine geringere Jahreslaufzeit haben.[724] Ziel bei Produktivmaschinen ist eine hohe Auslastung, da diese in der Regel Automatisierungslösungen beinhalten und deshalb eine hohe Kapitalbindung aufweisen. Die hohen Stundensätze müssen durch hohe Laufzeiten reduziert werden. Bei Bedarfsmaschinen ist die Auslastung jedoch weniger von Bedeutung. Der Anteil an Bedarfsmaschinen liegt im Werkzeugbau bei durchschnittlich 29%.[725] Dennoch gibt es im Werkzeugbau auch Produktivmaschinen, welche

[723] Vgl. Heeschen (Auswahl der Fertigungstechnologien), 2015, S. 50

[724] Vgl. Boos et al. (Tooling in Germany), 2016, S. 34

[725] Vgl. Gemeinsame Datenbank des Werkzeugmaschinenlabors WZL der RWTH Aachen und des Fraunhofer-Instituts für Produktionstechnologie IPT, Stand Mai 2016

aufgrund ihrer einzigartigen Eigenschaften innerhalb des Werkzeugbaubetriebs nicht vollständig ausgelastet werden sollen, um kurzfristig auf sie zugreifen zu können. Insbesondere vor dem Hintergrund der Abwicklung unterschiedlicher Auftragsarten ist dies von zentraler Bedeutung.

Mögliche Ausprägungen für das Merkmal Verfügbarkeitsgrad der Maschinen sind (vgl. auch Abbildung 145):

- **Gering:** Der Verfügbarkeitsgrad der Maschinen ist gering. Ziel ist eine hohe Auslastung der Maschinen, um kostengünstig fertigen zu können. Die hohe Auslastung wird durch eine Automatisierung und detaillierte Planung der Kapazitäten gegen 100%[726] erreicht.
- **Mittel:** Die Verfügbarkeit der Maschinen ist abhängig von der jeweiligen Maschine. Einige Maschinen, welche vielfältig verwendet werden, sind eher gering ausgelastet, andere, insbesondere Maschinen mit einer hohen Kapitalbindung, werden hingegen hoch ausgelastet. Bei einigen Maschinen steht der Kostenaspekt, bei anderen die Verfügbarkeit im Vordergrund.
- **Hoch:** Der Verfügbarkeitsgrad der Maschinen ist hoch. Im Fokus steht keine hohe Auslastung, sondern eine hohe Verfügbarkeit der Maschinen, um flexibel auf diese zugreifen zu können. Dies ist sowohl für den kurzfristigen Einsatz in Bezug auf unterschiedliche Auftragsarten als auch für die Pilotierung neuer, innovativer Verfahren oder Produkte möglich.

Verfügbarkeitsgrad der Maschinen	Geringer Verfügbarkeitsgrad zur hohen Auslastung der Maschinen mittels Automatisierungslösungen	Verfügbarkeitsgrad der Maschine ist abhängig vom speziellen Einsatzspektrum sowie von der Kapitalbindung der Maschine	Hoher Verfügbarkeitsgrad der Maschinen zur Pilotierung innovativer Lösungen und zum flexiblen Zugriff auf die Maschinen

Abbildung 145: Ausprägungen des Merkmals Verfügbarkeitsgrad der Maschinen

Einsatzgrad der Mitarbeiter

Der Einsatzgrad der Mitarbeiter im Werkzeugbau hängt im Wesentlichen von der Qualifikation und der Anzahl der Mitarbeiter im Unternehmen ab. Auch die durchschnittliche Betriebszugehörigkeit beeinflusst den Einsatzgrad der Mitarbeiter. Lag diese in Deutschland im Jahr 2015 bei durchschnittlich 16,9 Jahren, waren es im Jahr 2004 nur 13,8 Jahre.[727] Insbesondere im Vergleich zu China stellt dies einen Wettbewerbsvorteil dar, da sich Mitarbeiter, die lange in einem Unternehmen arbeiten, umfangreiches Wissen aneignen, welches sie vielseitig anwenden können. Gut und vielseitig ausgebildete Mitarbeiter sind für Werkzeugbaubetriebe von besonderer Bedeutung, da sie flexibler eingesetzt werden können als Mitarbeiter, die beispielsweise nur eine Technologie auf dem Shopfloor beherrschen und deshalb nur die Maschinen dieser Technologie bedienen können. Je geringer die Anzahl der Mitarbeiter in einem Werkzeugbaubetrieb, desto wichtiger ist ein flexibler Einsatzgrad dieser, da ein Ausfall von Mitarbeitern ansonsten eine negative Auswirkung auf die Auftragsabwicklung haben kann. Zudem ermöglicht ein flexibler Einsatzgrad der Mitarbeiter die Realisierung von Innovationen, da die Mitarbeiter unabhängiger handeln können.[728]

---

[726] Planung der Kapazitäten gegen 100% bedeutet, dass die theoretisch oder praktisch zur Verfügung stehende Kapazität der Maschine vollkommen mit Aufträgen beplant wird.

[727] Vgl. Boos et al. (Tooling in Germany), 2016, S. 31

[728] Vgl. Mentzel/Neef-Cramer (Innovationsorientierte Personalentwicklung), 2007, S. 59

Mögliche Ausprägungen für das Merkmal Einsatzgrad der Mitarbeiter sind (vgl. auch Abbildung 146):

- **Begrenzt:** Der Einsatzgrad der Mitarbeiter ist begrenzt. Sie sind stark fokussiert auf einen gewissen Bereich der Werkzeugherstellung. Dadurch können die Mitarbeiter ihre Prozesse effizient und schnell durchführen, wodurch eine schnelle und zugleich kostengünstige Werkzeugherstellung möglich ist.
- **Flexibel:** Der Einsatzgrad der Mitarbeiter ist hoch. Viele Mitarbeiter sind entlang der Prozesskette sehr flexibel einsetzbar. Dadurch können dem Kunden viele Leistungen angeboten werden, da die Erbringung einer Leistung nicht von einem gewissen Kreis an Mitarbeitern abhängig ist.

Einsatzgrad der Mitarbeiter	Mitarbeiter sind in Bezug auf ihr Einsatzgebiet entlang der Prozesskette auf einen kleinen Bereich begrenzt. Die hohe Spezialisierung führt zu einer schnellen und effizienten Auftragsabwicklung	Mitarbeiter sind flexibel einsatzbar. Die Abhängigkeit einer Leistung zu einem bestimmten Kreis an Mitarbeitern ist gering, wodurch der Kunde die Leistung nahezu immer beziehen kann

Abbildung 146: Ausprägungen des Merkmals Einsatzgrad der Mitarbeiter

Der morphologische Kasten zur Charakterisierung der Ressourcen im Werkzeugbau ist abschließend in Abbildung 147 dargestellt. Dieser enthält, wie auch bereits die Gestaltungsfelder Prozess und Organisation, Merkmale zur Differenzierung über das Produkt und die Zusammenarbeit, wobei die Einordnung der Merkmale in die beiden Spannungsfelder Kosten versus Innovation sowie Zeit versus Komplexität nicht immer eindeutig möglich ist, da die Merkmale beide Spannungsfelder beeinflussen können.

<table>
<tr><td>Anzahl Mitarbeiter</td><td colspan="2">Geringe Anzahl von flexibel einsetzbaren Mitarbeitern entlang der gesamten Prozesskette</td><td colspan="2">Anzahl der Mitarbeiter variiert in den unterschiedlichen Bereichen der Prozesskette teilweise stark</td><td colspan="2">Hohe Anzahl sehr spezialisierter Mitarbeiter entlang der gesamten Prozesskette. Einsatz von Mitarbeitern zur Technologie- oder Prozessentwicklung</td></tr>
<tr><td>Anzahl Maschinen</td><td colspan="2">Geringe Anzahl Maschinen in allen Technologien. Ziel ist die Hebung von Kostenvorteilen durch geringe Kapitalbindungskosten</td><td colspan="2">Anzahl Maschinen technologieabhängig. Nur in Technologien mit einem starken Einfluss auf Innovationen werden Kapazitäten vorgehalten</td><td colspan="2">Hohe Anzahl Maschinen in vielen Technologien zur flexiblen Nutzung bei Versuchen und Pilotierungen innovativer Verfahren oder Produkte</td></tr>
<tr><td>Breite des Technologiespektrums</td><td colspan="3">Schmales Technologiespektrum. Einsatz von nur wenigen Technologien, wodurch ein starker Fokus auf der Beherrschung einiger weniger Prozesse liegt</td><td colspan="3">Breites Technologiespektrum. Einsatz von vielen unterschiedlichen Technologien zur Abdeckung einer Vielzahl von Prozessen im eigenen Betrieb</td></tr>
<tr><td>Innovationsgrad der Technologien</td><td colspan="2">Geringer Innovationsgrad. Es werden lediglich die etablierten Haupttechnologien eingesetzt</td><td colspan="2">Es werden wenige innovative Technologien in der mechanischen Fertigung eingesetzt. Der Einsatz erfolgt punktuell</td><td colspan="2">Hoher Innovationsgrad. Eine Vielzahl von neuen und innovativen Verfahren wird systematisch in die Prozesskette eingebunden</td></tr>
<tr><td>Verfügbarkeitsgrad der Maschinen</td><td colspan="2">Geringer Verfügbarkeitsgrad zur hohen Auslastung der Maschinen mittels Automatisierungslösungen</td><td colspan="2">Verfügbarkeitsgrad der Maschine ist abhängig vom speziellen Einsatzspektrum sowie von der Kapitalbindung der Maschine</td><td colspan="2">Hoher Verfügbarkeitsgrad der Maschinen zur Pilotierung innovativer Lösungen und zum flexiblen Zugriff auf die Maschinen</td></tr>
<tr><td>Einsatzgrad der Mitarbeiter</td><td colspan="3">Mitarbeiter sind in Bezug auf ihr Einsatzgebiet entlang der Prozesskette auf einen kleinen Bereich begrenzt. Die hohe Spezialisierung führt zu einer schnellen und effizienten Auftragsabwicklung</td><td colspan="3">Mitarbeiter sind flexibel einsatzbar. Die Abhängigkeit einer Leistung zu einem bestimmten Kreis an Mitarbeitern ist gering, wodurch der Kunde die Leistung nahezu immer beziehen kann</td></tr>
</table>

Abbildung 147: Morphologischer Kasten zur auslegungsbezogenen Beschreibung der Ressourcen im Werkzeugbau

B. Wirkzusammenhänge zwischen den Merkmalen

Die Wirkzusammenhänge zwischen den 23 Merkmalen, welche die Leistung, die Prozesse, die Organisation und die Ressourcen im industriellen Werkzeugbau beschreiben und charakterisieren, bilden die Basis für die Ableitung der vier Werkzeugbautypen durch eine idealtypische Einordnung innerhalb der Ausprägungen der Merkmale (vgl. Kapitel 5.1.2.3). Im Folgenden werden die Wirkzusammenhänge zwischen den 23 Merkmalen in der Form beschrieben, dass der Einfluss eines Merkmals auf die jeweils anderen 22 Merkmale dargestellt wird.

Werkzeugkomplexität

Die Werkzeugkomplexität hat direkten Einfluss auf den Integrationsgrad der Dienstleistungen. Je umfangreicher ihre Ausstattung in Bezug auf den Einsatz von elektronischen Komponenten ist und je komplexer sie dadurch ist, desto mehr Daten können im Werkzeug generiert und für Dienstleistungen genutzt werden. Da Werkzeugbaubetriebe nicht zwangsläufig in der Lage sind, unterschiedlichste Werkzeugkomponenten für Werkzeuge herstellen zu können, benötigen sie Wertschöpfungspartner, die sie bei der Herstellung unterstützen. Dies führt dazu, dass die Wertschöpfungstiefe sinkt. Zudem fördert die Werkzeugkomplexität die Innovationskultur der Organisation, da komplexe Werkzeuge eine interdisziplinäre Lösungsfindung erfordern. Um die Komplexität der Werkzeug langfristig aufrecht erhalten zu können, bedarf es eines systematischen Wissensmanagements, um das Fachwissen einzelner Personen in der Organisation zu verankern. Auch fordern komplexe Werkzeuge einen hohen Innovationsgrad der Technologien, um Probleme mithilfe innovativer Verfahren lösen zu können.

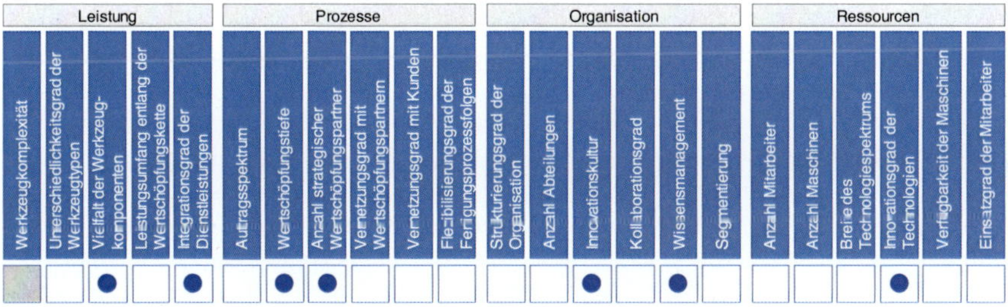

Abbildung 148: Wirkzusammenhänge des Merkmals Werkzeugkomplexität

Unterschiedlichkeitsgrad der Werkzeugtypen

Je größer der Unterschiedlichkeitsgrad der Werkzeugtypen ist, desto umfangreicher ist auch die Vielfalt der Werkzeugkomponenten, da unterschiedliche Werkzeugtypen Werkzeugkomponenten verschiedener Art erfordern. Zudem korreliert der Unterschiedlichkeitsgrad mit der Anzahl der strategischen Wertschöpfungspartner, da eine erforderliche Fokussierung auf einen bestimmten Teil der Fertigung der Werkzeugtypen eine Kooperation mit verschiedenen Partnern verlangt. Dies beeinflusst wiederum die Wertschöpfungstiefe und reduziert diese. Auch beeinflusst der Unterschiedlichkeitsgrad der Werkzeugtypen, aufgrund der Vielzahl unterschiedlicher Werkzeugkomponenten, den Flexibilisierungsgrad der Fertigungsprozessfolgen. Hierbei gilt: Je umfangreicher die Anzahl der Werkzeugtypen und somit die Anzahl der Werkzeugkomponenten, desto geringer ist der Standardisierungsgrad und desto höher der Flexibilisierungsgrad der Fertigungsprozessfolgen. Des Weiteren verlangt ein hoher Unterschiedlichkeitsgrad der Werkzeugtypen, ähnlich wie das Merkmal Werkzeugkomplexität, eine umfassende Innovationskultur sowie ein systematisches Wissensmanagement, um die Komplexität in der Wertschöpfung einer Vielzahl von Werkzeugtypen beherrschen zu können. Verschiedene Werkzeugtypen haben zudem Einfluss auf die Organisationsstruktur in Bezug auf eine Segmentierung, da ein hoher Unterschiedlichkeitsgrad der Werkzeugtypen eine segmentierte Fertigung erfordert, um effizient wertschöpfen zu können. Dies erfordert wiederum eine höhere Anzahl spezialisierter Mitarbeiter. Schließlich benötigen unterschiedliche Werkzeugtypen verschiedene Technologien, durch die verschiedene Komponenten o.ä. hergestellt werden können.

Leistung					Prozesse						Organisation						Ressourcen					
Werkzeugkomplexität	Unterschiedlichkeitsgrad der Werkzeugtypen	Vielfalt der Werkzeug-komponenten	Leistungsumfang entlang der Wertschöpfungskette	Integrationsgrad der Dienstleistungen	Auftragsspektrum	Wertschöpfungstiefe	Anzahl strategischer Wertschöpfungspartner	Vernetzungsgrad mit Wertschöpfungspartnern	Vernetzungsgrad mit Kunden	Flexibilisierungsgrad der Fertigungsprozessfolgen	Strukturierungsgrad der Organisation	Anzahl Abteilungen	Innovationskultur	Kollaborationsgrad	Wissensmanagement	Segmentierung	Anzahl Mitarbeiter	Anzahl Maschinen	Breite des Technologiespektrums	Innovationsgrad der Technologien	Verfügbarkeit der Maschinen	Einsatzgrad der Mitarbeiter
		●				●	●			●			●		●	●	●		●			

Abbildung 149: Wirkzusammenhänge des Merkmals Unterschiedlichkeitsgrad der Werkzeugtypen

Vielfalt der Werkzeugkomponenten

Die Vielfalt der Werkzeugkomponenten hat Einfluss auf die Werkzeugkomplexität, da durch eine hohe Vielfalt an Werkzeugkomponenten hohe Werkzeugkomplexitäten entstehen können. Wie bei den anderen beiden zuvor beschriebenen Merkmalen korreliert die Vielfalt der Werkzeugkomponenten auch mit der Anzahl strategischer Wertschöpfungspartner sowie mit der Wertschöpfungstiefe. Ebenfalls beeinflusst die Vielfalt der Werkzeugkomponenten die Möglichkeit zur Standardisierung der Fertigungsprozessfolgen. Eine hohe Vielfalt erfordert wiederum ein systematisches Wissensmanagement, um eine solch hohe Anzahl unterschiedlicher Komponenten personenungebunden herstellen zu können. Um die Vielfalt an Komponenten zumindest teilweise herstellen zu können, bedarf es einer hohen Anzahl Maschinen und eines breiten Technologiespektrums in Bezug auf die Bearbeitung unterschiedlicher Abmessungen und Materialien.

Leistung					Prozesse						Organisation						Ressourcen					
Werkzeugkomplexität	Unterschiedlichkeitsgrad der Werkzeugtypen	Vielfalt der Werkzeug-komponenten	Leistungsumfang entlang der Wertschöpfungskette	Integrationsgrad der Dienstleistungen	Auftragsspektrum	Wertschöpfungstiefe	Anzahl strategischer Wertschöpfungspartner	Vernetzungsgrad mit Wertschöpfungspartnern	Vernetzungsgrad mit Kunden	Flexibilisierungsgrad der Fertigungsprozessfolgen	Strukturierungsgrad der Organisation	Anzahl Abteilungen	Innovationskultur	Kollaborationsgrad	Wissensmanagement	Segmentierung	Anzahl Mitarbeiter	Anzahl Maschinen	Breite des Technologiespektrums	Innovationsgrad der Technologien	Verfügbarkeit der Maschinen	Einsatzgrad der Mitarbeiter
●						●	●			●					●			●	●			

Abbildung 150: Wirkzusammenhänge des Merkmals Vielfalt der Werkzeugkomponenten

Leistungsumfang entlang der Wertschöpfungskette

Eine Vielzahl an verschiedenen Dienstleistungen, welche an unterschiedlichen Stellen der Wertschöpfungskette angeboten werden, führen dazu, dass diese Dienstleistungen häufig integriert mit dem physischen Produkt angeboten werden können, wodurch eine systematische Verknüpfung von Sach- und Dienstleistung entsteht. Unterschiedliche Dienstleistungen wie bspw. Reparaturen führen zu unterschiedlichen planbaren und unplanbaren Auftragsarten, welche im Werkzeugbaubetrieb abgewickelt werden müssen. Alternativ können diese Umfänge auch durch Wertschöpfungspartner durchgeführt werden, was eine Reduzierung der Wertschöpfungstiefe zur Folge hat. Ein hoher Leistungsumfang in den der Werkzeugherstellung vor- und nachgelagerten Prozessschritten erfordert einen hohen Vernetzungsgrad mit Kunden, um die Dienstleistungen anforderungsgerecht anbieten und abwickeln zu können. Da für diese Dienstleistungen spezielle Abteilungen oder Teams aufgebaut werden müssen, steigen die Anzahl Abteilungen sowie der Bedarf an einem hohen Strukturierungsgrad der Organisation, um die Vielzahl an Abteilungen steuern zu können. Diese umfangreiche Organisationsstruktur mit einer hohen Anzahl an Mitarbeitern, Maschinen und Abteilungen benötigt ein geeignetes Wissensmanagement, damit die Dienstleistungen abgewickelt werden können. Ebenfalls erfordert ein umfangreiches Leistungsangebot eine segmentierte Fertigung. Dadurch wird der Verfügbarkeitsgrad der Maschinen beeinflusst.

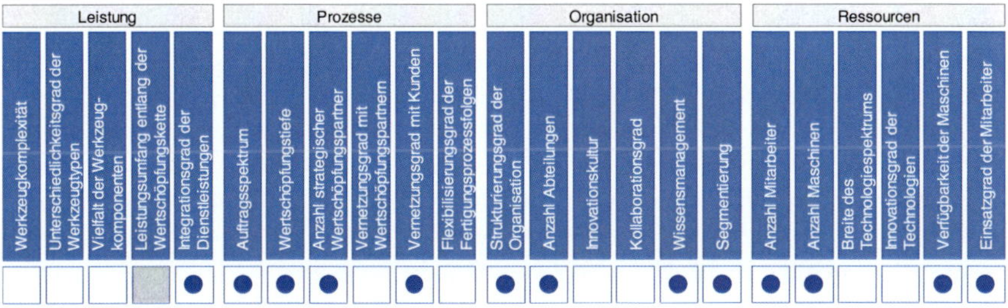

Abbildung 151: Wirkzusammenhänge des Merkmals Leistungsumfang entlang der Wertschöpfungskette

Integrationsgrad der Dienstleistungen

Der Integrationsgrad der Dienstleistungen beeinflusst den Leistungsumfang. Können durch werkzeugspezifische Dienstleistungen auf Basis von Werkzeugdaten konkrete, bedarfsorientierte Dienstleistungen angeboten werden, so ist dies bei losgelösten Dienstleistungen nicht zwangsläufig der Fall. Der Integrationsgrad korreliert zudem mit der Wertschöpfungstiefe, da die mit dem Werkzeug verknüpften Dienstleistungen eine Integration in die Kundenprozesse ermöglichen und selbstständig oder aber durch Partner abgewickelt werden können. Hierzu bedarf es jedoch einer systematischen Vernetzung mit den Wertschöpfungspartnern. Dadurch steigt auch der Vernetzungsgrad mit dem Kunden, da ein intensiver Austausch des Werkzeugbaubetriebs mit dem Kunden erforderlich ist. Der Integrationsgrad erfordert zudem eine ausgeprägte Innovationskultur, da durch die Integration von Dienstleistungen neue Dienstleistungen entwickelt werden können. Dies erfordert wiederum einen systematischen Umgang mit der Ressource Wissen, da durch die Vielzahl an im Einsatz befindlichen Werkzeugen viele Informationen entstehen und zu Wissen verarbeitet werden müssen. Zuletzt bedarf es eines hohen Innovationsgrads der Technologien, da Dienstleistungen nur durch eine enge Vernetzung und einen höheren Kundennutzen durch die Einzigartigkeit der angebotenen Leistung vom Kunden angenommen werden können.

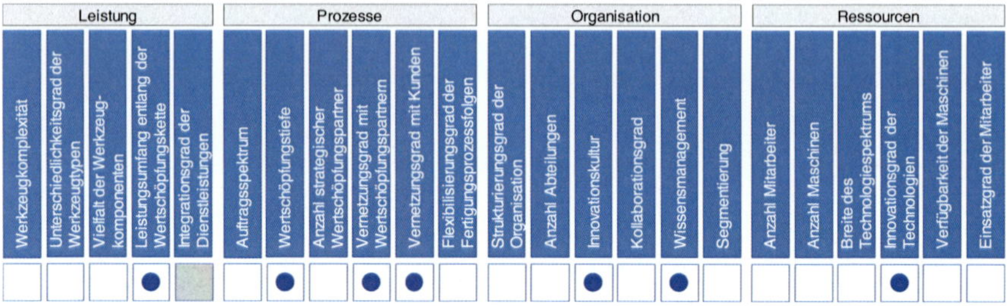

Abbildung 152: Wirkzusammenhänge des Merkmals Integrationsgrad der Dienstleistungen

Auftragsspektrum

Das Auftragsspektrum hat maßgeblichen Einfluss auf die Anzahl der Wertschöpfungspartner und somit indirekt auch auf die Wertschöpfungstiefe. Je umfangreicher das angebotene Leistungsspektrum ist, desto mehr Wertschöpfungspartner müssen in die Leistungserstellung einbezogen werden, um einer Fokussierung gerecht zu werden. Das Auftragsspektrum beeinflusst zudem den Flexibilisierungsgrad der Fertigungsprozessfolgen, da ein umfangreiches Auftragsspektrum eine höhere Flexibilität auf dem Shopfloor erfordert als ein stark eingegrenztes Auftragsspektrum. Dieses umfangreiche Auftragsspektrum erfordert eine Segmentierung, um die unterschiedlichen Zielgrößen der verschiedenen Auftragsarten gleichzeitig adressieren zu können. Daraus resultieren wiederum eine hohe Anzahl an Abteilungen bzw. Instanzen sowie ein hoher Strukturierungsgrad der Organisation zur Steuerung der einzelnen Segmente. Abschließend verlangt ein umfangreiches Auftragsspektrum sowohl eine hohe Verfügbarkeit der Maschinen als auch einen hohen Einsatzgrad der Maschinen sowie ein breites Technologiespektrum, um der geforderten Flexibilität gerecht zu werden.

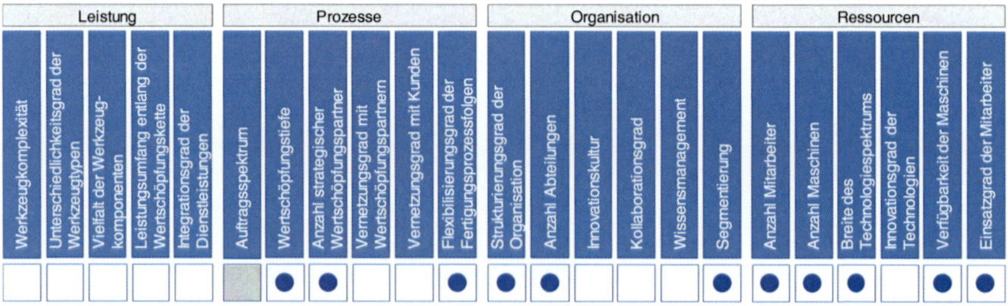

Abbildung 153: Wirkzusammenhänge des Merkmals Auftragsspektrum

Wertschöpfungstiefe

Die Wertschöpfungstiefe ist abhängig vom Leistungsumfang und vom Integrationsgrad, kann diese jedoch auch, bspw. durch eine Festlegung der Wertschöpfungstiefe auf Basis einer strategischen Entscheidung, beeinflussen. Eine geringe Wertschöpfungstiefe erfordert eine hohe

Anzahl unterschiedlicher Wertschöpfungspartner sowie eine intensive Vernetzung mit diesen, um die Vielzahl an Partnern effizient in die Wertschöpfungsprozesse einbinden zu können. Eine hohe Wertschöpfungstiefe führt dazu, dass viele Leistungsumfänge entlang der Wertschöpfungskette intern erstellt werden, wodurch ein umfangreicher Strukturierungsgrad mit einer Vielzahl an Abteilungen notwendig ist. Diese hohe Wertschöpfungstiefe erfordert einen systematischen Umgang mit der Ressource Wissen und fördert die Innovationskultur, da durch die Vielzahl an intern durchgeführten Prozessen eine hohe Prozessdurchdringung ermöglicht wird, welche Innovationen fördert. Dazu müssen jedoch ausreichend Kapazitäten zur Verfügung gestellt werden, weshalb die Anzahl Maschinen und Mitarbeiter sowie die Verfügbarkeit der Maschinen positiv mit der Wertschöpfungstiefe korrelieren.

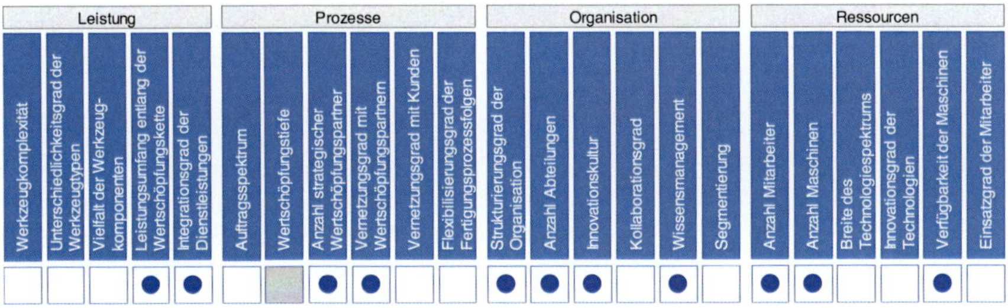

Abbildung 154: Wirkzusammenhänge des Merkmals Wertschöpfungstiefe

Anzahl strategischer Wertschöpfungspartner

Eine hohe Anzahl strategischer Wertschöpfungspartner ermöglicht es Werkzeugbaubetrieben, ein umfassendes Leistungsangebot zu offerieren. Somit hängen sowohl der Unterschiedlichkeitsgrad der Werkzeugtypen als auch der Leistungsumfang entlang der Wertschöpfungskette von diesen Merkmalen ab. Dieses Outsourcen von Umfängen führt zu einer geringeren Wertschöpfungstiefe, erfordert jedoch einen hohen Vernetzungsgrad mit den Wertschöpfungspartnern, um dem Kunden qualitativ hochwertige Werkzeuge und Dienstleistungen anbieten zu können. Dazu bedarf es jedoch einer entsprechenden Organisationsstruktur, mithilfe derer die umfangreiche Fremdvergabe koordiniert werden kann. Ebenso müssen die Erfahrungen, welche die Wertschöpfungspartner machen, dem eigenen Werkzeugbaubetrieb durch ein Wissensmanagement zugänglich gemacht werden. Andererseits müssen die Partner entsprechend mit Wissen ausgestattet werden, um ausreichend qualifiziert zu sein. Die Koordination in einem großen Netzwerk erfordert eine hohe Anzahl an Mitarbeitern. Auch hat die Zusammenarbeit Einfluss auf die Breite des Technologiespektrums im eigenen Betrieb, da sich durch die enge Zusammenarbeit auf einige wichtige Technologien konzentriert werden kann.

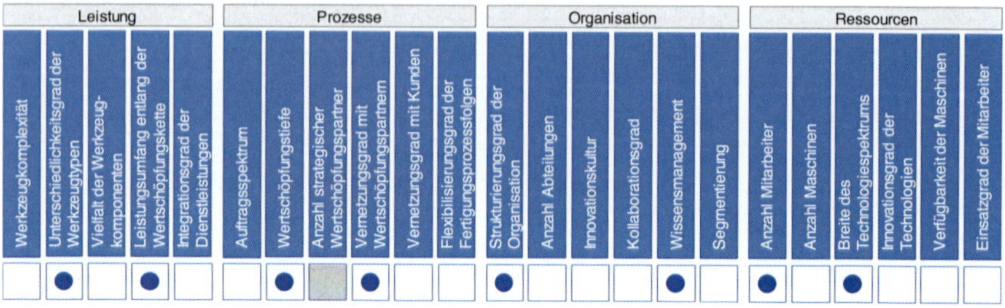

Abbildung 155: Wirkzusammenhänge des Merkmals Anzahl strategischer Wertschöpfungspartner

Vernetzungsgrad mit Wertschöpfungspartnern

Der Vernetzungsgrad mit Wertschöpfungspartnern beeinflusst maßgeblich den Integrationsgrad der Dienstleistungen. Durch eine enge Zusammenarbeit mit unterschiedlichen Wertschöpfungspartnern können den Kunden werkzeugspezifische Dienstleistungen angeboten werden, insbesondere im Bereich der der Werkzeugherstellung nachgelagerten Kundenprozesse. Dadurch sinkt die Wertschöpfungstiefe des koordinierenden Werkzeugbaubetriebs durch die Einbindung der Wertschöpfungspartner. Allerdings bedarf es dazu einer größeren Anzahl strategischer Wertschöpfungspartner, welche die Dienstleistungen für den Werkzeugbaubetrieb durchführen. Zu Koordination des Netzwerks müssen eigene Instanzen in der Organisation etabliert werden. Dieses Netzwerk ermöglicht, durch die Zusammenarbeit einer Vielzahl von Experten, Innovationen leichter und erfolgreicher zu generieren und dem Kunden neue Systemlösungen anzubieten. Für diese Kollaboration bedarf es jedoch einer digitalen Vernetzung mit den Wertschöpfungspartnern und eines systematischen Wissensmanagements.

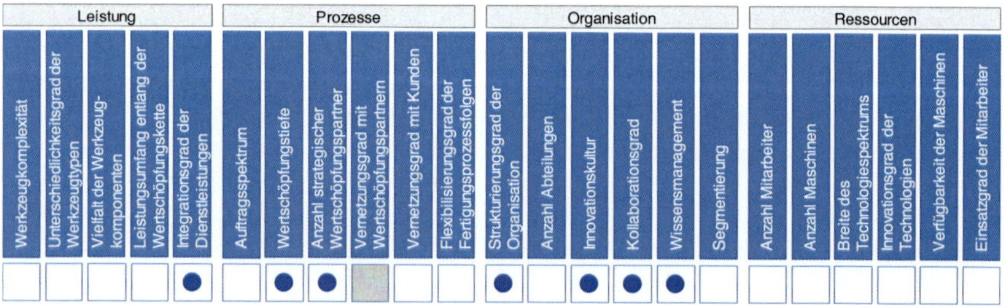

Abbildung 156: Wirkzusammenhänge des Merkmals Vernetzungsgrad mit Wertschöpfungspartnern

Vernetzungsgrad mit Kunden

Der Vernetzungsgrad mit Kunden hat Einfluss auf den den Kunden angebotenen Leistungsumfang entlang der Wertschöpfungskette. Besteht eine enge Vernetzung mit Kunden, so können diesen viele Dienstleistungen angeboten werden. Bei einem hohen Vernetzungsgrad können diese Dienstleistungen sogar integriert mit dem Werkzeug angeboten werden. Ein umfangreiches Leistungsangebot führt dazu, dass der Werkzeugbaubetrieb unterschiedliche Auftragsarten abwickeln muss, wodurch die Wertschöpfungstiefe steigt. Diese enge Kundenvernetzung bedarf einer intensiven Betreuung, welche organisatorisch in der Unternehmensstruktur abgebildet werden muss. Zudem muss die Betreuung durch entsprechende Softwaresysteme unterstützt werden. Durch die intensive Vernetzung und Kollaboration können, gemeinsam mit dem Kunden, Innovationen generiert und entwickelt werden. Das durch die enge Vernetzung entstehende Wissen des Kunden kann dem Werkzeugbaubetrieb durch ein systematisches Wissensmanagement zugänglich gemacht werden.

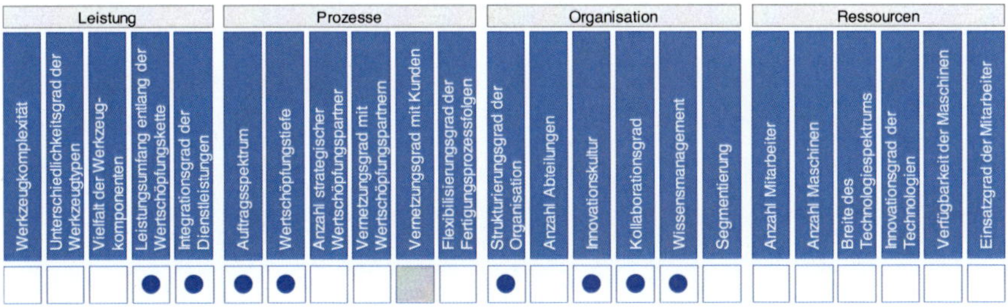

Abbildung 157: Wirkzusammenhänge des Merkmals Vernetzungsgrad mit Kunden

Flexibilisierungsgrad der Fertigungsprozessfolgen

Der Flexibilisierungsgrad, oder gegenteilig ausgedrückt der Standardisierungsgrad, nimmt Einfluss auf die Anzahl der Wertschöpfungspartner und somit auch auf die Wertschöpfungstiefe. Je geringer der Flexibilisierungsgrad, desto mehr Umfänge müssen an Wertschöpfungspartner ausgelagert werden, um eine Fokussierung des Werkzeugbaubetriebs sicherstellen zu können. Der Standardisierungsgrad der Fertigungsprozessfolgen hat direkten Einfluss auf die Organisationsstruktur, insbesondere im Bereich der mechanischen Fertigung. Hiervon ist auch die Anzahl der Maschinen abhängig, je nachdem, wie standardisiert die Fertigungsprozessfolgen abgewickelt werden können. Dies beeinflusst folglich auch den Verfügbarkeitsgrad der Maschinen sowie die Breite des Technologiespektrums.

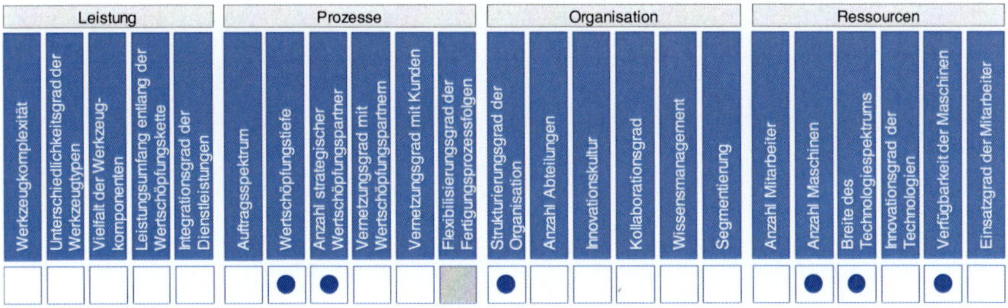

Abbildung 158: Wirkzusammenhänge des Merkmals Flexibilisierungsgrad der Fertigungsprozessfolgen

Strukturierungsgrad der Organisation

Der Strukturierungsgrad der Organisation beeinflusst in erster Linie die Anzahl Abteilungen. Je nachdem wie komplex die Struktur der Organisation ist, desto mehr Abteilungen werden zur Strukturierung benötigt. Eine komplexe Organisationsstruktur führt in der Regel zu einer Vielzahl an Hierarchieebenen. Jedoch sind gerade flache Hierarchiestufen fördernd in Bezug auf Innovationen und beeinflussen die Innovationskultur maßgeblich. Komplexe Organisationsstrukturen bedürfen zudem eines systematischen Wissensmanagements sowie einer digitalen Vernetzung der Abteilungen, um die Auftragsabwicklung effizient gestalten und kollaborativ agieren zu können. Ebenfalls beeinflusst der Strukturierungsgrad der Organisation die Anzahl und den Einsatzgrad der Mitarbeiter. Gibt es viele spezialisierte Abteilungen, so benötigt der Werkzeugbaubetrieb entsprechend viele Kapazitäten. Gibt es wenige Abteilungen, so müssen die Mitarbeiter flexibler sein und mehrere Aufgaben durchführen können, wodurch ihr Einsatzgrad steigt.

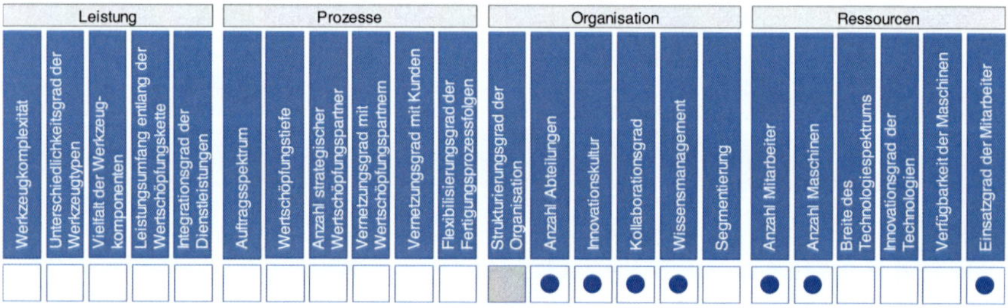

Abbildung 159: Wirkzusammenhänge des Merkmals Strukturierungsgrad der Organisation

Anzahl Abteilungen

Die Anzahl Abteilungen hat Einfluss auf den Umfang der Strukturierung der Organisation, um eine Vielzahl Abteilungen steuern zu können. Viele Abteilungen führen zu einer hohen Spezialisierung der einzelnen Abteilungen, was Innovationen bei der Zusammenarbeit unterschiedlicher Experten fördert. Um miteinander kollaborieren zu können, müssen die Abteilungen durch ein systematisches Wissensmanagement miteinander vernetzt sein. Dadurch wird das an vielen Stellen generierte Wissen in der Organisation verbreitet. Eine hohe Anzahl Abteilungen benötigt umfangreiche Kapazitäten, weshalb die Anzahl Abteilungen die Anzahl und den Einsatzgrad der Mitarbeiter beeinflusst.

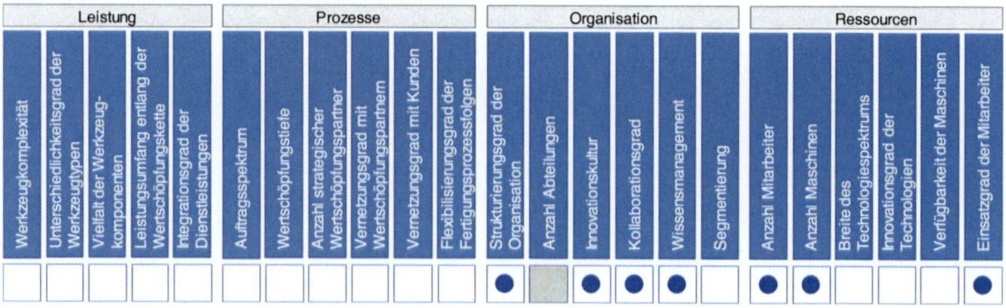

Abbildung 160: Wirkzusammenhänge des Merkmals Anzahl Abteilungen

Innovationskultur

Eine ausgeprägte Innovationskultur führt zu zahlreichen Innovationen, welche sowohl Einfluss auf die Werkzeugkomplexität als auch auf die angebotenen Dienstleistungen haben. Neuartige datenbasierte Dienstleistungen ermöglichen es dem Werkzeugbaubetrieb, diese anzubieten und für den Kunden so einen Mehrwert zu generieren. Eine ausgeprägte Innovationskultur fördert auch den Einsatz von modernen Technologien und führt zu einem hohen Vernetzungsgrad mit Wertschöpfungspartnern und Kunden. Dies geschieht durch einen hohen Kollaborationsgrad. Innovationen resultieren aus Wissen, weshalb ein systematisches Wissensmanagement eingeführt werden muss. Zuletzt führt eine Innovationsaffinität dazu, innovative Technologien einzusetzen und dadurch eine Differenzierung gegenüber Wettbewerbern zu erreichen.

Leistung					Prozesse						Organisation						Ressourcen					
Werkzeugkomplexität	Unterschiedlichkeitsgrad der Werkzeugtypen	Vielfalt der Werkzeug-komponenten	Leistungsumfang entlang der Wertschöpfungskette	Integrationsgrad der Dienstleistungen	Auftragsspektrum	Wertschöpfungstiefe	Anzahl strategischer Wertschöpfungspartner	Vernetzungsgrad mit Wertschöpfungspartnern	Vernetzungsgrad mit Kunden	Flexibilisierungsgrad der Fertigungsprozessfolgen	Strukturierungsgrad der Organisation	Anzahl Abteilungen	Innovationskultur	Kollaborationsgrad	Wissensmanagement	Segmentierung	Anzahl Mitarbeiter	Anzahl Maschinen	Breite des Technologiespektrums	Innovationsgrad der Technologien	Verfügbarkeit der Maschinen	Einsatzgrad der Mitarbeiter
●			●	●				●	●					●	●					●		

Abbildung 161: Wirkzusammenhänge des Merkmals Innovationskultur

Kollaborationsgrad

Ein hoher Kollaborationsgrad ermöglicht das Angebot datenbasierter Dienstleistungen und einen engen Austausch mit Kunden, wodurch der Kollaborationsgrad sowohl den Leistungsumfang entlang der Wertschöpfungskette als auch den Integrationsgrad der Dienstleistungen beeinflusst. Ebenfalls werden der Vernetzungsgrad mit Wertschöpfungspartnern und der Vernetzungsgrad mit Kunden beeinflusst, da ein hoher Kollaborationsgrad diese Vernetzung systemisch unterstützt und die Zusammenarbeit entsprechend fördert. Durch eine umfangreiche Nutzung cyber-physischer Systeme kann die Organisationsstruktur in ihrer Komplexität deutlich reduziert werden. Auch fördert ein hoher Kollaborationsgrad die Innovationskultur, da die Kommunikation im gesamten Unternehmen gefördert und Daten schnell ausgetauscht werden können. Ebenso trifft dies auf das Wissensmanagement zu, da der Einsatz von cyber-physischen Systemen die Aufnahme, Speicherung und Verbreitung von Wissen unterstützt.

Leistung					Prozesse						Organisation						Ressourcen					
Werkzeugkomplexität	Unterschiedlichkeitsgrad der Werkzeugtypen	Vielfalt der Werkzeug-komponenten	Leistungsumfang entlang der Wertschöpfungskette	Integrationsgrad der Dienstleistungen	Auftragsspektrum	Wertschöpfungstiefe	Anzahl strategischer Wertschöpfungspartner	Vernetzungsgrad mit Wertschöpfungspartnern	Vernetzungsgrad mit Kunden	Flexibilisierungsgrad der Fertigungsprozessfolgen	Strukturierungsgrad der Organisation	Anzahl Abteilungen	Innovationskultur	Kollaborationsgrad	Wissensmanagement	Segmentierung	Anzahl Mitarbeiter	Anzahl Maschinen	Breite des Technologiespektrums	Innovationsgrad der Technologien	Verfügbarkeit der Maschinen	Einsatzgrad der Mitarbeiter
			●	●				●	●		●		●		●							

Abbildung 162: Wirkzusammenhänge des Merkmals Kollaborationsgrad

Wissensmanagement

Der Einsatz eines systematischen Wissensmanagements hat maßgeblichen Einfluss auf die Innovationskultur des Werkzeugbaubetriebs. Die Ressource Wissen stellt den zentralen Befähiger zur Generierung von Innovationen dar und erfordert einen systematischen Umgang mit dieser. Dadurch wird die Innovationskultur gefördert. Ebenso verhilft der Einsatz digitaler Systeme, Wissen systematisch zu verwalten. Durch ein geeignetes Wissensmanagement können zudem mehr Mitarbeiter die selbe Leistung erbringen, da das Wissen nicht personengebunden vorliegt, sondern in der gesamten Organisation verankert ist. Ebenso kann der Einsatzgrad der Mitarbeiter durch die gezielte Verbreitung des Wissens erhöht werden. Dies ermöglicht wiederum den Einsatz eines breiten Technologiespektrums.

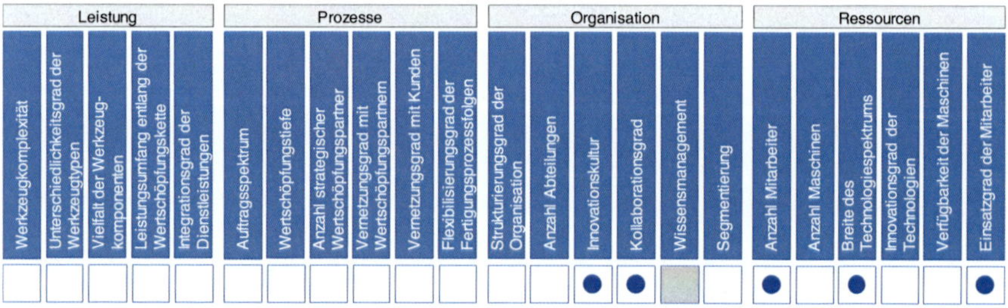

Abbildung 163: Wirkzusammenhänge des Merkmals Wissensmanagement

Segmentierung

Die Segmentierung des Werkzeugbaubetriebs hat Einfluss auf eine Vielzahl von Merkmalen. Eine Segmentierung ermöglicht es Werkzeugbaubetrieben, ein umfangreiches Auftragsspektrum zu bearbeiten und den Kunden somit ein umfangreiches Leistungsangebot entlang der gesamten Wertschöpfungskette anzubieten. Ebenso lassen sich dadurch Fertigungsprozessfolgen einfacher standardisieren. Die Abbildung der Segmentierung in einem Werkzeugbaubetrieb führt jedoch zwangsläufig zu einer komplexen Organisationsstruktur, da eine hohe Anzahl an unterschiedlichen Abteilungen erforderlich ist. Um die Leistungsfähigkeit der gesamten Organisation sicherstellen zu können und einer reinen Optimierung der einzelnen Segmente vorzubeugen, muss das generierte Wissen innerhalb der Segmente systematisch in die übrigen Segmente überführt werden. Eine Segmentierung erfordert jedoch auch eine hohe Anzahl an Kapazitäten sowie einen hohen Einsatzgrad der Mitarbeiter und ein breites Technologiespektrum, um einen Transfer zwischen den Segmenten gewährleisten zu können. Ebenso beeinflusst die Segmentierung den Verfügbarkeitsgrad der Maschinen, da die Auslastung dieser in den Segmenten, aufgrund verschiedener Zielsysteme, unterschiedlich ausgeprägt ist.

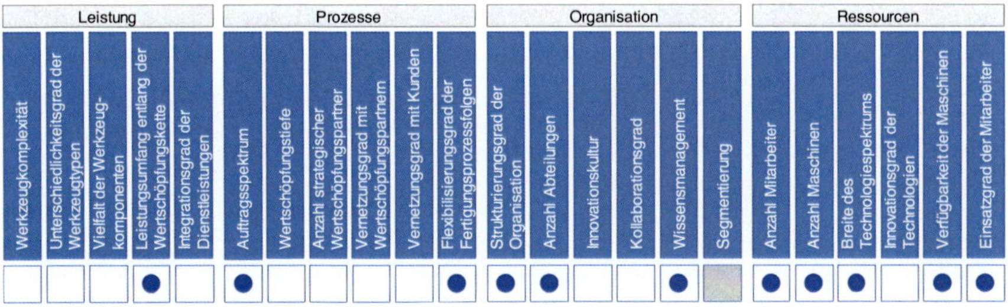

Abbildung 164: Wirkzusammenhänge des Merkmals Segmentierung

Anzahl Mitarbeiter

Die Anzahl der Mitarbeiter beeinflusst den Leistungsumfang entlang der Wertschöpfungskette, da das Angebot von Dienstleistungen entsprechende Kapazitäten benötigt. Ebenfalls nimmt die Anzahl der Mitarbeiter Einfluss auf die Anzahl der Wertschöpfungspartner und somit auf die Wertschöpfungstiefe, da die Übernahme von Leistungsumfängen nicht nur kompetenzbasiert, sondern auch kapazitätsbasiert erfolgt. Eine hohe Anzahl an Mitarbeitern erfordert eine hohe Anzahl Abteilungen oder Instanzen, um die hohe Anzahl an Mitarbeitern steuern zu können. Dies führt zu einem hohen Strukturierungsgrad der Organisation. Wenn viele Mitarbeiter mit unterschiedlichen Qualifikationsniveaus in einem Unternehmen tätig sind, fördert dies den interdisziplinären Austausch und stärkt die Innovationskultur. Viele Mitarbeiter erzeugen und besitzen viel Wissen, welches durch ein systematisches Wissensmanagement in der Organisation verankert werden muss. Auch ermöglicht eine hohe Anzahl an Mitarbeitern eine Segmentierung und erfordert einen geringeren Einsatzgrad der Mitarbeiter, da eine hohe Spezialisierung der Mitarbeiter vorliegt.

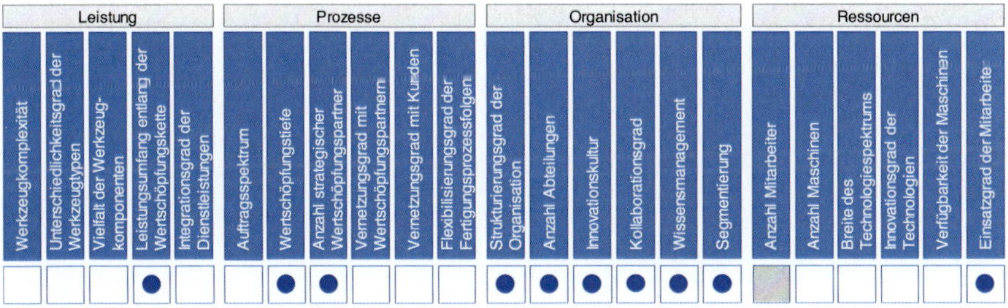

Abbildung 165: Wirkzusammenhänge des Merkmals Anzahl Mitarbeiter

Anzahl Maschinen

Ebenso wie das Merkmal Anzahl an Mitarbeitern beeinflusst auch die Anzahl Maschinen den Leistungsumfang entlang der Wertschöpfungskette, die Wertschöpfungstiefe, die Anzahl Wertschöpfungspartner, die Organisationsstruktur, die Anzahl Abteilungen sowie das Wissensmanagement und die Segmentierung im gleichen Maße. Zusätzlich hat die Anzahl Maschinen jedoch auch Einfluss auf die Anzahl der Mitarbeiter, je nachdem wie automatisiert die jeweiligen Maschinen sind. Auch führt eine hohe Anzahl an Maschinen dazu, dass innovative Technologien, neben den Standardtechnologien, eingesetzt werden können. Die Verfügbarkeit der Maschinen ist ebenfalls von der Anzahl Maschinen abhängig, da viele ähnliche oder gleiche Maschinen die Verfügbarkeit erhöhen und die Notwendigkeit eines hohen Einsatzgrads reduzieren. Dies spiegelt sich auch in einem breiten Technologiespektrum wider.

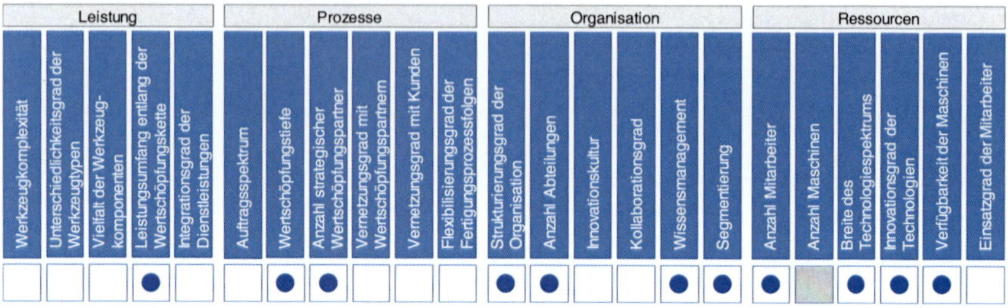

Abbildung 166: Wirkzusammenhänge des Merkmals Anzahl Maschinen

Breite des Technologiespektrums

Die Breite des Technologiespektrums hat maßgeblichen Einfluss auf den Leistungsumfang entlang der Wertschöpfungskette. Je breiter das Technologiespektrum ist, desto umfangreicher kann das Leistungsangebot sein. Dies führt wiederum zu einer hohen Wertschöpfungstiefe, was eine geringere Anzahl an Wertschöpfungspartnern erfordert als eine geringe Wertschöpfungstiefe mit einem schmalen Technologiespektrum. Je mehr Technologien eingesetzt werden, desto größer ist die Erfordernis eines hohen Strukturierungsgrads der Organisation. Dies hat wiederum direkten Einfluss auf die Anzahl Abteilungen eines Unternehmens. Ein breites Technologiespektrum führt dazu, dass ein Unternehmen viele Maschinen vorhalten muss. Das Vorhandensein alternativer Fertigungsverfahren führt zu einem erhöhten Verfügbarkeitsgrad der Maschinen, da Verfahren substituiert werden können.

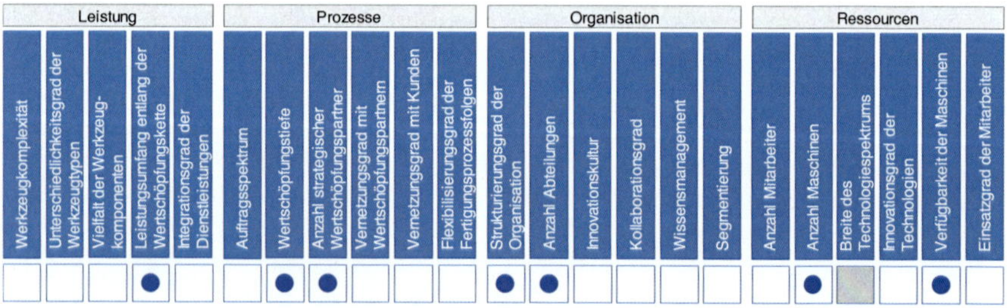

Abbildung 167: Wirkzusammenhänge des Merkmals Breite des Technologiespektrums

Innovationsgrad der Technologien

Der Innovationsgrad der Technologien hat Einfluss auf die Werkzeugkomplexität, da der Einsatz von neuen und innovativen Technologien dazu führt, Werkzeuge mit entsprechenden Werkzeugkomponenten o.Ä. ausstatten zu können. Dadurch kann zudem das Leistungsangebot erhöht werden, indem z. B. Prototypen in einer frühen Phase der Produktentstehung mithilfe von generativen Fertigungsverfahren hergestellt werden können. Auf diese Weise kann die Wertschöpfungstiefe gesteigert werden und es können Leistungen erbracht werden, die zuvor von Wertschöpfungspartnern beigestellt worden sind. Innovative Technologien fördern zudem die Innovationskultur und spiegeln sich in einem erhöhten Kollaborationsgrad wider. Der Einsatz von neuartigen und vernetzten IKT-Systemen erhöht die Kollaboration im Unternehmen. Auch können durch den Einsatz innovativer Technologien andere Technologien oder Maschinen substituiert werden, wodurch die Anzahl Maschinen reduziert werden kann und die Verfügbarkeit der bestehenden Maschinen sinkt. Einher geht der Innovationsgrad mit einem breiten Technologiespektrum.

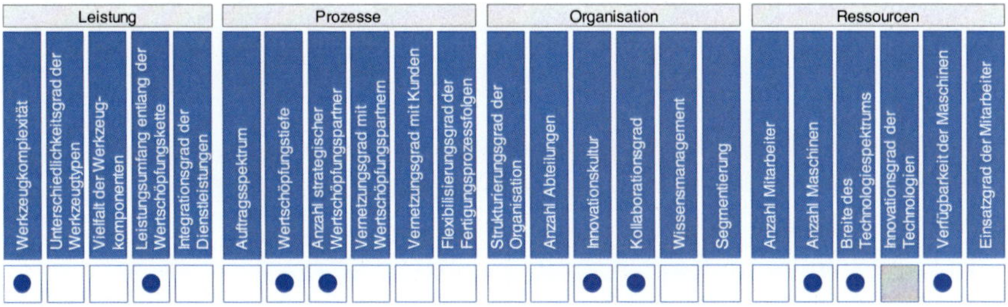

Abbildung 168: Wirkzusammenhänge des Merkmals Innovationsgrad der Technologien

Verfügbarkeit der Maschinen

Die Verfügbarkeit der Maschinen beeinflusst das Auftragsspektrum. Ist die Verfügbarkeit gering und die Maschinen sind hoch ausgelastet, so können keine Aufträge spontan abgewickelt werden, wodurch sich das Auftragsspektrum reduziert. Dies hat wiederum Einfluss auf die Segmentierung, da eine Segmentierung hinsichtlich eines kleinen Auftragsspektrums nur bedingt notwendig und praktikabel ist. Somit ist auch nur eine einfache Organisationsstruktur mit flachen Hierarchien notwendig. Zudem bedarf es bei einem hohen Verfügbarkeitsgrad einer größeren Anzahl an Maschinen, um diesen erreichen zu können. Dies korreliert wiederum mit der Anzahl Mitarbeiter, die notwendig ist, die Maschinen zu bedienen.

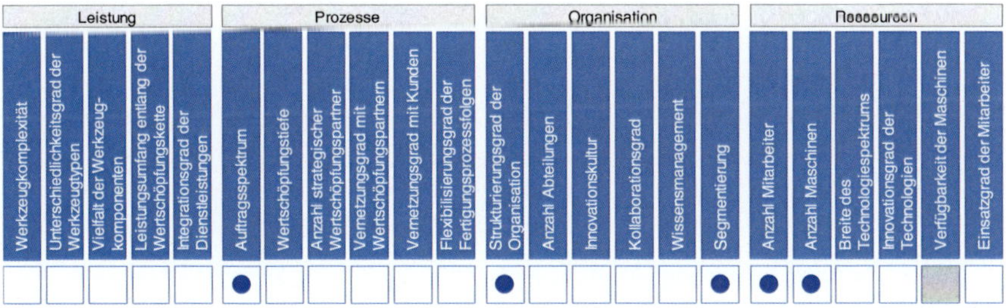

Abbildung 169: Wirkzusammenhänge des Merkmals Verfügbarkeit der Maschinen

Einsatzgrad der Mitarbeiter

Der Einsatzgrad der Mitarbeiter nimmt Einfluss auf den Leistungsumfang entlang der Wertschöpfungskette. Je flexibler die Mitarbeiter sind und je umfangreicher sie entlang der Wertschöpfungskette eingesetzt werden können, desto mehr Leistungen kann der Werkzeugbaubetrieb anbieten und intern abwickeln. Dadurch steigt die Wertschöpfungstiefe und die benötigte Anzahl strategischer Wertschöpfungspartner sinkt. Dies hat wiederum Einfluss auf die Organisationsstruktur. Flexibel einsetzbare Mitarbeiter müssen in entsprechenden Instanzen verortet sein, um sie organisatorisch in die Unternehmensstruktur einzugliedern. Hierdurch wird auch die Anzahl Abteilungen beeinflusst. Letztlich führt ein hoher Einsatzgrad der Mitarbeiter zu einer geringeren Anzahl benötigter Mitarbeiter, da der Einsatz spezialisierter Mitarbeiter nicht im großen Umfang notwendig ist.

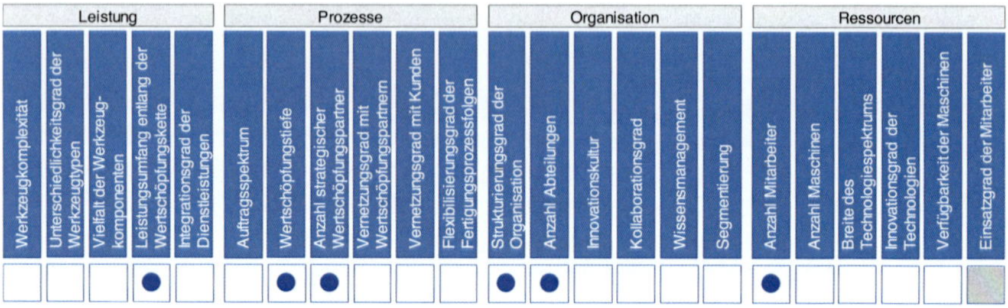

Abbildung 170: Wirkzusammenhänge des Merkmals Einsatzgrad der Mitarbeiter

Lebenslauf

Persönliche Daten

Name, Vorname:	Hensen, Tobias
Geburtsdatum:	23. Januar 1988
Geburtsort:	Geilenkirchen
Nationalität:	Deutsch

Schulausbildung

1998 – 2007	Cusanus Gymnasium Erkelenz Abschluss: Abitur
1994 – 1998	Katholische Grundschule Geilenkirchen-Würm

Studium

2011 – 2013	Studium des Wirtschaftsingenieurwesens an der RWTH Aachen Abschluss: Master of Science RWTH (M.Sc. RWTH)
2007 – 2011	Studium des Wirtschaftsingenieurwesens an der RWTH Aachen Abschluss: Bachelor of Science RWTH (B.Sc. RWTH)

Beruflicher Werdegang

Seit 2016	Prokurist WBA Aachener Werkzeugbau Akademie GmbH
2015 – 2016	Gruppenleiter Werkzeugmaschinenlabor WZL der RWTH Aachen, Lehrstuhl für Produktionssystematik, Abteilung Unternehmensentwicklung
2013 – 2015	Wissenschaftlicher Mitarbeiter Werkzeugmaschinenlabor WZL der RWTH Aachen, Lehrstuhl für Produktionssystematik, Abteilung Unternehmensentwicklung
2012 – 2013	Studentischer Mitarbeiter Werkzeugmaschinenlabor WZL der RWTH Aachen, Lehrstuhl für Produktionssystematik, Abteilung Business Engineering
2010	Praktikum bei der Aurubis Stolberg GmbH und Co. KG

In der Reihe **Ergebnisse aus der Produktionstechnik** zuletzt erschienen:

Schrey, Elisabeth:
Lebenszyklusübergreifende Informationsstrukturierung für Produktbaukästen
ISBN: 978-3-86359-578-4
Erscheinungsdatum: 11.01.2018

Epple, Alexander:
Prozessstabilität von parallelen Drehprozessen
ISBN: 978-3-86359-574-6
Erscheinungsdatum: 11.01.2018

Baum, Christoph:
Prozess- und Maschinenentwicklung für das mehrschrittige Mikroheißprägen
ISBN: 978-3-86359-550-0
Erscheinungsdatum: 08.01.2018

Cayli, Tolga:
Surface Anomalies in Turning of Difficult-to-Cut Materials with High-Pressure Coolant Supply
ISBN: 978-3-86359-577-7
Erscheinungsdatum: 08.01.2018

Bohr, Sebastian:
Integrierte Produkt- und Justageprozessplanung im Karosseriebau
ISBN: 978-3-86359-565-4
Erscheinungsdatum: 08.01.2018

Wächter, Daniel:
Wirkweise des Poliermittelträgers beim Polieren optischer Gläser
ISBN: 978-3-86359-570-8
Erscheinungsdatum: 08.01.2018

Obdenbusch, Markus:
Referenzarchitektur für cloudbasiertes Condition Monitoring am Beispiel von Verpackungsmaschinen
ISBN: 978-3-86359-573-9
Erscheinungsdatum: 08.01.2018

Quinders, Stefan:
Virtueller Prototyp zur Optimierung und Absicherung der Konfiguration messtechnisch gestützter und roboterbasierter Montagesysteme
ISBN: 978-3-86359-569-2
Erscheinungsdatum: 08.01.2018

Wagner, Petra:
Werkzeugschnittstellen für Drehmaschinen
ISBN: 978-3-86359-567-8
Erscheinungsdatum: 14.12.2017

Pohlmann, Gerrit:
Integration komponentenbasierter Methoden zur Maschinenzustandsüberwachung in schnelltaktende Produktionsmaschinen
ISBN: 978-3-86359-558-6
Erscheinungsdatum: 14.12.2017

Lindner, Florian Achim:
Dreidimensionale Zweipunkt-Beugungsinterferometrie zur Positionsbestimmung von Produktionsmaschinen
ISBN: 978-3-86359-549-4
Erscheinungsdatum: 13.11.2017

Peterek, Martin Joachim:
Messunsicherheitsbestimmung für Geometriemessungen mit Werkzeugmaschinen
ISBN: 978-3-86359-552-4
Erscheinungsdatum: 23.10.2017

Edition Wissenschaft
Apprimus

Hensgen, Lars:

Auswirkung der Drahtfunkenerosion auf die mechanischen Eigenschaften von Festkörpergelenken

ISBN: 978-3-86359-544-9

Erscheinungsdatum: 04.10.2017

Zheng, Hanqing:

Maschinenintegrierte optische Oberflächenprüfung von gehonten Zylinderlaufbahnen unter Kühlschmierstoff

ISBN: 978-3-86359-540-1

Erscheinungsdatum: 20.09.2017

Stolorz, Martin :

Prediction and Compensation of Machining-Induced Shape Deviations in Finish Milling

ISBN: 978-3-86359-538-8

Erscheinungsdatum: 12.09.2017

Hensen, Tobias :

Strategische Auslegung industrieller Werkzeugbaubetriebe

ISBN: 978-3-86359-531-9

Erscheinungsdatum: 31.08.2017

Zeis, Markus:

Verformung dünnwandiger Graphitelektroden mit hohen Aspektverhältnissen beim funkenerosiven Senken

ISBN: 978-3-86359-536-4

Erscheinungsdatum: 24.08.2017

Danner, Florian Gerhard:

Befähigung zur effizienzsteigernden Produktion von Fahrzeugen mit konventionellen und elektrifizierten Antriebssystemen durch innovative Prüf- und Inbetriebnahmeverfahren

ISBN: 978-3-86359-535-7

Erscheinungsdatum: 20.09.2017

Greshake, Thilo:

Methodik zur lebenszyklusweiten, umweltgerechten Produkt- und Produktionsoptimierung

ISBN: 978-3-86359-546-3

Erscheinungsdatum: 20.09.2017

Brambring, Felix:

Steigerung der Datenintegrität in der Produktionssteuerung

ISBN: 978-3-86359-537-1

Erscheinungsdatum: 06.09.2017

Schwade, Max :

Automatisierte Analyse hochfrequenter Prozesssignale bei der funkenerosiven Bearbeitung von Magnesium für die Medizintechnik

ISBN: 978-3-86359-527-2

Erscheinungsdatum: 31.08.2017

Breunig, Stefan:

Produktarchitekturgestaltung mechatronischer Baukastensysteme

ISBN: 978-3-86359-532-6

Erscheinungsdatum: 11.08.2017

Edition Wissenschaft
Apprimus

FSC
www.fsc.org
MIX
Papier | Fördert gute Waldnutzung
FSC® C083411

Kolibri 360 GmbH
Ferdinand-Jühlke-Straße 7
99095 Erfurt, Deutschland
produktsicherheit@kolibri360.de